复变函数与积分变换

何桂添　唐国吉　编

上海交通大学出版社
SHANGHAI JIAO TONG UNIVERSITY PRESS

内容提要

本书主要内容包括复数与复变函数、解析函数、复变函数的积分、数项级数与幂级数、洛朗展式与孤立奇点、留数理论及其应用、共形映射、傅里叶变换与拉普拉斯变换等。本书借助 MATLAB 等软件将复变函数的概念可视化，同时附有对复变函数论的发展具有奠基性贡献的数学名人简介。本书选取的例题比较丰富，由浅入深、易学易教，并适当增加了和数学分析紧密关联的内容与例题。本书既保留了数学类专业所需求的理论知识，又增加工程类专业学生所需的积分变换知识。

本书可作为数学类专业的教材，也可作为通信工程、电子信息专业、电气自动化控制等专业的教材。

图书在版编目(CIP)数据

复变函数与积分变换 / 何桂添，唐国吉编. —上海：
上海交通大学出版社，2023.1(2025.1 重印)
　ISBN 978 - 7 - 313 - 28213 - 2

　Ⅰ. ①复… Ⅱ. ①何… ②唐… Ⅲ. ①复变函数②积
分变换 Ⅳ.①O174.5②O177.6

中国国家版本馆 CIP 数据核字(2023)第 000761 号

复变函数与积分变换
FUBIAN HANSHU YU JIFEN BIANHUAN

编　　者：	何桂添　唐国吉		
出版发行：	上海交通大学出版社	地　　址：	上海市番禺路 951 号
邮政编码：	200030	电　　话：	021 - 64071208
印　　制：	苏州市古得堡数码印刷有限公司	经　　销：	全国新华书店
开　　本：	787 mm×1092 mm　1/16	印　　张：	17
字　　数：	411 千字		
版　　次：	2023 年 1 月第 1 版	印　　次：	2025 年 1 月第 2 次印刷
书　　号：	ISBN 978 - 7 - 313 - 28213 - 2		
定　　价：	59.00 元		

前　　言

复变函数论产生于 18 世纪,其全面发展是在 19 世纪. 为复变函数论的创建做了最早期工作的学者有欧拉和达朗贝尔,拉普拉斯随后也研究过复变函数的积分,他们都是创建这门学科的先驱. 后来为这门学科的发展做了大量奠基工作的学者有柯西、黎曼和魏尔斯特拉斯. 20 世纪初,复变函数论又有了很多的发展,列夫勒、庞加莱、阿达玛等都做了大量的研究工作,为复变函数论开拓了更广阔的研究领域,为这门学科的发展做出了贡献. 复变函数论的应用涉及许多学科,如理论物理、空气动力学、流体力学、弹性力学、地质学、电子信息学及自动控制学等. 另外,它的理论在数学的许多分支学科也得以应用,它已经深入微分方程、积分方程、概率论和数论等学科,对它们的发展起到了很大的推动作用.

复变函数是数学类专业非常重要的一门专业必修课,对学生数学思维的形成和对后续课程的学习都有着重要的意义. 复变函数是在数学分析基础上的拓展,又称复分析,也称解析函数论,是实变函数微积分的推广和发展.

现有的大部分复变函数课程主要讲授如下内容:复数与复变函数、解析函数与调和函数、复变函数的积分理论、解析函数的幂级数表示、留数定理及其应用、保角映射与共形映射、解析开拓. 但是受到学时的限制,很多数学类专业基本上不再讲授解析开拓或解析延拓的内容. 此外,由于工科专业,特别是通信工程、电子信息、电气自动化控制等专业的学生对傅里叶变换与拉普拉斯变换的知识有强烈的需求,因此,本教材将现有通行的复变函数教材的解析开拓内容调整为傅里叶变换与拉普拉斯变换. 同时考虑到现在的复变函数与积分变换课程实际上也包含这两类变换的内容,但是关于复变函数的基础理论深度不够,数学内涵不够,因此编写本教材的初衷是既保留数学类专业所需求的理论素养,又增加工程类专业学生所需的积分变换知识. 另外,我们知道复变函数中的一些概念比较抽象,复变函数的可视化教材不多,为了使得抽象概念具体化与形象化,编者借助 MATLAB 等软件将复变函数的概念可视化,这样对于读者理解抽象概念会有所帮助. 总之,编者汇总了国内同类教材的主要优点,也融合了我校讲授这门课程的经验. 此外,本书附有对复变函数论的发展具有奠基性贡献的数学名人简介,为授课老师提供丰富的课程思政材料. 书末附有部分习题的详细解答或者部分解答.

由于编者水平有限,若本书存在不足之处,恳切希望读者给予批评指正.

编　者

2022.6

目　　录

第1章　复数与复变函数

复变函数是自变量为复数的函数,它是分析学的一个主要分支.尽管复数的概念、四则运算等一些复数的基本性质在中学教材中已经涉及,但为了章节的完整性,本章先从复数的概念、复数的表示形式、复数的不等式性质、复平面点集开始讲解.

1.1　复数

1.1.1　复数的概念

我们知道当 $\Delta = b^2 - 4ac < 0$ 时,实系数方程 $ax^2 + bx + c = 0$ $(a \neq 0)$ 在实数域内无解.为简单起见,方程 $x^2 = -1$ 在实数域无解,但由于方程需要,规定 $\mathrm{i}^2 = -1$.

1. 虚数单位

规定 $\mathrm{i}^2 = -1$,称 i 为虚数单位(电工学上惯用 j 表示虚数).

虚数单位 i 的性质如下:

(1) i 可与实数进行四则运算;

(2) i 具有如下幂律周期性: $\mathrm{i}^{4n+1} = \mathrm{i}$, $\mathrm{i}^{4n+2} = -1$, $\mathrm{i}^{4n+3} = -\mathrm{i}$, $\mathrm{i}^{4n+4} = 1$.

2. 复数定义

称 $z = x + y\mathrm{i}$ 为复数 $(x, y \in \mathbf{R})$,其中 x,y 分别称为复数 z 的实部和虚部,记为 $x = \mathrm{Re}\, z$, $y = \mathrm{Im}\, z$.

注:当 $y = 0$ 时,$z = x + 0\mathrm{i} = x$ 称为实数;当 $x = 0$, $y \neq 0$ 时,$z = y\mathrm{i}$ 称为虚数.

规定:$0 \cdot \mathrm{i} = 0$.

注:(1) 一般称 $z = x + y\mathrm{i}$ 为复数的代数形式.

(2) 实数可比较大小,但复数不能比较大小(因复数是无序的).

3. 复数相等

设 $z_1 = x_1 + y_1\mathrm{i}$, $z_2 = x_2 + y_2\mathrm{i}$,则 $z_1 = z_2 \Leftrightarrow \begin{cases} x_1 = x_2, \\ y_1 = y_2. \end{cases}$

4. 共轭复数

如图 1.1 所示,称 $x + y\mathrm{i}$ 与 $x - y\mathrm{i}$ 互为共轭复数,z 的共轭复数记为 $\bar{z}$. 若 $z = x + y\mathrm{i}$,则 $\bar{z} = x - y\mathrm{i}$. 一对共轭复数 z 和 $\bar{z}$ 在复平面的位置是关于实轴对称的.

5. 复数的代数运算

(1) 加减运算.

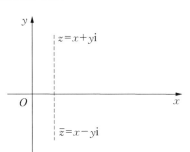

图 1.1　互为共轭复数的位置关系

设 $z_1 = x_1 + y_1 \mathrm{i}$, $z_2 = x_2 + y_2 \mathrm{i}$, 则

$$z_1 \pm z_2 = (x_1 + y_1 \mathrm{i}) \pm (x_2 + y_2 \mathrm{i}) = (x_1 \pm x_2) + (y_1 \pm y_2) \mathrm{i}.$$

（2）乘法.

$$z_1 \cdot z_2 = (x_1 + y_1 \mathrm{i})(x_2 + y_2 \mathrm{i}) = (x_1 x_2 - y_1 y_2) + (x_2 y_1 + x_1 y_2) \mathrm{i}.$$

（3）商.

$$\frac{z_1}{z_2} = \frac{x_1 + y_1 \mathrm{i}}{x_2 + y_2 \mathrm{i}} = \frac{(x_1 + y_1 \mathrm{i})(x_2 - y_2 \mathrm{i})}{(x_2 + y_2 \mathrm{i})(x_2 - y_2 \mathrm{i})} = \frac{x_1 x_2 + y_1 y_2}{x_2^2 + y_2^2} + \mathrm{i}\, \frac{y_1 x_2 + x_1 y_2}{x_2^2 + y_2^2} \quad (z_2 \neq 0).$$

6. 运算规律

加法的运算规律如下：

（1）交换律：$z_1 + z_2 = z_2 + z_1$.

（2）结合律：$z_1 + (z_2 + z_3) = (z_1 + z_2) + z_3$.

乘法的运算规律如下：

（1）交换律：$z_1 \cdot z_2 = z_2 \cdot z_1$.

（2）结合律：$z_1(z_2 z_3) = (z_1 z_2) z_3$.

（3）分配律：$(z_1 + z_2) z_3 = z_1 z_2 + z_2 z_3$.

7. 共轭复数性质

共轭复数的性质如下：

（1）$\overline{z_1 \pm z_2} = \overline{z_1} \pm \overline{z_2}$.

（2）$\overline{z_1 z_2} = \overline{z_1} \cdot \overline{z_2}$.

（3）$\overline{\left(\dfrac{z_1}{z_2} \right)} = \dfrac{\overline{z_1}}{\overline{z_2}}$.

（4）$\overline{\overline{z}} = z$.

（5）$z\overline{z} = [\mathrm{Re}\, z]^2 + [\mathrm{Im}\, z]^2 = |z|^2$.

（6）$|z| = |\overline{z}|$.

（7）$z + \overline{z} = 2\mathrm{Re}\, z$.

（8）$z - \overline{z} = 2\mathrm{Im}\, z \cdot \mathrm{i}$.

8. 常用基本关系

复数常用的基本关系如下：

（1）$\dfrac{1}{\mathrm{i}} = -\mathrm{i}$.

（2）$\dfrac{1 + \mathrm{i}}{1 - \mathrm{i}} = \mathrm{i}$.

（3）$\dfrac{1 - \mathrm{i}}{1 + \mathrm{i}} = -\mathrm{i}$.

（4）$(1 \pm \mathrm{i})^2 = \pm 2\mathrm{i}$.

例 1.1 化简计算下列复数：

（1）$\dfrac{1}{2\mathrm{i} + \dfrac{1}{2\mathrm{i} + \dfrac{1}{\mathrm{i}}}}$;   （2）$(1 + \mathrm{i})^{10} + (1 - \mathrm{i})^{10} + \left(\dfrac{1 - \mathrm{i}}{1 + \mathrm{i}} \right)^{20} + \left(\dfrac{1 + \mathrm{i}}{1 - \mathrm{i}} \right)^{30} + \left(\dfrac{1}{\mathrm{i}} \right)^{40}$.

解: (1) 由于 $\dfrac{1}{i}=-i$, 则 $2i+\dfrac{1}{i}=2i-i=i$, 从而原式 $=\dfrac{1}{2i+\dfrac{1}{i}}=\dfrac{1}{i}=-i$.

(2) 因 $(1+i)^{10}=[(1+i)^2]^5=(2i)^5=2^5i$, $(1-i)^{10}=[(1-i)^2]^5=(-2i)^5=-2^5i$, $\left(\dfrac{1-i}{1+i}\right)^{20}=(-i)^{20}=1$, $\left(\dfrac{1+i}{1-i}\right)^{30}=(i)^{30}=-1$, $\left(\dfrac{1}{i}\right)^{40}=\dfrac{1}{i^{40}}=1$, 故原式 $=2^5i-2^5i+1-1+1=1$.

例 1.2　求满足方程 $(3+6i)x+(5-9i)y=6-7i$ 的实数 x 和 y.

解: 由于 $(3x+5y)+(6x-9y)i=6-7i$, 故 $\begin{cases}3x+5y=6,\\6x-9y=-7,\end{cases}$ 从而 $\begin{cases}x=\dfrac{1}{3},\\y=1.\end{cases}$

例 1.3　设 $\dfrac{\bar{z}}{z}=a+ib$, 求证: $a^2+b^2=1$.

证明: 因 $\dfrac{\bar{z}}{z}=a+ib$, 则 $\overline{\left(\dfrac{\bar{z}}{z}\right)}=a-ib$, 而 $\dfrac{\bar{z}}{z}\cdot\overline{\left(\dfrac{\bar{z}}{z}\right)}=\dfrac{\bar{z}}{z}\cdot\dfrac{z}{\bar{z}}=1$, 故 $a^2+b^2=(a+ib)(a-ib)=\dfrac{\bar{z}}{z}\cdot\overline{\left(\dfrac{\bar{z}}{z}\right)}=1$.

1.1.2　复平面与复数的几何形式

1. 复平面

复数 $z=x+yi$ 本质上是由有序实数对 (x,y) 确定 $z=x+yi\leftrightarrow z(x,y)$, 如图 1.2 所示为复数 $z=x+yi$ 与点 $z(x,y)$ 的一一对应关系. x 轴称为实轴, y 轴称为虚轴, 两轴所在的平面称为复平面或 z 平面. 复平面常用 C 表示.

2. 几何形式

连接原点 O 与点 $z(x,y)$ 的有向线段 Oz 称为向量 $\overrightarrow{Oz}$ 或 z, 则复数 $z=x+yi$ 也能由向量 $\overrightarrow{Oz}$ 表示. 因此, $z=x+yi\leftrightarrow\overrightarrow{Oz}$, 即 $z=x+yi\leftrightarrow$点 $z(x,y)\leftrightarrow\overrightarrow{Oz}$.

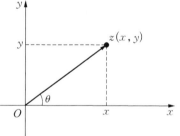

设 $z_1=x_1+y_1i$, $z_2=x_2+y_2i$, 则 z_1+z_2 表示 $\overrightarrow{Oz_1}$ 与 $\overrightarrow{Oz_2}$ 之和, z_1-z_2 表示 $\overrightarrow{Oz_1}$ 与 $\overrightarrow{Oz_2}$ 之差, 即从 z_2 到 z_1 的差向量. 复数和差运算与向量和差运算对应关系如图 1.3 所示.

图 1.2　复平面中的点与向量一一对应

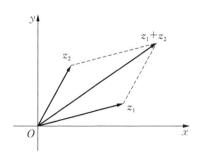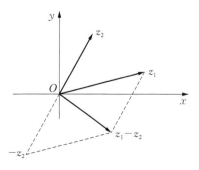

图 1.3　复数运算与向量运算对应关系

1.1.3　复数的模与辐角

1. 模

$\overrightarrow{Oz}$ 的长度称为复数 z 的模,由 $|z|$ 或 r 表示,即 $|z|=r=\sqrt{x^2+y^2}$.

2. 模的性质

模的性质如下:

(1) $|x|\leqslant|z|$,$|y|\leqslant|z|$,$|z|\leqslant|x|+|y|$.

(2) $-|z|\leqslant \operatorname{Re}z\leqslant|z|$,$-|z|\leqslant \operatorname{Im}z\leqslant|z|$.

(3) $|z_1+z_2|\leqslant|z_1|+z_3$ (两边之和大于第三边,即三角不等式).

$\quad\big||z_1|-|z_2|\big|\leqslant|z_1-z_2|$ (两边之差小于第三边).

(4) $|z_1z_2|=|z_1||z_2|$,$\left|\dfrac{z_1}{z_2}\right|=\dfrac{|z_1|}{|z_2|}$.

(5) $|z|^2=z\bar{z}$.

3. 模的几何意义

模的几何意义如下:

(1) $|z|$ 表示 $\overrightarrow{Oz}$ 的长度,即点 O 到点 z 的距离.

(2) $|z_1-z_2|$ 表示点 z_1 到点 z_2 的距离. $|z_1-z_2|$ 的计算公式为

$$|z_1-z_2|=|(x_1+y_1\mathrm{i})-(x_2+y_2\mathrm{i})|=\sqrt{(x_1-x_2)^2+(y_1-y_2)^2}.$$

例 1.4　求证 $|z_1+z_2|^2+|z_1-z_2|^2=2(|z_1|^2+|z_2|^2)$.

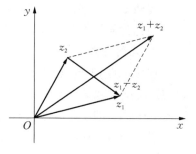

图 1.4　复数运算的平行四边形法则

证明: 左边 $=(z_1+z_2)(\overline{z_1}+\overline{z_2})+(z_1-z_2)(\overline{z_1}-\overline{z_2})$
$=z_1\overline{z_1}+z_2\overline{z_2}+z_1\overline{z_2}+z_2\overline{z_1}+z_1\overline{z_1}+z_2\overline{z_2}-z_1\overline{z_2}-z_2\overline{z_1}=2(|z_1|^2+|z_2|^2)$.

复数和差运算的几何意义如下:

平行四边形的对角线长度的平方和等于平行四边形的邻边长度的平方和的两倍等于平行四边形的四条边之和,复数运算的平行四边形法则如图 1.4 所示.

4. 辐角

向量 $\overrightarrow{Oz}$ 与实轴的正向夹角称为复数 z 的辐角,记作 $\operatorname{Arg}z=\theta$,设非零复数 $z=x+y\mathrm{i}$,则 $\tan\theta=\dfrac{y}{x}$.

若 $z=0$,则 z 有无穷多个辐角,若 θ_1 是 z 的其中一个辐角,则

$$\operatorname{Arg}z=\theta_1+2k\pi,\quad k\in\mathbf{Z}.$$

规定: 满足 $-\pi<\theta\leqslant\pi$ 的辐角称为 $\operatorname{Arg}z$ 的主值,记为 $\arg z$. 则 $\operatorname{Arg}z=\arg z+2k\pi$,$k\in\mathbf{Z}$ $(-\pi<\arg z\leqslant\pi)$. 当 $z=0$ 时,辐角不确定.

例 1.5　设 $z=\dfrac{1-\sqrt{3}\,\mathrm{i}}{2}$,求 $\arg z$ 及 $\operatorname{Arg}z$.

解：因 $\tan(\arg z)=-\sqrt{3}$，则 $\arg z=-\dfrac{\pi}{3}$，$\mathrm{Arg}\,z=-\dfrac{\pi}{3}+2k\pi$.

注：计算辐角主值时，可先借助公式 $\tan(\arg z)=\dfrac{y}{x}$，再看 z 的象限.

1.1.4　复数的三角形式与指数形式

设 $z=x+y\mathrm{i}$，$r=\sqrt{x^2+y^2}=|z|$，$\theta=\arg z$，复数的

模与辐角关系如图 1.5 所示，则有关系 $\begin{cases} x=r\cos\theta, \\ y=r\sin\theta. \end{cases}$

一般地，称 $z=r(\cos\theta+\mathrm{i}\sin\theta)$ 为**复数的三角形式**.

据 $\mathrm{e}^{\mathrm{i}\theta}=\cos\theta+\mathrm{i}\sin\theta$，则 $z=r\mathrm{e}^{\mathrm{i}\theta}(=|z|\,\mathrm{e}^{\mathrm{i}\arg z})$ 称为**复**

数的指数形式.

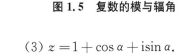

图 1.5　复数的模与辐角

例 1.6　求下列复数的三角形式与指数形式：

(1) $z=1+\mathrm{i}$；　　(2) $z=-3\left(\cos\dfrac{\pi}{7}-\mathrm{i}\sin\dfrac{\pi}{7}\right)$；　　(3) $z=1+\cos\alpha+\mathrm{i}\sin\alpha$.

解：(1) $z=1+\mathrm{i}=\sqrt{2}\left(\cos\dfrac{\pi}{4}+\mathrm{i}\sin\dfrac{\pi}{4}\right)=\sqrt{2}\,\mathrm{e}^{\frac{\pi}{4}\mathrm{i}}$.

(2) $z=3\left(-\cos\dfrac{\pi}{7}+\mathrm{i}\sin\dfrac{\pi}{7}\right)=3\left[\cos\left(\pi-\dfrac{\pi}{7}\right)+\mathrm{i}\sin\left(\pi-\dfrac{\pi}{7}\right)\right]$

$\qquad=3\left(\cos\dfrac{6\pi}{7}+\mathrm{i}\sin\dfrac{6\pi}{7}\right)=3\mathrm{e}^{\frac{6\pi}{7}\mathrm{i}}$.

(3) $z=1+\cos\alpha+\mathrm{i}\sin\alpha=2\left(\cos\dfrac{\alpha}{2}\right)^2+2\mathrm{i}\sin\dfrac{\alpha}{2}\cos\dfrac{\alpha}{2}$

$\qquad=2\cos\dfrac{\alpha}{2}\left(\cos\dfrac{\alpha}{2}+\mathrm{i}\sin\dfrac{\alpha}{2}\right)=2\cos\dfrac{\alpha}{2}\,\mathrm{e}^{\frac{\alpha}{2}\mathrm{i}}$.

1.1.5　复数的乘积与商

1. 运算法则

(1) 设 $z_1=r_1\mathrm{e}^{\mathrm{i}\theta_1}$，$z_2=r_2\mathrm{e}^{\mathrm{i}\theta_2}$，则有 $z_1z_2=r_1r_2\mathrm{e}^{\mathrm{i}(\theta_1+\theta_2)}$，则

$$|z_1z_2|=|z_1||z_2|,\quad \mathrm{Arg}(z_1z_2)=\mathrm{Arg}\,z_1+\mathrm{Arg}\,z_2.$$

(2) 因 $\dfrac{z_1}{z_2}=\dfrac{r_1\mathrm{e}^{\mathrm{i}\theta_1}}{r_2\mathrm{e}^{\mathrm{i}\theta_2}}=\dfrac{r_1}{r_2}\mathrm{e}^{\mathrm{i}(\theta_1-\theta_2)}$，则 $\left|\dfrac{z_1}{z_2}\right|=\dfrac{|z_1|}{|z_2|}$，

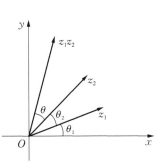

$\mathrm{Arg}\left(\dfrac{z_1}{z_2}\right)=\mathrm{Arg}\,z_1-\mathrm{Arg}\,z_2$.

2. 几何意义

(1) z_1z_2 为 $\overrightarrow{Oz_2}$ 逆时针旋转 z_1 的辐角. 将向量的模伸缩

$|z_1|$ 倍，复数乘积的几何意义如图 1.6 所示.

(2) $\dfrac{z_1}{z_2}$ 为 $\overrightarrow{Oz_1}$ 顺时针旋转 z_2 的辐角. 将向量的模伸缩

图 1.6　复数乘积的几何意义

$\dfrac{1}{|z_2|}$ 倍,如 $\mathrm{i}z$ 相当于 z 的向量 $\overrightarrow{Oz}$ 沿逆时针方向旋转 $\dfrac{\pi}{2}$,如 $-\mathrm{i}z$ 相当于 z 的向量 $\overrightarrow{Oz}$ 沿顺时针方向旋转 $\dfrac{\pi}{2}$.

例 1.7　将复数 $1+\mathrm{i}$ 所对应的向量按顺时针方向旋转 $\dfrac{2}{3}\pi$,求此向量所对应的复数.

解: 因为只进行了旋转变换而模不变,相当于对 $1+\mathrm{i}$ 乘以 $\mathrm{e}^{-\mathrm{i}(2\pi/3)}$,所以

$$z=(1+\mathrm{i})\mathrm{e}^{-\mathrm{i}(2\pi/3)}=(1+\mathrm{i})\left(\cos\frac{2\pi}{3}-\mathrm{i}\sin\frac{2\pi}{3}\right)=(1+\mathrm{i})\left(-\frac{1}{2}-\frac{\sqrt{3}}{2}\mathrm{i}\right)$$
$$=\frac{-1+\sqrt{3}}{2}+\frac{-1-\sqrt{3}}{2}\mathrm{i}.$$

例 1.8　已知正三角形的两个顶点为 $z_1=1$,$z_2=2+\mathrm{i}$,求它的另一个顶点.

解: 如图 1.7 所示,向量 $\overrightarrow{z_1z_2}$ 绕 z_1 旋转 $\dfrac{\pi}{3}$ 或 $-\dfrac{\pi}{3}$,则可得到向量 $\overrightarrow{z_1z_3}$,它的终点即为所求顶点 z_3.

(1) $z_3-z_1=(z_2-z_1)\mathrm{e}^{\frac{\pi}{3}\mathrm{i}}=(1+\mathrm{i})\cdot\left(\frac{1}{2}+\frac{\sqrt{3}}{2}\mathrm{i}\right)=\left(\frac{1}{2}-\frac{\sqrt{3}}{2}\right)+\left(\frac{1}{2}+\frac{\sqrt{3}}{2}\right)\mathrm{i}$,故 $z_3=\dfrac{3-\sqrt{3}}{2}+\dfrac{1+\sqrt{3}}{2}\mathrm{i}$.

(2) $z_3-z_1=(z_2-z_1)\mathrm{e}^{-\frac{\pi}{3}\mathrm{i}}=(1+\mathrm{i})\cdot\left(\frac{1}{2}-\frac{\sqrt{3}}{2}\mathrm{i}\right)=\left(\frac{1}{2}+\frac{\sqrt{3}}{2}\right)+\left(-\frac{1}{2}-\frac{\sqrt{3}}{2}\right)\mathrm{i}$,故 $z_3=\dfrac{3+\sqrt{3}}{2}+\dfrac{1-\sqrt{3}}{2}\mathrm{i}$.

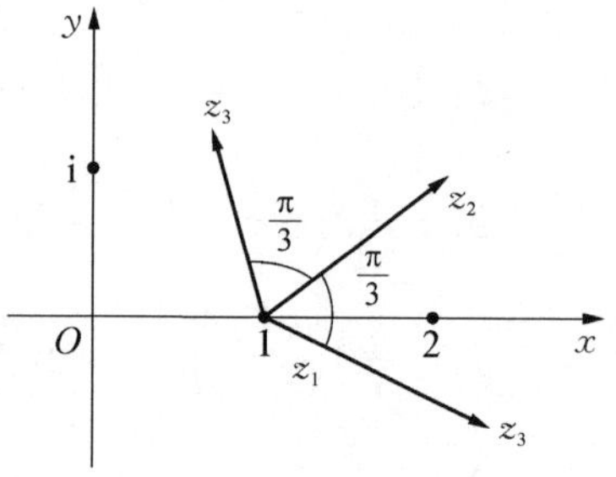

图 1.7　例 1.8 示意图

1.1.6　复数的乘幂与方根

1. 乘幂

n 个相同复数 z 的乘积称为 z 的 n 次幂,记作 z^n. 设 $z=r\mathrm{e}^{\mathrm{i}\theta}$,则

$$z^n=r^n\mathrm{e}^{\mathrm{i}n\theta}=r^n(\cos n\theta+\mathrm{i}\sin n\theta).$$

当 $r=1$ 时,$(\cos\theta+\mathrm{i}\sin\theta)^n=(\cos n\theta+\mathrm{i}\sin n\theta)$(**棣莫弗公式**).

当 n 为负整数时,$z^{-n}=\dfrac{1}{z^n}$,则 $z^{-n}=r^{-n}[\cos(-n\theta)+\mathrm{i}\sin(-n\theta)]$. 因此

$$\forall n\in\mathbf{Z},\quad z^n=r^n(\cos n\theta+\mathrm{i}\sin n\theta).$$

例 1.9　用 $\cos\theta$,$\sin\theta$ 表示 $\cos 3\theta$ 与 $\sin 3\theta$.

解: 利用棣莫弗公式(取 $n=3$)

$$\cos 3\theta+\mathrm{i}\sin 3\theta=(\cos\theta+\mathrm{i}\sin\theta)^3=(\cos\theta)^3+3(\cos\theta)^2\cdot\mathrm{i}\sin\theta+3\cos\theta\mathrm{i}^2(\sin\theta)^2+\mathrm{i}^3(\sin\theta)^3$$
$$=[(\cos\theta)^3-3\cos\theta(\sin\theta)^2]+[3(\cos\theta)^2\sin\theta-(\sin\theta)^3]\mathrm{i}.$$

比较可得　　$\cos 3\theta = (\cos\theta)^3 - 3\cos\theta(\sin\theta)^2 = 4(\cos\theta)^3 - 3\cos\theta,$

$$\sin 3\theta = 3(\cos\theta)^2\sin\theta - (\sin\theta)^3 = 3\sin\theta - 4(\sin\theta)^3.$$

例 1.10　求 $(1+\sqrt{3}\,\mathrm{i})^3$.

解：$(1+\sqrt{3}\,\mathrm{i})^3 = \left[2\left(\cos\dfrac{\pi}{3} + \mathrm{i}\sin\dfrac{\pi}{3}\right)\right]^3 = 2^3(\cos\pi + \mathrm{i}\sin\pi) = -8.$

2. 方根

非零复数的 n 次方根记作 $\sqrt[n]{z}$，即相当于解方程 $w^n = z$. 设 $z = r\mathrm{e}^{\mathrm{i}\theta}$，$w = \rho\mathrm{e}^{\mathrm{i}\varphi}$，因 $w^n = z$，则 $\rho^n\mathrm{e}^{\mathrm{i}n\varphi} = r\mathrm{e}^{\mathrm{i}\theta}$. 从而 $\rho^n = r$，$n\varphi = \theta + 2k\pi$，解出得 $\rho = \sqrt[n]{r}$（取算术根），$\varphi = \dfrac{\theta + 2k\pi}{n}$，$k \in$

Z，从而 $w_k = \sqrt[n]{z} = \sqrt[n]{r}\,\mathrm{e}^{\mathrm{i}\frac{\theta+2k\pi}{n}} = \sqrt[n]{r}\left(\cos\dfrac{\theta+2k\pi}{n} + \mathrm{i}\sin\dfrac{\theta+2k\pi}{n}\right)$，$k = 0, 1, \cdots, n-1$.

此外，当 $k = n$ 时，$w_n = w_0$；当 $k = n+1$ 时，$w_{n+1} = w_1$，$w_{n+2} = w_2$，$\cdots$.

注：非零复数 z 的 n 次方根共有 n 个，它们就是以原点为圆心，$\sqrt[n]{r}$ 为半径的圆的内接正 n 边形的 n 个顶点.

例 1.11　求 -1 的三次方根.

解：因　$-1 = \cos\pi + \mathrm{i}\sin\pi$，$\sqrt[3]{-1} = \sqrt[3]{1}\left(\cos\dfrac{\pi+2k\pi}{3} + \mathrm{i}\sin\dfrac{\pi+2k\pi}{3}\right)$，$k = 0, 1, 2$.

则　　　　$w_0 = \cos\dfrac{\pi}{3} + \mathrm{i}\sin\dfrac{\pi}{3} = \dfrac{1}{2} + \dfrac{\sqrt{3}}{2}\mathrm{i},$

$$w_1 = \cos\pi + \mathrm{i}\sin\pi = -1,$$

$$w_2 = \cos\dfrac{5\pi}{3} + \mathrm{i}\sin\dfrac{5\pi}{3} = \dfrac{1}{2} - \dfrac{\sqrt{3}}{2}\mathrm{i}.$$

-1 的 3 个三次方根在单位圆周上的位置如图 1.8 所示.

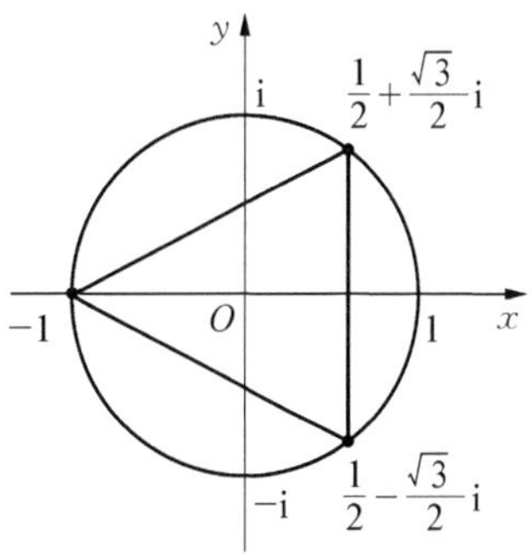

图 1.8　例 1.11 示意图

例 1.12　已知 $z^3 = 8$，求 $z^3 + z^2 + 2z + 2$ 的值.

解：因为 $z^3 - 8 = (z-2)(z^2 + 2z + 4) = 0$，所以 $z = 2$ 或 $z^2 + 2z + 4 = 0$，于是

$$z^3 + z^2 + 2z + 2 = 8 + (z^2 + 2z + 4) - 2 = 8 - 2 = 6.$$

例 1.13　求解方程 $z^2 - 4\mathrm{i}z - (4-9\mathrm{i}) = 0$.

解：由于 $z^2 - 4\mathrm{i}z + (2\mathrm{i})^2 - (4-9\mathrm{i}) + 4 = 0$，即 $(z-2\mathrm{i})^2 + 9\mathrm{i} = 0$，从而 $z - 2\mathrm{i} = \sqrt[2]{-9\mathrm{i}}$，

$z = \sqrt[2]{-9\mathrm{i}} + 2\mathrm{i}$，故 $\sqrt[2]{-9\mathrm{i}} = \sqrt{9}\left(\cos\dfrac{-\dfrac{\pi}{2}+2k\pi}{2} + \mathrm{i}\sin\dfrac{-\dfrac{\pi}{2}+2k\pi}{2}\right)$，$k = 0, 1$.

因　　　　$(\sqrt[2]{-9\mathrm{i}})_0 = 3\left(\dfrac{\sqrt{2}}{2} - \dfrac{\sqrt{2}}{2}\mathrm{i}\right),$　　$(\sqrt[2]{-9\mathrm{i}})_1 = 3\left(-\dfrac{\sqrt{2}}{2} + \dfrac{\sqrt{2}}{2}\mathrm{i}\right).$

故　　　　$z = \dfrac{3\sqrt{2}}{2} - \dfrac{3\sqrt{2}-4}{2}\mathrm{i}$　　或　　$z = -\dfrac{3\sqrt{2}}{2} + \dfrac{3\sqrt{2}+4}{2}\mathrm{i}.$

1.1.7 共轭复数

设 $z = x + y\mathrm{i}$，则 $\bar{z} = x - y\mathrm{i}$. 共轭复数具有如下性质：

(1) $\overline{z_1 \pm z_2} = \overline{z_1} \pm \overline{z_2}$.

(2) $\overline{z_1 z_2} = \overline{z_1}\ \overline{z_2}$.

(3) $\overline{\bar{z}} = z$.

(4) $\overline{\left(\dfrac{z_1}{z_2}\right)} = \dfrac{\overline{z_1}}{\overline{z_2}}$， $z_2 \neq 0$.

(5) $z\bar{z} = |z|^2$.

(6) $z + \bar{z} = 2\mathrm{Re}\, z$.

(7) $|z| = |\bar{z}|$.

(8) $z - \bar{z} = 2\mathrm{Im}\, z \cdot \mathrm{i}$.

(9) 设 $R(a, b, c, \cdots)$ 表示 a，b，c 的有理运算，则 $\overline{R(a, b, c, \cdots)} = R(\bar{a}, \bar{b}, \bar{c}, \cdots)$.

例 1.14 设 z_1 与 z_2 是两个复数，试证 $|z_1 + z_2|^2 = |z_1|^2 + |z_2|^2 + 2\mathrm{Re}(z_1 \overline{z_2})$.

证明： $|z_1 + z_2|^2 = (z_1 + z_2)\overline{(z_1 + z_2)} = (z_1 + z_2)(\overline{z_1} + \overline{z_2})$
$$= z_1\overline{z_1} + z_2\overline{z_2} + z_1\overline{z_2} + \overline{z_1}z_2 = |z_1|^2 + |z_2|^2 + z_1\overline{z_2} + \overline{z_1\overline{z_2}}$$
$$= |z_1|^2 + |z_2|^2 + 2\mathrm{Re}(z_1\overline{z_2}).$$

注： ① $\mathrm{Re}(z_1\overline{z_2}) \leqslant |z_1\overline{z_2}| = |z_1|\,|z_2|$.

② $|z_1 + z_2|^2 \leqslant |z_1|^2 + |z_2|^2 + 2|z_1|\,|z_2| = (|z_1| + |z_2|)^2$，故 $|z_1 + z_2| \leqslant |z_1| + |z_2|$.

例 1.15 若 $|a| < 1$，$|b| < 1$，试证 $\left|\dfrac{a-b}{1-\bar{a}b}\right| < 1$.

证明： 比较 $|a-b|^2$ 与 $|1-\bar{a}b|^2$ 的大小，由例 1.14 的等式可知

$$|a-b|^2 = |a|^2 + |b|^2 - 2\mathrm{Re}(\bar{a}b)，\quad |1-\bar{a}b|^2 = 1 + |a|^2 \cdot |b|^2 - 2\mathrm{Re}(\bar{a}b).$$

则 $|1-\bar{a}b|^2 - |a-b|^2 = 1 + |a|^2 \cdot |b|^2 - |a|^2 - |b|^2 = (1-|a|^2)(1-|b|^2)$. 由于 $|a| < 1$，$|b| < 1$，则 $(1-|a|^2)(1-|b|^2) > 0$，故 $|a-b|^2 < |1-\bar{a}b|^2$，从而得证.

1.1.8 复数在几何上的应用

例 1.16 求过两点 z_1，z_2 的直线方程.

解： 如图 1.9 所示，任取为直线上的一点 $z = x + y\mathrm{i}$，则 z_1，z_2，z 三点共线. 易知 $\overrightarrow{z_1 z_2}$ 与 $\overrightarrow{z_1 z}$ 平行，由平行的充要条件可得 $\overrightarrow{z_1 z} = t\overrightarrow{z_1 z_2}$，即 $z - z_1 = t(z_2 - z_1)$，故 $z = t(z_2 - z_1) + z_1$，$-\infty < t < +\infty$.

例如，过原点与 $1+\mathrm{i}$ 的直线方程为 $z = (1+\mathrm{i})t = t + \mathrm{i}t$.

注：(1) 连接两点 z_1，z_2 的直线段方程为 $z = t(z_2 - z_1) + z_1$，$t \in [0, 1]$.

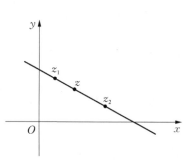

图 1.9 例 1.16 示意图

(2) 三点 z_1, z_2, z_3 共线的充要条件为

$$\frac{z_3-z_1}{z_2-z_1}=t, \quad t\neq 0, t\in \mathbf{R}\left(\Leftrightarrow \mathrm{Im}\left(\frac{z_3-z_1}{z_2-z_1}\right)=0\right).$$

例 1.17　(1) 直线段 z_1, z_2 的中垂线方程(中垂线上的点到两点 z_1, z_2 的距离相等)：

$$\mid z-z_1 \mid=\mid z-z_2 \mid \ (z_1\neq z_2).$$

(2) z 平面实轴和虚轴的方程分别为：$\mathrm{Im}\,z=0$，$\mathrm{Re}\,z=0$.

(3) 以 z_0 为圆心、R 为半径的圆周方程：$\mid z-z_0 \mid=R$.

(4) 以 z_1, z_2 为焦点的椭圆方程(到两定点 z_1, z_2 的距离之和为常数 $2a$)：

$$\mid z-z_1 \mid+\mid z-z_2 \mid=2a, \quad 2a>\mid z_1-z_2 \mid.$$

(5) 以 z_1, z_2 为焦点的双曲线方程(到两定点 z_1, z_2 的距离之差的绝对值为常数 $2a$)：
$\mid z-z_1 \mid-\mid z-z_2 \mid=\pm 2a, \quad 2a<\mid z_1-z_2 \mid$.

例 1.18　方程 $\mathrm{Im}(\mathrm{i}+\bar{z})=4$ 表示什么曲线？

解：设 $z=x+y\mathrm{i}$，则 $\mathrm{i}+\bar{z}=x+(1-y)\mathrm{i}$. 由于 $\mathrm{Im}(\mathrm{i}+\bar{z})=4$ 则 $1-y=4$，从而 $y=-3$，
$x\in \mathbf{R}$（直线）.

例 1.19　求证：三个复数 z_1, z_2, z_3 成为一个等边三角形的
三个顶点的充要条件为

$$z_1^2+z_2^2+z_3^2=z_2z_3+z_3z_1+z_1z_2.$$

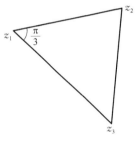

证明：如图 1.10 所示，$\triangle z_1z_2z_3$ 是等边三角形 $\Leftrightarrow \overrightarrow{z_1z_2}$ 绕 z_1 旋
转 $\dfrac{\pi}{3}$ 或 $-\dfrac{\pi}{3}$，即得 $\overrightarrow{z_1z_3}$. 从而，$z_3-z_1=(z_2-z_1)\mathrm{e}^{\pm\frac{\pi}{3}\mathrm{i}}$ 或

$\dfrac{z_3-z_1}{z_2-z_1}=\mathrm{e}^{\pm\frac{\pi}{3}\mathrm{i}}=\dfrac{1}{2}\pm\dfrac{\sqrt{3}}{2}\mathrm{i}$，即 $\dfrac{z_3-z_1}{z_2-z_1}-\dfrac{1}{2}=\pm\dfrac{\sqrt{3}}{2}\mathrm{i}$. 两端平方，　**图 1.10　例 1.19 示意图**

化简得 $z_1^2+z_2^2+z_3^2=z_2z_3+z_3z_1+z_1z_2$.

事实上　$\left(\dfrac{z_3-z_1}{z_2-z_1}-\dfrac{1}{2}\right)^2=-\dfrac{3}{4}$，　$\left(\dfrac{z_3-z_1}{z_2-z_1}\right)^2-\dfrac{z_3-z_1}{z_2-z_1}+\dfrac{1}{4}=-\dfrac{3}{4}$，

$\left(\dfrac{z_3-z_1}{z_2-z_1}\right)^2-\dfrac{z_3-z_1}{z_2-z_1}=-1$，　$\dfrac{(z_3-z_1)^2-(z_3-z_1)(z_2-z_1)}{(z_2-z_1)^2}=-1$，

即　　　　　$(z_3-z_1)^2-(z_3-z_1)(z_2-z_1)=-(z_2-z_1)^2$，

$$z_3^2+z_1^2-2z_3z_1-(z_2z_3-z_1z_3-z_1z_2+z_1^2)=-z_2^2-z_1^2+2z_1z_2,$$

则　　　　　$$z_1^2+z_2^2+z_3^2=z_2z_3+z_3z_1+z_1z_2.$$

例 1.20　求证：三角形的内角和等于 π.

证明：如图 1.11 所示，设三角形的三个顶点分别为 z_1, z_2, z_3 对应的三个顶角分别为
α, β, γ，则 z_2-z_1 的辐角比 z_3-z_1 的辐角多 α，则 $\arg(z_2-z_1)-\arg(z_3-z_1)=\alpha$，则 $\alpha=$
$\arg\dfrac{z_2-z_1}{z_3-z_1}$. 类似地，$\beta=\arg\dfrac{z_3-z_2}{z_1-z_2}$，$\gamma=\arg\dfrac{z_1-z_3}{z_2-z_3}$. 因

$$\frac{z_2 - z_1}{z_3 - z_1} \cdot \frac{z_3 - z_2}{z_1 - z_2} \cdot \frac{z_1 - z_3}{z_2 - z_3} = -1,$$

则

$$\arg \frac{z_2 - z_1}{z_3 - z_1} + \arg \frac{z_3 - z_2}{z_1 - z_2} + \arg \frac{z_1 - z_3}{z_2 - z_3}$$
$$= \arg(-1) + 2k\pi = \pi + 2k\pi,$$

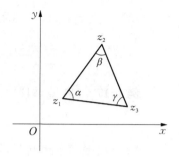

即 $\alpha + \beta + \gamma = \pi + 2k\pi$. 因 $0 < \alpha < \pi$，$0 < \beta < \pi$，$0 < \gamma < \pi$，则 $0 < \alpha + \beta + \gamma < 3\pi$，故必取 $k = 0$，故 $\alpha + \beta + \gamma = \pi$.

图 1.11   例 1.20 示意图

例 1.21   求证：给定方程 $Az\bar{z} + \bar{B}z + B\bar{z} + C = 0$，其中 A，C 为实数，B 为复数，且 $|B|^2 - AC > 0$，则该方程是一圆周方程 ($A \neq 0$).

证明： 因 $z\bar{z} + \frac{\bar{B}}{A}z + \frac{B}{A}\bar{z} + \frac{C}{A} = 0$，则 $\left(z + \frac{B}{A}\right)\left(\bar{z} + \frac{\bar{B}}{A}\right) = \frac{|B|^2 - AC}{A^2}$，故 $\left| z + \frac{B}{A} \right| = \frac{\sqrt{|B|^2 - AC}}{|A|}$，这表示以 $-\frac{B}{A}$ 为圆心，$\frac{\sqrt{|B|^2 - AC}}{|A|}$ 为半径的圆周方程.

例 1.22   求证复平面上的直线方程的一般形式为 $\alpha\bar{z} + \bar{\alpha}z + C = 0$，其中 $\alpha \neq 0$ 为复数，C 为实数.

证明： 实平面上的直线方程为 $Ax + By + C = 0$，其中 A，B，C 均为实数，且 A，B 不同时为零. 由 $A\left(\frac{z + \bar{z}}{2}\right) + B\left(\frac{z - \bar{z}}{2}\right) + C = 0$，得 $\left(\frac{A}{2} - \mathrm{i}\frac{B}{2}\right)z + \left(\frac{A}{2} + \mathrm{i}\frac{B}{2}\right)\bar{z} + C = 0$. 令 $\alpha = \frac{A}{2} + \mathrm{i}\frac{B}{2}$，即得 $\alpha\bar{z} + \bar{\alpha}z + C = 0$，且 $\alpha \neq 0$.

反之，对方程 $\alpha\bar{z} + \bar{\alpha}z + C = 0$，设 $\alpha = A + \mathrm{i}B \neq 0$，则有 $(A + \mathrm{i}B)(x - \mathrm{i}y) + (A - \mathrm{i}B)(x + \mathrm{i}y) + C = 0$，得 $2Ax + 2By + C = 0$，其中 A，B，C 均为实数，且 A，B 不同时为零.

1.2   复平面上的点集

1.2.1   平面点集的几个概念

定义 1.1   由不等式 $|z - z_0| < \rho$ 所确定的平面点集(以 z_0 为圆心，ρ 为半径的开圆盘)称为点 z_0 的邻域，记为 $N_\rho(z_0)$，即 $N_\rho(z_0) = \{z \in \mathbf{C} \mid |z - z_0| < \rho\}$. 并称 $0 < |z - z_0| < \rho$ 为 z_0 的去心邻域，记为 $N_\rho(z_0) - \{z_0\}$，$N_\rho(z_0) - \{z_0\} = \{z \in \mathbf{C} \mid 0 < |z - z_0| < \rho\}$.

定义 1.2   若平面上一点 z_0(不必属于 E) 的任意邻域都有 E 的无穷多个点，则称 z_0 是 E 的聚点. 若 $z_0 \in E$，但 z_0 不是 E 的聚点，则称 z_0 是 E 的孤立点. 若 $z_0 \notin E$，且 z_0 不是 E 的聚点，则称 z_0 是 E 的外点. E 的全部聚点常用 E' 表示.

平面点集的基本概念如图 1.12 所示.

定义 1.3   (1) 若 $E' \subseteq E$，则称 E 为闭集.

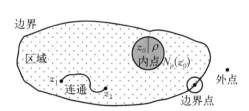

图 1.12   平面点集的基本概念示意图

(2) 设 $z_0 \in E$, $\exists N_\rho(z_0)$, 使 $\forall z \in N_\rho(z_0)$, 有 $z \in E$, 则称 z_0 为 E 的内点.

(3) 若 $\forall z \in E$, z 均是 E 的内点, 则称 E 为开集.

(4) 若 $\forall \rho > 0$, $N_\rho(z_0)$ 中既有属于 E 的点也有不属于 E 的点, 则称 z_0 为 E 的边界点.

(5) E 的全部边界点组成的点集称为 E 的边界, 记为 ∂E.

(6) 平面上不属于 E 的点的全体称为 E 的余集, 记作 E^c, 即 $E^c = \mathbf{C} - E$.

注:(1) 开集的余集为闭集, 闭集的余集为开集.

　　(2) 孤立点必是边界点.

定义 1.4　若 $\exists M > 0$, 使 $\forall z \in E$, 有 $|z| \leqslant M$, 则称 E 为有界集, 否则称 E 为无界集.

命题 1.1　下列命题等价:

(1) z_0 是 E 的聚点.

(2) z_0 的任一邻域内含有 E 的无穷多个点(z_0 不必属于 E).

(3) z_0 的任一邻域内含有异于 z_0 而属于 E 的一个点.

(4) z_0 的任一邻域内含有 E 的两个点.

(5) 可从 E 中取出点列 $\{z_n\}_{n=1}^{\infty}$, 以 z_0 为极限, 即 $\forall \varepsilon > 0$, $\exists N \in \mathbf{N}^+$, 当 $n > N$ 时, $|z_n - z_0| < \varepsilon$.

例 1.23　(1) $E = \{z \mid |z| < R, R > 0\}$ 是开集(见图 1.14).

(2) $E = \{z \mid |z| \geqslant R, R \geqslant 0\}$ 是闭集.

(3) 设 $E = \{z \mid |z| < R, R > 0\}$, 则圆周 $|z| = R$ 上的点均是 E 的边界点, 且没有其他边界点, 即 $\partial E = \{z \mid |z| = R\}$.

1.2.2　区域与若尔当曲线

定义 1.5　点集 E 中任意两点均可由存在于 E 中的曲线连接起来(曲线上的点属于 E), 则称 E 是连通集(见图 1.13).

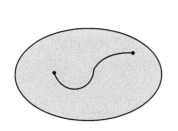

图 1.13　连通集

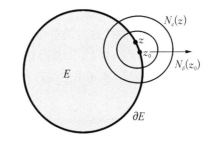

图 1.14　例 1.23 示意图

定义 1.6　(1) 若 D 既是开集又是连通集, 则称 D 是区域.

(2) 区域 D 和它的边界 ∂D 所组成的集合称为闭域(闭区域), 记为 $\bar{D}$, 即 $\bar{D} = D \bigcup \partial D$.

注:区域是开集, 区域不包含它的边界.

例 1.24　求证: E 的边界是闭集.

证明:设 z 为 ∂E 的聚点, 取 z 任意 ε 邻域 $N_\varepsilon(z)$, 则存在 $z_0(z_0 \neq z)$, 使 $z_0 \in N_\varepsilon(z)$

且 $z_0 \in \partial E$，则取 $N_\delta(z_0)$，使 $N_\delta(z_0) \subseteq N_\varepsilon(z)$，且 $N_\delta(z_0)$ 中既有属于 E 的点也有不属于 E 的点，从而 $N_\varepsilon(z)$ 内既有属于 E 的点，也有不属于 E 的点. 故 $z \in \partial E$，即 $(\partial E)' \subseteq \partial E$，故 ∂E 是闭集.

例 1.25 $|z| < R$（圆形区域），$|z| \leqslant R$（圆形闭域）.

注： 一般称 $|z| < 1$ 为单位开圆盘，$|z| = 1$ 为单位圆周.

例 1.26   上半 z 平面 $\mathrm{Im}\, z > 0$，下半 z 平面 $\mathrm{Im}\, z < 0$（以 $\mathrm{Im}\, z = 0$ 为边界），左半 z 平面 $\mathrm{Re}\, z < 0$，右半 z 平面 $\mathrm{Re}\, z > 0$（以 $\mathrm{Re}\, z = 0$ 为边界）.

例 1.27   单位圆周的外部且在上半平面的部分：$\begin{cases} |z| > 1 \\ \mathrm{Im}\, z > 0 \end{cases}$，（见图 1.15）.

例 1.28 $y_1 < \mathrm{Im}\, z < y_2$ 的带形区域（见图 1.16）.

例 1.29 $r < |z| < R$ 表示同心圆环（圆环形区域）（见图 1.17）.

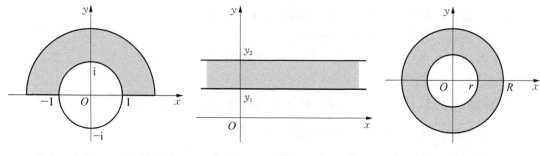

图 1.15   例 1.27 示意图   图 1.16   例 1.28 示意图   图 1.17   例 1.29 示意图

定义 1.7   有界集 E 的直径 $d(E) = \sup\{|z - z'|\, \big|\, z \in E, z' \in E\}$.

定义 1.8   (1) 设 $x(t)$，$y(t)$ 是两个实函数，且 $x(t)$，$y(t)$ 均在 $[\alpha, \beta]$ 上连续，则复数方程 $z = x(t) + \mathrm{i}y(t)$ $(\alpha \leqslant t \leqslant \beta)$ 所决定的点集 C 称为 z 平面上的连续曲线，$z(\alpha)$，$z(\beta)$ 分别称为的起点和终点.

(2) 对满足 $\alpha < t_1 < \beta$，$\alpha \leqslant t_2 \leqslant \beta$，当 $t_1 \neq t_2$ 时，有 $z(t_1) = z(t_2)$，则点 $z(t_1)$ 称为曲线 C 的重点.

(3) 没有重点的连续曲线称为简单曲线（或若尔当曲线）（自身不相交）.

(4) 起点与终点重合 $[z(\alpha) = z(\beta)]$ 的简单曲线称为简单闭曲线.

简单曲线、简单闭曲线、非简单曲线以及非简单闭曲线如图 1.18 至图 1.21 所示.

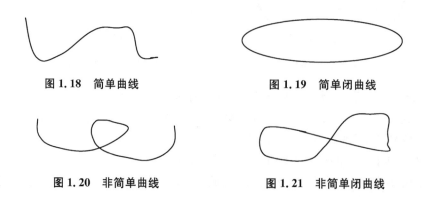

图 1.18   简单曲线   图 1.19   简单闭曲线

图 1.20   非简单曲线   图 1.21   非简单闭曲线

定义 1.9　设连续弧 AB 的参数方程为 $z = z(t)$，$\alpha \leqslant t \leqslant \beta$. 任取实数列 $\{t_n\}$：$\alpha = t_0 < t_1 < t_2 < \cdots < t_{j-1} < t_j < \cdots < t_{n-1} < t_n = \beta$，并得到弧 AB 的点列（见图 1.22），则这些点列 $z_j = z(t_j)$，$j = 0, 1, 2, \cdots, n$ 的折线段长度为

$$I_n = \sum_{j=1}^{n} |z(t_j) - z(t_{j-1})|.$$ 若对于所有的数列 $\{t_n\}$，I_n 都有上界，则弧 AB 称为可求长的，上确界 $L = \sup I_n$ 称为弧 AB 的长度.

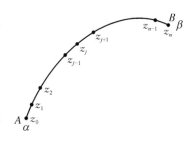

图 1.22　可求长曲线

定义 1.10　设简单曲线 C 的参数方程为 $z = x(t) + \mathrm{i}y(t)$，$(\alpha \leqslant t \leqslant \beta)$，在 $\alpha \leqslant t \leqslant \beta$ 上，$x'(t)$ 及 $y'(t)$ 存在、连续且不全为零，则曲线 C 称为光滑曲线.

注：光滑曲线具有连续转动的切线.

定义 1.11　由有限条光滑曲线连接而成的连续曲线称为逐段光滑曲线.

注：简单折线是逐段光滑曲线.

定理 1.1　（若尔当定理）任一简单闭曲线 C 将 z 平面唯一地分成 C、$I(C)$ 及 $E(C)$ 三个点集（见图 1.23），它们具有如下性质：

(1) 彼此不交.

(2) $I(C)$ 是一个有界区域（称为 C 的内部）.

(3) $E(C)$ 是一个无界区域（称为 C 的外部）.

(4) 若简单折线 τ 的一个端点属于 $I(C)$，另一个端点属于 $E(C)$，则折线 τ 与曲线 C 相交.

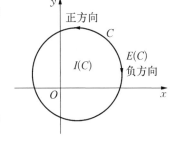

图 1.23　C，$I(C)$ 及 $E(C)$ 示意图

定义 1.12　(1) 若区域 C 任一条简单闭曲线，其内部仍全含于 C，则称 D 是单连通区域，否则称 D 为多连通区域（无"洞"与有"洞"）.

(2) 若 E 不能划分为两个无公共点的非空闭集，则称 E 为连续点集. 空集与单点集称为退化连续点集.

(3) 若区域 C 的边界是互不相交的 $2, 3, \cdots, n$ 个连续点集，则分别称为二连通，三连通，$\cdots$，n 连通的区域.

例 1.30　指出下列点集是否为单连通区域，且是否有界.

(1) $|\operatorname{Im} z| < 2$，$|\operatorname{Re} z| < 3$ 是单连通且有界的区域（见图 1.24）.

(2) $0 < |z| < +\infty$ 为多连通且无界的区域.

(3) $z + |z| \neq 0$ 为单连通且无界的区域（见图 1.25）.

这里，我们先找出 $z + |z| = 0$ 的点集，即 $z = -|z|$，即 z 平面上包括原点和负实轴的点集. 故 $z + |z| \neq 0$ 是复平面上去掉原点和负实轴的点集，故为单连通无界集.

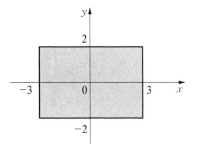

图 1.24　例 1.30(1) 示意图

（4）$|z-2|+|z+2|\leqslant 6$ 表示平面椭圆 $\dfrac{x^2}{9}+\dfrac{y^2}{5}=1$ 及其围成的区域是单连通有界闭集（见图 1.26）.

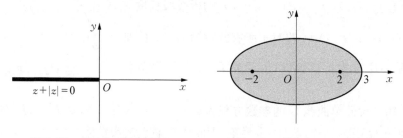

图 1.25　例 1.30(3)示意图　　　图 1.26　例 1.30(4)示意图

1.3　复变函数

1.3.1　复变函数的概念

1. 概念

定义 1.13　（1）设 E 是复平面上的点集，如果 E 中的每一个点 z，按照某一确定法则 f，总有复数 ω 与之对应，则称 ω 为 z 的复变函数，记为 $\omega=f(z)$. 其中 E 为 $\omega=f(z)$ 的定义域，$M=\{\omega=f(z)\mid z\in E\}$ 为 $\omega=f(z)$ 的值域.

（2）若 $\forall z\in E$，有且仅有一个确定的 ω 与之对应，则称 $\omega=f(z)$ 是单值函数.

（3）若 $\forall z\in E$，有多个或无穷多个 ω 与之对应，则称 $\omega=f(z)$ 是多值函数.

例 1.31　（1）$\omega=\dfrac{1}{z}\,(z\neq 0)$，$\omega=|z|$，$\omega=\bar{z}$，$\omega=z^2+z$，$\omega=\dfrac{z+1}{z-1}\,(z\neq 1)$，$\omega=\dfrac{1}{z^2+1}\,(z\neq\pm i)$ 均是复平面上的单值函数.

（2）$\omega=\sqrt[3]{z}\,(z\neq 0)$，$\omega=\sqrt[n]{z}\,(z\neq 0,\,n\geqslant 2,\,n\in\mathbf{N})$，$\omega=\operatorname{Arg} z\,(z\neq 0)$ 均是 z 的多值函数. 部分函数示意图如图 1.27 所示.

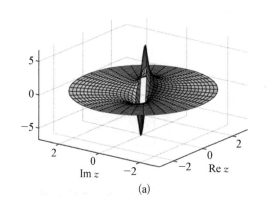

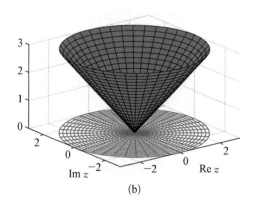

(a)　　　　　　　　(b)

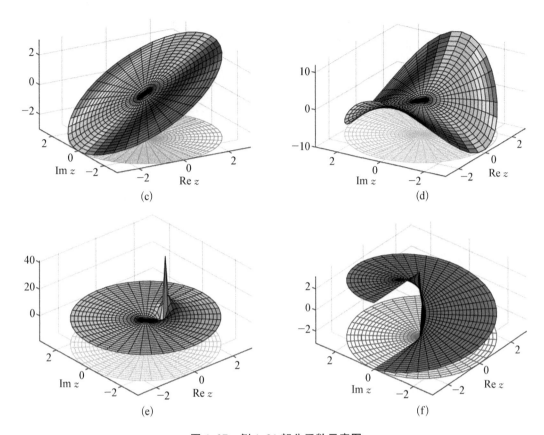

图 1.27　例 1.31 部分函数示意图

(a) $1/z$；(b) $|z|$；(c) $\bar{z}$；(d) z^2+z；(e) $(z+1)/(z-1)$；(f) $\arg z$

注：(1) 由 z 和常数经过有限次四则运算得到的有理函数(分母不为零)是单值函数.

(2) 含根式的代数式一般是多值函数.

2. 与实函数的联系

设 $\omega=f(z)$，令 $z=x+yi$，$\omega=u+iv$，则 $\omega=f(z)$ 可写成 $\omega=u(x,y)+iv(x,y)$.

若令 $z=re^{i\theta}$，则 $\omega=f(z)$ 又可写成 $\omega=P(r,\theta)+iQ(r,\theta)$.

注：故一个单复变函数可看成两个二元实函数.

例 1.32　设 $\omega=z^2+1$，令 $z=x+yi$，则 $\omega=x^2-y^2+1+2xyi$.

令 $u(x,y)=x^2-y^2+1$，$v(x,y)=zxy$，则 $\omega=z^2+1=u(x,y)+iv(x,y)$.

令 $z=re^{i\theta}$，则 $\omega=r^2(\cos 2\theta+i\sin 2\theta)+1$. 令 $P(r,\theta)=r^2\cos 2\theta+1$，$Q(r,\theta)=r^2\sin 2\theta$，则 $\omega=P(r,\theta)+iQ(r,\theta)$.

3. 映射与几何意义

由于 $\omega=f(z)=f(x+yi)=u+iv=u(x,y)+iv(x,y)$，则 $\omega=f(z)$ 描述的图形须采用四维空间，即 (u,v,x,y) 空间表示. 为避免困难，可采用 z 平面到 ω 平面的点集间的映射，与点 $z\in E$ 对应的点 $\omega=f(z)$ 称为点 z 的像点，同时称点 z 为点 $\omega=f(z)$ 的原像，如图 1.28 所示.

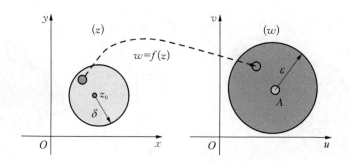

图 1.28　映射的几何意义示意图

例 1.33　设 $\omega = z^2$，试问它把 z 平面上的下列曲线分别变成 ω 平面上的何种曲线？

(1) 满足 $x^2 + y^2 = 4$ 的第一象限里的圆弧；

(2) 倾角为 $\theta = \dfrac{\pi}{3}$ 的直线 $\left(\text{可看成两条射线 } \mathrm{Arg}\, z = \dfrac{\pi}{3} \text{ 及 } \mathrm{Arg}\, z = \pi + \dfrac{\pi}{3}\right)$；

(3) 双曲线 $x^2 - y^2 = 4$.

解： 设 $z = x + y\mathrm{i} = r(\cos\theta + \mathrm{i}\sin\theta)$，则 $\omega = u + \mathrm{i}v = x^2 - y^2 + 2xy\mathrm{i} = r^2(\cos 2\theta + \mathrm{i}\sin 2\theta) = r^2\mathrm{e}^{\mathrm{i}2\theta}$.

(1) 曲线为 $|z| = 2$，辐角主值由 0 变到 $\dfrac{\pi}{2}$，则 $|\omega| = |z^2| = |z|^2 = 4$（模由 $|z| = 2$，变为 $|\omega| = 4$）. ω 的辐角主值由 0 变到 π. 故 ω 平面上对应图形为以原点为圆心、4 为半径的 u 轴上方的半圆周.

(2) 倾角为 $\theta = \dfrac{\pi}{3}$ 的直线在 ω 平面对应图形为射线，倾角 $\varphi = \dfrac{2\pi}{3}$.

(3) **解法 1：** 因 $\omega = z^2 = x^2 - y^2 + 2xy\mathrm{i}$，又由于 z 平面上的双曲线为 $x^2 - y^2 = 4$，故 $u(x, y) = 4$，$v(x, y) = 2xy \in \mathbf{R}$. 因此，$\omega = z^2$ 将双曲线 $x^2 - y^2 = 4$ 映射为 ω 平面上的直线 $u = 4$，$v \in \mathbf{R}$.

解法 2： 因 $x = \dfrac{z + \bar{z}}{2}$，$y = \dfrac{z - \bar{z}}{2\mathrm{i}}$，则 $x^2 - y^2 = 4$ 可化为 $x^2 - y^2 = \dfrac{(z + \bar{z})^2}{4} + \dfrac{(z - \bar{z})^2}{4} = 4$，即 $z^2 + \bar{z}^2 = 8$，因此，在 $\omega = z^2$ 映射下 $(\bar{z}^2 = \bar{\omega})\, \omega + \bar{\omega} = 8$，即 $u = 4$（ω 平面中的直线）.

1.3.2　反函数

定义 1.14　若 $f(z) \subseteq F$，$\forall \omega \in F$，$\exists z \in E$，使 $\omega = f(z)$，则称 $\omega = f(z)$ 是 E 到 F 的满变换. 满变换具有如下性质：

(1) $\forall z \in E$，$\omega = f(z) \in F$.

(2) $\forall \omega \in F$，$\exists z \in E$，使 $\omega = f(z)$.

定义 1.15　若 $\omega = f(z)$ 是 E 到 F 的满变换，且对于 $\forall \omega \in F$，存在一个（或多个）点 z 与之相对应，则在 F 上确定了一个单值（或多值）函数，记作 $z = f^{-1}(\omega)$，称为 $\omega = f(z)$ 的反函数或 $\omega = f(z)$ 的逆函数. 若 $\omega = f(z)$ 与 $z = f^{-1}(\omega)$ 均是单值的，则称 $\omega = f(z)$ 是 E 到 F 的双方单值变换或一一变换.

注：(1) $\forall \omega \in F$，有 $\omega = f[f^{-1}(\omega)]$.

(2) 若 $\omega = f(z)$ 与 $z = f^{-1}(\omega)$ 均是单值的，则 $z = f^{-1}[f(z)]$，$z \in E$.

1.3.3　复变函数的极限与连续性

关于一元函数极限的定义有多种情况，以自变量趋于无穷大为例，其定义为

$$\lim_{x \to x_0} f(x) = A \Leftrightarrow \forall \varepsilon > 0,\ \exists \delta > 0, 当 0 < |x - x_0| < \delta 时，有 |f(x) - A| < \varepsilon.$$

1. 复变函数的极限

定义 1.16　设 $\omega = f(z)$ 是 E 上的复变函数，z_0 是 E 的聚点，若存在复数 A，使对 $\forall \varepsilon > 0,\ \exists \delta > 0$，当 $0 < |z - z_0| < \delta$，且 $z \in E$ 时，有 $|f(z) - A| < \varepsilon$，则称 $f(z)$ 是当 z 趋于 z_0 时以 A 为极限，记为 $\lim\limits_{z \to z_0 (z \in E)} f(z) = A$.

注：(1) 若 $\lim\limits_{z \to z_0} f(z)$ 存在，则极限必唯一.

(2) $\lim\limits_{z \to z_0} f(z)$ 与 z 趋于 z_0 的方式无关，即无论 z 以什么方式趋向于 z_0 时，$f(z)$ 都趋于 A 才称 $f(z)$ 在 z_0 极限为 A.

定理 1.2　若 $\lim\limits_{z \to z_0} f(z) = A$，$\lim\limits_{z \to z_0} g(z) = B$，则有

(1) $\lim\limits_{z \to z_0} [f(z) \pm g(z)] = \lim\limits_{z \to z_0} f(z) \pm \lim\limits_{z \to z_0} g(z) = A \pm B$.

(2) $\lim\limits_{z \to z_0} [f(z) \cdot g(z)] = A \cdot B$.

(3) $\lim\limits_{z \to z_0} \dfrac{f(z)}{g(z)} = \dfrac{A}{B}$，$B \neq 0$.

定理 1.3　设 $f(z) = u(x, y) + \mathrm{i}v(x, y)$，$z_0 = x_0 + \mathrm{i}y_0$ 为 E 的聚点，$A = a + \mathrm{i}b$，则 $\lim\limits_{z \to z_0 (z \in E)} f(z) = A \Leftrightarrow \lim\limits_{(x, y) \to (x_0, y_0)} u(x, y) = a$，且 $\lim\limits_{(x, y) \to (x_0, y_0)} v(x, y) = b$.

注：一个复变函数的极限可以归结为两个二元实函数的极限.

证明：因 $f(z) - A = u(x, y) - a + \mathrm{i}[v(x, y) - b]$，则可得如下不等式：$|u(x, y) - a| \leqslant |f(z) - A|$，$|v(x, y) - b| \leqslant |f(z) - A|$，$|f(z) - A| \leqslant |u(x, y) - a| + |v(x, y) - b|$.

必要性：因 $\lim\limits_{z \to z_0} f(z) = A$，则 $\forall \varepsilon > 0,\ \exists \delta > 0$，当 $0 < |z - z_0| < \delta$ 时，有 $|f(x) - A| < \varepsilon$，自然有 $|u(x, y) - a| < \varepsilon$，故 $\lim\limits_{(x, y) \to (x_0, y_0)} u(x, y) = a$.

类似可证 $\lim\limits_{(x, y) \to (x_0, y_0)} v(x, y) = b$.

充分性：因 $\lim\limits_{(x, y) \to (x_0, y_0)} u(x, y) = a$ 且 $\lim\limits_{(x, y) \to (x_0, y_0)} v(x, y) = b$，则 $\forall \varepsilon > 0,\ \exists \delta > 0$，当 $0 < |z - z_0| < \delta$ 时，有 $|u(x, y) - a| < \dfrac{\varepsilon}{2}$，$|v(x, y) - b| < \dfrac{\varepsilon}{2}$. 自然有 $|f(z) - A| \leqslant |u(x, y) - a| + |v(x, y) - b| < \dfrac{\varepsilon}{2} + \dfrac{\varepsilon}{2} = \varepsilon$，故 $\lim\limits_{z \to z_0} f(z) = A$.

例 1.34　计算下列极限：

(1) $\lim\limits_{z \to 1+\mathrm{i}} (z^2 - 2)$；　　(2) $\lim\limits_{z \to 1+\mathrm{i}} \dfrac{3z + 1}{z^2 + 1}$.

解：（1）原式 $=(1+i)^2-2=1+4i$.

（2）原式 $=\dfrac{3(1+i)+1}{(1+i)^2+1}=\dfrac{(4+3i)(1-2i)}{(1+2i)(1-2i)}=\dfrac{4+6+3i-8i}{5}=2-i$.

例 1.35 设 $f(z)=\dfrac{1}{2i}\left(\dfrac{z}{\bar{z}}-\dfrac{\bar{z}}{z}\right)$，试证：当 $z=0$ 时，$f(z)$ 的极限不存在.

证明： 因 $f(z)=\dfrac{1}{2i}\left(\dfrac{z}{\bar{z}}-\dfrac{\bar{z}}{z}\right)=\dfrac{z^2-\bar{z}^2}{2iz\bar{z}}$，令 $z=x+yi$，则 $f(z)=\dfrac{2xy}{x^2+y^2}$，即 $u(x,$

$y)=\dfrac{2xy}{x^2+y^2}$，$v(x,y)\equiv 0$. 因 $\lim\limits_{\substack{x\to 0 \\ y=kx}}u(x,y)=\lim\limits_{\substack{x\to 0 \\ y=kx}}\dfrac{2xy}{x^2+y^2}=\lim\limits_{x\to 0}\dfrac{2kx^2}{x^2+kx^2}=\dfrac{2k}{1+k^2}$，

此极限依赖于 k 的取值，故 $\lim\limits_{(x,y)\to(0,0)}u(x,y)$ 不存在，从而 $\lim\limits_{z\to 0}f(z)$ 不存在.

2. 复变函数的连续性

定义 1.17 设 $\omega=f(z)$ 在 E 上有定义，z_0 为 E 的聚点，且 $z_0\in E$. 若 $\lim\limits_{z\to z_0}f(z)=$ $f(z_0)$，即 $\forall\varepsilon>0$，$\exists\delta>0$，当 $|z-z_0|<\delta$，且 $z\in E$ 时，有 $|f(z)-f(z_0)|<\varepsilon$，则称 $f(z)$ 在 z_0 处连续.

定义 1.18 若 $\omega=f(z)$ 在 E 上各点处连续，则称 $f(z)$ 在 E 上连续.

注：（1）若 E 为实轴上的闭区间 $[\alpha,\beta]$，则连续曲线 $z=x(t)+iy(t)$ 就是 $[\alpha,\beta]$ 上的连续函数 $z=z(t)$.

（2）若 E 为闭域 $\bar{D}$，则 $\forall z\in\bar{D}$，z 均是聚点，$\bar{D}$ 上的点均可考查连续性.

（3）若 $\lim\limits_{z\to z_0}f(z)=f(z_0)$，$z\in C$（$C$ 为曲线），则称函数 $f(z)$ 在曲线 C 上连续.

定理 1.4 （1）连续复变函数的和、差、积、商（分母为零除外）仍是连续函数.

（2）连续函数的复合函数（复合函数若有意义或有定义）仍是连续函数.

定理 1.5 设 $f(z)=u(x,y)+iv(x,y)$ 在 E 上有定义，$z_0\in E$，则 $f(z)$ 在 $z_0=$ x_0+iy_0 上连续 $\Leftrightarrow u(x,y)$ 与 $v(x,y)$ 均在 (x_0,y_0) 处连续.

例 1.36 设 $\lim\limits_{z\to z_0}f(z)=A$，求证：$f(z)$ 在 z_0 的某去心邻域内是有界的.

证明： 因 $\lim\limits_{z\to z_0}f(z)=A$，则取 $\varepsilon=1$，$\exists\delta>0$，当 $0<|z-z_0|<\delta$ 时，有 $|f(z)-A|<$ $\varepsilon=1$，因此 $|f(z)|=|f(z)-A+A|\leqslant|f(z)-A|+|A|<1+|A|$.

取 $M=1+|A|$，则 $|f(z)|\leqslant M$. 故 $f(z)$ 在 z_0 的去心邻域 $N_\delta(z_0)-\{z_0\}$ 内是有界的.

下面的几个定理，数学分析或高等数学中已经证明过，读者可自行类比证明.

定理 1.6 （聚点定理）每一个无界无穷点集至少有一个聚点.

定理 1.7 （闭集套定理）设闭集列 $\{\overline{F_n}\}$ 中至少一个为有界集，且 $\overline{F_n}\supset\overline{F_{n+1}}$，$\lim\limits_{n\to\infty}d(\overline{F_n})=0[d(\overline{F_n})$ 为 $\overline{F_n}$ 的直径$]$，则必有 $z_0\in\overline{F_n}(n=1,2,3,\cdots)$.

定理 1.8 （覆盖定理）设有界闭集 E 的每一点 z 都是圆 k_z 的圆心，则这些圆 $\{k_z\}$（有界闭集的集合）中必有有限个圆把 E 盖住.

我们知道闭区间上的连续函数具有有界性、最值可达性及一致连续性. 对于复变连续函数，也具有与此平行的性质.

定理 1.9 在有界闭集 E 上连续函数 $f(z)$ 具有如下性质：

(1) $f(z)$ 在 E 上有界,即 $\exists M > 0$,使 $\forall z \in E$,有 $| f(z) | \leqslant M$.

(2) $| f(z) |$ 在 E 上可取最大值与最小值,即 $\exists z_1, z_2 \in E$,对 $\forall z \in E$ 有 $| f(z) | \leqslant | f(z_1) |$ 且 $| f(z) | \geqslant | f(z_2) |$.

(3) $f(z)$ 在 E 上一致连续,即 $\forall \varepsilon > 0$,$\exists \delta > 0$,使对 E 上满足 $| z_1 - z_2 | < \delta$ 的任意两点 z_1 与 z_2 均有 $| f(z_1) - f(z_2) | < \varepsilon$.

例 1.37　求证：$\arg z$ 在原点与负实轴上不连续.

证明：(1) 当 z_0 为原点 $(z_0 = 0)$ 时,$\arg z$ 在原点无定义,故不连续.

(2) 当 $z_0 = x_0 (x_0 < 0)$ 时,有 $\arg z_0 = \pi$.

① 当 z 在上半平面时,$z \to z_0$,$\lim\limits_{z \to z_0} \arg z = \lim\limits_{x \to x_0, \, y \to 0^+} \left(\arctan \dfrac{y}{x} + \pi \right) = \pi$；

② 当 z 在下半平面时,$z \to z_0$,$\lim\limits_{z \to z_0} \arg z = \lim\limits_{x \to x_0, \, y \to 0^-} \left(\arctan \dfrac{y}{x} - \pi \right) = -\pi$.

因此 $\arg z$ 在 $z_0 (z_0 = x_0, \, x_0 < 0)$ 处不连续,从而 $\arg z$ 在原点与负实轴上不连续.

例 1.38　试问 $f(z) = \dfrac{1}{1-z}$ 在单位圆 $| z | < 1$ 是否连续？是否有界？

解：因 $1 - z$ 在 $| z | < 1$ 内连续,且不为零,故 $f(z) = \dfrac{1}{1-z}$ 在 $| z | < 1$ 内连续.

$\forall M > 0$,取 $z_0 = 1 - \dfrac{1}{3M}$,且当 $| z_0 | = \left| 1 - \dfrac{1}{3M} \right| < 1$ 时,有

$$| f(z_0) | = \left| \frac{1}{1-z_0} \right| = \frac{1}{\left| 1 - \left(1 - \dfrac{1}{3M} \right) \right|} = 3M > M,$$

故 $f(z) = \dfrac{1}{1-z}$ 无界.

1.4　复球面与无穷远点

1.4.1　复球面

1. 复球面与扩充复平面

除了用复平面上的点或向量表示复数外,还可以用球面上的点来表示复数,它借用地图学中将地球投影到平面上的测地投影法,建立复平面与球面上的点的对应.

取一个在原点 O 与 z 平面相切的球面,通过原点 O 作一垂直于 z 平面的直线与球面交于点 N,N 称为北极,O 称为南极,常记为 S 极.

现用直线段将北极 N 与复平面点 z 相连,则此线段定交于球面的一点 $P(z)$（异于 N 点）；反之,对于球面上异于 N 的点 P,用直线段把 P 与 N 连接起来,这条线段的延长线必与复平面相交于一点 z,如图 1.29 所示.

说明：球面上除 N 极外的点与复平面内的点存在一一对应的关系,但是球面上的北极

N 还没有复平面内的点与它对应.

考虑 z 平面上一个以原点为中心的圆周 C，在球面上对应的也是一个圆周 τ（纬线）. 当圆周 C 的半径越大时，圆周 τ 就趋于北极 N.

北极 N 可看作 z 平面上的一个模为无穷大的假想点，这个假想点称为无穷远点，并记为 ∞（$N \leftrightarrow \infty$）（复平面中唯一的"无穷大"或"无穷远"）.

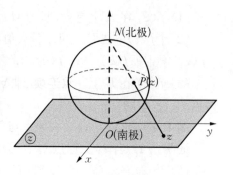

图 1.29　复球面

复平面加上点 ∞ 后称为扩充复平面，常记为 C_∞，$C_\infty = C + \{\infty\}$ 与之对应的就是整个球面，称为**复球面**.

2. ∞ 的运算法则

设 α 是异于 ∞ 的一个复数，则有如下结论：

(1) 加法：$\alpha + \infty = \infty + \alpha = \infty$.

(2) 减法：$\alpha - \infty = \infty - \alpha = \infty$.

(3) 乘法：$\alpha \cdot \infty = \infty \cdot \alpha = \infty$，$\alpha \neq 0$.

(4) 除法：$\dfrac{\alpha}{0} = \infty$，$\alpha \neq 0$；$\dfrac{\alpha}{\infty} = 0$，$\alpha \neq \infty$.

(5) 不规定 $\infty \pm \infty$、$0 \cdot \infty$、$\dfrac{\infty}{\infty}$、$\dfrac{0}{0}$ 的意义.

(6) ∞ 的实部、虚部及辐角都无意义.

(7) 复平面上每一条直线均通过 ∞，同时没有一个半平面包含点 ∞，并注意直线不是简单闭曲线.

1.4.2　扩充复平面的几个概念

(1) 无穷远点的邻域，即 ∞ **的 ε 邻域** $N_\varepsilon(\infty) = \left\{ z \ \middle| \ |z| > \dfrac{1}{\varepsilon} \right\}$.

(2) 在扩充复平面上，区域 D 内的任何简单闭曲线的内部或外部（包含 ∞）仍全含于 D，则称 D 为**扩充复平面上的单连通区域**.

在扩充复平面上，一个圆周的外部就是一个单连通区域. 对于无界区域，考虑它是否为单连通，首先要考虑它是在通常的复平面上还是在扩充复平面上.

(3) 在扩充复平面上，点 ∞ 可以包含在函数的定义域中，函数值也可取到 ∞.

注：以后涉及扩充复平面时，一定强调"扩充"两字，凡是没有强调的地方，均指通常的复平面.

(4) **广义点列极限**：$\lim\limits_{n \to \infty} z_n = \infty \Leftrightarrow \forall M > 0, \ \exists N > 0, \ \forall n > N, \ |z_n| > M$.

(5) **广义极限**：

① $\lim\limits_{z \to z_0} f(z) = \infty \Leftrightarrow \forall M > 0, \ \exists \delta > 0$，当 $0 < |z - z_0| < \delta$ 时，有 $|f(z)| > M$.

② 设 $A \in \mathbf{C}$，$\lim\limits_{z \to \infty} f(z) = A \Leftrightarrow \forall \varepsilon > 0, \ \exists \delta > 0$，当 $|z| > \dfrac{1}{\delta}$ 时，有 $|f(z) - A| < \varepsilon$.

③ $\lim\limits_{z \to \infty} f(z) = \infty \Leftrightarrow \forall M > 0, \ \exists \delta > 0$，当 $|z| > \dfrac{1}{\delta}$ 时，有 $|f(z)| > M$.

（6）**广义连续**：若 $\lim\limits_{z \to \infty} f(z) = f(\infty)$，则称 $f(z)$ 在 ∞ 处广义连续，即 $\lim\limits_{z \to \infty} f(z) = f(\infty) \Leftrightarrow \forall \varepsilon > 0, \exists \delta > 0$，当 $|z| > \dfrac{1}{\delta}$ 时，有 $|f(z) - f(\infty)| < \varepsilon$.

数学名人介绍

欧　拉

欧拉（Euler，1707—1783 年），出生于瑞士巴塞尔，毕业于巴塞尔大学，瑞士数学家、自然科学家，18 世纪数学界最杰出的人物之一. 他出生于牧师家庭，自幼受父亲的教育，13 岁入学巴塞尔大学，15 岁获学士学位，翌年获硕士学位. 1727 年，欧拉应圣彼得堡科学院的邀请来到俄国. 1731 年接替丹尼尔·伯努利成为物理教授. 他以旺盛的精力投入研究，在俄国工作的 14 年中，他在分析学、数论和力学方面做了大量出色的工作. 1741 年，他受普鲁士腓特烈大帝的邀请到柏林科学院工作，长达 25 年. 在柏林期间，他的研究内容更加广泛，涉及行星运动、刚体运动、热力学、弹道学、人口学，这些工作和他的数学研究相互推动. 在这个时期，欧拉在微分方程、曲面微分几何以及其他数学领域的研究都是开创性的. 1766 年，他又回到了圣彼得堡.

在数学领域内，18 世纪可以称为欧拉的世纪. 他对数学的研究非常广泛，编写了大量的力学、分析学、几何学、变分法的课本（如《无穷小分析引论》《微分学原理》《积分学原理》），都成为数学领域的经典著作. 在半个多世纪的研究生涯中，他写下了浩如烟海的书籍和论文，做出了非凡贡献. 你几乎在每一个数学领域都可以看到欧拉的名字.

28 岁时，过度的工作使他右眼失明. 年近花甲时，他的双目完全失明，然而，他仍然以惊人的毅力，凭着记忆和心算进行研究直到逝世，竟坚持了长达 17 年之久. 据统计，他一生中共写下了 886 本书籍和论文，其中分析、代数、数论著作占 40%，几何著作占 18%，物理和力学著作占 28%，天文学著作占 11%，弹道学、航海学、建筑学等著作占 3%，彼得堡科学院为了整理他的著作，足足忙碌了 47 年.

高斯曾说："研究欧拉的著作永远是了解数学的最好方法."

拉普拉斯曾说："读读欧拉，他是我们大家的老师."

习　题　1

1. （1）设 $z = \dfrac{1 - \sqrt{3}\,\mathrm{i}}{2}$，求 $|z|$ 及 $\mathrm{Arg}\,z$；　（2）用复数的代数形式表示复数 $\dfrac{3 + 5\mathrm{i}}{7\mathrm{i} + 1}$；

（3）求复数 $\left(\dfrac{-1 + \mathrm{i}\sqrt{3}}{2}\right)^3$ 的实部和虚部；

（4）求复数 $z = -\mathrm{i}^8 + 4\mathrm{i}^{21} - \mathrm{i}$ 的实部与虚部、模、辐角主值与共轭复数.

2. 设 $z_1 = \dfrac{1 + \mathrm{i}}{\sqrt{2}}$，$z_2 = \sqrt{3} - \mathrm{i}$，试用指数形式表示 $z_1 z_2$ 及 $\dfrac{z_1}{z_2}$.

3. 求 i 的三次方根.

4. 求证：若 z_0 是实系数代数方程 $a_0 z^n + a_1 z^{n-1} + \cdots + a_{n-1} z + a_n = 0$ 的一个根，则 $\overline{z_0}$ 也是它的一个根.

5. 设 z_1, z_2, z_3 三点适合条件 $z_1 + z_2 + z_3 = 0$ 及 $|z_1| = |z_2| = |z_3| = 1$，求证：$z_1$, z_2, z_3 是一个内接于单位圆 $|z| = 1$ 的正三角形的顶点.

6. 将下列复数化为指数形式和三角形式：

(1) $-8\pi(1 + \sqrt{3}i)$；   (2) $\dfrac{(\cos 5\varphi + i\sin 5\varphi)^2}{(\cos 3\varphi - i\sin 3\varphi)^3}$.

7. 求方程 $z^3 + 8 = 0$ 的所有根.

8. 试证：复平面上三点 $a + bi$, 0, $\dfrac{1}{-a + bi}$ 共直线.

9. 试证：多项式 $P(z) = a_0 z^n + a_1 z^{n-1} + \cdots + a_n (a_0 \neq 0)$ 在 z 平面上连续.

10. 令函数 $f(z) = \begin{cases} \dfrac{xy}{x^2 + y^2}, & z \neq 0, \\ 0, & z = 0. \end{cases}$ 试证：$f(z)$ 在原点不连续.

11. 试证：函数 $f(z) = \bar{z}$ 在 z 平面上处处连续.

12. 试问函数 $f(z) = \dfrac{1}{1-z}$ 在单位圆 $|z| < 1$ 内是否连续？是否一致连续？

13. 试证：任何有界的复数列必有一个收敛的子数列.

14. 如果复数列 $\{z_n\}$ 符合 $\lim\limits_{n \to +\infty} z_n = z_0 \neq \infty$，试证：$\lim\limits_{n \to +\infty} \dfrac{z_1 + z_2 + \cdots + z_n}{n} = z_0$. 当 $z_0 = \infty$ 时，结论是否正确？

15. 求下列函数的极限：

(1) $\lim\limits_{z \to i} \dfrac{z - i}{z(1 + z^2)}$；   (2) $\lim\limits_{z \to \infty} \dfrac{1}{1 + z^2}$；   (3) $\lim\limits_{z \to 1} \dfrac{z\bar{z} + 2z - \bar{z} - 2}{z^2 - 1}$.

16. 设 $x_n + iy_n = (1 - i\sqrt{3})^n$ (x_n, y_n 为实数，n 为正整数). 试证 $x_n y_{n-1} - x_{n-1} y_n = 4^{n-1} \sqrt{3}$.

17. 设 $z = x + iy$，试证：$\dfrac{|x| + |y|}{\sqrt{2}} \leqslant |z| \leqslant |x| + |y|$.

18. 设 z_1 及 z_2 是两个复数，试证：$|z_1 - z_2| \geqslant \big| |z_1| - |z_2| \big|$.

19. 设 $|z| = 1$，试证：$\left| \dfrac{az + b}{\bar{b}z + \bar{a}} \right| = 1$.

20. 试证：开集 E 为连通集 $\Leftrightarrow E$ 不能被分解成两块不相交的非空开集 A 和 B.

21. 指出下列各式中点 z 所确定的平面图形：

(1) $\arg z = \pi$；   (2) $|z - 1| = |z|$；   (3) $1 < |z + i| < 2$；   (4) $\operatorname{Re} z > \operatorname{Im} z$.

22. 求映射 $w = z + \dfrac{1}{z}$ 下圆周 $|z| = 2$ 的像.

第2章 解析函数

解析函数是复变函数论的主要研究对象. 在解析函数条件下,可以将微分和积分延伸到复数域. 本章我们先介绍复变函数导数的概念,接着介绍解析函数概念,再介绍复变函数的解析性的判别方法,最后介绍几个初等解析函数与初等多值函数.

2.1 解析函数的概念与柯西-黎曼方程

2.1.1 复变函数的导数与微分

1. 导数

1) 概念

定义 2.1 设 $\omega = f(z)$ 在 D 内有定义, $z_0, z_0 + \Delta z \in D$. 若极限 $\lim\limits_{\Delta z \to 0} \dfrac{f(z_0 + \Delta z) - f(z_0)}{\Delta z}$ 存在,则称 $f(z)$ 在 z_0 处可导,并称该极限为 $f(z)$ 在 z_0 处的导数. 记为 $f'(z_0)$ 或 $\dfrac{\mathrm{d}\omega}{\mathrm{d}z}\Big|_{z=z_0}$, 即 $f'(z_0) = \lim\limits_{\Delta z \to 0} \dfrac{f(z_0 + \Delta z) - f(z_0)}{\Delta z}$.

注:(1)定义中,要求极限值必须唯一存在.

(2)导数定义中, $\Delta z \to 0$ 的方式具有任意性.

例 2.1 问 $f(z) = 2x - \mathrm{i}y$ 是否可导?

解:因 $f(z) = 2x - \mathrm{i}y$ 在复平面内处处有定义, $\forall z \in \mathbf{C}$, 按导数定义,有

$$\lim_{\Delta z \to 0} \frac{f(z + \Delta z) - f(z)}{\Delta z} = \lim_{\Delta z \to 0} \frac{2(x + \Delta x) - (y + \Delta y)\mathrm{i} - (2x - \mathrm{i}y)}{\Delta z} = \lim_{\substack{\Delta x \to 0 \\ \Delta y \to 0}} \frac{2\Delta x - \mathrm{i}\Delta y}{\Delta x + \mathrm{i}\Delta y},$$

取如下两种不同的路径 $\Delta z \to 0$ 的方式:

(1) $\Delta y = 0$: Δz 沿平行于实轴趋于 0,则有 $\lim\limits_{\substack{\Delta x \to 0 \\ \Delta y \to 0}} \dfrac{2\Delta x - \mathrm{i}\Delta y}{\Delta x + \mathrm{i}\Delta y} = \lim\limits_{\Delta x \to 0} \dfrac{2\Delta x}{\Delta x} = 2.$

(2) $\Delta x = 0$: Δz 沿平行于虚轴趋于 0,则有 $\lim\limits_{\substack{\Delta x \to 0 \\ \Delta y \to 0}} \dfrac{2\Delta x - \mathrm{i}\Delta y}{\Delta x + \mathrm{i}\Delta y} = \lim\limits_{\Delta y \to 0} \dfrac{-\mathrm{i}\Delta y}{\mathrm{i}\Delta y} = -1.$

由路径(1)(2)可知, $\lim\limits_{\Delta z \to 0} \dfrac{f(z + \Delta z) - f(z)}{\Delta z}$ 不存在,故 $f(z) = 2x - \mathrm{i}y$ 在复平面内处处不可导.

注: $f(z) = 2x - \mathrm{i}y$ 在复平面内处处连续,处处不可导,其图像如图 2.1 所示.

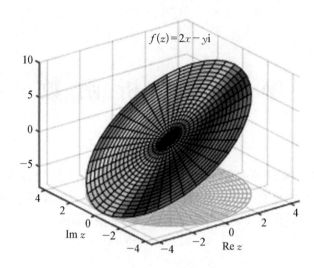

图 2.1　$f(z)=2x-y\mathrm{i}$ 的图像

2）可导与连续的关系

定理 2.1　设 $f(z)$ 在 $z \in D$ 点处可导，则在 z 处连续，反之不成立.

证明：略（由定义易知）.

如上述例题中 $f(z)=2x-\mathrm{i}y$ 在复平面上连续但不可导.

3）求导法则

（1）$(c)'=0$（c 是复常数）.

（2）$(z^n)'=nz^{n-1}$（n 是正整数）.

（3）四则运算：

$$[f_1(z) \pm f_2(z)]'=f_1{}'(z)+f_2{}'(z),$$

$$[f_1(z)f_2(z)]'=f_1{}'(z)f_2(z)+f_1(z)f_2{}'(z),$$

$$\left[\frac{f_1(z)}{f_2(z)}\right]'=\frac{f_1{}'(z)f_2(z)-f_1(z)f_2{}'(z)}{[f_2(z)]^2}.$$

（4）复合函数求导法则：

$$\{f[g(z)]\}'=f'[g(z)] \cdot g'(z).$$

（5）反函数求导法则：

设 $\omega=f(z)$ 与 $z=\varphi(\omega)$ 互为反函数的单值函数，且 $\varphi'(\omega) \neq 0$，则 $f'(z)=\dfrac{1}{\varphi'(\omega)}$.

2. 微分

设 $\omega=f(z)$ 在 z_0 处可导，$\Delta\omega=f(z_0+\Delta z)-f(z_0)=f'(z_0) \cdot \Delta z+\rho(\Delta z)\Delta z$，其中 $\lim\limits_{\Delta z \to 0}\rho(\Delta z)=0$，$\rho(\Delta z)\Delta z$ 是 Δz 的高阶无穷小. 称 $f'(z_0)\Delta z$ 为 $\omega=f(z)$ 在 z_0 处的微分，记为 $\mathrm{d}\omega=f'(z_0) \cdot \Delta z$.

特别地，当 $f(z)=z$ 时，$\mathrm{d}z=\Delta z(1 \cdot \Delta z=\Delta z)$，即 $\mathrm{d}\omega=f'(z_0)\mathrm{d}z$ 或 $f'(z_0)=\dfrac{\mathrm{d}\omega}{\mathrm{d}z}\Big|_{z=z_0}$.

注：$f(z)$ 在 z_0 处可导与 $f(z)$ 在 z_0 处可微等价. 如果 $f(z)$ 在 D 内处处可微，则称 $f(z)$ 在 D 内可微分.

2.1.2 解析函数及其简单性质

定义 2.2 如果 $f(z)$ 在 z_0 及其某邻域内处处可导,则称 $f(z)$ 在 z_0 处解析. 此时,z_0 称为 $f(z)$ 的解析点.

定义 2.3 (1) 如果 $f(z)$ 在区域 D 内处处可导,则称 $f(z)$ 在区域 D 内解析,或称 $f(z)$ 是 D 内的解析函数(全纯函数,正则函数). 此时,称区域 D 为 $f(z)$ 的解析区域.

(2) $f(z)$ 在 z_0 不解析,则称 z_0 是 $f(z)$ 的奇点.

(3) 若 z_0 是 $f(z)$ 的奇点,$f(z)$ 在某去心邻域内 $0 < |z - z_0| < R$ 内解析,则称 z_0 是 $f(z)$ 的孤立奇点.

如 $\omega = \dfrac{1}{z}$ 在 z 平面上,$z = 0$ 是其奇点.

$f(z)$ 在区域 D 内处处可导与 $f(z)$ 在区域 D 内解析等价. 根据定义 2.2 和定义 2.3,我们可以归纳出函数连续、可导以及解析的关系如图 2.2 所示.

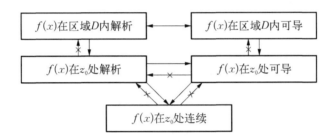

图 2.2 函数连续、可导以及解析的关系

注: 函数 $f(z)$ 在一点 z_0 解析比可导的要求要高得多. $f(z)$ 在 z_0 解析,要求 $f(z)$ 不仅在 z_0 可导,还要求在 z_0 的邻域内也可导.

定理 2.2 (1) 在区域 D 内解析的两个函数 $f(z)$ 与 $g(z)$ 的和、差、积、商(分母为 0 的点除外)在 D 内解析.

(2) 设 $h = g(z)$ 在 z 平面上的区域 D 内解析,$\omega = f(h)$ 在 h 平面上的区域 G 内解析,若 $g(D) \subseteq G$,则 $\omega = f[g(z)]$ 在区域 D 内解析.

由上述定理得出如下结论:

(1) 多项式 $f(z) = a_n z^n + a_{n-1} z^{n-1} + \cdots + a_1 z + a_0$ 在复平面内处处解析.

(2) 有理分式函数 $\dfrac{P(z)}{Q(z)}$ [其中 $P(z)$,$Q(z)$ 均是多项式]在不含分母为零的点的区域内是解析函数. 分母为零的点是 $\dfrac{P(z)}{Q(z)}$ 的奇点.

2.1.3 柯西-黎曼方程(函数解析的充要条件)

函数 $f(z) = 2x - \mathrm{i}y$ 在复平面上处处连续,且实部与虚部均可微分,但 $f(z)$ 处处不可导,那么复变函数 $f(z)$ 具备什么条件才可导呢?

定理 2.3 (可微的必要条件) 设 $f(z) = u(x, y) + \mathrm{i}v(x, y)$ 在区域 D 内有定义,且 D 内一点 $z = x + y\mathrm{i}$ 可微,则必有:

(1) 偏导数 u_x, u_y, v_x, v_y 在点 (x, y) 处存在.

(2) 在 (x, y) 处有 $\dfrac{\partial u}{\partial x}=\dfrac{\partial v}{\partial y}$, $\dfrac{\partial u}{\partial y}=-\dfrac{\partial v}{\partial x}$ (柯西-黎曼方程).

(3) $f'(z)=\dfrac{\partial u}{\partial x}+\mathrm{i}\dfrac{\partial v}{\partial x}$.

证明: 设 $\Delta z=\Delta x+\Delta y\mathrm{i}$, 则 $f(z+\Delta z)-f(z)=\Delta u+\mathrm{i}\Delta v$, 其中 $\Delta u=u(x+\Delta x, y+\Delta y)-u(x, y)$, $\Delta v=v(x+\Delta x, y+\Delta y)-v(x, y)$. 因 $f(z)$ 在 D 内一点 z 可导,则

$f'(z)=\lim\limits_{\Delta z\to 0}\dfrac{f(z+\Delta z)-f(z)}{\Delta z}=\lim\limits_{\substack{\Delta x\to 0\\ \Delta y\to 0}}\dfrac{\Delta u+\mathrm{i}\Delta v}{\Delta x+\mathrm{i}\Delta y}$ 存在.

(1) 当 Δz 沿平行实轴路径趋于 0 $(\Delta y=0)$ 时(见图 2.3),有

$$
\begin{aligned}
f'(z)&=\lim_{\substack{\Delta x\to 0\\ \Delta y\to 0}}\frac{\Delta u+\mathrm{i}\Delta v}{\Delta x+\mathrm{i}\Delta y}=\lim_{\Delta x\to 0}\frac{u(x+\Delta x, y)-u(x, y)+\mathrm{i}[v(x+\Delta x, y)-v(x, y)]}{\Delta x}\\
&=\lim_{\Delta x\to 0}\frac{u(x+\Delta x, y)-u(x, y)}{\Delta x}+\mathrm{i}\lim_{\Delta x\to 0}\frac{v(x+\Delta x, y)-v(x, y)}{\Delta x}.
\end{aligned}
$$

又因 $f'(z)$ 存在, $\dfrac{\partial u}{\partial x}=\lim\limits_{\Delta x\to 0}\dfrac{u(x+\Delta x, y)-u(x, y)}{\Delta x}$ 及

$\dfrac{\partial v}{\partial x}=\lim\limits_{\Delta x\to 0}\dfrac{v(x+\Delta x, y)-v(x, y)}{\Delta x}$ 存在,即 $f'(z)=\dfrac{\partial u}{\partial x}+\mathrm{i}\dfrac{\partial v}{\partial x}$.

(2) 当 Δz 沿平行虚轴的路径趋于 $0(\Delta x=0)$ 时(见图 2.3),类似地,有

$$
\begin{aligned}
f'(z)&=\lim_{\substack{\Delta x\to 0\\ \Delta y\to 0}}\frac{\Delta u+\mathrm{i}\Delta v}{\Delta x+\mathrm{i}\Delta y}=\lim_{\Delta y\to 0}\frac{u(x, y+\Delta y)-u(x, y)}{\mathrm{i}\Delta y}+\mathrm{i}\lim_{\Delta y\to 0}\frac{v(x, y+\Delta y)-u(x, y)}{\mathrm{i}\Delta y}\\
&=-\mathrm{i}\lim_{\Delta y\to 0}\frac{u(x, y+\Delta y)-u(x, y)}{\Delta y}+\lim_{\Delta y\to 0}\frac{v(x, y+\Delta y)-v(x, y)}{\Delta y}.
\end{aligned}
$$

又因 $f'(z)$ 存在,故 $\dfrac{\partial u}{\partial y}=\lim\limits_{\Delta y\to 0}\dfrac{u(x, y+\Delta y)-u(x, y)}{\Delta y}$

及 $\dfrac{\partial v}{\partial y}=\lim\limits_{\Delta y\to 0}\dfrac{v(x, y+\Delta y)-v(x, y)}{\Delta y}$ 存在,即 $f'(z)=\dfrac{\partial v}{\partial y}-\mathrm{i}\dfrac{\partial u}{\partial y}$.

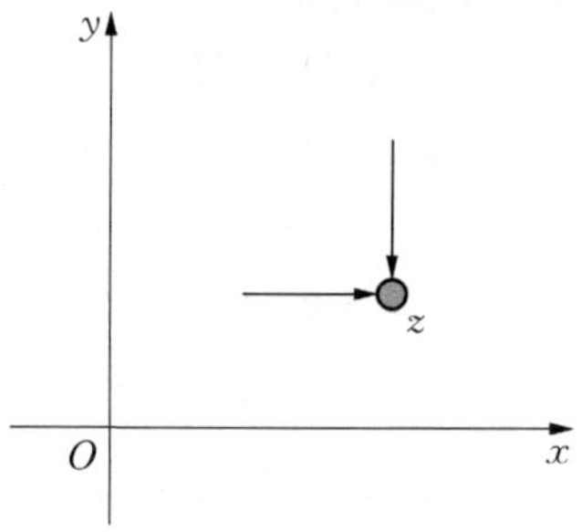

图 2.3 $z+\Delta z$ 趋于 z 的两种方式

综上可得 $\dfrac{\partial u}{\partial x}+\mathrm{i}\dfrac{\partial v}{\partial x}=\dfrac{\partial v}{\partial y}-\mathrm{i}\dfrac{\partial u}{\partial y}$, 从而有 $\dfrac{\partial u}{\partial x}=\dfrac{\partial v}{\partial y}$, $\dfrac{\partial u}{\partial y}=-\dfrac{\partial v}{\partial x}$.

注: (1) 若 $f'(z)$ 可导,则 $f'(z)=\dfrac{\partial u}{\partial x}+\mathrm{i}\dfrac{\partial v}{\partial x}=\dfrac{\partial v}{\partial y}-\mathrm{i}\dfrac{\partial u}{\partial x}=\dfrac{\partial u}{\partial x}-\mathrm{i}\dfrac{\partial u}{\partial y}=\dfrac{\partial v}{\partial y}+\mathrm{i}\dfrac{\partial v}{\partial x}$.

(2) 定理 2.3 的逆命题不真.

例 2.2 $f(z)=\sqrt{|xy|}$ 满足定理 2.3 中(1)(2)两个条件,但在 $z=0$ 处不可微.

证明: 因 $u(x, y)=\sqrt{|xy|}$, $v(x, y)=0$,则

$$u_x(0,0) = \lim_{\Delta x \to 0} \frac{u(\Delta x,0) - u(0,0)}{\Delta x} = 0 = v_y(0,0),$$

$$u_y(0,0) = \lim_{\Delta y \to 0} \frac{u(0,\Delta y) - u(0,0)}{\Delta y} = 0 = -v_x(0,0).$$

因 $\lim\limits_{\Delta z \to 0} \dfrac{f(\Delta z) - f(0)}{\Delta z} = \lim\limits_{\substack{\Delta x \to 0 \\ \Delta y \to 0}} \dfrac{\sqrt{|\Delta x \Delta y|}}{\Delta x + \mathrm{i}\Delta y}$，由于 $\lim\limits_{\substack{\Delta x \to 0 \\ \Delta y = k\Delta x}} \dfrac{\sqrt{|\Delta x \Delta y|}}{\Delta x + \mathrm{i}\Delta y} = \lim\limits_{\Delta x \to 0} \dfrac{\sqrt{|k|}\Delta x}{(1+k\mathrm{i})\Delta x} =$

$\dfrac{\sqrt{|k|}}{1+k\mathrm{i}}$ 与 k 有关，故 $f'(0)$ 不存在，从而 $f(z)$ 在 $z=0$ 处不可微.

将定理 2.3 适当加强，就可以得到如下定理：

定理 2.4 （可微的充要条件）设 $f(z) = u(x,y) + \mathrm{i}v(x,y)$ 在区域 D 内有定义，则 $f(z)$ 在 D 内一点 $z = x + y\mathrm{i}$ 可微的充要条件如下：

(1) 二元函数 $u(x,y)$, $v(x,y)$ 在点 (x,y) 处可微.

(2) $u(x,y)$, $v(x,y)$ 在点 (x,y) 处满足柯西-黎曼方程 $\dfrac{\partial u}{\partial x} = \dfrac{\partial v}{\partial y}$, $\dfrac{\partial u}{\partial y} = -\dfrac{\partial v}{\partial x}$.

证明：必要性 设 $f(z)$ 在 D 内一点 z 可微分，则对于充分小的 Δz 有 $\Delta f(z) = f'(z)\Delta z + \rho(\Delta z)\Delta z$，其中 $\lim\limits_{\Delta z \to 0} \rho(\Delta z) = 0$. 令 $\Delta f(z) = \Delta u + \mathrm{i}\Delta v$, $f'(z) = a + b\mathrm{i}$, $\rho(\Delta z) = \rho_1 + \mathrm{i}\rho_2$. 由于 $\lim\limits_{\Delta z \to 0} \rho(\Delta z) = 0$，故 $\lim\limits_{\substack{\Delta x \to 0 \\ \Delta y \to 0}} \rho_1 = 0$, $\lim\limits_{\substack{\Delta x \to 0 \\ \Delta y \to 0}} \rho_2 = 0$.

因 $\quad \Delta u + \mathrm{i}\Delta v = (a+b\mathrm{i})(\Delta x + \mathrm{i}\Delta y) + (\rho_1 + \mathrm{i}\rho_2)(\Delta x + \mathrm{i}\Delta y)$
$$= a\Delta x - b\Delta y + \rho_1\Delta x - \rho_2\Delta y + \mathrm{i}[(b\Delta x + a\Delta y) + \rho_2\Delta x + \rho_1\Delta y].$$

从而 $\quad \Delta u = a\Delta x - b\Delta y + \rho_1\Delta x - \rho_2\Delta y$, $\Delta v = b\Delta x + a\Delta y + \rho_2\Delta x + \rho_1\Delta y$.

故 $u(x,y)$, $v(x,y)$ 均在点 (x,y) 处可微分（由定理 2.3 可知满足柯西-黎曼方程），且 $\dfrac{\partial u}{\partial x} = a$, $\dfrac{\partial u}{\partial y} = -b$, $\dfrac{\partial v}{\partial x} = b$, $\dfrac{\partial v}{\partial y} = a$. 故满足柯西-黎曼方程 $\dfrac{\partial u}{\partial x} = \dfrac{\partial v}{\partial y}$, $\dfrac{\partial u}{\partial y} = -\dfrac{\partial v}{\partial x}$.

充分性 由 $u(x,y)$ 及 $v(x,y)$ 的可微性知，在 (x,y) 处有 $\Delta u = \dfrac{\partial u}{\partial x}\Delta x + \dfrac{\partial u}{\partial y}\Delta y + \varepsilon_1\Delta x + \varepsilon_2\Delta y$, $\Delta v = \dfrac{\partial v}{\partial x}\Delta x + \dfrac{\partial v}{\partial y}\Delta y + \varepsilon_3\Delta x + \varepsilon_4\Delta y$，其中 $\lim\limits_{\substack{\Delta x \to 0 \\ \Delta y \to 0}} \varepsilon_k = 0$, $k = 1,2,3,4$. 因

$$\Delta f(z) = \Delta u + \mathrm{i}\Delta v = \frac{\partial u}{\partial x}\Delta x + \frac{\partial u}{\partial y}\Delta y + \varepsilon_1\Delta x + \varepsilon_2\Delta y + \mathrm{i}\frac{\partial v}{\partial x}\Delta x + \frac{\partial v}{\partial y}\Delta y + \varepsilon_3\Delta x + \varepsilon_4\Delta y$$

$$= \left(\frac{\partial u}{\partial x} + \mathrm{i}\frac{\partial v}{\partial x}\right)\Delta x + \left(\frac{\partial u}{\partial y} + \mathrm{i}\frac{\partial v}{\partial y}\right)\Delta y + (\varepsilon_1 + \mathrm{i}\varepsilon_3)\Delta x + (\varepsilon_2 + \mathrm{i}\varepsilon_4)\Delta y.$$

由柯西-黎曼方程 $\dfrac{\partial u}{\partial y} = -\dfrac{\partial v}{\partial x} = \mathrm{i}^2\dfrac{\partial v}{\partial x}$, $\dfrac{\partial v}{\partial y} = \dfrac{\partial u}{\partial x}$，即

$$\Delta f(z) = \left(\frac{\partial u}{\partial x} + \mathrm{i}\frac{\partial v}{\partial x}\right)(\Delta x + \mathrm{i}\Delta y) + (\varepsilon_1 + \mathrm{i}\varepsilon_3)\Delta x + (\varepsilon_2 + \mathrm{i}\varepsilon_4)\Delta y.$$

故 $\dfrac{\Delta f(z)}{\Delta z} = \dfrac{\partial u}{\partial x} + \mathrm{i}\dfrac{\partial v}{\partial x} + (\varepsilon_1 + \mathrm{i}\varepsilon_3)\dfrac{\Delta x}{\Delta z} + (\varepsilon_3 + \mathrm{i}\varepsilon_4)\dfrac{\Delta y}{\Delta z}$，因 $\left|\dfrac{\Delta x}{\Delta z}\right| = \left|\dfrac{\Delta x}{\Delta x + \mathrm{i}\Delta y}\right| \leqslant$

$1,\left|\dfrac{\Delta y}{\Delta z}\right|\leqslant1$，故 $\lim\limits_{\Delta z\to0}(\varepsilon_1+\mathrm{i}\varepsilon_3)\dfrac{\Delta x}{\Delta z}=0$，$\lim\limits_{\Delta z\to0}(\varepsilon_2+\mathrm{i}\varepsilon_4)\dfrac{\Delta y}{\Delta z}=0$．故 $\lim\limits_{\Delta z\to0}\dfrac{\Delta f(z)}{\Delta z}=\dfrac{\partial u}{\partial x}+$

$\mathrm{i}\dfrac{\partial v}{\partial x}$ 存在．因此，$f(z)$ 在点 z 处可导．

推论 2.1　（可微的充分条件）如果 $u(x,y)$ 与 $v(x,y)$ 在 (x,y) 处的偏导数连续，且 $u(x,y)$ 与 $v(x,y)$ 在点 (x,y) 处满足柯西-黎曼方程，则 $f(z)=u(x,y)+\mathrm{i}v(x,y)$ 在 $z=x+y\mathrm{i}$ 处可微分．

定理 2.5　函数 $f(z)=u(x,y)+\mathrm{i}v(x,y)$ 在区域 D 内解析的必要条件如下：

(1) $u(x,y)$ 与 $v(x,y)$ 均在区域 D 内可微分．

(2) $u(x,y)$ 与 $v(x,y)$ 在区域 D 内满足柯西-黎曼方程．

定理 2.6　如果 u_x，u_y，v_x，v_y 在 D 内连续，且 $u(x,y)$ 与 $v(x,y)$ 在 D 内满足柯西-黎曼方程，则 $f(z)=u(x,y)+\mathrm{i}v(x,y)$ 在区域 D 内解析．

例 2.3　讨论下列函数的解析性：

(1) $f(z)=2x-y\mathrm{i}$；　　(2) $f(z)=\mathrm{e}^x(\cos y+\mathrm{i}\sin y)$；　　(3) $f(z)=|z^2|$．

解：(1) 因 $u(x,y)=2x$，$v(x,y)=-y$，故 $u_x=2$，$u_y=0$，$v_x=0$，$v_x=-1$，从而 $u_x\neq v_y$，故 $f(z)$ 在平面上不解析．

(2) 因 $u(x,y)=\mathrm{e}^x\cos y$，$v(x,y)=\mathrm{e}^x\sin y$，而 $v_x=\mathrm{e}^x\sin y$，$u_x=\mathrm{e}^x\cos y$，$u_y=-\mathrm{e}^x\sin y$，$v_y=-\mathrm{e}^x\cos y$ 均在平面上连续，且满足 $u_x=v_y$，$u_y=-v_x$．故 $f(z)$ 在 z 平面上解析，且 $f'(z)=\dfrac{\partial u}{\partial x}+\mathrm{i}\dfrac{\partial v}{\partial x}=f(z)$．

(3) $f(z)=|z^2|=x^2+y^2$，则 $u(x,y)=x^2+y^2$，$v(x,y)=0$，故 $u_x=2x$，$u_y=2y$，$v_x=v_y=0$．这四个偏导数均在 z 平面上连续，但在 $z=0$ 处满足柯西-黎曼方程．故 $f(z)=|z^2|$ 只在 $z=0$ 处可微，从而此函数在 z 平面上处处不解析，但 $f'(0)=(u_x+\mathrm{i}v_x)|_{(0,0)}=0$．

例 2.4　设函数 $f(z)=x^2+axy+by^2+\mathrm{i}(cx^2+dxy+y^2)$，问常数 a，b，c，d 取何值时，$f(z)$ 在复平面内处处解析．

解：设 $u(x,y)=x^2+axy+by^2$，$v(x,y)=cx^2+dxy+y^2$，由于 $\dfrac{\partial u}{\partial x}=2x+ay$，$\dfrac{\partial u}{\partial y}=ax+2by$，$\dfrac{\partial v}{\partial x}=2cx+dy$，$\dfrac{\partial v}{\partial y}=dx+2y$ 四个偏导数均在 z 平面上连续．要使 $f(z)$ 在 z 平面内处处解析，需满足柯西-黎曼方程 $\dfrac{\partial u}{\partial x}=\dfrac{\partial v}{\partial y}$，$\dfrac{\partial u}{\partial y}=-\dfrac{\partial v}{\partial x}$．即 $\begin{cases}2x+ay=dx+2y,\\ax+2by=-(2cx+dy).\end{cases}$ 比较系数，可得 $2=d$，$a=2$，$a=-2c$，$2b=-d$．从而 $a=2$，$b=-1$，$c=-1$，$d=2$．此时，$f(z)$ 在复平面内处处解析．

例 2.5　设 $f(z)$ 在区域 D 内解析，试证明下列条件彼此等价：

(1) $f(z)\equiv$ 常数；　　　　(2) $f'(z)\equiv0$；　　　　(3) $\operatorname{Re}f(z)\equiv$ 常数；

(4) $\operatorname{Im}f(z)\equiv$ 常数；　　(5) $\overline{f(z)}$ 在区域 D 内解析．

证明：显然 (1)$\Rightarrow$(2)，(1)$\Rightarrow$(3)，(1)$\Rightarrow$(4)，(1)$\Rightarrow$(5) 均成立．

(2)$\Rightarrow$(1)：设 $f'(z)=0$，$z\in D$，因 $f'(z)=\dfrac{\partial u}{\partial x}+\mathrm{i}\dfrac{\partial v}{\partial x}=\dfrac{\partial v}{\partial y}-\mathrm{i}\dfrac{\partial u}{\partial y}=0$，故 $\dfrac{\partial u}{\partial x}=$

$0,\dfrac{\partial v}{\partial x}=0,\dfrac{\partial v}{\partial y}=0,\dfrac{\partial u}{\partial y}=0$，则 $u(x,y)\equiv$ 常数，$v(x,y)\equiv$ 常数，从而 $f(z)=u+\mathrm{i}v\equiv$ 常数 $\left[\text{由于}\ \dfrac{\partial u}{\partial x}=0,\text{则}\ u=\varphi(y),\text{从而}\ \dfrac{\partial u}{\partial y}=\varphi'(y)=0,\text{从而}\ f(z)=u+\mathrm{i}v\equiv\text{常数}\right]$.

(3)$\Rightarrow$(1)：设 $\mathrm{Re}\,f(z)\equiv$ 常数，$z\in D$，即 $u(x,y)\equiv$ 常数，$\dfrac{\partial u}{\partial x}=0,\dfrac{\partial v}{\partial x}=0$. 由于 $f(z)$ 在区域 D 内解析，由柯西-黎曼方程，知 $\dfrac{\partial v}{\partial x}=\dfrac{\partial u}{\partial y}=0,\dfrac{\partial v}{\partial x}=\dfrac{\partial u}{\partial x}=0$. 故 $v(x,y)\equiv$ 常数. 故 $f(z)=u+\mathrm{i}v\equiv$ 常数，$z\in D$.

(4)$\Rightarrow$(1)：设 $\mathrm{Im}\,f(z)\equiv$ 常数，即 $v(x,y)\equiv$ 常数，$\dfrac{\partial v}{\partial x}=0,\dfrac{\partial v}{\partial y}=0$. 由于 $f(z)$ 在 D 内解析，满足柯西-黎曼方程，故 $\dfrac{\partial u}{\partial x}=\dfrac{\partial u}{\partial y}=0,\dfrac{\partial u}{\partial y}=-\dfrac{\partial v}{\partial x}=0$，从而 $u(x,y)\equiv$ 常数，故 $f(z)=u+\mathrm{i}v\equiv$ 常数.

(1)$\Rightarrow$(5)：$f(z)$ 是常数，则 $\overline{f(z)}$ 也是常数，从而 $\overline{f(z)}$ 解析.

(5)$\Rightarrow$(1)：设 $\overline{f(z)}$ 在 D 内解析，并设 $f(z)=u(x,y)+\mathrm{i}v(x,y)$，则 $\overline{f(z)}=u(x,y)-\mathrm{i}v(x,y)$. 因 $\overline{f(z)}$ 在 D 内解析，故满足柯西-黎曼方程，即 $\dfrac{\partial u}{\partial x}=-\dfrac{\partial v}{\partial y},\dfrac{\partial u}{\partial y}=\dfrac{\partial v}{\partial x}$. 又因为 $f(z)=u+\mathrm{i}v$ 在 D 内解析，从而也满足柯西-黎曼方程，即 $\dfrac{\partial u}{\partial x}=\dfrac{\partial v}{\partial y},\dfrac{\partial u}{\partial y}=-\dfrac{\partial v}{\partial x}$. 比较 4 个等式可得 $\dfrac{\partial u}{\partial x}=\dfrac{\partial u}{\partial y}=\dfrac{\partial v}{\partial x}=\dfrac{\partial v}{\partial y}=0$，从而 $u(x,y)\equiv$ 常数，$v(x,y)\equiv$ 常数，故 $f(z)\equiv$ 常数.

例 2.6 求证：若 D 是关于实轴对称的区域，则函数 $f(z)$ 与 $\overline{f(\bar{z})}$ 在 D 内同时解析.

证明：因 D 是关于实轴对称的区域，则 $z\in D\Leftrightarrow\bar{z}\in D$. 设 $f(z)=u(x,y)+\mathrm{i}v(x,y)$，则 $\overline{f(\bar{z})}=u(x,-y)-\mathrm{i}v(x,-y)\triangle\varphi(x,y)+\mathrm{i}\psi(x,y)$. 由于 $f(z)$ 解析，$u(x,y)$，$v(x,y)$ 在 D 内可微且满足柯西-黎曼方程 $\dfrac{\partial u}{\partial x}=\dfrac{\partial v}{\partial y},\dfrac{\partial u}{\partial y}=-\dfrac{\partial v}{\partial x}$，又由 $\varphi(x,y)=u(x,-y)$，$\psi(x,y)=-v(x,-y)$，得 $\dfrac{\partial\varphi}{\partial x}=\dfrac{\partial u(x,-y)}{\partial x}$，$\dfrac{\partial\varphi}{\partial y}=-\dfrac{\partial u(x,-y)}{\partial y}$；$\dfrac{\partial\psi}{\partial x}=-\dfrac{\partial v(x,-y)}{\partial x}$，$\dfrac{\partial\psi}{\partial y}=\dfrac{\partial v(x,-y)}{\partial y}$. 知 $\varphi(x,y)$ 与 $\psi(x,y)$ 在 D 内可微且满足柯西-黎曼方程 $\dfrac{\partial\varphi}{\partial x}=\dfrac{\partial\psi}{\partial y},\dfrac{\partial\varphi}{\partial y}=-\dfrac{\partial\psi}{\partial x}$，所以 $\overline{f(\bar{z})}$ 也在 D 内解析.

推论 2.2 $f(z)$ 在上半平面解析的充要条件是 $\overline{f(\bar{z})}$ 在下半平面解析.

2.1.4 用 z 和 $\bar{z}$ 刻画复变函数

由于 $\begin{cases}z=x+y\mathrm{i},\\ \bar{z}=x-y\mathrm{i},\end{cases}$ 则 $\begin{cases}x=\dfrac{z+\bar{z}}{2},\\ y=\dfrac{z-\bar{z}}{2\mathrm{i}}.\end{cases}$ 因此 $\begin{cases}\mathrm{d}z=vx+\mathrm{i}\mathrm{d}y,\\ \mathrm{d}\bar{z}=\mathrm{d}x-\mathrm{i}\mathrm{d}y,\end{cases}$ 则 $\begin{cases}\mathrm{d}x=\dfrac{\mathrm{d}z+\mathrm{d}\bar{z}}{2},\\ \mathrm{d}y=\dfrac{\mathrm{d}z-\mathrm{d}\bar{z}}{2\mathrm{i}}.\end{cases}$ $(*)$

若 $f(z)$ 可微,则其微分 $\mathrm{d}f(z) = \dfrac{\partial f}{\partial x}\mathrm{d}x + \dfrac{\partial f}{\partial y}\mathrm{d}y$. 将(∗)代入之,得

$$\mathrm{d}f(z) = \frac{1}{2}\left(\frac{\partial f}{\partial x} - \mathrm{i}\,\frac{\partial f}{\partial y}\right)\mathrm{d}z + \frac{1}{2}\left(\frac{\partial f}{\partial x} + \mathrm{i}\,\frac{\partial f}{\partial y}\right)\mathrm{d}\bar{z}.$$

定义偏微分算子 $\dfrac{\partial}{\partial z} = \dfrac{1}{2}\left(\dfrac{\partial}{\partial x} - \mathrm{i}\,\dfrac{\partial}{\partial y}\right)$, $\dfrac{\partial}{\partial \bar{z}} = \dfrac{1}{2}\left(\dfrac{\partial}{\partial x} + \mathrm{i}\,\dfrac{\partial}{\partial y}\right)$, 则 $\mathrm{d}f(z) = \dfrac{\partial f}{\partial z}\mathrm{d}z + \dfrac{\partial f}{\partial \bar{z}}\mathrm{d}\bar{z}$.

注: $\dfrac{\partial}{\partial z}(z) = 1$, $\dfrac{\partial}{\partial \bar{z}}(z) = 0$, $\dfrac{\partial}{\partial z}(\bar{z}) = 0$, $\dfrac{\partial}{\partial \bar{z}}(\bar{z}) = 1$. $\dfrac{\partial}{\partial z}$ 和 $\dfrac{\partial}{\partial \bar{z}}$ 求导关系和规则与 $\dfrac{\partial}{\partial x}$ 和 $\dfrac{\partial}{\partial y}$ 的求导关系和规则完全类似,如 $\dfrac{\partial}{\partial \bar{z}}(z) = 0$(可将 z 视为常数), $\dfrac{\partial}{\partial z}(\bar{z}) = 0$(可将 $\bar{z}$ 视为常数).

定理 2.7 设 $u(x,y)$, $v(x,y)$ 在 D 内具有一阶连续偏导数,则 $f(z) = u(x,y) + \mathrm{i}v(x,y)$ 在 D 内解析的充要条件是 $\dfrac{\partial f(z)}{\partial \bar{z}} = 0$.

证明: 因 $\dfrac{\partial f(z)}{\partial \bar{z}} = \dfrac{1}{2}\left(\dfrac{\partial}{\partial x} + \mathrm{i}\,\dfrac{\partial}{\partial y}\right)f(z) = \dfrac{1}{2}\left(\dfrac{\partial}{\partial x} + \mathrm{i}\,\dfrac{\partial}{\partial y}\right)\left[u(x,y) + \mathrm{i}v(x,y)\right] = $

$\dfrac{1}{2}\left(\dfrac{\partial u}{\partial x} - \dfrac{\partial v}{\partial y}\right) + \dfrac{\mathrm{i}}{2}\left(\dfrac{\partial u}{\partial y} + \dfrac{\partial v}{\partial x}\right)$, 故 $\dfrac{f(z)}{\partial \bar{z}} = 0 \Leftrightarrow \begin{cases} \dfrac{\partial u}{\partial x} = \dfrac{\partial v}{\partial y}, \\ \dfrac{\partial u}{\partial y} = -\dfrac{\partial v}{\partial x}. \end{cases}$ 从而定理得证.

注: 因 $f(z) = u(x,y) + \mathrm{i}v(x,y) = u\left(\dfrac{z+\bar{z}}{2}, \dfrac{z-\bar{z}}{2}\right) + \mathrm{i}v\,\dfrac{z+\bar{z}}{2}, \dfrac{z-\bar{z}}{2}$ 是 z 和 $\bar{z}$ 的函数,由定理 2.7 表明, $f(z)$ 解析 $\Leftrightarrow f(z)$ 必须与 $\bar{z}$ 无关. 在例题 2.3(3)中,由于 $|z^2| = z\bar{z}$ 是含有 $\bar{z}$ 的表达式,从而不解析.

2.2 初等解析函数

2.2.1 指数函数

1. 指数函数概念

在实函数中,我们知道 $(\mathrm{e}^x)' = \mathrm{e}^x$. 将 e^x 推广到复变函数中,须满足:

(1) $f(z)$ 在复平面内处处解析.

(2) $f'(z) = f(z)$.

(3) 当 $\mathrm{Im}\,z = 0$ 时,即 $z = x \in \mathbf{R}$ 时, $f(z) = \mathrm{e}^x$.

(4) $f(z_1 + z_2) = f(z_1) \cdot f(z_2)$.

由上述讨论,以及例题 2.3(2),我们得到如下指数函数的定义:

定义 2.4 设 $z = x + y\mathrm{i}$, 称 $\mathrm{e}^x(\cos y + \mathrm{i}\sin y)$ 为 z 的指数函数,记作 e^z 或 $\exp z$, 即

$$e^z = e^{x+yi} = e^x(\cos y + i\sin y).$$

2. 指数函数的性质

(1) 当 $z = x \in \mathbf{R}$ ($y = 0$) 时，$e^z = e^x$.

(2) e^z 是单值函数，其图像如图 2.4 所示.

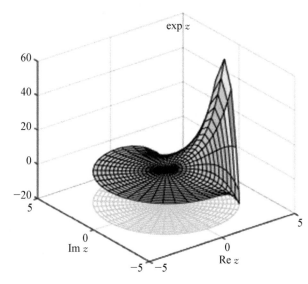

图 2.4 e^z 的 图 像

(3) $|e^z| = e^x > 0$，e^z 恒不为零，$\text{Arg } e^z = y + 2k\pi$.

(4) $e^{z_1}e^{z_2} = e^{z_1+z_2}$，$\dfrac{e^{z_1}}{e^{z_2}} = e^{z_1-z_2}$.

$$e^{z_1}e^{z_2} = e^{x_1}(\cos y_1 + i\sin y_1)e^{x_2}(\cos y_2 + i\sin y_2)$$
$$= e^{x_1+x_2}[(\cos y_1\cos y_2 - \sin y_1\sin y_2) + i(\sin y_1\cos y_2 + \cos y_1\sin y_2)]$$
$$= e^{x_1+x_2}[\cos(y_1+y_2) + i\sin(y_1+y_2)] = e^{z_1+z_2}.$$

(5) e^z 是以 $2k\pi i$ 为周期的周期函数，即 $e^{z+2k\pi i} = e^z$.

因 $e^{2k\pi i} = \cos(2k\pi) + i\sin(2k\pi) = 1$，故 $e^{z+2k\pi i} = e^z e^{2k\pi i} = e^z$.

(6) $e^{z_1} = e^{z_2} \Leftrightarrow z_1 = z_2 + 2k\pi i$.

(7) e^z 在复平面内处处解析，且 $(e^z)' = e^z$.

(8) $\lim\limits_{z \to \infty} e^z$ 不存在，即 e^{∞} 无意义 (因当 $x \to +\infty$，$y = 0$ 时，$e^z \to \infty$；而当 $x \to -\infty$，$y = 0$ 时，$e^z \to 0$).

例 2.7 设 $f(z) = e^{\frac{\pi}{2}z}$，求 $f'(i)$.

解: 因 $f'(z) = \dfrac{\pi}{2}e^{\frac{\pi}{2}z}$，则 $f'(i) = \dfrac{\pi}{2}e^{\frac{\pi}{2}i} = \dfrac{\pi}{2}\left(\cos\dfrac{\pi}{2} + i\sin\dfrac{\pi}{2}\right) = \dfrac{\pi}{2}i$.

例 2.8 求 $e^{\frac{z}{5}}$ 的周期.

解: 因 e^w 的周期是 $2\pi i$，即 $e^{w+2k\pi i} = e^w$，则 $e^{\frac{z}{5}+2k\pi i} = e^{\frac{z}{5}}$，又因 $e^{\frac{z}{5}+2k\pi i} = e^{\frac{z+10k\pi i}{5}} = e^{\frac{z}{5}}$，故 $e^{\frac{z}{5}}$ 的周期为 $10k\pi i$.

2.2.2 三角函数

1. 正弦和余弦函数

1）概念

由欧拉公式，$\mathrm{e}^{y\mathrm{i}} = \cos y + \mathrm{i}\sin y$，$\mathrm{e}^{-y\mathrm{i}} = \cos y - \mathrm{i}\sin y$，可得 $\cos y = \dfrac{\mathrm{e}^{y\mathrm{i}} + \mathrm{e}^{-y\mathrm{i}}}{2}$，$\sin y = \dfrac{\mathrm{e}^{y\mathrm{i}} - \mathrm{e}^{-y\mathrm{i}}}{2\mathrm{i}}$ 将三角函数推广到复变量，给出如下定义：

定义 2.5 称 $\dfrac{\mathrm{e}^{\mathrm{i}z} - \mathrm{e}^{-\mathrm{i}z}}{2\mathrm{i}}$ 为复数 z 的正弦函数，记为 $\sin z$；称 $\dfrac{\mathrm{e}^{\mathrm{i}z} + \mathrm{e}^{-\mathrm{i}z}}{2}$ 为复数 z 的余弦函数，记为 $\cos z$，即 $\sin z = \dfrac{\mathrm{e}^{\mathrm{i}z} - \mathrm{e}^{-\mathrm{i}z}}{2\mathrm{i}}$，$\cos z = \dfrac{\mathrm{e}^{\mathrm{i}z} + \mathrm{e}^{-\mathrm{i}z}}{2}$.

2）正弦和余弦函数常见性质

（1）$\sin z$ 与 $\cos z$ 均是单值函数，其图像如图 2.5 所示.

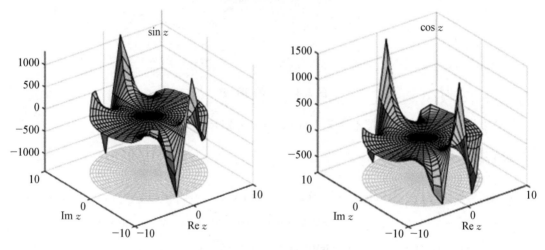

图 2.5 $\sin z$ 与 $\cos z$ 的图像

（2）当 $z = x \in \mathbf{R}$，$y = 0$ 时，现定义的三角函数与通常的三角函数的定义是一致的.

（3）$\sin z$ 与 $\cos z$ 均在复平面内解析，且 $(\cos z)' = -\sin z$，$(\sin z)' = \cos z$. 事实上，$(\sin z)' = \left(\dfrac{\mathrm{e}^{\mathrm{i}z} - \mathrm{e}^{-\mathrm{i}z}}{2\mathrm{i}}\right)' = \dfrac{\mathrm{e}^{\mathrm{i}z}\mathrm{i} + i\mathrm{e}^{-\mathrm{i}z}}{2\mathrm{i}} = \dfrac{\mathrm{e}^{\mathrm{i}z} + \mathrm{e}^{-\mathrm{i}z}}{2} = \cos z$，类似可证 $(\cos z)' = -\sin z$.

（4）$\sin z$ 是奇函数，$\cos z$ 是偶函数，即 $\sin(-z) = -\sin z$，$\cos(-z) = \cos z$.

（5）和差公式与倍角公式如下：

$\sin(z_1 \pm z_2) = \sin z_1 \cos z_2 \pm \cos z_1 \sin z_2$，

$\cos(z_1 \pm z_2) = \cos z_1 \cos z_2 \mp \sin z_1 \sin z_2$，

$\cos 2z = \cos^2 z - \sin^2 z$，$\sin 2z = 2\sin z \cos z$.

（6）$\sin^2 z + \cos^2 z = 1$.

（7）$\sin z$ 与 $\cos z$ 均为以 $2k\pi$ 为周期的周期函数. 事实上，$\sin(z + 2k\pi) = \dfrac{\mathrm{e}^{\mathrm{i}(z+2k\pi)} - \mathrm{e}^{-\mathrm{i}(z+2k\pi)}}{2\mathrm{i}} = \dfrac{\mathrm{e}^{\mathrm{i}z}\mathrm{e}^{2k\pi\mathrm{i}} - \mathrm{e}^{-\mathrm{i}z}\mathrm{e}^{-2k\pi\mathrm{i}}}{2\mathrm{i}} = \dfrac{\mathrm{e}^{\mathrm{i}z} - \mathrm{e}^{-\mathrm{i}z}}{2\mathrm{i}} = \sin z$，$\cos z$ 类似可证.

(8) $\sin z$ 的零点为 $z = n\pi$ $(n \in \mathbf{Z})$，而 $\cos z$ 的零点为 $z = n\pi + \dfrac{\pi}{2}$ $(n \in \mathbf{Z})$. 事实上

$\sin z = 0$，即 $\dfrac{\mathrm{e}^{\mathrm{i}z} - \mathrm{e}^{-\mathrm{i}z}}{2\mathrm{i}} = 0$，可写成 $\mathrm{e}^{2\mathrm{i}z} = 1$. 令 $z = x + y\mathrm{i}$,

即 $\mathrm{e}^{-2y}\mathrm{e}^{2\mathrm{i}x} = 1 = \mathrm{e}^{2n\pi\mathrm{i}}$，故 $\mathrm{e}^{-2y} = 1$，$2x = 2n\pi$，即 $y = 0$，$x = n\pi$ $(n \in \mathbf{Z})$.

故 $z = n\pi$ $(n \in \mathbf{Z})$ 是 $\sin z$ 的零点. 同理可求得 $\cos z$ 的零点.

(9) $|\sin z| \leqslant 1$ 与 $|\cos z| \leqslant 1$ 不再成立 (因当 $y \to \infty$ 时，$|\sin \mathrm{i}y|$ 和 $|\cos \mathrm{i}y| \to \infty$).

例 2.9 计算 $\cos(1 - \mathrm{i})$.

解: $\cos(1 - \mathrm{i}) = \dfrac{\mathrm{e}^{\mathrm{i}(1-\mathrm{i})} + \mathrm{e}^{-\mathrm{i}(1-\mathrm{i})}}{2} = \dfrac{\mathrm{e}^{\mathrm{i}+1} + \mathrm{e}^{-1-\mathrm{i}}}{2} = \dfrac{1}{2}(\mathrm{e}\mathrm{e}^{\mathrm{i}} + \mathrm{e}^{-1}\mathrm{e}^{-\mathrm{i}})$

$= \dfrac{1}{2}\left[\mathrm{e}(\cos 1 + \mathrm{i}\sin 1) + \mathrm{e}^{-1}(\cos 1 - \mathrm{i}\sin 1)\right] = \dfrac{\mathrm{e} + \mathrm{e}^{-1}}{2}\cos 1 + \mathrm{i}\dfrac{\mathrm{e} - \mathrm{e}^{-1}}{2}\sin 1$.

2. 正切和余切

定义 2.6 $\tan z = \dfrac{\sin z}{\cos z}$，$\cot z = \dfrac{\cos z}{\sin z}$，$\sec z = \dfrac{1}{\cos z}$，$\csc z = \dfrac{1}{\sin z}$ 分别称为 z 的正切、余切、正割和余割函数.

这四个函数的常见性质如下:

(1) 这四个函数都在 z 平面上使分母不为零的点处解析，其图像如图 2.6 所示，且 $(\tan z)' = \sec^2 z$，$(\cot z)' = -\csc^2 z$，$(\sec z)' = \sec z \tan z$，$(\csc z)' = -\csc z \cot z$.

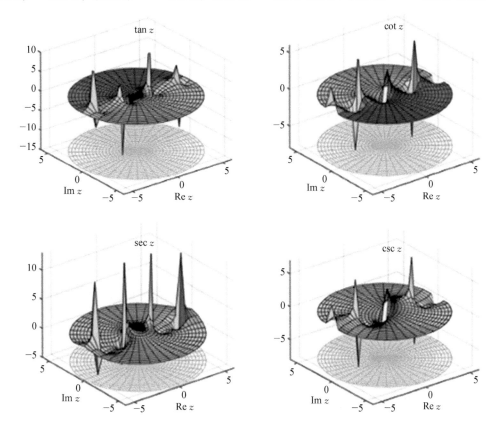

图 2.6 $\tan z$, $\cot z$, $\sec z$ 与 $\csc z$ 的图像

（2）$\tan z$ 与 $\cot z$ 的周期为 π，$\sec z$ 与 $\csc z$ 的周期为 2π.

如 $\tan(z+\pi)=\dfrac{\sin(z+\pi)}{\cos(z+\pi)}=\dfrac{-\sin z}{-\cos z}=\dfrac{\sin z}{\cos z}=\tan z$，其余可类似讨论.

3. 其他三角函数

定义 2.7　$\sinh z=\dfrac{e^z-e^{-z}}{2}$，$\cosh z=\dfrac{e^z+e^{-z}}{2}$，$\tanh z=\dfrac{\sinh z}{\cosh z}$，$\coth z=\dfrac{1}{\tanh z}$，

$\operatorname{sech} z=\dfrac{1}{\cosh z}$，$\operatorname{csch} z=\dfrac{1}{\sinh z}$ 分别称为双曲正弦、双曲余弦、双曲正切、双曲余切、双曲正割、双曲余割函数，其图像如图 2.7 所示.

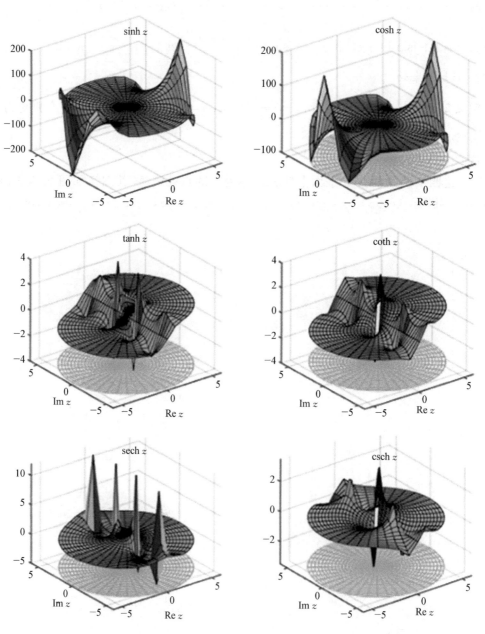

图 2.7　双曲正弦、双曲余弦、双曲正切、双曲余切、双曲正割、双曲余割函数的图像

2.3 初等多值函数

2.3.1 单叶性区域与单叶解析函数

定义 2.8　设 $\omega = f(z)$ 在区域 D 内有定义,若 $\forall z_1, z_2 \in D$,当 $z_1 \neq z_2$ 时,都有 $f(z_1) \neq f(z_2)$,则称 $\omega = f(z)$ 在 D 内是单叶的,并称 D 是单叶性区域.进一步地,若 $f(z)$ 解析,则称 $f(z)$ 为单叶解析函数.

注:D 到 G 的单叶满变换 $\omega = f(z)$ 就是 D 到 G 的一一变换.

例 2.10　设 $D = \{z = re^{i\theta} \mid 0 < r < r_0, 0 < \theta < \theta_0\}$(见图 2.8),则 $\omega = f(z) = z^2$ 下,如何选择 θ_0 使 D 为单叶函数?

解:$\omega = z^2 = (re^{i\theta})^2 = r^2 e^{i2\theta}$,从而 $0 < \rho < r_0^2$,$0 < \varphi < 2\theta_0$. 为使 $\omega = z^2$ 是单叶的,须使 $\theta_0 < \pi$.

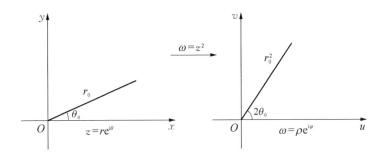

图 2.8　例 2.10 示意图

2.3.2 根式函数

定义 2.9　称 $\omega = \sqrt[n]{z}$ 为根式函数,并规定 $\omega = \sqrt[n]{z}$ 是 $z = \omega^n$ 的反函数 $(n > 1, n \in \mathbf{N}_+)$.

1. 幂函数的变换性质及其单叶性区域

令 $z = re^{i\theta}$,$r = |z|$ $(\theta = \arg z)$,则 $\omega = \sqrt[n]{r}\, e^{i\frac{\theta + 2k\pi}{n}}$,$k = 0, 1, 2, \cdots, n-1$. 对于每一个 z $(z \neq 0, z \neq \infty)$,$\omega$ 平面上有 n 个点分布在以原点为中心的正 n 边形的顶点上,故 $\omega = \sqrt[n]{z}$ 是 n 值的.若令 $z = re^{i\theta}$,$\omega = \rho e^{i\varphi}$,由于 $z = \omega^n$,则 $r = \rho^n$,$\theta = n\varphi$.

变换 $z = \omega^n$ 把从原点出发的射线 $\varphi = \varphi_0$ 变成原点出发的射线 $\theta = n\varphi_0$,并把圆周 $\rho = \rho_0$ 变成圆周 $r = \rho_0^n$,如图 2.9 所示.

当 ω 平面上的运动射线从射线 $\varphi = 0$ 扫动到 $\varphi = \varphi_0$ 时,在 $z = \omega^n$ 的像就在 z 平面上从射线 $\theta = 0$ 扫动到射线 $\theta = n\varphi_0$. 而 ω 平面上的角形 $0 < \varphi < \varphi_0$ 就被变成 z 平面上的角形 $0 < \theta < n\varphi_0$.

特别地,变换 $z = \omega^n$ 把 ω 平面上的角形 $-\dfrac{\pi}{n} < \varphi < \dfrac{\pi}{n}$ 变成 z 平面除去原点及负实轴的区域 $(-\pi < \theta < \pi)$,如图 2.10 所示.

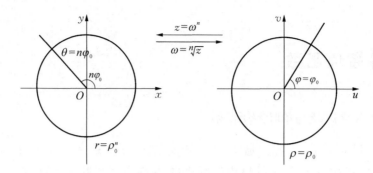

图 2.9 幂函数与根式函数的变换

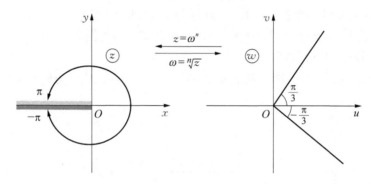

图 2.10 $z=\omega^n(k=1)$将角形域(右图)转化为除去负实轴的平面区域(左图)

一般地,变换 $z=\omega^n$ 把 ω 平面上张度为 $\dfrac{2\pi}{n}$ 的 n 个角形域,T_k:$\dfrac{2k\pi}{n}-\dfrac{\pi}{n}<\varphi<$ $\dfrac{2k\pi}{n}+\dfrac{\pi}{n}$ $(k=0,1,2,\cdots,n-1)$,都变成 z 平面除去原点及负实轴的区域($2k\pi-\pi<\theta<2k\pi+\pi$). 这是 $z=\omega^n$ 单叶性区域的一种分法.

2. $\omega=\sqrt[n]{z}$ 的单值解析分支

当 $z=re^{i\theta}$ 时,$\omega=\sqrt[n]{r}\,e^{\frac{\theta+2k\pi}{n}}$ $(k=0,1,2,\cdots,n-1)$ 出现多值性的原因是 z 确定后,其辐角并不唯一确定.在 z 平面上从原点 O 到 ∞ 的任意一条射线,将 z 平面割破,割破的 z 平面构成一个以此割线为边界的区域,记为 G. 在 G 内随意指定一点 z_0 的一个辐角值,则在 G 内任意的点 z,皆可根据 z_0 辐角,依连续变化而唯一确定其辐角.

假设 G 为从原点起割破负实轴的区域(见图 2.11),在此区域 G 内,有

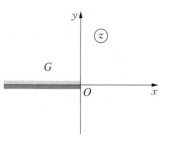

图 2.11 从原点起割破负实轴的区域

$$\psi_k=(\sqrt[n]{z})_k=\sqrt[n]{r(z)}\,e^{i\frac{\theta(z)+2k\pi}{n}},\quad z\in G; k=0,1,2,\cdots,n-1.$$

称上式为 $\sqrt[n]{z}$ 的 n 个单值连续分支函数.当 k 取 $0,1,2,\cdots,n-1$ 中的固定值时,它就是 $\sqrt[n]{z}$ 的第 k 个分支函数,这 n 个单值连续分支函数都是解析函数,并有

$$\frac{d}{dz}(\sqrt[n]{z})_k=\frac{1}{n}\frac{(\sqrt[n]{z})_k}{z},\quad z\in G; k=0,1,2,\cdots,n-1.$$

3. 支点及支割线

原点 $z=0$：在 $z=0$ 的充分小邻域内作一个包围此点的圆周 Γ，当变点 z 从 Γ 上一点出发绕 Γ 连续变动一周而回到出发点时，$\sqrt[n]{z}$ 从其一支变到另一支，我们称 $z=0$ 是 $\sqrt[n]{z}$ 的支点。$z=\infty$ 也具有 $z=0$ 所具有的类似性质，也称为 $\sqrt[n]{z}$ 的支点。当 z 沿顺时针方向绕以原点为中心半径充分大的圆周 Γ 一周时，$\sqrt[n]{z}$ 也从其一支变到另一支。

注：$\sqrt[n]{z}$ 仅以 $z=0$ 及 $z=\infty$ 为支点，其他任何点皆不具有支点性质。

用来割破 z 平面，借以分出 $\sqrt[n]{z}$ 的单值解析分支的割线，称为 $\sqrt[n]{z}$ 的**支割线**。对应于支割线的不同作法，分支也就不同，因为这时各分支的定义域 G 随支割线改变而改变，当然其值域 $T_k(k=0,1,2,\cdots,n-1)$ 也要随支割线改变而改变。例如，$w=\sqrt[5]{z}$ 图像如图 2.12 所示。

特别地，**取负实轴为支割线**而得出 $\sqrt[n]{z}$ 的 n 个不同的分支，我们称下面这支为 $\sqrt[n]{z}$ 的**主值支**，它可表示为 $(\sqrt[n]{z})_0=\sqrt[n]{r}\,\mathrm{e}^{\mathrm{i}\frac{\theta}{n}}\ (-\pi<\theta<\pi)$。

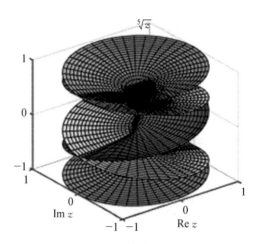

图 2.12 $\sqrt[5]{z}$ 的图像

注：每一单值分支在支割线上是不连续的。

例 2.11 设 $\omega=\sqrt[3]{z}$ 确定从原点 $z=0$ 起沿负实轴割破 z 平面，并且 $\omega(\mathrm{i})=-\mathrm{i}$，试求 $\omega(-\mathrm{i})$。

解：设 $z=r\mathrm{e}^{\mathrm{i}\theta}$，$r=|z|$，$\theta=\arg z$，则 $\omega_k=\sqrt[3]{r}\,\mathrm{e}^{\mathrm{i}\frac{\theta+2k\pi}{3}}$，$k=0,1,2$，$z\in G$，$-\pi<\theta<\pi$，$G$ 为由负实轴割破平面而得到的区域。

(1) 由条件确定 k：

由于 $\omega(\mathrm{i})=-\mathrm{i}=\cos\dfrac{\pi+4k\pi}{6}+\mathrm{i}\sin\dfrac{\pi+4k\pi}{6}$，显然只有取 $k=2$ 时，$\cos\dfrac{3\pi}{2}+\sin\dfrac{3\pi}{2}=-\mathrm{i}$。

(2) 求 $\omega_2(-\mathrm{i})$，$-\mathrm{i}\in G$：

$r=|-\mathrm{i}|=1$，$\theta=\arg(-\mathrm{i})=-\dfrac{\pi}{2}$，故 $\omega_2(-\mathrm{i})=\mathrm{e}^{\mathrm{i}\frac{-\frac{\pi}{2}+4\pi}{3}}=-\mathrm{e}^{\frac{\pi}{6}\mathrm{i}}=-\left(\dfrac{\sqrt{3}}{2}+\dfrac{1}{2}\mathrm{i}\right)$。

2.3.3 对数函数

1. 对数函数概念

定义 2.10 称 $z=\mathrm{e}^\omega\ (z\neq 0,\infty)$ 的反函数为 z 的对数函数，记为 $\omega=\mathrm{Ln}\,z$。

令 $z=r\mathrm{e}^{\mathrm{i}\theta}$，$\omega=u+\mathrm{i}v$（其中 $r=|z|$，$\theta=\arg z$），因 $\mathrm{e}^\omega=z$，即 $\mathrm{e}^{u+\mathrm{i}v}=r\mathrm{e}^{\mathrm{i}\theta}$，$\mathrm{e}^u\mathrm{e}^{\mathrm{i}v}=r\mathrm{e}^{\mathrm{i}\theta}$，故 $\mathrm{e}^u=r$，$\mathrm{i}v=\mathrm{i}\theta+2k\pi$，从而 $u=\ln r=\ln|z|$，$v=\theta+2k\pi=\arg z+2k\pi=\mathrm{Arg}\,z$，$k\in\mathbf{Z}$，故 $\mathrm{Ln}\,z=\ln|z|+\mathrm{iArg}\,z=\ln|z|+\mathrm{i}(\arg z+2k\pi)$，$k\in\mathbf{Z}$。当 k 取确定值时，$\mathrm{Ln}\,z$ 对

应值记为 $(\ln z)_k$. 当 $k=0$ 时,我们称 $\ln |z| + i\arg z$ 为 $\mathrm{Ln}\, z$ 的主值,记为 $\ln z$,即 $\ln z = \ln |z| + i\arg z$.

注:(1) $\mathrm{Ln}\, z = \ln z + 2k\pi i$.

(2) 当 $z = x > 0$ 时,$\arg z = 0$,因而 $\mathrm{Ln}\, z$ 的主值 $\ln z = \ln x$ 为经典对数.

例 2.12 求 $\mathrm{Ln}(-1)$,$\mathrm{Ln}\, i$ 的值及主值.

解:(1) 由于 $|-1|=1$,$\arg(-1)=\pi$,$\mathrm{Arg}(-1)=(2k+1)\pi$,$k \in \mathbf{Z}$,从而 $\ln(-1) = \ln|-1| + i\arg(-1) = \ln 1 + i\pi = \pi i$,$\mathrm{Ln}(-1) = \ln(-1) + 2k\pi i = (2k+1)\pi i$,$k \in \mathbf{Z}$.

(2) 由于 $|i|=1$,$\arg(i)=\dfrac{\pi}{2}$,$\mathrm{Arg}(i)=\dfrac{\pi}{2}+2k\pi$,从而 $\ln i = \ln|i| + i\arg(i) = \ln 1 + i\dfrac{\pi}{2} = \dfrac{\pi}{2}i$,$\mathrm{Ln}\, i = \ln|i| + i\mathrm{Arg}(i) = \ln 1 + \left(\dfrac{\pi}{2}+2k\pi\right)i = \left(\dfrac{\pi}{2}+2k\pi\right)i$.

2. 对数函数的性质

对数函数有如下性质:

(1) $\mathrm{Ln}(z_1 z_2) = \mathrm{Ln}\, z_1 + \mathrm{Ln}\, z_2$.

(2) $\mathrm{Ln}\, \dfrac{z_1}{z_2} = \mathrm{Ln}\, z_1 - \mathrm{Ln}\, z_2$.

证明:因 $e^{\mathrm{Ln}\, z_1} = z_1$,$e^{\mathrm{Ln}\, z_2} = z_2$,则 $e^{\mathrm{Ln}\, z_1 + \mathrm{Ln}\, z_2} = e^{\mathrm{Ln}(z_1 z_2)} = z_1 z_2$,故 $e^{\mathrm{Ln}(z_1 z_2)} = e^{\mathrm{Ln}\, z_1 + \mathrm{Ln}\, z_2}$,从而 $\mathrm{Ln}(z_1 z_2) = \mathrm{Ln}\, z_1 + \mathrm{Ln}\, z_2$. 类似地,$\mathrm{Ln}\, \dfrac{z_1}{z_2} = \mathrm{Ln}\, z_1 - \mathrm{Ln}\, z_2$.

注: $\mathrm{Ln}\, z^n \neq n\mathrm{Ln}\, z$,$\mathrm{Ln}\, \sqrt[n]{z} \neq \dfrac{1}{n}\mathrm{Ln}\, z$.

反例:由于 $\mathrm{Ln}\, i^2 = \mathrm{Ln}(-1) = (2k+1)\pi i$,$\mathrm{Ln}\, i = \left(2k\pi + \dfrac{\pi}{2}\right)i$,$2\mathrm{Ln}\, i = (4k\pi + \pi)i$,从而 $\mathrm{Ln}\, i^2 \neq 2\mathrm{Ln}\, i$.

注:(1) $\mathrm{Ln}\, z$ 是多值函数,$\ln z$ 是单值函数,当然实对数函数 $\ln x$ 也是单值函数.

(2) $\mathrm{Ln}\, z$ **的定义域为** $\mathbf{C}\backslash\{0\}$,**实对数函数** $\ln x$ **的定义域为** $x > 0$.

例 2.13 解方程 $e^{2z} + e^z + 1 = 0$.

解:令 $\omega = e^z$,则 $\omega^2 + \omega + 1 = 0$,故 $\omega = \dfrac{-1 \pm \sqrt{3}\, i}{2} = -\dfrac{1}{2} \pm \dfrac{\sqrt{3}}{2}i$,故 $z = \mathrm{Ln}\left(-\dfrac{1}{2} \pm \dfrac{\sqrt{3}}{2}i\right)$,即 $z = \left(\dfrac{2\pi}{3} + 2k\pi\right)i$,或 $z = \left(\dfrac{4\pi}{3} + 2k\pi\right)i$,$k \in \mathbf{Z}$.

例 2.14 求解方程 $\ln z = 2 + \pi i$.

解:由对数函数定义知,$z = e^{2+\pi i} = e^2(\cos \pi + i\sin \pi) = -e^2$.

3. 指数函数 $z = e^\omega$ 的变换性质及其单叶性区域

令 $z = re^{i\theta}$,$\omega = u + iv$,由于 $z = e^\omega$,则 $r = e^u$,$\theta = v$. 由此,变换 $z = e^\omega (z \neq 0,\ \infty)$ 把直线 $v = v_0$ 变成从原点出发的射线 $\theta = v_0$,把线段 $u = u_0$ 且 $-\pi < v \leqslant \pi$ 变成圆周 $r = e^{u_0}$.

当 ω 平面上的动直线从直线 $v = 0$ 扫动到直线 $v = v_0$ 时,在 $z = e^\omega$ 下的像,就在 z 平面上从射线 $\theta = 0$ 扫动到射线 $\theta = v_0$. 从而将 ω 平面上的带线 $0 < v < v_0$ 就变成 z 平面上的角形 $0 < \theta < v_0$.

特别地,变换 $z=\mathrm{e}^w$ 把 w 平面上的带线 $-\pi<v<\pi$ 变成 z 平面上除去原点及负实轴的区域(见图 2.13).

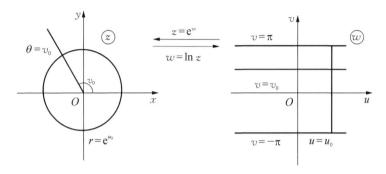

图 2.13　指数函数与对数函数的变换

一般地,变换 $z=\mathrm{e}^w$ 把宽为 2π 的带形域

$$B_k: (2k-1)\pi<v<(2k+1)\pi, \quad k=0,\pm 1,\pm 2,\cdots$$

都变成 z 平面上除去原点及负实轴的区域(这是 $z=\mathrm{e}^w$ 的单叶性区域的一种分法).

4. $w=\mathrm{Ln}\,z$ 的单值解析分支

在 z 平面上从原点 $z=0$ 起割破负实轴的区域 G 内,可以得到 $w=\ln z$ 无穷多个不同的单值连续分支函数,$\omega_k=(\ln z)_k=\ln r(z)+\mathrm{i}[\theta(z)+2k\pi]$ $(z\in G, k\in \mathbf{Z})$,其中 $r(z)=|z|$, $\theta(z)=\arg z$,且各分支在 G 内解析,且有 $\dfrac{\mathrm{d}}{\mathrm{d}z}(\ln z)_k=\dfrac{1}{z}$ $(z\in G, k\in \mathbf{Z})$. $\omega=\mathrm{Ln}\,z$ 仅以 $z=0$ 及 $z=\infty$ 为支点,负实轴为其支割线,$\mathrm{Ln}\,z$ 的图像如图 2.14 所示.

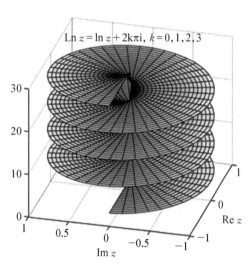

图 2.14　对数函数 Ln z 的图像

2.3.4　一般幂函数与一般指数函数

1. 一般幂函数

实数域中 $x^\alpha=\mathrm{e}^{\alpha\ln x}$ $(x>0, \alpha\in\mathbf{R})$,将其推广到复数域中.

定义 2.11　$\omega=z^\alpha=\mathrm{e}^{\alpha\mathrm{Ln}\,z}$ $(z\neq 0,\infty, \alpha\in\mathbf{C})$ 称为 z 的一般幂函数.

规定:当 $\alpha\in\mathbf{R}$,且 $z=0$ 时,$z^\alpha\triangleq 0$. 当 $z\neq 0$ 时,则有

$$z^\alpha=\mathrm{e}^{\alpha\mathrm{Ln}\,z}=\mathrm{e}^{\alpha[\ln|z|+\mathrm{i}\mathrm{Arg}\,z]}=\mathrm{e}^{\alpha[\ln|z|+\mathrm{i}\arg z+2k\pi\mathrm{i}]}=\mathrm{e}^{\alpha(\ln|z|+\mathrm{i}\arg z)}\mathrm{e}^{2k\pi\alpha}, \ k\in\mathbf{Z}.$$

下面讨论 α 的如下几种情况:

(1) 当 $\alpha=n\in\mathbf{N}_+$ 时,$\mathrm{e}^{2k\pi\alpha\mathrm{i}}=\mathrm{e}^{2kn\pi}=1$,故 $z^\alpha=z^n$ 是单值函数.

(2) 当 $\alpha=\dfrac{1}{n}$ 时,$z^\alpha=z^{\frac{1}{n}}=\sqrt[n]{z}$ 是个多值函数(n 个分支).

(3) 当 α 是有理数 $\dfrac{q}{p}$（既约分数），这时 $e^{2k\pi\alpha i}=e^{2k\pi\frac{q}{p}i}$ 只能取 p 个不同的值，即当 $k=0$，1，2，$\cdots$，$p-1$ 时对应的值

$$z^{\alpha}=z^{\frac{q}{p}}=e^{\frac{q}{p}(\ln|z|+i\arg z)}e^{2k\pi\frac{q}{p}i},\ k=0,\ 1,\ 2,\ \cdots,\ p-1.$$

(4) 当 α 是无理数或虚数时，$e^{2k\pi\alpha i}$ 的所有值各不相同，z^{α} 是无限多值的.

z^{α} 的单值解析分支与 $\mathrm{Ln}\,z$ 相同，z^{α} 仍只以 $z=0$ 或 ∞ 为支点，当从原点起沿负实轴割破 z 平面后，对 z^{α} 的每个分支有 $\dfrac{\mathrm{d}}{\mathrm{d}z}z^{\alpha}=\alpha z^{\alpha-1}$.

2. 一般指数函数

定义 2.12　$\omega=\alpha^{z}=e^{z\mathrm{Ln}\alpha}(\alpha\neq0,\ \infty)$ 称为 z 的一般指数函数.

例 2.15　求 $i^{\frac{2}{3}}$，i^{i}，2^{i} 的值.

解：（1）$i^{\frac{2}{3}}=e^{\frac{2}{3}\mathrm{Ln}\,i}=e^{\frac{2}{3}\left[\ln|i|+i(\arg i+2k\pi)\right]}=e^{\frac{2}{3}\left[\ln1+i(\frac{\pi}{2}+2k\pi)\right]}=e^{\frac{2}{3}(\frac{\pi}{2}+2k\pi)i}=e^{(\frac{\pi}{3}+\frac{4}{3}k\pi)i}$

$\qquad=\cos\left(\dfrac{\pi}{3}+\dfrac{4}{3}k\pi\right)+i\sin\left(\dfrac{\pi}{3}+\dfrac{4}{3}k\pi\right)$，$k=0$，$1$，$2$.

当 $k=0$ 时，其值为 $\dfrac{1}{2}+\dfrac{\sqrt{3}}{2}i$. 当 $k=1$ 时，其值为 $\cos\dfrac{5\pi}{3}+i\sin\dfrac{5\pi}{3}=\dfrac{1}{2}-\dfrac{\sqrt{3}}{2}i$. 当 $k=2$ 时，其值为 $\cos3\pi+i\sin3\pi=-1$.

（2）$i^{i}=e^{i\mathrm{Ln}\,i}=e^{i[\ln|i|+i(\arg i+2k\pi)]}=e^{i\left[\ln1+i(\frac{\pi}{2}+2k\pi)\right]}=e^{-(\frac{\pi}{2}+2k\pi)}$，$k\in\mathbf{Z}$，$i^{i}$ 的主值为 $e^{-\frac{\pi}{2}}$.

（3）$2^{i}=e^{i\mathrm{Ln}\,2}=e^{i(\ln2+2k\pi i)}=e^{i\ln2-2k\pi}=e^{-2k\pi}[\cos(\ln2)+i\sin(\ln2)]$，$k\in\mathbf{Z}$.

2.3.5　反三角函数

1. 反三角函数的概念

定义 2.13　（1）反正弦函数 $\omega=\arcsin z$ 是指方程 $\sin\omega=z$ 的解的总体.

（2）反余弦函数 $\omega=\arccos z$ 是指方程 $\cos\omega=z$ 的解的总体.

（3）反正切函数 $\omega=\arctan z$ 是指方程 $\tan\omega=z$ 的解的总体.

（4）反双曲正弦函数 $\omega=\mathrm{arsinh}\,z$ 是指方程 $\sinh z=\omega$ 的解的总体.

（5）反双曲余弦函数 $\omega=\mathrm{arcosh}\,z$ 是指方程 $\cosh z=\omega$ 的解的总体.

（6）反双曲正切函数 $\omega=\mathrm{artanh}\,z$ 是指方程 $\tanh z=\omega$ 的解的总体.

2. 反三角函数表达式

（1）由于 $\sin\omega=z$，则 $\dfrac{e^{i\omega}-e^{-i\omega}}{2i}=z$，由此得 $e^{2i\omega}-2ize^{i\omega}-1=0$，将此看作 $e^{i\omega}$ 的二次方程，即得 $e^{i\omega}=iz+\sqrt{1-z^{2}}$，$i\omega=\mathrm{Ln}(iz+\sqrt{1-z^{2}})$，$\omega=-i\mathrm{Ln}(iz+\sqrt{1-z^{2}})$，因此，$\arcsin\omega=-i\mathrm{Ln}(iz+\sqrt{1-z^{2}})$.

（2）由 $\cos\omega=z$，即 $\dfrac{e^{i\omega}+e^{-i\omega}}{2}=z$，由此得 $e^{2i\omega}-2ze^{i\omega}+1=0$，从而解得

$e^{i\omega}=z+\sqrt{z^{2}-1}$，$i\omega=\mathrm{Ln}(z+\sqrt{z^{2}-1})$，故 $\arccos\omega=-i\mathrm{Ln}(z+\sqrt{z^{2}-1})$.

(3) 由 $\tan\omega=z$，即 $\dfrac{\sin\omega}{\cos\omega}=z$，从而 $\dfrac{1}{i}\cdot\dfrac{e^{i\omega}-e^{-i\omega}}{e^{i\omega}+e^{-i\omega}}=z$，则 $e^{i2\omega}=\dfrac{1+iz}{1-iz}$，由此得

$i2\omega=\operatorname{Ln}\dfrac{1+iz}{1-iz}$，故 $\arctan z=\dfrac{1}{2i}\operatorname{Ln}\dfrac{1+iz}{1-iz}=-\dfrac{i}{2}\operatorname{Ln}\dfrac{1+iz}{1-iz}$.

(4) $\operatorname{arsinh}z=\operatorname{Ln}(z+\sqrt{z^2+1})$，$\operatorname{arcosh}z=\operatorname{Ln}(z+\sqrt{z^2-1})$，$\operatorname{artanh}z=\dfrac{1}{2}\operatorname{Ln}\dfrac{1+z}{1-z}$.

例 2.16　计算 $\arcsin 2$ 与 $\operatorname{artanh}i$ 的值.

解：(1) $\arcsin 2=-i\operatorname{Ln}(2i+\sqrt{1-2^2})=-i\operatorname{Ln}(2i\pm\sqrt{3}i)=-i\operatorname{Ln}[(2\pm\sqrt{3}i)]$

$$=-i\left[\ln(2\pm\sqrt{3})+\frac{\pi}{2}i+2k\pi i\right]=\frac{\pi}{2}-2k\pi-i\ln(2\pm\sqrt{3})$$

$$=\frac{\pi}{2}+2k\pi-i\ln(2\pm\sqrt{3}),\ k\in\mathbf{Z}.$$

(2) $\operatorname{artanh}i=\dfrac{1}{2}\operatorname{Ln}\dfrac{1+i}{1-i}=\dfrac{1}{2}\operatorname{Ln}\dfrac{2i}{2}=\dfrac{1}{2}\operatorname{Ln}i=\dfrac{1}{2}\{\ln|i|+i[\arg(i)+2k\pi]\}=$

$\dfrac{i}{2}\left(\dfrac{\pi}{2}+2k\pi\right)=i\left(\dfrac{\pi}{4}+k\pi\right),\ k\in\mathbf{Z}.$

数学名人介绍

黎　曼

黎曼(Riemann,1826—1866 年),生于德国汉诺威布列斯伦茨,卒于意大利塞那斯加. 1846 年,他进入哥廷根大学就读神学与哲学,后来转学数学. 大学期间,他去柏林大学交流了两年,受到雅可比和狄利克雷的影响. 1849 年,他回到哥廷根大学. 1851 年,发表论文《复变函数论的基础》,取得了博士学位. 1854 年,成为哥廷根大学的讲师. 1859 年,接替狄利克雷成为教授. 1851 年,论证了复变函数可导的必要充分条件(即柯西-黎曼方程),借助狄利克雷原理阐述了黎曼映射定理,奠定了函数的几何理论的基础. 1853 年,定义了黎曼积分并研究了三角级数收敛的准则. 1854 年,他发扬了高斯关于曲面的微分几何研究结果,提出用流形的概念理解空间的实质,用微分弧长度的平方所确定的正定二次型理解度量,建立了黎曼空间的概念,把欧氏几何、非欧几何融入了他的体系之中. 1857 年,黎曼发表的关于阿贝尔函数的研究论文引出了黎曼曲面的概念,为阿贝尔积分与阿贝尔函数的理论带来了新的转折点并做了系统的研究.

黎曼是德国数学家、物理学家,为数学分析和微分几何做出了重要贡献,其中一些研究成果为广义相对论的发展铺平了道路. 他引入三角级数理论,指出了积分论的方向,并奠定了近代解析数论的基础,提出一系列问题;他最初引入黎曼曲面这一概念,对近代拓扑学影响很大;在代数函数论方面,黎曼-诺赫定理也很重要;在微分几何方面,继高斯之后,他建立了黎曼几何学.

习　题　2

1. 指出下列函数的解析区域和奇点,并求出可导点的导数:

(1) $(z-1)^5$;　　(2) $z^3+2\mathrm{i}z$;　　(3) $\dfrac{1}{z^2+1}$;　　(4) $z+\dfrac{1}{z+3}$.

2. 试证:若 $f(z)$ 和 $g(z)$ 在点 z_0 解析,且 $f(z_0)=g(z_0)=0$, $g'(z_0)\neq 0$, 则 $\lim\limits_{z\to z_0}\dfrac{f(z)}{g(z)}=\dfrac{f'(z_0)}{g'(z_0)}$ [洛必达(L'Hospital)法则].

3. 试证: $f(z)=\sqrt{|\,\mathrm{Im}(z^2)\,|}$ 的实部和虚部在点 $(0,0)$ 满足柯西-黎曼方程,但 $f(z)$ 在 $z=0$ 处不可微.

4. 试证下列函数在 z 平面上任何点都不解析:

(1) $|\,z\,|$;　　(2) $x+y$;　　(3) $\mathrm{Re}\,z$;　　(4) $\dfrac{1}{\bar{z}}$.

5. 试判断下列函数的可微性和解析性:

(1) $f(z)=xy^2+\mathrm{i}x^2y$;　　(2) $f(z)=x^2+\mathrm{i}y^2$;

(3) $f(z)=2x^3+3\mathrm{i}y^3$;　　(4) $f(z)=x^3-3xy^2+\mathrm{i}(3x^2y-y^3)$.

6. 若函数 $f(z)$ 在区域 D 内解析,且满足下列条件之一,试证 $f(z)$ 在 D 内必为常数:

(1) 在 D 内 $f'(z)=0$;

(2) $\overline{f(z)}$ 在 D 内解析;

(3) $|\,f(z)\,|$ 在 D 内为常数;

(4) $\mathrm{Re}\,f(z)$ 或 $\mathrm{Im}\,f(z)$ 在 D 内为常数.

7. 如果 $f(z)$ 在区域 D 内解析,试证: $\overline{\mathrm{i}f(z)}$ 在区域 D 内也解析.

8. 试证下列函数在 z 平面上解析,并分别求出其导函数:

(1) $f(z)=x^3+3x^2y\mathrm{i}-3xy^2-y^3\mathrm{i}$;

(2) $f(z)=\mathrm{e}^x(x\cos y-y\sin y)+\mathrm{i}\mathrm{e}^x(y\cos y+x\sin y)$;

(3) $f(z)=\sin x\cdot\cosh y+\mathrm{i}\cos x\cdot\sinh y$;

(4) $f(z)=\cos x\cdot\cosh y-\mathrm{i}\sin x\cdot\sinh y$.

9. 设函数 $f(z)=x+y+ay^3+bx^2y+(cx+my+x^3+nxy^2)\mathrm{i}$ 在复平面解析,求实参数 a, b, c, m, n 的值,并求 $f'(z)$.

10. 试证下面的定理:

设 $f(z)=u(r,\theta)+\mathrm{i}v(r,\theta)$, $z=\mathrm{e}^{\mathrm{i}\theta}$, 若 $u(r,\theta)$, $v(r,\theta)$ 在点 (r,θ) 是可微的,且满足极坐标的柯西-黎曼方程 $\dfrac{\partial u}{\partial r}=\dfrac{1}{r}\cdot\dfrac{\partial v}{\partial\theta}$, $\dfrac{\partial v}{\partial r}=-\dfrac{1}{r}\cdot\dfrac{\partial u}{\partial\theta}(r>0)$, 则 $f(z)$ 在点 z 是可微的,并且 $f'(z)=(\cos\theta-\mathrm{i}\sin\theta)\left(\dfrac{\partial u}{\partial r}+\mathrm{i}\dfrac{\partial v}{\partial r}\right)=\dfrac{r}{z}\left(\dfrac{\partial u}{\partial r}+\mathrm{i}\dfrac{\partial v}{\partial r}\right)$.

11. 设 $z=x+\mathrm{i}y$, 试求:

(1) $|\,\mathrm{e}^{\mathrm{i}-2z}\,|$, $\mathrm{Arg}(\mathrm{e}^{\mathrm{i}-2z})$;　　(2) $|\,\mathrm{e}^{z^2}\,|$, $\mathrm{Arg}(\mathrm{e}^{z^2})$.

12. 试证:

(1) $\overline{\mathrm{e}^z}=\mathrm{e}^{\bar{z}}$;　　(2) $\overline{\sin z}=\sin\bar{z}$;　　(3) $\overline{\cos z}=\cos\bar{z}$.

13. 试证：对任意的复数 z 及整数 m，有 $(e^z)^m = e^{mz}$.

14. 试求下面各式之值：

(1) e^{3+i}；　(2) $\sin i$；　(3) $\mathrm{Ln}(-i)$；　(4) $\mathrm{Ln}(-3+4i)$；　(5) $(1+i)^i$；

(6) $27^{\frac{2}{3}}$；　(7) $\cosh\left(\dfrac{\pi}{4}i\right)$；　(8) $\cos(i\ln 5)$；　(9) $(-3)^{\sqrt{5}}$；　(10) $\arctan(2+3i)$.

15. 试证：

(1) $\lim\limits_{z\to 0}\dfrac{\sin z}{z}=1$；　(2) $\lim\limits_{z\to 0}\dfrac{e^z-1}{z}=1$；　(3) $\lim\limits_{z\to 0}\dfrac{z-z\cos z}{z-\sin z}=3$.

16. 试证：

(1) $\sin(iz)=i\sinh z$；　(2) $\cos(iz)=\cosh z$；　(3) $\sinh(iz)=i\sin z$；

(4) $\cosh(iz)=\cos z$；　(5) $\tan(iz)=i\tanh z$；　(6) $\tanh(iz)=i\tan z$.

17. 试证：

(1) $\cosh^2 z-\sinh^2 z=1$；　(2) $\mathrm{sech}^2 z+\tanh^2 z=1$；

(3) $\cosh(z_1+z_2)=\coth z_1\cosh z_2+\sinh z_1\sinh z_2$.

18. 若 $z=x+iy$，试证：

(1) $\sin z=\sin x\cdot\cosh y+i\cos x\cdot\sinh y$；

(2) $\cos z=\cos x\cdot\cosh y-i\sin x\cdot\sinh y$；

(3) $|\sin z|^2=\sin^2 x+\sinh^2 y$；

(4) $|\cos z|^2=\cos^2 x+\sinh^2 y$.

19. 试证：$(\sinh z)'=\cosh z$；$(\cosh z)'=\sinh z$.

20. 试解方程：

(1) $e^z=1+\sqrt{3}\,i$；　(2) $\ln z=\dfrac{\pi i}{2}$；　(3) $1+e^z=0$；

(4) $\cos z+\sin z=0$；　(5) $\tan z=1+2i$.

第 3 章　复变函数的积分

在微积分中,微分法与积分法是研究函数性质的重要方法. 在复变函数中,复积分是研究解析函数的重要的方法和解决实际问题的有力工具. 本章内容与二元函数的第二型曲线积分的概念、性质等相关联,希望读者结合数学分析或高等数学有关知识学习本章内容.

3.1　复变函数积分的概念及其性质

3.1.1　积分的定义

除特别声明外,本章所提到的曲线,一律指光滑的或逐段光滑的曲线. 规定曲线从起点 A 沿曲线 C 到终点 B 为 C 的正向,记为 C 或 C_+. 此时由终点 B 到起点 A 的方向称为负向,记为 C_-.

如果闭曲线是某区域的边界,沿闭曲线前进时,区域总在该曲线的左侧,此曲线前进的方向规定为正向,如图 3.1 所示.

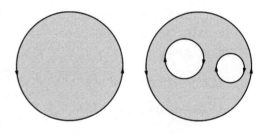

图 3.1　曲线正向示意图

对于简单闭曲线,前面已经规定过"顺时针"方向为负向,"逆时针"方向为正向.

定义 3.1　设 C 是平面内一条光滑或分段光滑的有向曲线,其起点为 A,终点为 B. 将曲线 C 任意分割成 n 个弧段,设其分点为 $A = z_0, \cdots, z_{k-1}, z_k, \cdots, z_n = B$,分割如图 3.2 所示. 在每个弧段 $z_{k-1} z_k$ 上任取一点 ξ_k,求和式 $S_n = \sum\limits_{k=1}^{n} f(\xi_k) \cdot \Delta z_k$,其中 $\Delta z_k = z_k - z_{k-1}$. 设 $\lambda = \max\limits_{1 \leqslant k \leqslant n} |\Delta z_k|$,当 $\lambda \to 0$ 时,如果和式的极限存在,且该极限不依赖于 ξ_k 的选择,也不依赖于 C 的分法,则称此极限值为 $f(z)$ 沿曲线 C 从 A 到 B 的积分,记作 $\int_C f(z) \mathrm{d}z$,即

$$\int_C f(z) \mathrm{d}z = \lim_{\lambda \to 0} \sum_{k=1}^{n} f(\xi_k) \cdot \Delta z_k,$$ 其中 $f(z)$ 为被积函数, $f(z) \mathrm{d}z$ 为被积表达式, C 为积分曲线. 当 C 是闭曲线时,闭曲线的积分则记为 $\oint_C f(z) \mathrm{d}z$.

特别地,当 C 是 x 轴上的闭区间 $[a, b]$,而 $f(z) = u(x)$

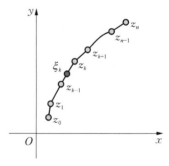

图 3.2　积分曲线分割示意图

是实函数时,则此积分为经典的定积分 $\int_a^b u(x)\mathrm{d}x$.

定理 3.1　设 $f(z)=u(x,y)+\mathrm{i}v(x,y)$,在光滑曲线 C 上连续,则 $\int\limits_C f(z)\mathrm{d}z$ 存在,且

$\int\limits_C f(z)\mathrm{d}z = \int\limits_C u\mathrm{d}x - v\mathrm{d}y + \mathrm{i}\int\limits_C v\mathrm{d}x + u\mathrm{d}y$ 成立.

证明: 设 $z_k=x_k+\mathrm{i}y_k$, $x_k-x_{k-1}=\Delta x_k$, $y_k-y_{k-1}=\Delta y_k$, $\xi_k=\zeta_k+\mathrm{i}\eta_k$, $u(\zeta_k,\eta_k)=u_k$, $v(\zeta_k,\eta_k)=v_k$, 则 $S_n=\sum\limits_{k=1}^n f(\zeta_k)\cdot(z_k-z_{k-1})=\sum\limits_{k=1}^n(u_k+\mathrm{i}v_k)(\Delta x_k+\mathrm{i}\Delta y_k)=$

$\sum\limits_{k=1}^n(u_k\Delta x_k - v_k\Delta y_k)+\mathrm{i}\sum\limits_{k=1}^n(u_k\Delta y_k + v_k\Delta x_k)$.

在定理 3.1 条件下,u, v 沿 C 连续,故曲线积分存在,从而定理 3.1 中的公式成立.

注: (1) 被积表达式可看成 $f(z)=u+\mathrm{i}v$ 与 $\mathrm{d}z=\mathrm{d}x+\mathrm{i}\mathrm{d}y$ 相乘得到,如此便于记忆上述定理中的公式.

(2) 当 $f(z)$ 是连续函数,而且 C 是光滑时,则 $\int\limits_C f(z)\mathrm{d}z$ 一定存在.

(3) $\int\limits_C f(z)\mathrm{d}z$ 可通过两个二元实函数的线积分来计算.

例 3.1　设 C 为连接点 a 与 b 的任一曲线.试证:

(1) $\int\limits_C \mathrm{d}z = b-a$;　　(2) $\int\limits_C z\mathrm{d}z = \dfrac{1}{2}(b^2-a^2)$.

解: (1) 因 $S_n=\sum\limits_{k=1}^n(z_k-z_{k-1})=b-a$, 故 $\lim\limits_{\substack{n\to\infty\\ \max|\Delta z_k|\to 0}} S_n=b-a$, $\int\limits_C \mathrm{d}z=b-a$.

(2) 因 $f(z)$ 在 C 上连续, $\int\limits_C z\mathrm{d}z$ 存在, $I=\int\limits_C z\mathrm{d}z=\lim\limits_{\lambda\to 0}\sum\limits_{k=1}^n z_{k-1}(z_k-z_{k-1})$, 显然, $I=\lim\limits_{\lambda\to 0}\sum\limits_{k=1}^n z_k(z_k-z_{k-1})$, 故 $2I=\lim\limits_{\lambda\to 0}\sum\limits_{k=1}^n(z_k^2-z_{k-1}^2)=\lim\limits_{\lambda\to 0}(z_n^2-z_0^2)=b^2-a^2$, 即得证.

3.1.2　积分存在的条件与计算

定理 3.2　设光滑曲线 C 的方程为 $z(t)=x(t)+\mathrm{i}y(t)$, $\alpha\leqslant t\leqslant\beta$, $z(\alpha)$, $z(\beta)$ 分别为 C 的起点与终点,且 $z'(t)\neq 0(\alpha<t<\beta)$, 又设 $f(z)$ 在曲线 C 上连续,则

$$\int\limits_C f(z)\mathrm{d}z = \int_\alpha^\beta f[z(t)]z'(t)\mathrm{d}t.$$

证明: 令 $f[z(t)]=u[x(t),y(t)]+\mathrm{i}v[x(t),y(t)]\triangleq u(t)+\mathrm{i}v(t)$, 则

$$\int\limits_C f(z)\mathrm{d}z = \int\limits_C u\mathrm{d}x - v\mathrm{d}y + \mathrm{i}\int\limits_C u\mathrm{d}y + v\mathrm{d}x$$
$$=\int_\alpha^\beta[u(t)x'(t)-v(t)y'(t)]\mathrm{d}t + \mathrm{i}\int_\alpha^\beta[u(t)y'(t)+v(t)x'(t)]\mathrm{d}t$$
$$=\int_\alpha^\beta\{u(t)[x'(t)+\mathrm{i}y'(t)]+\mathrm{i}v(t)[x'(t)+\mathrm{i}y'(t)]\}\mathrm{d}t$$

$$= \int_\alpha^\beta [u(t) + iv(t)][x'(t) + iy'(t)]dt = \int_\alpha^\beta f[z(t)]z'(t)dt.$$

注：此定理给出的方程是从积分路径 C 的参数方程着手，称为参数方程法.

例 3.2　计算 $\int_C 2z\,dz$，其中 C 的路径（见图 3.3）为：

(1) 从原点到 i 的直线段 C_1；

(2) 从原点到 1 的直线段 C_2，再从 1 到 i 的直线段 C_3 所连接的折线段.

解：过两点 z_1，z_2 的直线方程为 $z = z_1 + (z_2 - z_1)t$.

(1) **解法 1**：直线段 C_1 的方程为：$z(t) = it$，$0 \leqslant t \leqslant 1$，则

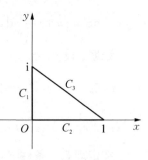

$$\int_C 2z\,dz = \int_0^1 2it \cdot i\,dt = -\int_0^1 2t\,dt = -t^2 \Big|_0^1 = -1.$$

图 3.3　例 3.2 路径

解法 2：因 $2z(t) = 2(x + yi) = 2x + 2yi$，则

$$\int_{C_1} 2z\,dz = \int_{C_1}(2x\,dx - 2y\,dy) + i\int_{C_1} 2y\,dx + 2x\,dy$$

$$= \int_0^1 (2 \cdot 0 - 2y)\,dy + i\int_0^1(2y \cdot 0 + 2 \cdot 0)\,dy = -\int_0^1 2y\,dy = -y^2 \Big|_0^1 = -1.$$

(2) 直线段 C_2：$z(t) = t$，$0 \leqslant t \leqslant 1$. 直线段 C_3：$z(t) = 1 + (i-1)$，$0 \leqslant t \leqslant 1$.

$$\int_C 2z\,dz = \int_{C_2} 2z\,dz + \int_{C_3} 2z\,dz = \int_0^1 2t\,dt + \int_0^1 2[1 + (i-1)](i-1)\,dt$$

$$= t^2 \Big|_0^1 + 2(i-1)\int_0^1 dt + (i-1)^2 \int_0^1 2t\,dt = 1 + 2(i-1) + (-2i)t^2 \Big|_0^1 = -1.$$

例 3.3　计算 $\int_C \mathrm{Im}\, z\,dz$，其中 C 的路径（见图 3.4）为：

(1) 从原点 $2+i$ 的直线段 C_1；

(2) 由原点到 2 的直线段 C_2，再由 2 到 $2+i$ 的直线段 C_3 所连接的折线段.

解：(1) 直线段 C_1 的方程为 $z(t) = (2+i)t$，$0 \leqslant t \leqslant 1$. 因此

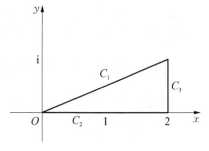

$$\int_C \mathrm{Im}\, z\,dz = \int_0^1 t(2+i)\,dt = \frac{2+i}{2}t^2 \Big|_0^1 = 1 + \frac{1}{2}i.$$

图 3.4　例 3.3 路径

(2) 直线段 C_2 的方程为 $z(t) = 2t$，$t \in [0, 1]$.

直线段 C_3 的方程为 $z(t) = 2 + (2+i-2)t = 2 + it$，$t \in [0, 1]$，因此

$$\int_C \mathrm{Im}\, z\,dz = \int_{C_2} \mathrm{Im}\, z\,dz + \int_{C_3} \mathrm{Im}\, z\,dz = \int_0^1 0 \cdot 2\,dt + \int_0^1 t \cdot i\,dt = \frac{i}{2}t^2 \Big|_0^1 = \frac{i}{2}.$$

例 3.4　计算 $\oint_C \dfrac{dz}{(z - z_0)^{n+1}}$，其中 C 是以 z_0 为中心、r 为半径的圆周，n 为整数（见图

3.5).

解： 圆周 C：$|z-z_0|=r$ 的参数方程可表示为 $z=z_0+re^{i\theta}$，$-\pi \leqslant \theta \leqslant \pi$. 显然 $dz=ir \cdot e^{i\theta}d\theta$，故

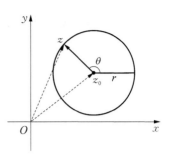

$$\oint_C \frac{dz}{(z-z_0)^{n+1}} = \int_{-\pi}^{\pi} \frac{ire^{i\theta}d\theta}{r^{n+1}e^{i(n+1)\theta}} = \int_{-\pi}^{\pi} \frac{i}{r^n e^{in\theta}}d\theta$$

$$= \frac{i}{r^n}\int_{-\pi}^{\pi} e^{-in\theta}d\theta.$$

图 3.5　例 3.4 路径

当 $n=0$ 时　　$\oint_C \frac{dz}{(z-z_0)^{n+1}} = i\int_{-\pi}^{\pi} d\theta = 2\pi i$；

当 $n \neq 0$ 时　　　　$\oint_C \frac{dz}{(z-z_0)^{n+1}} = \frac{i}{r^n}\int_{-\pi}^{\pi} (\cos n\theta - i\sin n\theta)d\theta = 0.$

因此

$$\oint_C \frac{dz}{(z-z_0)^{n+1}} = \begin{cases} 2\pi i, & n=0, \\ 0, & n \neq 0. \end{cases}$$

注意，$\int_{-\pi}^{\pi} \cos n\theta d\theta = \frac{1}{n}\sin n\theta \Big|_{-\pi}^{\pi} = 0$，由于 $\sin n\theta$ 关于 θ 是奇函数，$\int_{-\pi}^{\pi} \sin n\theta d\theta = 0$.

注： 此例题的公式在后续课程中经常使用.

例 3.5　计算下列积分：

(1) $\oint_{|z-2|=1} \frac{dz}{z-2}$；　(2) $\oint_{|z-2|=1} \frac{dz}{(z-2)^2}$；　(3) $\oint_{|z-2|=1} (z-2)^2 dz$.

解： 由例 3.4 的公式可知，(1) $\oint_{|z-2|=1} \frac{dz}{(z-2)} = 2\pi i$（相当于例 3.4 式中取 $n=0$）.

(2) $\oint_{|z-2|=1} \frac{dz}{(z-2)^2} = 0$（相当于例 3.4 式中取 $n=1$）.

(3) $\oint_{|z-2|=1} (z-2)^2 dz = 0$（相当于例 3.4 式中取 $n=-3$）.

3.1.3　积分性质

假设 $f(z)$，$g(z)$ 均沿曲线 C 连续，则如下性质成立：

(1) $\int_C kf(z)dz = k\int_C f(z)dz$，$k$ 是复常数.

(2) $\int_C f(z)dz = -\int_{C_-} f(z)dz$.

(3) $\int_C [f(z) \pm g(z)]dz = \int_C f(z)dz \pm \int_C g(z)dz$.

(4) 设 C 由曲线 C_1，C_2，$\cdots$，C_n 依次首尾相连而成，则

$$\int_{C_1} f(z)dz + \int_{C_2} f(z)dz + \cdots + \int_{C_n} f(z)dz.$$

（5）设曲线 C 的长度为 L，$f(z)$ 在 C 上满足 $|f(z)| \leqslant M$，则

$$\left| \int_C f(z)\mathrm{d}z \right| \leqslant \int_C |f(z)| \mathrm{d}s \leqslant ML.$$

（6）$\left| \int_C f(z)\mathrm{d}z \right| \leqslant \int_C |f(z)||\mathrm{d}z|$，特别地，$\left| \int_C \mathrm{d}z \right| \leqslant \int_C |\mathrm{d}z|$（几何意义为折线长小于弧长）.

例 3.6 设 C 为从原点到 $2+3\mathrm{i}$ 的直线段，试求积分 $\int_C \dfrac{1}{z-\mathrm{i}}\mathrm{d}z$ 的绝对值的一个上界.

解：直线 C 的方程为 $z=(2+3\mathrm{i})t$，$0 \leqslant t \leqslant 1$. 在直线 C 上，有

$$\left| \frac{1}{z-\mathrm{i}} \right| = \frac{1}{|(2+3\mathrm{i})t-\mathrm{i}|} = \frac{1}{|2t+(3t-1)\mathrm{i}|} = \frac{1}{\sqrt{(2t)^2+(3t-1)^2}}$$

$$= \frac{1}{\sqrt{3t^2-6t+1}} = \frac{1}{\sqrt{13\left(t-\dfrac{3}{13}\right)^2+\dfrac{4}{13}}} \leqslant \frac{\sqrt{13}}{2},$$

直线 C 的长度 $L=\sqrt{13}$. 从而有

$$\left| \int_C \frac{1}{z-\mathrm{i}}\mathrm{d}z \right| \leqslant \int_C \left| \frac{1}{z-\mathrm{i}} \right| \mathrm{d}s \leqslant \frac{\sqrt{13}}{2} \cdot \int_C \mathrm{d}s = \frac{\sqrt{13}}{2} \cdot L = \frac{13}{2}.$$

例 3.7 试证：$\left| \int_C \dfrac{\mathrm{d}z}{z^2} \right| \leqslant 2$，其中 C 表示连接 i 与 $2+\mathrm{i}$ 的直线段.

证明：因 C 的参数方程为 $z=\mathrm{i}+(2+\mathrm{i}-\mathrm{i})t=2t+\mathrm{i}(0 \leqslant t \leqslant 1)$，$\dfrac{1}{z^2}$ 在 C 上连续，且

$$\left| \frac{1}{z^2} \right| = \frac{1}{|z^2|} = \frac{1}{4t^2+1} \leqslant 1, \text{ 而路径 } C \text{ 的长度为 } 2, \text{ 故 } \left| \int_C \frac{\mathrm{d}z}{z^2} \right| \leqslant 1 \cdot 2 = 2.$$

例 3.8 试证：$\left| \oint_{|z|=r} \dfrac{\mathrm{d}z}{(z-a)(z+a)} \right| < \dfrac{2\pi r}{|r^2-|a|^2|}$，$r>0$，$|a| \neq r$.

证明：若 $a=0$，则 $\oint_{|z|=r} \dfrac{\mathrm{d}z}{z^2} = 0$，不等式自然成立. 若 $a \neq 0$，则

$$\left| \oint_{|z|=r} \frac{\mathrm{d}z}{(z-a)(z+a)} \right| \leqslant \oint_{|z|=r} \frac{|\mathrm{d}z|}{|z^2-a^2|} < \oint_{|z|=r} \frac{|\mathrm{d}z|}{||z^2|-|a^2||} = \frac{2\pi r}{|r^2-|a|^2|}.$$

3.2 柯西积分定理与复合闭路定理

3.2.1 柯西积分定理

在例 3.2 中，我们发现 $\int_C 2z\mathrm{d}z$ 沿不同路径都有 $\int_C 2z\mathrm{d}z=-1$；在例 3.3 中，我们却发现 $\int_C \mathrm{Im}\, z\mathrm{d}z$ 沿不同路径具有不同结果. 究其原因，可以猜想 $\int_C 2z\mathrm{d}z$ 的被积函数 $2z$ 在整个复平

面内处处解析,而 $\int_C \operatorname{Im} z\,\mathrm{d}z$ 的被积函数 $\operatorname{Im} z$ 在复平面内处处不解析,由此可见积分值与路径无关会涉及被积到被积函数的解析性. 而 $\oint\limits_{|z-a|=\rho} \dfrac{1}{z-a}\,\mathrm{d}z = 2\pi\mathrm{i} \neq 0$,表明积分与路径有关.

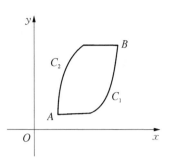

图 3.6　起点终点相同的不同路径(同时也构成封闭曲线)

注:积分与路径无关 $\Leftrightarrow$ 沿封闭曲线(周线)的积分等于 0 (结合图 3.6 易知).

但是,$\oint\limits_{|z-a|=\rho} \dfrac{1}{z-a}\,\mathrm{d}z$ 的被积函数 $\dfrac{1}{z-a}$ 在 $z=a$ 处不解析. 由此可见,积分与路径无关(见图 3.6)的条件可能与被积函数的解析性及解析区域的单连通性有关. 由此,我们有如下定理:

定理 3.3　(柯西积分定理)设 $f(z)$ 在 z 平面的单连通区域 D 内解析,C 为 D 内任一条简单闭曲线(周线),则 $\oint\limits_C f(z)\,\mathrm{d}z = 0$.

证明:(黎曼证明)附加条件:$f'(z)$ 在 D 内连续. 令 $z=x+y\mathrm{i}$,则 $f(z)=u(x,y)+\mathrm{i}v(x,y)$,进而

$$\oint\limits_C f(z)\,\mathrm{d}z = \oint\limits_C u\,\mathrm{d}x - v\,\mathrm{d}y + \mathrm{i}\oint\limits_C v\,\mathrm{d}x + u\,\mathrm{d}y$$
$$= \iint\limits_D \left(-\frac{\partial v}{\partial x} - \frac{\partial u}{\partial y}\right)\mathrm{d}x\,\mathrm{d}y + \mathrm{i}\iint\limits_D \left(\frac{\partial u}{\partial x} - \frac{\partial v}{\partial y}\right)\mathrm{d}x\,\mathrm{d}y = 0.$$

因 $f'(z)$ 在 D 内连续,故 $\dfrac{\partial u}{\partial x}$,$\dfrac{\partial u}{\partial y}$,$\dfrac{\partial v}{\partial x}$,$\dfrac{\partial v}{\partial y}$ 在 D 内连续,且 $f(z)$ 解析适合柯西-黎曼方程 $\dfrac{\partial u}{\partial x} = \dfrac{\partial v}{\partial y}$,$\dfrac{\partial u}{\partial y} = -\dfrac{\partial v}{\partial x}$. 故而上述两个重积分的被积函数为零.

1990 年古尔萨发表上述定理的新的证法,且免去了 $f'(z)$ 为连续的假设,它的证明较长,此处从略.

定理 3.4　设 $f(z)$ 在单连通域 D 内解析,C 为 D 内任一条闭曲线(不必是简单的). 则 $\oint\limits_C f(z)\,\mathrm{d}z = 0$.

注:(1) 相比于定理 3.3,定理 3.4 中的闭曲线可以不是简单的.

(2) 定理中,如果 C 是 D 的边界曲线,则要求 $f(z)$ 在 D 内解析,$f(z)$ 的边界曲线 C 上连续,则有 $\oint\limits_C f(z)\,\mathrm{d}z = 0$.

(3) 若 $f(z)$ 在某一简单闭曲线 C 的积分为零,未必有 $f(z)$ 在 C 内处处解析(定理 3.4 的逆命题不成立),如 $\oint\limits_{|z|=1} \dfrac{1}{z^2}\,\mathrm{d}z = 0$(由例 3.4 可知),但 $\dfrac{1}{z^2}$ 在 $|z|=1$ 的内部并不处处解析,因 $\dfrac{1}{z^2}$ 在 $z=0$ 处不解析.

例 3.9　求 $\oint\limits_{|z|=1} e^z \cos z \, dz$.

解：因 e^z，$\cos z$ 均在复平面内解析，故 $e^z \cos z$ 在复平面内解析，故由柯西积分定理有

$$\oint\limits_{|z|=1} e^z \cos z \, dz = 0.$$

3.2.2　原函数与不定积分

定理 3.5　设 $f(z)$ 在单连通域 D 内解析，则 $f(z)$ 在 D 内积分与路径无关.

证明：设 C_1 与 C_2 是 D 内连接起点 z_0 与 z_1 的任意两条曲线（见图 3.7），则 C_1 与 C_{2-} 是 D 内的一条封闭曲线 C，因 $f(z)$ 在 D 内解析，由柯西积分定理有 $\oint\limits_{C} f(z) dz = 0$，而

$$\oint\limits_{C_1+C_{2-}} f(z)dz = \oint\limits_{C_1} f(z)dz + \oint\limits_{C_{2-}} f(z)dz = \oint\limits_{C_1} f(z)dz -$$

$\oint\limits_{C_2} f(z)dz.$ 从而，$\oint\limits_{C_1} f(z)dz = \oint\limits_{C_2} f(z)dz$，因此，$f(z)$ 在 D 内积分与路径无关.

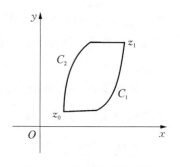

图 3.7　起点终点相同的不同路径

注：若 $f(z)$ 在单连通域 D 内解析，z_0，$z_1 \in D$，则连接起点 z_0 与终点 z_1 的积分 $\int\limits_C f(z)dz$ 与路径 C 无关（只与起点 z_0 与终点 z_1 有关），因此可将积分记为 $\int\limits_C f(z)dz = \int_{z_0}^{z_1} f(z)dz$. 这时 z_0 和 z_1 分别称为积分的下限和上限.

如果 z_0 固定，上限 z 在 D 内变动，则称 $F(z) = \int_{z_0}^{z_1} f(\xi)d\xi$ 为 $f(z)$ 在 D 内的变上限积分.

定理 3.6　设 $f(z)$ 在单连通域 D 内解析，且 $z_0 \in D$，则 $F(z) = \int_{z_0}^{z} f(\xi)d\xi$ 在 D 内解析，且 $F'(z) = f(z)$，如图 3.8 所示.

证明：在 D 内任取一点 z，以 z 为圆心作小圆 K 含于 D 内，在圆 K 内任取一动点 $z + \Delta z$（$\Delta z \neq 0$），则有

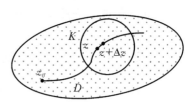

图 3.8　定理 3.6 示意图

$$\frac{F(z+\Delta z) - F(z)}{\Delta z} = \frac{1}{\Delta z}\left[\int_{z_0}^{z+\Delta z} f(\xi)d\xi - \int_{z_0}^{z} f(\xi)d\xi\right].$$

因 $f(z)$ 在单连通域 D 内解析，故积分与路径无关，则 $\int_{z_0}^{z+\Delta z} f(\xi)d\xi$ 的积分路径可选取为由 z_0 到 z，从 z 沿直线段到 $z+\Delta z$，而从 z_0 到 z 的积分路径与 $\int_{z_0}^{z} f(\xi)d\xi$ 的积分路径相同. 于是有 $\dfrac{F(z+\Delta z) - F(z)}{\Delta z} = \dfrac{1}{\Delta z}\int_{z}^{z+\Delta z} f(\xi)d\xi$. 又因 $\dfrac{1}{\Delta z}\int_{z}^{z+\Delta z} f(z)d\xi = f(z)$［对 ξ 求积分，$f(z)$ 可看成常量］，从而有

$$\frac{F(z+\Delta z)-F(z)}{\Delta z}-f(z)=\frac{1}{\Delta z}\int_{z_0}^{z+\Delta z}f(\xi)\mathrm{d}\xi-f(z)=\frac{1}{\Delta z}\int_{z_0}^{z+\Delta z}[f(\xi)-f(z)]\mathrm{d}\xi.$$

因 $f(z)$ 在 D 内解析,从而在 D 内连续. 对于 $\forall \varepsilon>0$,总 $\exists \delta>0$,使得对满足 $|\xi-z|<\delta$ 的一切 ξ 都在小圆 K 内,即 $|\Delta z|<\delta$ 时,总有 $|f(\xi)-f(z)|<\varepsilon$. 由积分估值

$$\left|\frac{F(z+\Delta z)-F(z)}{\Delta z}-f(z)\right|=\frac{1}{|\Delta z|}\left|\int_{z_0}^{z+\Delta z}[f(\xi)-f(z)]\mathrm{d}\xi\right|$$

$$\leqslant\frac{1}{|\Delta z|}\left|\int_{z_0}^{z+\Delta z}|f(\xi)-f(z)|\mathrm{d}\xi\right|$$

$$<\frac{1}{|\Delta z|}\cdot\varepsilon|\Delta z|=\varepsilon.$$

故 $\lim\limits_{\Delta z\to 0}\dfrac{F(z+\Delta z)-F(z)}{\Delta z}=f(z)$,即 $F'(z)=f(z)$.

定理 3.7　设 $f(z)$ 在单连通域 D 内连续,且在 D 内任意简单闭曲线的积分 $\oint_C f(z)\mathrm{d}z=0$($C$ 为 D 内任意简单闭曲线),则 $F(z)=\int_{z_0}^{z}f(\xi)\mathrm{d}\xi$($z_0\in D$)在 D 内解析,且 $F'(z)=f(z)$.

定义 3.2　在区域 D 内,若 $f(z)$ 连续,则称符合条件 $\Phi'(z)=f(z)$($z\in D$)的 $\Phi(z)$ 为 $f(z)$ 的原函数.

注:(1) 若 $\Phi(z)$ 是 $f(z)$ 的原函数,则 $\Phi(z)$ 必在 D 内解析.

(2) $f(z)$ 的任何两个原函数至多相差一个常数.

定理 3.8　设 $f(z)$ 在单连通域 D 内解析,若 $\Phi(z)$ 为 $f(z)$ 在 D 内的一个原函数,则

$$\int_{z_0}^{z_1}f(z)\mathrm{d}z=\Phi(z_1)-\Phi(z_0)=\Phi(z)\Big|_{z_0}^{z_1},\ z_0,z_1\in D.$$

注:复变函数积分的牛顿-莱布尼茨公式与一元实函数的牛顿-莱布尼茨公式在形式和结果上几乎完全一致.差别在于经典牛顿-莱布尼茨公式只需要被积实函数在积分区间上连续即可成立,而在复变函数中,要求被积复变函数在单连通域 D 内解析,牛顿-莱布尼茨公式才成立.

定义 3.3　$f(z)$ 的原函数的一般表达式 $\Phi(z)+C$ 称为 $f(z)$ 的不定积分,记为

$$\int f(z)\mathrm{d}z=\Phi(z)+C.$$

注:复变函数的积分中也有与实一元函数定积分类似的**分部积分公式**(见例 3.15),

$$\int_{z_0}^{z_1}f(z)g'(z)\mathrm{d}z=f(z)g(z)\Big|_{z_0}^{z_1}-\int_{z_0}^{z_1}f'(z)g(z)\mathrm{d}z.$$

例 3.10　求积分 $\int_1^{1+i}z\mathrm{e}^{2z}\mathrm{d}z$ 的值.

解:因为 $z\mathrm{e}^{2z}$ 在复平面上处处解析,所以

$$\int_1^{1+i}z\mathrm{e}^{2z}\mathrm{d}z=\frac{z}{2}\mathrm{e}^{2z}\Big|_1^{1+i}-\frac{1}{2}\int_1^{1+i}\mathrm{e}^{2z}\mathrm{d}z=\frac{1+i}{2}\mathrm{e}^{2(1+i)}-\frac{1}{2}\mathrm{e}^2-\frac{1}{4}\mathrm{e}^{2z}\Big|_1^{1+i}$$

$$=\left(\frac{1}{4}+\frac{i}{2}\right)\mathrm{e}^{2(1+i)}-\frac{1}{4}\mathrm{e}^2=\frac{1}{4}\mathrm{e}^2(\cos 2-1-2\sin 2)+i\frac{1}{4}\mathrm{e}^2(\sin 2+2\cos 2).$$

例 3.11 求积分 $\int_0^i z\cos z \,\mathrm{d}z$ 的值.

解： 由于 $z\cos z$ 在复平面内解析，且 $\int z\cos z\,\mathrm{d}z = \int z\mathrm{d}\sin z = z\sin z - \int \sin z\,\mathrm{d}z = z\sin z + \cos z + C$. 从而 $\int_0^i z\cos z\,\mathrm{d}z = \left[z\sin z + \cos z\right]\Big|_0^i = \mathrm{i}\sin\mathrm{i} + \cos\mathrm{i} - 1 = \mathrm{i}\dfrac{e^{-1}-e}{2\mathrm{i}} + \dfrac{e^{-1}+e}{2} - 1 = e^{-1} - 1$.

例 3.12 求 $\int_0^i \dfrac{z}{z+1}\mathrm{d}z$ 在 $-\pi < \arg z < \pi$ 内的积分值.

解： $\int_0^i \dfrac{z}{z+1}\mathrm{d}z = \int_0^i \left(1 - \dfrac{1}{z+1}\right)\mathrm{d}z$，在 $-\pi < \arg z < \pi$ 内，$\ln(1+z)$ 是 $\dfrac{1}{z+1}$ 的原函数，故

$$\int_0^i \frac{z}{z+1}\mathrm{d}z = \left[z - \ln(1+z)\right]\Big|_0^i = \mathrm{i} - \ln(\mathrm{i}+1) = \mathrm{i} - \left[\ln|\,\mathrm{i}+1\,| + \mathrm{i}\arg(\mathrm{i}+1)\right]$$

$$= \mathrm{i} - \left[\frac{1}{2}\ln 2 + \mathrm{i}\frac{\pi}{4}\right] = -\frac{1}{2}\ln 2 + \mathrm{i}\left(1 - \frac{\pi}{4}\right).$$

3.2.3 柯西积分定理的推广

定理 3.9 设 C 是一条周线（简单封闭曲线），D 为 C 的内部区域. $f(z)$ 在闭域 $\bar{D} = D+C$ 上解析，则 $\oint_C f(z)\mathrm{d}z = 0$.

定理 3.10 设 C 是一条简单闭曲线，$f(z)$ 在 D 内解析，在 $\bar{D} = D+C$ 上连续[即 $f(z)$ 在 C 上连续]，则 $\oint_C f(z)\mathrm{d}z = 0$.

例 3.13 求下列积分：

(1) $\displaystyle\oint_{|z|=r} \ln(1+z)\mathrm{d}z$，$0 < r < 1$；

(2) $\displaystyle\int_C \frac{1}{z^2}\mathrm{d}z$，$C$ 为右半圆周：$z \geqslant 3$，$\mathrm{Re}\,z \geqslant 0$. 起点为 $-3\mathrm{i}$，终点为 $3\mathrm{i}$；

(3) $\displaystyle\oint_{|z-1|=1} \sqrt{z}\,\mathrm{d}z$，其中 $\sqrt{z}$ 取 $\sqrt{1} = -1$；

(4) $\displaystyle\oint_{|z|=1} \frac{1}{\cos z}\mathrm{d}z$.

解：（1）因 $\ln(1+z)$ 的支点为 -1，∞，故 $\ln(1+z)$ 在 $|z| \leqslant r$，$0 < r < 1$ 上单值解析，故由柯西积分定理，有 $\displaystyle\oint_{|z|=r} \ln(1+z)\mathrm{d}z = 0$.

（2）因 $\dfrac{1}{z^2}$ 在 $\mathrm{Re}\,z \geqslant 0$，$z \neq 0$ 上解析，故 $\displaystyle\int_C \frac{1}{z^2}\mathrm{d}z = \int_{-3\mathrm{i}}^{3\mathrm{i}} \frac{1}{z^2}\mathrm{d}z = \frac{1}{-2+1}z^{-2+1}\Big|_{-3\mathrm{i}}^{3\mathrm{i}} = \dfrac{2\mathrm{i}}{3}$.

（3）因 $\sqrt{z}$ 的支点为 0，∞，其单值分支在 $|z-1|=1$ 内解析，故由柯西积分定理有

$$\oint_{|z-1|=1} \sqrt{z}\,\mathrm{d}z = 0.$$

（4）因函数 $\dfrac{1}{\cos z}$（距离原点最近）的奇点为 $\pm\dfrac{\pi}{2}$（$\cos z$ 的零点为 $n\pi\pm\dfrac{\pi}{2}$，$n\in\mathbf{Z}$）.

显然，$\pm\dfrac{\pi}{2}$ 在单位圆 $|z|=1$ 的外部，故 $\dfrac{1}{\cos z}$ 在 $|z|\leqslant 1$ 上处处解析. 故由柯西积分定理

得 $\displaystyle\oint_{|z|=1}\dfrac{1}{\cos z}\,\mathrm{d}z=0.$

例 3.14　求积分 $\displaystyle\int_0^{2\pi a}(2z^2+8z+1)\,\mathrm{d}z$ 的值，其中积分路径是连接 0 到 $2\pi a$ 的摆线 $\begin{cases} x=a(t-\sin t),\\ y=a(1-\cos t),\end{cases} t\in[0,2\pi].$

解：因 $2z^2+8z+1$ 在 z 平面上解析，积分与路径无关，故

$$\int_0^{2\pi a}(2z^2+8z+1)\,\mathrm{d}z=\left(\frac{2}{3}z^3+4z^2+z\right)\Big|_0^{2\pi a}=\frac{2}{3}\pi^3 a^3+b\pi^2 a^2+2\pi a.$$

例 3.15　（分部积分法）设 $f(z)$，$g(z)$ 在单连通域 D 内解析，α，β 是 D 内两点，试证：$\displaystyle\int_\alpha^\beta f(z)g'(z)\,\mathrm{d}z=\big[f(z)g(z)\big]\Big|_\alpha^\beta-\int_\alpha^\beta g(z)f'(z)\,\mathrm{d}z.$

证明：因 $f(z)$，$g(z)$ 均在单连通域 D 内解析，且 $\big[f(z)g(z)\big]'=f'(z)g(z)+f(z)g'(z)$ 仍解析，所以 $f(z)g(z)$ 是 $f'(z)g(z)+f(z)g'(z)$ 的一个原函数，从而 $\displaystyle\int_\alpha^\beta\big[f'(z)g(z)+f(z)g'(z)\big]\,\mathrm{d}z=\big[f(z)g(z)\big]\Big|_\alpha^\beta$，因此 $\displaystyle\int_\alpha^\beta f(z)g'(z)\,\mathrm{d}z=\big[f(z)g(z)\big]\Big|_\alpha^\beta-\int_\alpha^\beta g(z)f'(z)\,\mathrm{d}z.$

3.2.4　复合闭路定理

在多连通区域下，前面我们讲了重要公式 $\displaystyle\oint_{|z-z_0|=r}\dfrac{1}{(z-z_0)^{n+1}}\,\mathrm{d}z=\begin{cases}2\pi\mathrm{i}, & n=0,\\ 0, & n\neq 0.\end{cases}$

$\dfrac{1}{(z-z_0)^{n+1}}$ 在除 z_0 的复连通域内解析，$|z-z_0|=r$ 的内部不全在复连通域内，柯西积分定理不再成立. 那么在什么情况下，多连通域才有柯西积分定理的结论？下面将柯西积分定理推广到以复周线为边界的有界多连通区域的情形.

定义 3.4　考虑 $n+1$ 条周线 C_0，C_1，C_2，$\cdots$，C_n，其中 C_1，C_2，$\cdots$，C_n 中每条都在其余各条的外部（互不包含、互不相关），而它们又全在 C_0 的内部. 在 C_0 的内部、同时又在 C_1，C_2，$\cdots$，C_n 外部的点集构成一个 $n+1$ 连通区域 D，以 C_0，C_1，C_2，$\cdots$，C_n 为 D 的边界. 这时称区域 D 的边界是一条复周线（复合闭曲线，见图 3.9）

$$C=C_0+C_1^{-1}+C_2^{-1}+\cdots+C_n^{-1},$$

这里取 C_0 的正向，取 C_1，C_2，$\cdots$，C_n 的负向.

定理 3.11　（复合闭路定理）设 D 是由复周线 $C=C_0+$

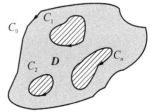

图 3.9　复合闭曲线

$C_1^{-1} + C_2^{-1} + \cdots + C_n^{-1}$ 围成的有界 $n+1$ 连通区域, $f(z)$ 在 D 内解析, 在 $\bar{D} = D + C$ 上连续, 则

(1) $\displaystyle\oint_{C_0} f(z)\mathrm{d}z = \sum_{k=1}^{n} \oint_{C_k} f(z)\mathrm{d}z.$

(2) $\displaystyle\oint_{C_0} f(z)\mathrm{d}z + \int_{C_1^{-1}} f(z)\mathrm{d}z + \int_{C_2^{-1}} f(z)\mathrm{d}z + \cdots + \int_{C_n^{-1}} f(z)\mathrm{d}z = 0.$

证明: 取 $n+1$ 条互不相关且全在 D 内(端点除外)的光滑弧 L_0, L_1, L_2, $\cdots$, L_n 作为割线, 用它们顺次地与 C_0, C_1, C_2, $\cdots$, C_n 连接.

设想将 D 沿割线割破, 于是 D 就被分成两个单连通区域(见图 3.10, 图中为 $n=2$ 的情形), 其边界各是一条周线(简单闭曲线), 分别记为 Γ_1, Γ_2. 由柯西积分定理, 我们有

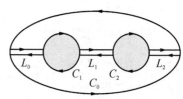

图 3.10   定理 3.11 证明所需示意图($n=2$ 情形)

$$\oint_{\Gamma_1} f(z)\mathrm{d}z = \oint_{\Gamma_2} f(z)\mathrm{d}z = 0.$$

由 $\displaystyle\oint_{\Gamma_1} f(z)\mathrm{d}z + \oint_{\Gamma_2} f(z)\mathrm{d}z = 0$, 并注意到沿着 L_0, L_1, L_2, $\cdots$, L_n 的积分从相反的两个方向各取一次, 在积分相加的过程中互相抵消, 从而 $\displaystyle\oint_{C} f(z)\mathrm{d}z = 0$, 进而有定理中的两个结论.

注: 一个解析函数沿闭曲线的积分不因曲线在区域内作连续变形而改变它的值.

例 3.16 求积分 $I = \displaystyle\oint_{|z|=2} \frac{z-2}{z^2-z}\mathrm{d}z.$

解: $\dfrac{z-2}{z^2-z}$ 除 $z=0$, $z=1$(0, 1 均在圆周 $|z|=2$ 的内部)外处处解析, 分别以 0、1 为圆心, 充分小的半径 r_1, r_2 为圆周 C_1, C_2, 使它们都在圆周 $|z|=2$ 的内部, 且 C_1, C_2 互不包含、互不相交(见图 3.11). 则

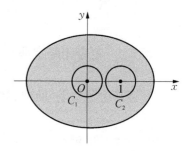

图 3.11   例 3.16 示意图

$$I = \oint_{|z|=2} \frac{z-2}{z^2-z}\mathrm{d}z = \oint_{C_1} \frac{z-2}{z^2-z}\mathrm{d}z + \oint_{C_2} \frac{z-2}{z^2-z}\mathrm{d}z$$

$$= \oint_{C_1} \left(\frac{2}{z} - \frac{1}{z-1} \right) \mathrm{d}z + \oint_{C_2} \left(\frac{2}{z} - \frac{1}{z-1} \right) \mathrm{d}z$$

$$= 2 \cdot 2\pi\mathrm{i} - 0 + 0 - 2\pi\mathrm{i} = 2\pi\mathrm{i}.$$

例 3.17 设 z_0 为圆周 C(简单闭曲线)内一点, 则 $\displaystyle\oint_{C} \frac{1}{(z-z_0)^n}\mathrm{d}z = \begin{cases} 2\pi\mathrm{i}, & n=1, \\ 0, & n \neq 1, n \in \mathbf{Z}. \end{cases}$

证明: 以 z_0 为圆心作圆周 C', 使 C' 全含于 C 内部, 则

$$\oint_{C} \frac{1}{(z-z_0)^n}\mathrm{d}z = \oint_{C'} \frac{1}{(z-z_0)^n}\mathrm{d}z = \begin{cases} 2\pi\mathrm{i}, & n=1 \\ 0, & n \neq 1, n \in \mathbf{Z}. \end{cases}$$

例 3.18 求积分 $I = \oint_{|z|=2} \dfrac{2z-1}{z^2-z} \mathrm{d}z$.

解： $z=0$，$z=1$ 是 $\dfrac{2z-1}{z^2-z}$ 在圆周 $|z|=2$ 内的不解析点，分别以 0、1 为圆心作圆 C_1，C_2（半径充分小），使它们互不包含、互不相交，则

$$I = \oint_{C_1} \frac{2z-1}{z^2-z} \mathrm{d}z + \oint_{C_2} \frac{2z-1}{z^2-z} \mathrm{d}z$$

$$= \oint_{C_1} \frac{1}{z} \mathrm{d}z + \oint_{C_1} \frac{1}{z-1} \mathrm{d}z + \oint_{C_2} \frac{1}{z} \mathrm{d}z + \oint_{C_2} \frac{1}{z-1} \mathrm{d}z$$

$$= 2\pi i + 0 + 0 + 2\pi i = 4\pi i.$$

例 3.19 求积分 $I = \oint_{|z|=3} \dfrac{z}{(2z+1)(z-2)} \mathrm{d}z$.

解： $z=-\dfrac{1}{2}$，$z=2$ 是 $f(z)=\dfrac{z}{(2z+1)(z-2)}$ 的奇点，分别以 $-\dfrac{1}{2}$、2 为圆心作圆周 C_1，C_2 并使它们在 $|z|=3$ 内，且 C_1，C_2 互不包含、互不相交，则

$$I = \oint_{C_1} \frac{z}{(2z+1)(z-2)} \mathrm{d}z + \oint_{C_2} \frac{z}{(2z+1)(z-2)} \mathrm{d}z$$

$$= \oint_{C_1} \left(\frac{1}{5} \cdot \frac{1}{2z+1} + \frac{2}{5} \cdot \frac{1}{z-2} \right) \mathrm{d}z + \oint_{C_2} \left(\frac{1}{5} \cdot \frac{1}{2z+1} + \frac{2}{5} \cdot \frac{1}{z-2} \right) \mathrm{d}z$$

$$= \frac{1}{10} \oint_{C_1} \frac{1}{z+\frac{1}{2}} \mathrm{d}z + \frac{2}{5} \oint_{C_1} \frac{1}{z-2} \mathrm{d}z + \frac{1}{10} \oint_{C_2} \frac{1}{z+\frac{1}{2}} \mathrm{d}z + \frac{2}{5} \oint_{C_2} \frac{1}{z-2} \mathrm{d}z$$

$$= \frac{1}{10} \cdot 2\pi i + \frac{2}{5} \cdot 0 + \frac{1}{10} \cdot 0 + \frac{2}{5} \cdot 2\pi i = \pi i.$$

3.3 柯西积分公式

柯西积分公式给出了解析函数的又一种定义，它不但提供了计算某些复变函数沿闭路积分的一种方法，而且给出了解析函数的一个积分表达式，从而成了研究解析函数的有力工具.

问题： 设 $f(z)$ 在单连通域 D 内解析，C 为 D 内简单闭曲线，z_0 为 C 内一点，那么 $f(z_0)$ 与 $\oint_C \dfrac{f(z)}{z-z_0} \mathrm{d}z$ 有什么关系？

分析： 由于 $f(z)$ 在 D 内解析，但 $\dfrac{f(z)}{z-z_0}$ 在 z_0 处不解析，$\oint_C \dfrac{f(z)}{z-z_0} \mathrm{d}z$ 一般不为零. 根据复合闭路定理，$\oint_C \dfrac{f(z)}{z-z_0} \mathrm{d}z = \oint_{|z-z_0|=\delta} \dfrac{f(z)}{z-z_0} \mathrm{d}z$ （$|z-z_0|=\delta$ 为 C 内的圆周）.

因 $f(z)$ 连续,当 $\delta \to 0$ 时,$z \to z_0$,$f(z) \to f(z_0)$. 因此,猜想

$$\oint_{|z-z_0|=\delta} \frac{f(z)}{z-z_0} \mathrm{d}z = f(z_0) \oint_{|z-z_0|=\delta} \frac{1}{z-z_0} \mathrm{d}z = f(z_0)2\pi\mathrm{i}.$$

于是有如下定理:

定理 3.12　(柯西积分公式或积分基本公式) 设 $f(z)$ 在 D 内解析,在 D 的边界 C 上连续(C 是任一条简单闭曲线),则

$$f(z_0) = \frac{1}{2\pi\mathrm{i}} \oint_C \frac{f(z)}{z-z_0} \mathrm{d}z.$$

证明:由于 $F(z) = \dfrac{f(z)}{z-z_0}$ 在 D 内除 z_0 外均解析. 设以 z_0 为中心. R 为半径的圆周 K:$|z-z_0|=R$ 全在 C 的内部,由于 $f(z)$ 在 z_0 连续,对任意 $\varepsilon > 0$,必有 $\delta(\varepsilon) > 0$,当 $|z-z_0| < \delta$ 时,有 $|f(z)-f(z_0)| < \dfrac{\varepsilon}{2\pi}$,从而,

$$\oint_C \frac{f(z)}{z-z_0} \mathrm{d}z = \oint_K \frac{f(z)}{z-z_0} \mathrm{d}z = \oint_K \frac{f(z_0)}{z-z_0} \mathrm{d}z + \oint_K \frac{f(z)-f(z_0)}{z-z_0} \mathrm{d}z$$

$$= 2\pi\mathrm{i} \cdot f(z_0) + \oint_K \frac{f(z)-f(z_0)}{z-z_0} \mathrm{d}z.$$

于是　$\left| \oint_C \dfrac{f(z)}{z-z_0} \mathrm{d}z - 2\pi\mathrm{i} \cdot f(z_0) \right| = \left| \oint_K \dfrac{f(z)-f(z_0)}{z-z_0} \mathrm{d}z \right| \leqslant \oint_K \dfrac{|f(z)-f(z_0)|}{|z-z_0|} \mathrm{d}s$

$$< \oint_K \left(\frac{\varepsilon}{2\pi} \cdot \frac{1}{R} \right) \mathrm{d}s = \frac{\varepsilon}{2\pi R} \oint_K \mathrm{d}s = \frac{\varepsilon}{2\pi R} \cdot 2\pi R = \varepsilon.$$

由于 ε 任意小,故 $\oint_C \dfrac{f(z)}{z-z_0} \mathrm{d}z = 2\pi\mathrm{i}f(z_0)$.

注:(1) 往往用公式 $\oint_C \dfrac{f(z)}{z-z_0} \mathrm{d}z = 2\pi\mathrm{i} \cdot f(z_0)$ 计算闭曲线积分.

(2) 利用柯西积分公式,有 $\oint_C \dfrac{\mathrm{d}z}{z-z_0} = 2\pi\mathrm{i}$($z_0$ 在 C 内).

(3) 在定理 3.12 的条件下,称 $\dfrac{1}{2\pi\mathrm{i}} \oint_C \dfrac{f(\xi)}{\xi-z} \mathrm{d}\xi$($z \notin C$)为柯西积分.

例 3.20　求下列积分:

(1) $\displaystyle\oint_{|z|=1} \frac{\mathrm{e}^z}{z} \mathrm{d}z$;

(2) $\displaystyle\oint_{|z|=2} \frac{\mathrm{e}^z}{z(z-1)} \mathrm{d}z$;

(3) $\displaystyle\oint_{|z|=2} \frac{z-2}{z^2-z} \mathrm{d}z$;

(4) $\displaystyle\oint_{|z|=2} \frac{z}{(9-z^2)(z+\mathrm{i})} \mathrm{d}z$.

解:(1) $\displaystyle\oint_{|z|=1} \frac{\mathrm{e}^z}{z} \mathrm{d}z = 2\pi\mathrm{i} \cdot \mathrm{e}^z \big|_{z=0} = 2\pi\mathrm{i}$.

(2) $z=0$,$z=1$ 是 $\dfrac{\mathrm{e}^z}{z}$ 的奇点,分别以 0、1 为圆心作圆周 C_1,C_2,使它们在 $|z|=2$ 内

部,且 C_1,C_2 互不包含、互不相交(见图 3.12). 根据复合闭路定理,有

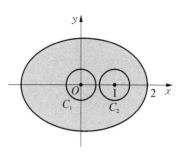

图 3.12　例 3.20(2)示意图

$$\oint_{|z|=2} \frac{e^z}{z(z-1)} dz = \oint_{C_1} \frac{e^z}{z(z-1)} dz + \oint_{C_2} \frac{e^z}{z(z-1)} dz$$

$$= \oint_{C_1} \frac{\frac{e^z}{z-1}}{z} dz + \oint_{C_2} \frac{\frac{e^z}{z}}{z-1} dz$$

$$= 2\pi i \cdot \frac{e^z}{z-1}\Big|_{z=0} + 2\pi i \cdot \frac{e^z}{z}\Big|_{z=1}$$

$$= 2\pi i \cdot (-1) + 2\pi i \cdot e = 2\pi(e-1)i.$$

(3) $z=0$,$z=1$ 是 $\dfrac{z-2}{z^2-z}$ 的奇点,分别以 0、1 为圆心作圆周 C_1,C_2,使它们互不包含、互不相交. 根据复合闭路定理,有

$$\oint_{|z|=2} \frac{z-2}{z^2-z} dz = \oint_{C_1} \frac{z-2}{z^2-z} dz + \oint_{C_2} \frac{z-2}{z^2-z} dz = \oint_{C_1} \frac{\frac{z-2}{z-1}}{z} dz + \oint_{C_2} \frac{\frac{z-2}{z}}{z-1} dz$$

$$= 2\pi i \cdot \frac{z-2}{z-1}\Big|_{z=0} + 2\pi i \cdot \frac{z-2}{z}\Big|_{z=1} = 2\pi i \cdot 2 - 2\pi i = 2\pi i.$$

(4) 因 $\dfrac{z}{(9-z^2)(z+i)}$ 在 $|z|=2$ 内只有一个奇点 $z=-i$,且 $\dfrac{z}{9-z^2}$ 在 $|z|\leqslant 2$ 上解析,故由柯西积分公式有

$$I = \oint_{|z|=2} \frac{\frac{z}{9-z^2}}{z+i} dz = 2\pi i \cdot \frac{z}{9-z^2}\Big|_{z=-i} = \frac{\pi}{5}.$$

例 3.21　判定下列解法的正确性.

解法一:$I = \displaystyle\oint_{|z|=2} \frac{1}{z(z-1)} dz = \oint_{|z|=2} \frac{\frac{1}{z}}{z-1} dz = 2\pi i \cdot \frac{1}{z}\Big|_{z=1} = 2\pi i.$

解法二:$I = \displaystyle\oint_{|z|=2} \frac{1}{z(z-1)} dz = \oint_{|z|=2} \frac{\frac{1}{z-1}}{z} dz = 2\pi i \cdot \frac{1}{z-1}\Big|_{z=0} = -2\pi i.$

分析:上述两种解法均不正确,因 $\dfrac{1}{z}$,$\dfrac{1}{z-1}$ 均在 $|z|=2$ 内并不处处解析.

正确的解法一:

$$I = \oint_{|z|=2} \left(\frac{1}{z-1} - \frac{1}{z} \right) dz = \oint_{|z|=2} \frac{1}{z-1} dz - \oint_{|z|=2} \frac{1}{z} dz = 2\pi i - 2\pi i = 0.$$

正确的解法二:

分别以 0、1 为圆心作圆周 C_1,C_2(充分小)使它们互不包含、互不相交.

$$I = \oint_{C_1} \frac{1}{z(z-1)} \mathrm{d}z + \oint_{C_2} \frac{1}{z(z-1)} \mathrm{d}z = \oint_{C_1} \frac{\frac{1}{z-1}}{z} \mathrm{d}z + \oint_{C_2} \frac{\frac{1}{z}}{z-1} \mathrm{d}z$$

$$= 2\pi \mathrm{i} \cdot \frac{1}{z-1}\Big|_{z=0} + 2\pi \mathrm{i} \cdot \frac{1}{z}\Big|_{z=1} = -2\pi \mathrm{i} + 2\pi \mathrm{i} = 0.$$

定理 3. 13 （解析函数平均值定理）设 $f(z)$ 在 $|z-z_0| < R$ 内解析,在圆周 $|z-z_0| = R$ 上连续,则 $f(z_0) = \frac{1}{2\pi}\int_0^{2\pi} f(z_0 + R\mathrm{e}^{\mathrm{i}\theta})\mathrm{d}\theta$,即解析函数在圆心 z_0 处的值等于它在圆周上所有值的积分平均值(见图 3.13).

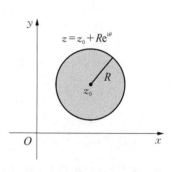

图 3. 13 定理 3. 13 示意图

证明： 设 C 表示圆周 $|z-z_0| = R$,则 $z - z_0 = R\mathrm{e}^{\mathrm{i}\theta}$, $0 \leqslant \theta \leqslant 2\pi$,或 $z = z_0 + R\mathrm{e}^{\mathrm{i}\theta}$,由此可得 $\mathrm{d}z = \mathrm{i}R\mathrm{e}^{\mathrm{i}\theta}\mathrm{d}\theta$,由柯西积分公式,有

$$f(z_0) = \frac{1}{2\pi\mathrm{i}}\oint_C \frac{f(z)}{z-z_0}\mathrm{d}z = \frac{1}{2\pi\mathrm{i}}\int_0^{2\pi} \frac{f(z_0 + R\mathrm{e}^{\mathrm{i}\theta})}{R\mathrm{e}^{\mathrm{i}\theta}} \cdot \mathrm{i}R\mathrm{e}^{\mathrm{i}\theta}\mathrm{d}\theta$$

$$= \frac{1}{2\pi}\int_0^{2\pi} f(z_0 + R\mathrm{e}^{\mathrm{i}\theta})\mathrm{d}\theta.$$

例 3. 22 设 $f(z)$ 在闭圆 $|z| \leqslant R$ 上解析,如果存在 $a > 0$,使当 $|z| = R$ 时, $|f(z)| > a$,且 $|f(0)| < a$. 求证：在 $|z| < R$ 内,至少有一个零点.

证明： 反证法 设 $f(z)$ 在 $|z| < R$ 内无零点,由题可知, $f(z)$ 在 $|z| = R$ 上也无零点,于是 $F(z) = \frac{1}{f(z)}$ 在闭圆周 $|z| \leqslant R$ 上解析,由解析函数平均值定理,有

$$F(0) = \frac{1}{2\pi}\int_0^{2\pi} F(R\mathrm{e}^{\mathrm{i}\theta})\mathrm{d}\theta.$$

又由题设,有

$$|F(0)| = \frac{1}{|f(0)|} > \frac{1}{a}, \quad |F(R\mathrm{e}^{\mathrm{i}\theta})| = \frac{1}{|f(R\mathrm{e}^{\mathrm{i}\theta})|} < \frac{1}{a}.$$

从而, $\frac{1}{a} < |F(0)| = \left|\frac{1}{2\pi}\int_0^{2\pi} F(R\mathrm{e}^{\mathrm{i}\theta})\mathrm{d}\theta\right| \leqslant \frac{1}{2\pi}\int_0^{2\pi} |F(R\mathrm{e}^{\mathrm{i}\theta})|\mathrm{d}\theta < \frac{1}{2\pi}\int_0^{2\pi} \frac{1}{a}\mathrm{d}\theta = \frac{1}{a}.$

即 $\frac{1}{a} < |F(0)| < \frac{1}{a}$,此式矛盾,故 $f(z)$ 在圆 $|z| < R$ 内至少有一个零点.

例 3. 23 设 $f(z)$ 与 $g(z)$ 在区域 D 内处处解析, C 为 D 内一条简单闭曲线,它的内部包含于 D. 如果在曲线 C 上 $f(z) = g(z)$ 处处成立,试证：在 C 的内部 $f(z) = g(z)$ 仍处处成立.

证明： 在曲线 C 内任取一点 z,由柯西积分公式,则

$$f(z) = \frac{1}{2\pi\mathrm{i}}\oint_C \frac{f(\xi)}{\xi-z}\mathrm{d}\xi, \quad g(z) = \frac{1}{2\pi\mathrm{i}}\oint_C \frac{g(\xi)}{\xi-z}\mathrm{d}\xi.$$

因在曲线 C 上处处有 $f(\xi)=g(\xi)$，故 $\oint_C \dfrac{f(\xi)}{\xi-z}\mathrm{d}\xi=\oint_C \dfrac{g(\xi)}{\xi-z}\mathrm{d}\xi$. 从而，当 z 在 C 的内部时，有 $f(z)=g(z)$.

注：在求解偏微分方程的边值问题（为后续课程的偏微分方程或数学物理方程的讲授内容）时，已知函数 $u(x,y)$ 在某一区域边界上的值，并知其在此区域内满足拉普拉斯方程，则在一定条件下边值问题有唯一解. 显然可以由调和函数（见 3.5 节）在区域边界上的值来确定其在区域内部的值. 调和函数是解析函数的实部，解析函数在区域边界上的值是否可以确定其所在区域的值？柯西积分公式与平均值定理圆满地回答了这个问题，函数 $f(z)$ 在边界上的值完全决定了它在区域 D 内任一点上的值.

3.4　解析函数的无穷可微性

在数学分析或高等数学中，我们知道一阶导函数的存在并不能确保高阶导数的存在. 而对于复变函数，有如下性质：解析函数的任意阶导数都存在.

3.4.1　解析函数的高阶导数公式

设 z 是 C 内部一点，C 是简单闭曲线，$f(z)$ 在 C 内解析. 根据柯西积分，有 $f(z)=\dfrac{1}{2\pi\mathrm{i}}\oint_C \dfrac{f(\xi)}{\xi-z}\mathrm{d}\xi$. 为了猜测解析函数的高阶导数公式，我们直接在柯西积分公式两端对 z 求导，得 $f'(z)=\dfrac{1}{2\pi\mathrm{i}}\oint_C \dfrac{f(\xi)}{(\xi-z)^2}\mathrm{d}\xi$，进一步求导，则有

$$f''(z)=\frac{1}{2\pi\mathrm{i}}\oint_C \frac{\mathrm{d}}{\mathrm{d}t}\left[\frac{f(\xi)}{(\xi-z)^2}\right]\mathrm{d}\xi=\frac{2!}{2\pi\mathrm{i}}\oint_C \frac{f(\xi)}{(\xi-z)^2}\mathrm{d}\xi,$$

$$f^{(3)}(z)=\frac{2!}{2\pi\mathrm{i}}\oint_C \frac{\mathrm{d}}{\mathrm{d}z}\left[\frac{f(\xi)}{(\xi-z)^3}\right]\mathrm{d}\xi=\frac{3!}{2\pi\mathrm{i}}\oint_C \frac{f(\xi)}{(\xi-z)^4}\mathrm{d}\xi.$$

由此可归纳总结出高阶导数公式

$$f^{(n)}(z)=\frac{n!}{2\pi\mathrm{i}}\oint_C \frac{f(\xi)}{(\xi-z)^{n+1}}\mathrm{d}\xi,$$

即

$$f^{(n)}(z_0)=\frac{n_0!}{2\pi\mathrm{i}}\oint_C \frac{f(z)}{(z-z_0)^{n+1}}\mathrm{d}z.$$

于是我们有如下定理：

定理 3.14　设 $f(z)$ 在 D 的边界 C 上连续（设 C 是一条简单闭曲线），则 $f(z)$ 在 D 具有各阶导数，并且有 $f^{(n)}(z_0)=\dfrac{n!}{2\pi\mathrm{i}}\oint_C \dfrac{f(z)}{(z-z_0)^{n+1}}\mathrm{d}z$，其中 $z_0\in D$，C 为 D 内绕 z_0 的一条简单闭曲线（见图 3.14）.

证明：先证 $n=1$ 的情形，由柯西积分定理得

$$f(z_0)=\frac{1}{2\pi i}\oint_C \frac{f(z)}{z-z_0}dz,\ f(z_0+\Delta z)$$

$$=\frac{1}{2\pi i}\oint_C \frac{f(z)}{z-(z_0+\Delta z)}dz,$$

从而有

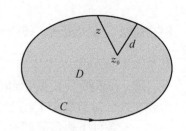

图 3.14   定理 3.14

$$\frac{f(z_0+\Delta z)-f(z_0)}{\Delta z}=\frac{1}{2\pi i\Delta z}\left[\oint_C \frac{f(z)}{z-z_0-\Delta z}dz-\oint_C \frac{f(z)}{z-z_0}dz\right]$$

$$=\frac{1}{2\pi i\Delta z}\oint_C\left[\frac{f(z)}{z-z_0-\Delta z}-\frac{f(z)}{z-z_0}\right]dz$$

$$=\frac{1}{2\pi i}\oint_C \frac{f(z)}{(z-z_0)(z-z_0-\Delta z)}dz$$

$$=\frac{1}{2\pi i}\oint_C \frac{[(z-z_0-\Delta z)+\Delta z]f(z)}{(z-z_0)^2(z-z_0-\Delta z)}dz$$

$$=\frac{1}{2\pi i}\oint_C \frac{f(z)}{(z-z_0)^2}dz+\frac{1}{2\pi i}\oint_C \frac{\Delta zf(z)}{(z-z_0)^2(z-z_0-\Delta z)}dz,$$

从而 $\left|\dfrac{f(z_0+\Delta z)-f(z_0)}{\Delta z}-\dfrac{1}{2\pi i}\oint_C \dfrac{f(z)}{(z-z_0)^2}dz\right|$

$$=\left|\frac{1}{2\pi}\oint_C \frac{f(z)\Delta z}{(z-z_0)^2(z-z_0-\Delta z)}dz\right|\leqslant \frac{1}{2\pi}\oint_C \frac{|\Delta z||f(z)|}{|z-z_0|^2|z-z_0-\Delta z|}dz.$$

因 $f(z)$ 在 C 上连续，故 $f(z)$ 在 C 上是有界的，由此可知 $\exists M>0$ 使得 $\forall z\in C$，有 $|f(z)|\leqslant M$. 设 d 表示 z_0 到曲线 C 上各点的最短距离，于是 $\forall z\in C$，有 $|z-z_0|\geqslant d>0$. 取 $|\Delta z|$ 充分小，使其满足 $|\Delta z|<\dfrac{d}{2}$，就有 $|z-z_0|\geqslant d$，$\dfrac{1}{z-z_0}\leqslant \dfrac{1}{d}$. 进而有 $|z-z_0-\Delta z|\geqslant |z-z_0|-|\Delta z|>d-\dfrac{d}{2}=\dfrac{d}{2}$，故 $\dfrac{1}{|z-z_0-\Delta z|}<\dfrac{2}{d}$. $\forall z>0$，取 $\delta=\min\left(\dfrac{d}{2},\dfrac{\pi d^3\varepsilon}{Ml}\right)$，其中 l 为曲线 C 的长度，则 $|I|<\dfrac{|\Delta z|}{2\pi}\cdot \dfrac{Ml}{d^2\cdot \dfrac{d}{2}}=|\Delta z|\cdot$

$\dfrac{Ml}{\pi d^3}\leqslant \varepsilon$. 从而 $f'(z_0)=\lim\limits_{\Delta z\to 0}\dfrac{f(z_0+\Delta z)-f(z_0)}{\Delta z}=\dfrac{1}{2\pi i}\oint_C \dfrac{f(z)}{(z-z_0)^2}dz$.

设当 $n=k$ 时，定理 3.14 中的公式成立. 求证：当 $n=k+1$ 时，公式仍成立. 这里证明 $\dfrac{f^{(k)}(z_0+\Delta z)-f^{(k)}(z_0)}{\Delta z}=\dfrac{k!}{2\pi i\Delta z}\left[\oint_C \dfrac{f(z)}{(z-z_0-\Delta z)^{k+1}}dz-\oint_C \dfrac{f(z)}{(z-z_0)^{k+1}}dz\right]$.
在 $\Delta z\to 0$ 时，以 $\dfrac{(k+1)!}{2\pi i\Delta z}\oint_C \dfrac{f(z)}{(z-z_0)^{k+2}}dz$ 为极限（方法与 $n=1$ 的情形类似，此处从略）.

注: (1) 常用 $\oint_C \dfrac{f(z)}{(z-z_0)^{n+1}}\mathrm{d}z = \dfrac{2\pi\mathrm{i}}{n!}f^{(n)}(z_0)$ 通过求导来计算积分.

(2) 解析函数存在任意阶导数,因而解析函数的导数仍解析,且解析函数的各阶导数连续.

(3) 解析函数存在各阶导数,而一元实函数在定义域内可导不代表它的各阶导数存在,说明解析函数的导数与一元实函数的导数存在根本不同.

例 3.24 计算积分 $\displaystyle\oint_{|z|=3} \dfrac{\cos \pi z}{(z-1)^5}\,\mathrm{d}z$.

解: 因在 $|z|=3$ 内,$\dfrac{\cos \pi z}{(z-1)^5}$ 只在 $z=1$ 处不解析,但 $\cos \pi z$ 在 $|z|=3$ 内处处解析,有

$$\oint_C \frac{\cos \pi z}{(z-1)^5}\,\mathrm{d}z = \frac{2\pi\mathrm{i}}{(5-1)!}(\cos \pi z)^{(4)}\Big|_{z=1} = -\frac{\pi^5\mathrm{i}}{12}.$$

应用定理 3.14,我们容易得到如下解析函数的无穷可微性定理:

定理 3.15 设 $f(z)$ 在 z 平面上的区域 D 内解析,则 $f(z)$ 在 D 内存在各阶导数,并且它们在 D 内也解析.

例 3.25 设 $f(z)$ 在单连通区域 D 内处处解析,且不为零,C 为 D 内任一条简单闭曲线. 计算下列积分:

(1) $\displaystyle\oint_C f''(z)\mathrm{d}z$;　　　　　　(2) $\displaystyle\oint_C \dfrac{f'(z)}{f(z)}\mathrm{d}z$;

(3) $\displaystyle\oint_C [f(z) + f'(z) + \cdots + f^{(n)}(z)]\mathrm{d}z$.

解: 由于解析函数的各阶导数存在且连续,由柯西积分定理可得计算结果.

(1) $\displaystyle\oint_C f''(z)\mathrm{d}z = 0$.

(2) $\displaystyle\oint_C \dfrac{f'(z)}{f(z)}\mathrm{d}z = 0$.

(3) $\displaystyle\oint_C [f(z) + f'(z) + \cdots + f^{(n)}(z)]\mathrm{d}z = 0$.

例 3.26 设 $f(z)$ 在 $|z| \leqslant 1$ 上解析,且 $|f(z)| \leqslant 1$. 试证:$|f'(0)| \leqslant 1$.

证明: 因 $f(z)$ 在 $|z| \leqslant 1$ 上解析,由柯西积分导数公式得 $f'(0) = \dfrac{1}{2\pi\mathrm{i}}\displaystyle\oint_{|z|=1} \dfrac{f(z)}{z^2}\mathrm{d}z$,

故 $|f'(0)| \leqslant \dfrac{1}{2\pi}\displaystyle\oint_{|z|=1} \dfrac{|f(z)|}{|z|^2}\mathrm{d}s \leqslant \dfrac{1}{2\pi}\displaystyle\oint_{|z|=1} \dfrac{1}{1^2}\mathrm{d}s = \dfrac{1}{2\pi}\cdot 2\pi = 1.$

例 3.27 计算下列积分:

(1) $I = \displaystyle\oint_{|z|=3} \dfrac{\mathrm{e}^z}{(1-z)^2 z}\mathrm{d}z$;　　　　　(2) $I = \displaystyle\oint_{|z|=1} \dfrac{\mathrm{e}^z}{(z^2+1)^2}\mathrm{d}z$;

(3) $I = \displaystyle\oint_{|z|=2} \dfrac{z^3-1}{(z+1)^4}\mathrm{d}z$;　　　　　(4) $\displaystyle\oint_C \dfrac{2z+3}{z(z^2+1)}\,\mathrm{d}z$,$C:\left|z-\dfrac{\mathrm{i}}{2}\right|=1$.

解：（1）因 $\dfrac{e^z}{(1-z)^2 z}$ 在复平面内只有两个奇点 $z=0$，$z=1$. 分别以 0、1 为圆心、适当小的半径作圆周 C_1，C_2，使它们互不包含、互不相交，且位于 $|z|=3$ 内，则

$$\oint_{C_1} \frac{e^z}{(z-1)^2 z} dz + \oint_{C_2} \frac{e^z}{(z-1)^2 z} dz = \oint_{C_1} \frac{\dfrac{e^z}{(z-1)^2}}{z} dz + \oint_{C_2} \frac{\dfrac{e^z}{z}}{(z-1)^2} dz$$

$$= 2\pi i \cdot \frac{e^z}{(z-1)^2}\bigg|_{z=0} + 2\pi i \cdot \left(\frac{e^z}{z}\right)'\bigg|_{z=1} + 2\pi i \frac{e^z z - e^z}{z^2}\bigg|_{z=1}$$

$$= 2\pi i + 2\pi i \cdot 0 = 2\pi i.$$

（2）因 $\dfrac{e^z}{(z^2+1)^2}$ 的奇点为 $\pm i$，均在 $|z|=3$ 的内部. 在 $|z|=3$ 的内部分别以 i 和 $-i$ 为圆心、适当小的半径 r_1 和 r_2 作圆周 C_1 和 C_2，使它们互不包含、互不相交，则

$$I = \oint_{C_1} \frac{e^z}{(z^2+1)^2} dz + \oint_{C_2} \frac{e^z}{(z^2+1)^2} dz = \frac{2\pi i}{1} \cdot \left(\frac{e^z}{(z+i)^2}\right)'\bigg|_{z=i} + \frac{2\pi i}{1} \cdot \left(\frac{e^z}{(z-i)^2}\right)'\bigg|_{z=i}$$

$$= \frac{(1-i)e^i}{2}\pi + \frac{-(1+i)e^{-i}}{2}\pi = \frac{\pi}{2}(1-i)(e^i - ie^{-i})$$

$$= \frac{\pi}{2}(1-i)^2(\cos 1 - \sin 1) = i\sqrt{2}\,\pi \sin\left(1 - \frac{\pi}{4}\right).$$

（3）因 z^3-1 在复平面内解析，-1 是被积函数的奇点且位于 $|z|=2$ 的内部，故

$$I = \frac{2\pi i}{3!}(z^3-1)'''\bigg|_{z=-1} = 2\pi i \left[\text{因 } (z^3-1)'=3z^2, (3z^2)'=3\cdot 2z, \text{故 } (z^3-1)'''=3!\right].$$

（4）$\dfrac{2z+3}{z(z^2+1)}$ 有三个奇点 $z_1=0$，$z_2=i$，$z_3=-i$. 显然只有 $z_1=0$，$z_2=i$ 位于圆周 $\left|z-\dfrac{i}{2}\right|=1$ 的内部，而 $z_3=-i$ 则位于圆周 $\left|z-\dfrac{i}{2}\right|=1$ 的外部. 又由于 $\dfrac{2z+3}{z(z^2+1)} = \dfrac{3}{z} + \dfrac{i-3/2}{z+i} - \dfrac{i+3/2}{z-i}$，所以

$$\oint_C \frac{2z+3}{z(z^2+1)} dz = \oint_C \frac{3}{z} dz + \oint_C \frac{i-3/2}{z+i} dz - \oint_C \frac{i+3/2}{z-i} dz$$

$$= 2\pi i \cdot 3 + 0 - 2\pi i\left(i + \frac{3}{2}\right) = 2\pi i\left(\frac{3}{2} - i\right).$$

例 3.28 设 n 是自然数，$r>0$，求证：

$$\int_0^{2\pi} e^{r\cos\theta} \cos(r\sin\theta - n\theta) d\theta = \frac{2\pi}{n!} r^n,$$

$$\int_0^{2\pi} e^{r\cos\theta} \sin(r\sin\theta - n\theta) d\theta = 0.$$

证明： 令 $I_1 = \displaystyle\int_0^{2\pi} e^{r\cos\theta} \cos(r\sin\theta - n\theta) d\theta$，$I_2 = \displaystyle\int_0^{2\pi} e^{r\cos\theta} \sin(r\sin\theta - n\theta) d\theta$，

则 $I_1 + iI_2 = \int_0^{2\pi} e^{r\cos\theta} \cos(r\sin\theta - n\theta) d\theta + i\int_0^{2\pi} e^{r\cos\theta} \sin(r\sin\theta - n\theta) d\theta$

$$= \int_0^{2\pi} \left[e^{r\cos\theta} \cos(r\sin\theta - n\theta) + ie^{r\cos\theta} \sin(r\sin\theta - n\theta) \right] d\theta$$

$$= \int_0^{2\pi} e^{r\cos\theta} \left[\cos(r\sin\theta - n\theta) + i\sin(r\sin\theta - n\theta) \right] d\theta = \int_0^{2\pi} e^{r\cos\theta} e^{i(r\sin\theta - n\theta)} d\theta$$

$$= \int_0^{2\pi} e^{r(\cos\theta + i\sin\theta)} e^{-in\theta} d\theta = \int_0^{2\pi} e^{re^{i\theta}} e^{-in\theta} d\theta = \int_0^{2\pi} e^{re^{i\theta}} \frac{1}{(e^{i\theta})^n} d\theta.$$

令 $z = e^{i\theta}$, $dz = ie^{i\theta}d\theta = iz d\theta$, $d\theta = \frac{1}{iz}dz$, 代入可得

$$I_1 + iI_2 = \oint_{|z|=1} e^{rz} \frac{1}{iz^{n+1}} dz = \oint_{|z|=1} e^{rz} \frac{1}{i(z-0)^{n+1}} dz = \frac{1}{i} 2\pi i \frac{1}{n!} (e^{rz})^{(n)} \Big|_{z=0} = \frac{2\pi}{n!} r^n.$$

比较等式两边的实部与虚部,即得所证两个等式.

借助解析函数的无穷可微性,我们可补充解析函数的等价刻画定理.

定理 3.16 函数 $f(z) = u(x, y) + iv(x, y)$ 在区域 D 内解析的充要条件是

(1) u_x, u_y, v_x, v_y 在 D 内连续.

(2) $u(x, y)$, $v(x, y)$ 在 D 内满足柯西-黎曼方程.

3.4.2 柯西不等式与刘维尔定理

利用定理 3.14 可得如下柯西不等式:

定理 3.17 (柯西不等式) $f(z)$ 在 $|z - z_0| < R$ 内解析,在 $|z - z_0| = R$ 上连续,记 $M(R) = \max\limits_{|z-z_0|=R} |f(z)|$, 则 $|f^{(n)}(z_0)| \leqslant \dfrac{n! M(R)}{R^n}$, $n = 1, 2, \cdots$.

证明: 应用定理 3.14 可得

$$|f^{(n)}(z_0)| = \left| \frac{n!}{2\pi i} \oint_{|z-z_0|=R} \frac{f(z)}{(z-z_0)^{n+1}} dz \right|$$

$$\leqslant \frac{n!}{2\pi} \oint_{|z-z_0|=R} \frac{|f(z)|}{|z-z_0|^{n+1}} ds \leqslant \frac{n!}{2\pi} \cdot \frac{M(R)}{R^{n+1}} \cdot 2\pi R = \frac{n! M(R)}{R^n}.$$

注: (1) 柯西不等式是对解析函数各阶导数模的估计.

(2) 当 $n = 0$ 时,有 $|f(z_0)| \leqslant M$.

定义 3.5 在整个复平面上解析的函数称为整函数.

如多项式函数、$\cos z$、$\sin z$ 及常数都是整函数.

定理 3.18 (刘维尔定理) 有界整函数 $f(z)$ 必为常数.

证明: 因 $f(z)$ 有界,设 $|f(z)|$ 的上界为 M,无论 R 如何选择,均有 $M(R) = \max\limits_{|z-z_0|=R}$ $|f(z)| \leqslant M$, z_0 为复平面上的任意一点. 令 $n = 1$, 有 $|f'(z_0)| \leqslant \dfrac{M}{R}$, 且对一切 R 均成立. 令 $R \to \infty$, 则 $f'(z_0) = 0$. 由于 z_0 的任意性,故 $f(z)$ 在复平面上的导数为零,从而 $f(z)$ 必为常数.

注: (1) 常数是有界整函数.

（2）非常数的整函数必无界（如 e^z，$\sin z$ 在复平面上无界）.

定理 3.19 （代数学基本定理）在 z 平面上，n 次多项式

$$p(z)=a_0 z^n+a_1 z^{n-1}+\cdots+a_n,\quad a_0\neq 0$$

至少有一个零点.

证明：反证法 设 $p(z)$ 在 z 平面上无零点，由 $p(z)$ 在 z 平面上解析，则 $\dfrac{1}{p(z)}$ 也在 z 平面上解析. 下面证明 $\dfrac{1}{p(z)}$ 在 z 平面上有界. 由于 $\lim\limits_{z\to\infty} p(z)=\lim\limits_{z\to\infty} z^n\left(a_0+\dfrac{a_1}{z}+\cdots+\dfrac{a_n}{z^n}\right)=\infty$，则 $\lim\limits_{z\to\infty}\dfrac{1}{p(z)}=0$，故存在充分大的正数 R，当 $|z|>R$ 时，$\left|\dfrac{1}{p(z)}\right|<1$. 又因 $\dfrac{1}{p(z)}$ 在 $|z|\leqslant R$ 上连续，故可设 $\left|\dfrac{1}{p(z)}\right|\leqslant M$（正数），从而在 z 平面上，$\left|\dfrac{1}{p(z)}\right|<M+1$，则 $\dfrac{1}{p(z)}$ 在 z 平面上是解析且有界的，故 $\dfrac{1}{p(z)}$ 必为常数，即 $p(z)$ 也为常数. 这与定理假设矛盾.

例 3.29 $f(z)$ 为整函数，且存在实数 M，使 $\operatorname{Re} f(z)<M$，试证 $f(z)$ 是常数.

证明： 令 $F(z)=e^{\operatorname{Re} f(z)}<e^M$，故有界，即 $F(z)$ 是有界常函数. 由于 $F(z)$ 是常数，故 $f(z)$ 也是常数.

例 3.30 设 $f(z)$ 在 $|z|<1$ 内解析，$|f(z)|\leqslant\dfrac{1}{1-|z|}$. 求证：$|f^{(n)}(0)|\leqslant\left(1+\dfrac{1}{n}\right)^n\cdot(n+1)!<e\cdot(n+1)!$.

证明： 取 $R=\dfrac{n}{n+1}$，则 $R<1$. 由于 $|f(z)|\leqslant\dfrac{1}{1-|z|}$，则 $M(R)=\max\limits_{|z-0|=R}|f(z)|\leqslant\dfrac{1}{1-R}$，故 $|f^{(n)}(0)|\leqslant\dfrac{n!\,M(R)}{R^n}=\dfrac{n!\,M(R)}{\left(\dfrac{n}{n+1}\right)^n}\leqslant\dfrac{n!\,\dfrac{1}{1-\dfrac{n}{n+1}}}{\left(\dfrac{n}{n+1}\right)^n}=(n+1)!\cdot\left(1+\dfrac{1}{n}\right)^n$. 由于 $\left(1+\dfrac{1}{n}\right)^n<e$，进而有 $|f^{(n)}(0)|\leqslant e\cdot(n+1)!$.

例 3.31 设 $f(z)$ 是整函数，n 为正整数. 试证：当 $\lim\limits_{n\to\infty}\dfrac{f(z)}{z^n}=0$ 时，$f(z)$ 至多是 $n-1$ 次多项式.

证明： 只需证对任何的 z，$f^{(n)}(z)=0$. 由 $\lim\limits_{n\to\infty}\dfrac{f(z)}{z^n}=0$ 可知，对任给 $\varepsilon>0$，存在 $R>0$. 只需 $|z|>R$，就有 $\left|\dfrac{f(z)}{z^n}\right|<\dfrac{\varepsilon}{n!\,2^n}$，即 $|f(z)|<\dfrac{\varepsilon\,|z|^n}{n!\,2^n}$.

在 z 平面上任取一点 z，以 z 为圆心、r 为半径的圆周 C，使圆周 $C_1=\{z\mid |z|=R\}$ 全含于其内部（见图 3.15），于是有 $r>|z|$. 对于 $\xi\in C$，必有 $|\xi|>R$，因而

$$|f(\xi)| < \varepsilon |\xi|^n / n! \ 2^n \leqslant \varepsilon (|z|+r)^n / n! \ 2^n,$$

由柯西不等式,可得

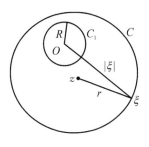

图 3.15　例 3.31 示意图

$$|f^{(n)}(z)| \leqslant \frac{n!}{r^n} \cdot \varepsilon (|z|+r)^n / n! \ 2^n = n! \ \varepsilon \frac{\left(1+\dfrac{|z|}{r}\right)^n}{n! \ 2^n}$$

$$\leqslant \frac{n! \ 2^n \varepsilon}{n! \ 2^n} = \varepsilon,$$

即 $f^{(n)}(z) = 0$,故 $f(z)$ 至多是 $n-1$ 次多项式.

3.4.3　莫雷拉定理

定理 3.20　(莫雷拉定理) 若 $f(z)$ 在单连通区域 D 内连续,且对于 D 内的任一简单闭曲线(周线) C,必有 $\oint_C f(z)\mathrm{d}z = 0$,则 $f(z)$ 在 D 内解析.

证明: 令 $F(z) = \displaystyle\int_{z_0}^{z} f(\xi)\mathrm{d}\xi \ (z_0, z \in D)$,因 $f(z)$ 在 D 内连续,则 $F(z)$ 在 D 内解析,且 $F'(z) = f(z), z \in D$. 又因解析函数 $F(z)$ 的各阶导数的解析,从而 $f(z)$ 在 D 内解析.

下面是解析函数的等价刻画定理.

定理 3.21　$f(z)$ 在区域在 D 内解析的充要条件如下:

(1) $f(z)$ 在 D 内连续.

(2) 对任一简单闭曲线 C,且 C 的内部全含于 D 内,有 $\oint_C f(z)\mathrm{d}z = 0$.

注: (1) 定理 3.20 与定理 3.21 中的曲线 C 是任意的曲线不是某一条曲线.

(2) 若 $f(z)$ 在单连通区域 D 内连续,则 $f(z)$ 在 D 内解析 $\Leftrightarrow \oint_C f(z)\mathrm{d}z = 0$.

例 3.32　设 $f(z)$ 在 $|z| \leqslant 1$ 上连续,且对任意的 $r \ (0 < r < 1)$,有 $\displaystyle\oint_{|z|=r} f(z)\mathrm{d}z = 0$.

试证: $\displaystyle\oint_{|z|=1} f(z)\mathrm{d}z = 0$.

证明: 因 $f(z)$ 在 $|z| \leqslant 1$ 上连续,从而一致连续. 因此 $\forall \varepsilon > 0, \exists \delta > 0$,当 $1-\delta < r < 1$ 时,有 $|f(re^{i\theta}) - rf(re^{i\theta})| < \dfrac{\varepsilon}{2\pi} \ (0 < \theta < 2\pi)$,于是

$$\left| \oint_{|z|=1} f(z)\mathrm{d}z \right| = \left| \oint_{|z|=1} f(z)\mathrm{d}z - \frac{1}{r} \oint_{|z|=1} f(z)\mathrm{d}z \right| = \left| \int_0^{2\pi} f(e^{i\theta}) \cdot ie^{i\theta}\mathrm{d}\theta - \frac{1}{r}\int_0^{2\pi} f(re^{i\theta})rie^{i\theta}\mathrm{d}\theta \right|$$

$$\leqslant \int_0^{2\pi} |f(e^{i\theta}) - f(re^{i\theta})| \, \mathrm{d}\theta < \varepsilon.$$

故 $\displaystyle\oint_{|z|=1} f(z)\mathrm{d}z = 0$.

3.5 解析函数与调和函数的关系

平面静电场中的电位函数与无源无旋的平面流速场中的势函数都是调和函数,它们都与某种解析函数密切相关.

3.5.1 调和函数的概念

定义 3.6 如果二元实函数 $\varphi(x,y)$ 在区域 D 内具有二阶连续偏导数,且满足拉普拉斯方程 $\dfrac{\partial^2\varphi}{\partial x^2}+\dfrac{\partial^2\varphi}{\partial y^2}=0$,则称 $\varphi(x,y)$ 是区域 D 内的调和函数.

记 $\Delta\equiv\dfrac{\partial^2}{\partial x^2}+\dfrac{\partial^2}{\partial y^2}$ 为一种运算符号,称为拉普拉斯算子.下面的定理说明了调和函数与解析函数的关系.

定理 3.22 设 $f(z)=u(x,y)+iv(x,y)$ 在区域 D 内解析,则 $f(z)$ 的实部 $u(x,y)$ 与虚部 $v(x,y)$ 都是 D 内的调和函数.

证明: 因 $f(z)$ 在区域 D 内解析,所以 $u(x,y),v(x,y)$ 在 D 内满足柯西-黎曼方程 $\dfrac{\partial u}{\partial x}=\dfrac{\partial v}{\partial y}$,$\dfrac{\partial u}{\partial y}=-\dfrac{\partial v}{\partial x}$,从而 $\dfrac{\partial^2 u}{\partial x^2}=\dfrac{\partial^2 v}{\partial y\partial x}$,$\dfrac{\partial^2 u}{\partial y^2}=-\dfrac{\partial^2 v}{\partial x\partial y}$.因 $f(z)$ 解析,故 $f(z)$ 存在任意阶导数,从而 $u(x,y),v(x,y)$ 具有任意阶连续偏导数 $\dfrac{\partial^2 v}{\partial y\partial x}=\dfrac{\partial^2 v}{\partial x\partial y}$.从而 $\dfrac{\partial^2 u}{\partial x^2}+\dfrac{\partial^2 u}{\partial y^2}=0$.同理可证 $\dfrac{\partial^2 v}{\partial x^2}+\dfrac{\partial^2 v}{\partial y^2}=0$,因此,$u(x,y),v(x,y)$ 都是 D 内调和函数.

3.5.2 共轭调和函数

定义 3.7 在区域 D 内满足柯西-黎曼方程 $\left(\dfrac{\partial u}{\partial x}=\dfrac{\partial v}{\partial y},\ \dfrac{\partial u}{\partial y}=-\dfrac{\partial v}{\partial x}\right)$ 的两个调和函数 u,v 中,$v(x,y)$ 称为 $u(x,y)$ 在区域 D 内的共轭调和函数.

定义 3.7′ 设 $u(x,y)$ 是区域 D 内的调和函数,使 $u+iv$ 在 D 内构成解析函数的调和函数 $v(x,y)$ 称为 $u(x,y)$ 的共轭调和函数.

定理 3.23 函数 $f(z)=u(x,y)+iv(x,y)$ 在区域 D 内解析的充要条件是在区域 D 内,$f(z)$ 的虚部 $v(x,y)$ 是实部 $u(x,y)$ 的共轭调和函数.

注:(1)若 $v(x,y)$ 是 $u(x,y)$ 的共轭调和函数,则 $u(x,y)$ 是 $-v(x,y)$ 的共轭调和函数,即 $-v(x,y)+iu(x,y)$ 解析.

(2)解析函数的任意阶导数仍解析,可知二元调和函数的任意阶偏导数也是调和函数.

根据定理 2.3,便可利用调和函数和它的共轭调和函数求出一个解析函数.

例 3.33 验证 $u(x,y)=x^2+xy-y^2$ 是调和函数,并求解析函数 $f(z)=u(x,y)+iv(x,y)$,使 $f(0)=0$.

解法 1：（1）因为 $\dfrac{\partial u}{\partial x}=2x+y$，$\dfrac{\partial^2 u}{\partial x^2}=2$，$\dfrac{\partial u}{\partial y}=-2y+x$，$\dfrac{\partial^2 u}{\partial y^2}=-2$，所以 $\dfrac{\partial^2 u}{\partial x^2}+\dfrac{\partial^2 u}{\partial y^2}=0$，从而 $u(x,y)$ 是调和函数.

（2）因 $v(x,y)$ 是 $u(x,y)$ 的共轭调和函数，从而满足柯西-黎曼方程 $\dfrac{\partial v}{\partial y}=\dfrac{\partial u}{\partial x}=2x+y$，从而 $v(x,y)=\int[2x+y]\mathrm{d}y=2xy+\dfrac{y^2}{2}+g(x)$. 并由此，可得 $\dfrac{\partial v}{\partial x}=2y+g'(x)$. 由于 $\dfrac{\partial v}{\partial x}=-\dfrac{\partial u}{\partial y}=-(-2y+x)=2y-x$，故 $g'(x)=-x$. 因此，$g(x)=-\dfrac{x^2}{2}+C$，所以，$v(x,y)=2xy+\dfrac{y^2}{2}-\dfrac{x^2}{2}+C$. 因 $f(0)=0$，则 $v(0,0)=0$，从而 $C=0$. 因此，$v(x,y)=2xy+\dfrac{y^2}{2}-\dfrac{x^2}{2}$. 所以，$f(z)=x^2+xy-y^2+\mathrm{i}\left(2xy+\dfrac{y^2}{2}-\dfrac{x^2}{2}\right)$，故这个函数可化为 $f(z)=\dfrac{2-\mathrm{i}}{2}z^2$.

由共轭调和函数的这种关系，如果知道 u、v 中的一个，便可根据柯西-黎曼方程求出另外一个. 例 3.33 所用的方法称为偏积分法.

由于解析函数 $f(z)$ 的导数 $f'(z)$ 仍是解析的，并且

$$f'(z)=\frac{\partial u}{\partial x}+\mathrm{i}\frac{\partial v}{\partial x}=\frac{\partial u}{\partial x}-\mathrm{i}\frac{\partial u}{\partial y}=\frac{\partial v}{\partial y}+\mathrm{i}\frac{\partial v}{\partial x},$$

将 $f(z)$ 还原成 z 的函数，再求 $f'(z)$ 的不定积分，从而得出 $f(z)$. 上述这种求解方法称为不定积分法，我们根据这种方法对例 3.33 再次求解.

解法 2：由于 $f'(z)=\dfrac{\partial u}{\partial x}+\mathrm{i}\dfrac{\partial v}{\partial x}=\dfrac{\partial u}{\partial x}-\mathrm{i}\dfrac{\partial u}{\partial y}=(2x+y)-\mathrm{i}(x-2y)=(2-\mathrm{i})(x+\mathrm{i}y)=(2-\mathrm{i})z$，则 $f(z)=\int f'(z)\mathrm{d}z=\int(2-\mathrm{i})z\,\mathrm{d}z=\dfrac{2-\mathrm{i}}{2}z^2+C$，因 $f(0)=0$，故 $C=0$，从而 $f(z)=\dfrac{2-\mathrm{i}}{2}z^2$.

例 3.34（1）验证 $u(x,y)=x^3-3xy^2$ 是调和函数；（2）求 $u(x,y)$ 为实部的解析函数 $f(z)$，使 $f(0)=\mathrm{i}$.

解：（1）因 $\dfrac{\partial u}{\partial x}=3x^2-3y^2$，$\dfrac{\partial u}{\partial y}=-6xy$，$\dfrac{\partial^2 u}{\partial x^2}=6x$，$\dfrac{\partial^2 u}{\partial y^2}=-6x$，$\dfrac{\partial^2 u}{\partial x^2}+\dfrac{\partial^2 u}{\partial y^2}=0$. 故 $u(x,y)$ 是调和函数.

（2）$\dfrac{\partial v}{\partial x}=-\dfrac{\partial u}{\partial y}=6xy$，$\dfrac{\partial v}{\partial y}=\dfrac{\partial u}{\partial x}=3x^2-3y^2$.

解法 1：由 $v=\int v_y\mathrm{d}y+\varphi(x)=\int(3x^2-3y^2)\mathrm{d}y+\varphi(x)=3x^2y-y^3+\varphi(x)$，从而 $\dfrac{\partial v}{\partial x}=6xy+\varphi'(x)=6xy$，故 $\varphi'(x)=0$，即 $\varphi(x)=C$. 从而 $v(x,y)=3x^2y-y^3+C$.

因 $f(0)=\mathrm{i}$，则 $u(0,0)=0$，$v(0,0)=1$，故 $C=1$，可得 $f(z)=u+\mathrm{i}v=x^3-3xy^2+$

$$i(3x^2y - y^3 + 1) = (x + yi)^3 + i = z^3 + i.$$

解法2：因 $f'(z) = \dfrac{\partial u}{\partial x} + i\dfrac{\partial v}{\partial x} = \dfrac{\partial u}{\partial x} - \dfrac{\partial u}{\partial y}i = 3x^2 - 3y^2 + 6xyi$

$$= 3[x^2 + 2xyi + (yi)^2] = 3(x + yi)^2 = 3z^2, \text{故 } f(z) = \int f'(z)dz = $$

$z^3 + C.$ 因 $f(0) = i$，故 $C = i$，从而 $f(z) = z^3 + i$.

例 3.35　(1) 验证 $v = \dfrac{y}{x^2 + y^2}$ 是调和函数，(2) 求解析函数 $f(z) = u + iv$，使得 $f(2) = 0$.

解：(1) 由于 $\dfrac{\partial v}{\partial y} = \dfrac{x^2 - y^2}{(x^2 + y^2)^2}$，$\dfrac{\partial v}{\partial x} = \dfrac{-2xy}{(x^2 + y^2)^2}$，$\dfrac{\partial^2 v}{\partial x^2} = \dfrac{(x^2 + y^2)(-2y^3 + 6x^2y)}{(x^2 + y^2)^4} =$

$-\dfrac{\partial^2 v}{\partial y^2}$，从而 $v = \dfrac{y}{x^2 + y^2}$ 调和函数.

(2) 利用解析函数的导数计算公式，可得

$$f'(z) = \frac{\partial v}{\partial y} + i\frac{\partial v}{\partial x} = \frac{x^2 - y^2}{(x^2 + y^2)^2} - i\frac{2xy}{(x^2 + y^2)^2}$$

$$= \frac{x^2 - 2xyi + (yi)^2}{(x^2 + y^2)^2} = \frac{(x - yi)^2}{(x^2 + y^2)^2} = \frac{(\bar{z})^2}{z^2 \cdot (\bar{z})^2} = \frac{1}{z^2},$$

故 $f(z) = \int f'(z)dz = -\dfrac{1}{z} + C.$ 因 $f(2) = 0$，故 $C = \dfrac{1}{2}$，从而 $f(z) = \dfrac{1}{2} - \dfrac{1}{z}$.

例 3.36　设 $f(z)$ 在区域 D 内解析，且 $f'(z) \neq 0$. 试证：$\ln|f'(z)|$ 为区域 D 内的调和函数.

证明：因 $f(z)$ 在 D 内解析，则 $f'(z)$ 在 D 内也解析. 又因 $f'(z) \neq 0$，故 $\ln f'(z)$ 在 D 内解析，于是其实部 $\ln|f'(z)|$ 为 D 内的调和函数.

例 3.37　设 $f(z)$ 在区域 D 内解析，试证：$\left(\dfrac{\partial^2}{\partial x^2} + \dfrac{\partial^2}{\partial y^2}\right)|f(z)|^2 = 4|f'(z)|^2$.

证明：设 $f(z) = u(x, y) + iv(x, y)$，则 $f'(z) = u_x + iv_x$，故 $4|f(z)|^2 = 4(u_x^2 + v_x^2)$. 而 $|f(z)| = u^2(x, y) + v^2(x, y)$，从而 $\dfrac{\partial}{\partial x}|f(z)|^2 = 2uu_x + 2vv_x$，故 $\dfrac{\partial^2}{\partial x^2}|f(z)|^2 = 2u_x^2 + 2uu_{xx} + 2v_x^2 + 2vv_{xx}$.

同理 $\dfrac{\partial^2}{\partial y^2}|f(z)|^2 = 2u_y^2 + 2uu_{yy} + 2v_x^2 + 2vv_{yy}$，故 $\left(\dfrac{\partial^2}{\partial x^2} + \dfrac{\partial^2}{\partial y^2}\right)|f(z)|^2 = 2(u_x^2 + v_x^2) + 2(u_y^2 + v_y^2) + 2u(u_{xx} + u_{yy}) + 2v(v_{xx} + v_{yy})$.

因 $f(z)$ 在 D 内解析，故 $u_x = v_x$，$u_y = -v_x$，$u(x, y)$ 与 $v(x, y)$ 均在 D 内调和，故 $u_y^2 + v_y^2 = u_x^2 + v_x^2$，且 $u_{xx} + u_{yy} = 0$，$v_{xx} + v_{yy} = 0$，从而 $\left(\dfrac{\partial^2}{\partial x^2} + \dfrac{\partial^2}{\partial y^2}\right)|f(z)|^2 = 4(u_x^2 + v_x^2) = 4|f'(z)|^2$.

数学名人介绍

柯 西

柯西(Cauchy,1789—1857 年)是法国数学家、物理学家、天文学家. 柯西出生于巴黎,父亲是一位精通古典文学的律师,与当时法国的大数学家拉格朗日和拉普拉斯交往密切. 柯西少年时代的数学才华颇受这两位数学家的赞赏,并预言柯西日后必成大器. 拉格朗日向其父建议"赶快给柯西一种坚实的文学教育",以便他的爱好不致把他引入歧途. 父亲因此加强了对柯西的文学培养,使他在诗歌方面也表现出很高的才华. 1805 年,他考入理工科大学,1816 年成为该校教授,1857 年 5 月 23 日,柯西在巴黎病逝.

柯西对定积分做了最系统的开创性工作,他把定积分定义为和的"极限". 在定积分运算之前,强调必须确立积分的存在性. 他利用中值定理严格证明了微积分基本定理. 通过柯西以及后来魏尔斯特拉斯的艰苦工作,使数学分析的基本概念得到严格的论述,从而结束了微积分二百年来在思想上的混乱局面,把微积分及其推广从对几何概念、运动以及直观了解的完全依赖中解放了出来,并使微积分发展为现代数学最基础、最庞大的数学学科.

柯西在纯数学和应用数学上的功力是相当深厚的,在数学写作上,他被认为是在数量上仅次于欧拉的人,他一生一共撰写了 789 篇论文和几本书,其中还有不少是经典之作.

习 题 3

1. 计算积分 $\int_C e^z dz$,其中 C 为(1) 从 0 到 1 再到 $1+i$ 的折线;(2) 从 0 到 $1+i$ 的直线.

2. 计算积分 $\int_{-1}^1 |z| dz$,积分路径为(1) 直线段;(2) 上半单位圆周;(3) 下半单位圆周.

3. 利用积分估值,求证:(1) $\left| \int_C (x^2+iy^2)dz \right| \leqslant 2$,其中 C 是连接 $-i$ 到 i 的直线段;(2) $\left| \int_C (x^2+iy^2)dz \right| \leqslant \pi$,其中 C 是连接 $-i$ 到 i 的右半圆周.

4. 不用计算,验证下列积分之值为零,其中 C 均为单位圆周 $|z|=1$:

(1) $\oint_C \dfrac{dz}{\cos z}$; (2) $\oint_C \dfrac{dz}{z^2+2z+2}$; (3) $\oint_C \dfrac{e^z dz}{z^2+5z+6}$; (4) $\oint_C z\cos z^2 dz$.

5. 计算下列积分:

(1) $\int_{-2}^{-2+i} (z+2)^2 dz$; (2) $\int_0^{\pi+2i} \cos \dfrac{z}{2} dz$; (3) $\int_0^{\frac{\pi}{4}i} e^{2z} dz$;

(4) $\int_{-\pi i}^{\pi i} \sin^2 z dz$; (5) $\int_0^1 z\sin z dz$.

6. 求积分 $\int_0^{2\pi a} (z^2+8z+1)dz$ 之值,其中积分路径是连接 0 到 $2\pi a$ 的摆线:$x=a(\theta-\sin\theta)$,$y=a(1-\cos\theta)$.

7. 用积分估计式求证：若 $f(z)$ 在整个复平面上有界，则正整数 $n > 1$ 时，$\lim\limits_{R \to +\infty} \oint_{C_R} \dfrac{f(z)}{z^n} \mathrm{d}z = 0$，其中 C_R 为圆心在原点半径为 R 的正向圆周.

8. 由积分 $\oint_C \dfrac{\mathrm{d}z}{z+2}$ 之值求证 $\int_0^\pi \dfrac{1+2\cos\theta}{5+4\cos\theta} \mathrm{d}\theta = 0$，其中 C 取单位圆周 $|z| = 1$.

9. 计算下列积分：

(1) $\oint_{|z|=2} \dfrac{2z^2 - z + 1}{z - 1} \mathrm{d}z$;   (2) $\oint_{|z|=2} \dfrac{2z^2 - z + 1}{(z-1)^2} \mathrm{d}z$;   (3) $\oint_{|z|=\frac{3}{2}} \dfrac{1}{(z^2+1)(z^2+4)} \mathrm{d}z$;

(4) $\oint_{|z+i|=1} \dfrac{3z^3 + 7z + 1}{(z+1)^3} \mathrm{d}z$;   (5) $\oint_{|z-2i|=\frac{3}{2}} \dfrac{\mathrm{e}^{\mathrm{i}z}}{z^2+1} \mathrm{d}z$;   (6) $\oint_{|z-2|=2} \dfrac{z}{z^4 - 1} \mathrm{d}z$;

(7) $\oint_{|z|=2} \sin\left(\dfrac{\pi}{4} z\right) \mathrm{d}z$.

10. 计算积分 $\oint_{C_j} \dfrac{\sin \frac{\pi}{4} z}{z^2 - 1} \mathrm{d}z$ $(j = 1, 2, 3)$：

(1) C_1: $|z+1| = \dfrac{1}{2}$;   (2) C_2: $|z-1| = \dfrac{1}{2}$;   (3) C_3: $|z| = 2$.

11. 求积分 $\oint_C \dfrac{\mathrm{e}^z}{z} \mathrm{d}z (C: |z| = 1)$，从而证明 $\int_0^\pi \mathrm{e}^{\cos\theta} \cos(\sin\theta) \mathrm{d}\theta = \pi$.

12. 设 C 表示圆周 $x^2 + y^2 = 3$，$f(z) = \oint_C \dfrac{3\xi^2 + 7\xi + 1}{\xi - z} \mathrm{d}\xi$ 求 $f'(1+\mathrm{i})$.

13. 设 C: $z = z(t)$ $(\alpha \leqslant t \leqslant \beta)$ 为区域 D 内的光滑曲线，$f(z)$ 于区域 D 内单叶解析且 $f'(z) \neq 0$，$\omega = f(z)$ 将 C 映射成曲线 Γ，求证：Γ 亦为光滑曲线.

14. 同上一题的假设，求证：积分换元公式 $\int_\Gamma \Phi(\omega) \mathrm{d}\omega = \int_C \Phi[f(z)] f'(z) \mathrm{d}z$，其中 $\Phi(\omega)$ 沿曲线 Γ 连续.

15. 计算积分 $I = \oint_C \dfrac{\cos \pi z}{z^3 (z-1)^2} \mathrm{d}z$，其中 C 为 $|z| = 4$.

16. 设函数 $f(z)$ 在 z 平面上解析，且 $|f(z)|$ 恒大于一个正的常数，试证：$f(z)$ 必为常数.

17. 验证 $u(x, y) = \ln(x^2 + y^2) + x - 2y$ 是否为调和函数.

18. 在下列各对函数中，验证 v 是否为 u 的共轭调和函数：

(1) $u = x$, $v = -y$;   (2) $u = \mathrm{e}^x \cos y + 1$, $v = \mathrm{e}^x \sin y + 1$.

19. 分别由下列条件求解析函数 $f(z) = u + \mathrm{i}v$：

(1) $u = x^2 + xy - y^2$, $f(\mathrm{i}) = -1 + \mathrm{i}$;   (2) $u = \mathrm{e}^x (x \cos y - y \sin y)$, $f(0) = 0$.

20. 求证：若 $u(x, y)$ 为调和函数且不等于常数，则 $[u(x, y)]^2$ 不是调和函数.

第4章 数项级数与幂级数

本章我们将用级数的研究方法研究解析函数的性质,解析函数表示为级数不仅有理论上的意义,而且也有现实的意义.本章讨论的解析函数的幂级数表示问题与数学分析或高等数学中具有相似的平行结论,读者可结合数学分析或高等数学来学习本章的相关内容.

4.1 复数项级数的基本性质

4.1.1 复数列的极限

定义 4.1 设复数列 $\{\alpha_n\}$,$a_n = \mathrm{Re}(\alpha_n)$,$b_n = \mathrm{Im}(\alpha_n)$,$\alpha = a + ib$ 是一确定复数.若任给 $\varepsilon > 0$,存在自然数 N,当 $n > N$ 时,总有 $|\alpha_n - \alpha| < \varepsilon$ 成立,则称复数列 $\{\alpha_n\}$ 收敛于复数 α,或称 $\{\alpha_n\}$ 以 α 为极限,记作 $\lim\limits_{n \to \infty} \alpha_n = \alpha$ 或 $\alpha_n \to \alpha (n \to \infty)$. 如果 $\{\alpha_n\}$ 不收敛,则称 $\{\alpha_n\}$ 发散.

定理 4.1 复数列 $\{\alpha_n\}$ 收敛于 α 的充要条件是 $\lim\limits_{n \to \infty} a_n = a$,$\lim\limits_{n \to \infty} b_n = b$.

证明:必要性 设 $\lim\limits_{n \to \infty} \alpha_n = \alpha$,对 $\forall \varepsilon > 0$,$\exists N \in \mathbf{N}_+$,当 $n < N$ 时,有 $|\alpha_n - \alpha| < \varepsilon$. 从而 $|a_n - a| \leqslant |\alpha_n - \alpha| < \varepsilon$,$|b_n - b| \leqslant |\alpha_n - \alpha| < \varepsilon$,故 $\lim\limits_{n \to \infty} a_n = a$,$\lim\limits_{n \to \infty} b_n = b$.

充分性 设 $\lim\limits_{n \to \infty} a_n = a$,$\lim\limits_{n \to \infty} b_n = b$,则 $\exists N_1 \in \mathbf{N}_+$,当 $n > N$ 时,有 $|a_n - a| < \dfrac{\varepsilon}{2}$,且 $\exists N_2 \in \mathbf{N}_+$,当 $n > N_2$ 时,有 $|b_n - b| < \dfrac{\varepsilon}{2}$. 取 $N = \max\{N_1, N_2\}$,当 $n > N$ 时,有 $|\alpha_n - \alpha| \leqslant |a_n - a| + |b_n - b| < \dfrac{\varepsilon}{2} + \dfrac{\varepsilon}{2} = \varepsilon$. 因此,$\lim\limits_{n \to \infty} \alpha_n = \alpha$.

定理 4.2 (柯西极限存在准则)复数列 $\{\alpha_n\} = \{a_n + ib_n\}$ 收敛的充要条件:任给 $\varepsilon > 0$,存在正整数 N,使当 $n > N$ 时,恒有 $|\alpha_{n+p} - \alpha_n| < \varepsilon (p = 1, 2, \cdots)$.

证明:必要性 设 $\lim\limits_{n \to \infty} \alpha_n = \alpha$,则由定义对 $\forall \varepsilon > 0$,$\exists N \in \mathbf{N}_+$,当 $n > N$ 时,恒有 $|\alpha_n - \alpha| < \dfrac{\varepsilon}{2}$,因而对任何自然数 p,也有 $|\alpha_{n+p} - \alpha| < \dfrac{\varepsilon}{2}$. 从而当 $n > N$ 时,有 $|\alpha_{n+p} - \alpha_n| \leqslant |\alpha_{n+p} - \alpha| + |\alpha_n - \alpha| < \dfrac{\varepsilon}{2} + \dfrac{\varepsilon}{2} = \varepsilon$.

充分性 设对 $\forall \varepsilon > 0$,$\exists N \in \mathbf{N}_+$,当 n,$n + p > N$ 时,有 $|\alpha_{n+p} - \alpha_n| < \varepsilon$,则 $|a_{n+p} - a_n| \leqslant |\alpha_{n+p} - \alpha_n| < \varepsilon$,$|b_{n+p} - b_n| \leqslant |\alpha_{n+p} - \alpha_n| < \varepsilon$. 根据实数列的柯西极限存在准则知,必存在 a,$b \in \mathbf{R}$,使 $\lim\limits_{n \to \infty} a_n = a$,$\lim\limits_{n \to \infty} b_n = b$,从而有 $\lim\limits_{n \to \infty} \alpha_n = \lim\limits_{n \to \infty} a_n +$

$\mathrm{i} \lim\limits_{n \to \infty} b_n = a + \mathrm{i}b.$

例 4.1   判别下列数列是否收敛. 如果有极限, 则求出它们的极限.

(1) $\alpha_n = \left(\dfrac{1+\mathrm{i}}{2}\right)^n$;   (2) $\alpha_n = \dfrac{1+n\mathrm{i}}{1-n\mathrm{i}}.$

解: (1) 因 $\left(\dfrac{1+\mathrm{i}}{2}\right)^n = \left(\dfrac{1}{2}+\dfrac{\mathrm{i}}{2}\right)^n = \left[\dfrac{1}{2}\left(\cos\dfrac{\pi}{4}+\mathrm{i}\sin\dfrac{\pi}{4}\right)\right]^n = \dfrac{1}{2^n}\left(\cos\dfrac{n\pi}{4}+\right.$

$\left.\mathrm{i}\sin\dfrac{n\pi}{4}\right).$ 又由于 $\lim\limits_{n \to \infty}\dfrac{1}{2^n}\cos\dfrac{n\pi}{4}=0,$ $\lim\limits_{n \to \infty}\dfrac{1}{2^n}\sin\dfrac{n\pi}{4}=0,$ 故 $\left\{\left(\dfrac{1+\mathrm{i}}{2}\right)^n\right\}$ 收敛于零.

(2) 因 $\dfrac{1+n\mathrm{i}}{1-n\mathrm{i}}=\dfrac{1-n^2}{1+n^2}+\mathrm{i}\dfrac{2n}{1+n^2},$ 由于 $\lim\limits_{n \to \infty}\dfrac{1-n^2}{1+n^2}=-1,$ $\lim\limits_{n \to \infty}\dfrac{2n}{1+n^2}=0.$ 故

$\left\{\dfrac{1+n\mathrm{i}}{1-n\mathrm{i}}\right\}$ 收敛于 $-1.$

4.1.2 复数项级数

1. 基本概念与性质

定义 4.2   (1) 设复数列 $\{\alpha_n\}=\{a_n+\mathrm{i}b_n\},$ 用加号 "+" 将数列元素连成的式子 $\sum\limits_{n=1}^{\infty}\alpha_n=$

$\sum\limits_{n=1}^{\infty}a_n+\mathrm{i}b_n=\alpha_1+\alpha_2+\cdots+\alpha_n+\cdots$ 称为复数项无穷级数, 简称复数项级数.

(2) 令 $S_n=\sum\limits_{k=1}^{n}\alpha_k=\alpha_1+\alpha_2+\cdots+\alpha_n,$ 则称 S_n 为 $\sum\limits_{n=1}^{\infty}\alpha_n$ 的部分和. 若部分和数列 $\{S_n\}$

存在有限复数 S 为极限, 即 $\lim\limits_{n \to \infty}S_n=S,$ 则称级数 $\sum\limits_{n=1}^{\infty}\alpha_n$ 收敛于 $S,$ 且称 S 为级数 $\sum\limits_{n=1}^{\infty}\alpha_n$ 的

和, 记作 $S=\sum\limits_{n=1}^{\infty}\alpha_n.$ 若部分和 $\{S_n\}$ 不存在有限的极限, 则称级数 $\sum\limits_{n=1}^{\infty}\alpha_n$ 发散.

例 4.2   当 $|z|<1$ 时, 判断级数 $1+z+z^2+\cdots+z^n+\cdots$ 是否收敛.

解: 先求部分和 $S_n=1+z+z^2+\cdots+z^{n-1}=\dfrac{1-z^n}{1-z}=\dfrac{1}{1-z}-\dfrac{z^n}{1-z}.$ 由于 $|z|<$

$1,$ 所以 $\lim\limits_{n \to \infty}|z|^n=0.$ 因而 $\lim\limits_{n \to \infty}\left|\dfrac{z^n}{1-z}\right|=\lim\limits_{n \to \infty}\dfrac{|z|^n}{|1-z|}=0,$ 于是 $\lim\limits_{n \to \infty}\dfrac{z^n}{1-z}=0,$ 故 $\lim\limits_{n \to \infty}S_n=$

$\lim\limits_{n \to \infty}\sum\limits_{k=0}^{n-1}z^k=\lim\limits_{n \to \infty}\left(\dfrac{1}{1-z}-\dfrac{z^n}{1-z}\right)=\dfrac{1}{1-z}$ 存在. 从而, 当 $|z|<1$ 时, $\sum\limits_{n=0}^{\infty}z^n$ 收敛, 其和为

$\dfrac{1}{1-z}.$

定理 4.3   设 $\alpha_n=a_n+\mathrm{i}b_n,$ $n=1, 2, \cdots,$ a_n, b_n 为实数, 则 $\sum\limits_{n=1}^{\infty}\alpha_n$ 收敛于 $S=a+\mathrm{i}b$ 的

充要条件: $\sum\limits_{n=1}^{\infty}a_n$ 与 $\sum\limits_{n=1}^{\infty}b_n$ 分别收敛于 a 及 $b.$

证明: 设 $S_n=\sum\limits_{k=1}^{n}\alpha_k,$ $A_n=\sum\limits_{k=1}^{n}a_k,$ $B_n=\sum\limits_{k=1}^{n}b_k,$ 则 $S_n=A_n+\mathrm{i}B_n,$ $n=1, 2, \cdots,$ 则

$\lim\limits_{n \to \infty}S_n=a+\mathrm{i}b\Leftrightarrow\lim\limits_{n \to \infty}A_n=a$ 及 $\lim\limits_{n \to \infty}B_n=b\Leftrightarrow\sum\limits_{n=0}^{\infty}a_n$ 收敛于 a 及 $\sum\limits_{n=0}^{\infty}b_n$ 收敛于 $b.$

推论 4.1　$\displaystyle\sum_{n=1}^{\infty}\alpha_n$ 收敛的充要条件是 $\displaystyle\lim_{n\to\infty}\alpha_n=\lim_{n\to\infty}(a_n+\mathrm{i}b_n)=0$.

证明： 因 $\displaystyle\sum_{n=1}^{\infty}\alpha_n$ 收敛，则 $\displaystyle\sum_{n=1}^{\infty}a_n$ 与 $\displaystyle\sum_{n=0}^{\infty}b_n$ 均收敛，由实数项级数的必要条件知 $\displaystyle\lim_{n\to\infty}a_n=0$，$\displaystyle\lim_{n\to\infty}b_n=0$，从而 $\displaystyle\lim_{n\to\infty}\alpha_n=\lim_{n\to\infty}(a_n+\mathrm{i}b_n)=0$.

推论的另一种证明方法：$\alpha_n=S_n-S_{n-1}$，$\displaystyle\lim_{n\to\infty}S_n=S$，则 $\displaystyle\lim_{n\to\infty}S_{n-1}=S$，故 $\displaystyle\lim_{n\to\infty}\alpha_n=\lim_{n\to\infty}S_n-\lim_{n\to\infty}S_{n-1}=S-S=0$.

定理 4.4　$\displaystyle\sum_{n=1}^{\infty}\alpha_n$ 收敛 $\Leftrightarrow\forall\varepsilon>0$，$\exists N\in\mathbf{N}^{+}$，$\forall p\in\mathbf{N}^{+}$ 当 $n>N$ 时有

$$\alpha_{n+1}+\alpha_{n+2}+\cdots+\alpha_{n+p}\mid<\varepsilon.$$

注：(1) 若 $\displaystyle\sum_{n=1}^{\infty}\alpha_n$ 收敛，则 $\forall n\in\mathbf{N}^{+}$，$\exists M>0$，使 $\mid\alpha_n\mid\leqslant M$.

(2) 在 $\displaystyle\sum_{n=1}^{\infty}\alpha_n$ 中去掉或增加有限项，则所得级数与原级数同敛散.

定理 4.5　若 $\displaystyle\sum_{n=1}^{\infty}\mid\alpha_n\mid$ 收敛，则 $\displaystyle\sum_{n=1}^{\infty}\alpha_n$ 收敛，且 $\left|\displaystyle\sum_{n=1}^{\infty}\alpha_n\right|\leqslant\displaystyle\sum_{n=1}^{\infty}\mid\alpha_n\mid$ 成立.

证明： 由于 $\mid\alpha_{n+1}+\alpha_{n+2}+\cdots+\alpha_{n+p}\mid\leqslant\mid\alpha_{n+1}\mid+\mid\alpha_{n+2}\mid+\cdots+\mid\alpha_{n+p}\mid$，若 $\displaystyle\sum_{n=1}^{\infty}\mid\alpha_n\mid$ 收敛，则由级数的柯西极限存在准则知，对于 $\displaystyle\sum_{n=1}^{\infty}\alpha_n$ 与 $\displaystyle\sum_{n=1}^{\infty}\mid\alpha_n\mid$ 的部分和有如下不等式成立：$\left|\displaystyle\sum_{k=1}^{n}\alpha_k\right|\leqslant\displaystyle\sum_{k=1}^{n}\mid\alpha_k\mid$，可得出 $\displaystyle\lim_{n\to\infty}\left|\displaystyle\sum_{k=1}^{n}\alpha_k\right|\leqslant\lim_{n\to\infty}\displaystyle\sum_{k=1}^{n}\mid\alpha_k\mid$，即 $\left|\displaystyle\sum_{n=1}^{\infty}\alpha_n\right|\leqslant\displaystyle\sum_{n=1}^{\infty}\mid\alpha_n\mid$.

2. 条件收敛与绝对收敛

定义 4.3　若 $\displaystyle\sum_{n=1}^{\infty}\mid\alpha_n\mid$ 收敛，则称 $\displaystyle\sum_{n=1}^{\infty}\alpha_n$ 为绝对收敛；若 $\displaystyle\sum_{n=1}^{\infty}\alpha_n$ 收敛，但 $\displaystyle\sum_{n=1}^{\infty}\mid\alpha_n\mid$ 发散，则称 $\displaystyle\sum_{n=1}^{\infty}\alpha_n$ 条件收敛.

注：(1) $\displaystyle\sum_{n=1}^{\infty}\mid\alpha_n\mid$ 各项为非负实数，故可由正项级数的判别法（如比较法、比值法、根值法等）判别 $\displaystyle\sum_{n=1}^{\infty}\mid\alpha_n\mid$ 的敛散性.

(2) $\displaystyle\sum_{n=1}^{\infty}\alpha_n$ 绝对收敛 $\Leftrightarrow\displaystyle\sum_{n=1}^{\infty}\mathrm{Re}(\alpha_n)$ 与 $\displaystyle\sum_{n=1}^{\infty}\mathrm{Im}(\alpha_n)$ 均绝对收敛.

例 4.3　判断下列级数的敛散性：

(1) $\displaystyle\sum_{n=1}^{\infty}\left(\frac{1}{n}+\mathrm{i}\,\frac{1}{2^n}\right)$;　(2) $\displaystyle\sum_{n=1}^{\infty}\frac{1}{(2+3\mathrm{i})^n}$;　(3) $\displaystyle\sum_{n=1}^{\infty}\frac{\mathrm{i}^n}{n}$;　(4) $\displaystyle\sum_{n=1}^{\infty}\frac{(4\mathrm{i})^n}{n!}$.

解：(1) 因 $\displaystyle\sum_{n=1}^{\infty}\frac{1}{n}$ 发散，尽管 $\displaystyle\sum_{n=1}^{\infty}\frac{1}{2^n}$ 收敛，故 $\displaystyle\sum_{n=1}^{\infty}\left(\frac{1}{n}+\mathrm{i}\,\frac{1}{2^n}\right)$ 发散.

(2) 因 $\displaystyle\sum_{n=1}^{\infty}\left|\frac{1}{(2+3\mathrm{i})^n}\right|=\displaystyle\sum_{n=1}^{\infty}\left(\frac{1}{\sqrt{13}}\right)^n$，且 $\frac{1}{\sqrt{13}}<1$，故 $\displaystyle\sum_{n=1}^{\infty}\left(\frac{1}{\sqrt{13}}\right)^n$ 收敛，从而

$\displaystyle\sum_{n=1}^{\infty}\frac{1}{(2+3\mathrm{i})^n}$ 绝对收敛.

(3) $\displaystyle\sum_{n=1}^{\infty}\frac{\mathrm{i}^n}{n}=\mathrm{i}-\frac{1}{2}-\frac{1}{3}\mathrm{i}+\frac{1}{4}+\frac{1}{5}\mathrm{i}-\frac{1}{6}+\cdots$

$\displaystyle\qquad\qquad=-\left(\frac{1}{2}-\frac{1}{4}+\frac{1}{6}-\frac{1}{8}+\cdots\right)+\mathrm{i}\left(1-\frac{1}{3}+\frac{1}{5}-\frac{1}{7}+\cdots\right)$

$\displaystyle\qquad\qquad=-\frac{1}{2}\sum_{n=1}^{\infty}(-1)^{n-1}\frac{1}{n}+\mathrm{i}\sum_{n=1}^{\infty}(-1)^{n-1}\frac{1}{2n-1}.$

由交错级数的莱布尼茨判别法知 $\displaystyle\sum_{n=1}^{\infty}(-1)^{n-1}\frac{1}{n}$ 与 $\displaystyle\sum_{n=1}^{\infty}(-1)^{n-1}\frac{1}{2n-1}$ 收敛,但 $\displaystyle\sum_{n=1}^{\infty}\left|\frac{\mathrm{i}^n}{n}\right|=\sum_{n=1}^{\infty}\frac{1}{n}$ 发散,故 $\displaystyle\sum_{n=1}^{\infty}\frac{\mathrm{i}^n}{n}$ 条件收敛.

(4) 因 $\displaystyle\sum_{n=1}^{\infty}\left|\frac{(4\mathrm{i})^n}{n!}\right|=\sum_{n=1}^{\infty}\frac{4}{n!}$, 由于 $\displaystyle\lim_{n\to\infty}\frac{4^{n+1}}{(n+1)!}\bigg/\frac{4^n}{n!}=\lim_{n\to\infty}\frac{4}{n+1}=0<1$, 故 $\displaystyle\sum_{n=1}^{\infty}\frac{4}{n!}$ 收敛,从而 $\displaystyle\sum_{n=1}^{\infty}\frac{(4\mathrm{i})^n}{n!}$ 绝对收敛.

定理 4.6 (1) 绝对收敛的复级数的各项可任意重排列次序,而不改变其绝对收敛性,亦不改变其和.

(2) 设 $S=\displaystyle\sum_{n=1}^{\infty}\alpha_n$, $S'=\displaystyle\sum_{n=1}^{\infty}\alpha'_n$, 则按对角法所得乘积(柯西积)级数 $\alpha_1\alpha'_1+(\alpha_1\alpha'_2+\alpha_2\alpha'_1)+\cdots+(\alpha_1\alpha'_n+\alpha_2\alpha'_{n-1}+\alpha_n\alpha'_1)+\cdots=\displaystyle\sum_{n=1}^{\infty}\sum_{k=1}^{n}\alpha_k\alpha'_{(n+1)-k}$ 绝对收敛于 SS'.

4.1.3　一致收敛的复函数项级数

定义 4.4 (1) 由定义在点集 E 上的复变函数列 $\{f_n(z)\}$ 构成的级数 $\displaystyle\sum_{n=1}^{\infty}f_n(z)$ 称为点集 E 内的复变函数项级数.

(2) $\displaystyle\sum_{n=1}^{\infty}f_n(z)$ 的前 n 项和 $S_n(z)=f_1(z)+f_2(z)+\cdots+f_n(z)$ 称为这个级数的部分和,对于 E 内的某一点 $z_0\in E$, $\displaystyle\lim_{n\to\infty}S_n(z_0)=S(z_0)$ 存在,则称 $\displaystyle\sum_{n=1}^{\infty}f_n(z)$ 在点 z_0 收敛, $S(z_0)$ 为 $\displaystyle\sum_{n=1}^{\infty}f_n(z)$ 在点 z_0 处的和.

(3) 对每一点 $z_0\in E$, $\displaystyle\sum_{n=1}^{\infty}f_n(z)$ 均收敛,则称 $S(z)=\displaystyle\sum_{n=1}^{\infty}f_n(z)$ 为 $\displaystyle\sum_{n=1}^{\infty}f_n(z)$ 的和.

$\varepsilon-N$ 描述如下: $S(z)=\displaystyle\sum_{n=1}^{\infty}f_n(z)\Leftrightarrow$ 对于 $z\in E$, 对于任意 $\varepsilon>0$, 存在正整数 $N=N(\varepsilon,z)$, 使当 $n>N$ 时,有 $|S(z)-S_n(z)|<\varepsilon$, 其中 $S_n(z)=\displaystyle\sum_{n=1}^{\infty}f_n(z)$ 为 $\displaystyle\sum_{n=1}^{\infty}f_n(z)$ 的部分和. $N=N(\varepsilon,z)$ 不仅依赖于 ε, 且依赖于 $z\in E$. 重要的一种情形是 $N=N(\varepsilon)$ 不依赖于 z.

定义 4.5 对于 $\sum\limits_{n=1}^{\infty} f_n(z)$，如果存在点集 E 上的函数 $S(z)$，使对任意 $\varepsilon>0$，存在正整数 $N=N(\varepsilon)$，当 $n>N$ 时，对一切 $z\in E$，均有 $|S(z)-S_n(z)|<\varepsilon$，则称 $\sum\limits_{n=1}^{\infty} f_n(z)$ 在 E 上一致收敛于 $S(z)$.

注：据定义 4.5，证明 $\sum\limits_{n=1}^{\infty} f_n(z)$ 在点集 E 上一致收敛于 $S(z)$ 的关键是找不依赖于 z 的正整数 N，使当 $n>N$ 时，$|S(z)-S_n(z)|<\varepsilon$ 成立，一般做放缩 $|S(z)-S_n(z)|\leqslant P_n(z)\leqslant Q_n$. 对 $\forall\varepsilon>0$，由 $Q_n<\varepsilon$ 寻找 N.

定义 4.6 $\sum\limits_{n=1}^{\infty} f_n(z)$ 在点集 E 上不一致收敛于 $S(z)\Leftrightarrow$ 存在某个 ε_0，对任何正整数 N，存在 $n_0>N$，总有某 $z_0\in E$，使 $|S(z_0)-S_{n_0}(z_0)|\geqslant\varepsilon_0$.

定理 4.7（柯西一致收敛准则）$f_n(z)$ 在点集 E 上一致收敛于某函数的充要条件：任意 $\varepsilon>0$，存在正整数 $N=N(\varepsilon)$，使当 $n>N$ 时，对 $\forall z\in E$，对一切自然数 p，均有

$$|f_{n+1}(z)+f_{n+2}(z)+\cdots+f_{n+p}(z)|<\varepsilon.$$

定理 4.8 $\sum\limits_{n=1}^{\infty} f_n(z)$ 在点集 E 上不一致收敛 $\Leftrightarrow\exists\varepsilon_0>0$，对任何正整数 N，存在正整数 $n_0>N$，总有某个 $z_0\in E$ 及某个正整 p_0，有 $|f_{n_0+1}(z)+f_{n_0+2}(z)+\cdots+f_{n_0+p}(z)|\geqslant\varepsilon_0$.

由定理 4.7 这个准则，可得一致收敛的一个充分条件，即定理 4.9 的优级数准则.

定理 4.9 对于 $\sum\limits_{n=1}^{\infty} f_n(z)$，若存在正数列 $\{M_n\}$，使 $|f_n(z)|\leqslant M_n(n=1,2,\cdots)$ 且 $\sum\limits_{n=1}^{\infty} M_n$ 收敛，则 $\sum\limits_{n=1}^{\infty} f_n(z)$ 在点集 E 上绝对收敛且一致收敛，并称正项级数 $\sum\limits_{n=1}^{\infty} M_n$ 为 $\sum\limits_{n=1}^{\infty} f_n(z)$ 的优级数.

注：优级数法是一个广泛应用的方法，将判别 $\sum\limits_{n=1}^{\infty} f_n(z)$ 的一致收敛性转化为正项级数 $\sum\limits_{n=1}^{\infty} M_n$ 的收敛性，而后者的判别较容易. 另外，优级数判别法还可判定绝对收敛性.

例 4.4 $\sum\limits_{n=0}^{\infty} z^n$ 在闭圆 $|z|\leqslant r(r<1)$ 上一致收敛.

证明： 因 $|z^n|\leqslant r^n(n=0,1,2,\cdots)$，而 $\sum\limits_{n=0}^{\infty} z^n(0<r<1)$ 收敛，故 $\sum\limits_{n=0}^{\infty} z^n$ 在 $|z|\leqslant r$ 上绝对收敛且一致收敛.

下述两个定理也与数学分析中相应定理平行：

定理 4.10 设 $\sum\limits_{n=1}^{\infty} f_n(z)$ 的各项在 E 上连续，且一直收敛于 $S(z)$，则和函数 $S(z)=\sum\limits_{n=1}^{\infty} f_n(z)$ 也在 E 上连续.

定理 4.11 设 $\sum\limits_{n=1}^{\infty} f_n(z)$ 的各项在曲线 C 上连续,并且在 C 上一致收敛于 $S(z)$,则 $\sum\limits_{n=1}^{\infty} f_n(z)$ 沿 C 可逐项积分: $\int_C S(z)\mathrm{d}z = \sum\limits_{n=1}^{\infty} \int_C f_n(z)\mathrm{d}z$.

定义 4.7 设 $\{f_n(z)\}$ 定义在区域 D 内,若 $\sum\limits_{n=1}^{\infty} f_n(z)$ 在 D 内任一有界闭集上一致收敛,则称 $\sum\limits_{n=1}^{\infty} f_n(z)$ 在 D 内**内闭一致收敛**.

定理 4.12 $\sum\limits_{n=1}^{\infty} f_n(z)$ 在圆 K: $|z-a|<R$ 内闭一致收敛的充要条件: 对任意正数 ρ, 且 $\rho<R$, $\sum\limits_{n=1}^{\infty} f_n(z)$ 在闭圆 $\overline{K_\rho}$: $|z-a|\leqslant\rho$ 上一致收敛.

当 $|z|<1$ 时, $\sum\limits_{n=0}^{\infty} z^n$ 收敛,但不一致收敛. 在 $|z|<1$ 内, $\sum\limits_{n=0}^{\infty} z^n$ 是内闭一致收敛的.

4.1.4 解析函数项级数

定理 4.13 (魏尔斯特拉斯定理)设函数 $f_n(z)$ $(n=1,2,\cdots)$ 在区域 D 内解析且 $\sum\limits_{n=1}^{\infty} f_n(z)$ 在 D 内内闭一致收敛于函数 $S(z)$,则

(1) $S(z)$ 在区域 D 内解析.

(2) $S^{(p)}(z) = \sum\limits_{n=1}^{\infty} f_n^{(p)}(z)$, $z\in D$, $p=0,1,2,\cdots$.

证明:(1) 设 z_0 为 D 内任意一点,因 $f_n(z)$ 在 D 内解析,则必有闭圆 $\overline{K}$: $|z-z_0|\leqslant\rho$ 全含于 D 内,若 C 圆 K: $|z-z_0|<\rho$ 内任一简单闭曲线,则由柯西积分定理得 $\oint_C f_n(z)\mathrm{d}z=0$, $n=1,2,\cdots$. 再由假设知, $\sum\limits_{n=1}^{\infty} f_n(z)$ 在 $\overline{K}$ 上一致收敛,且 $f_n(z)$ 是连续的. 从而和函数 $S(z)$ 在 $\overline{K}$ 内连续,且 $\sum\limits_{n=1}^{\infty} f_n(z)$ 可逐项积分,故 $\oint_C S(z)\mathrm{d}z = \sum\limits_{n=1}^{\infty} \oint_C f_n(z)\mathrm{d}z=0$. 由莫雷拉定理,知 $S(z)$ 在 K 内解析,由 z_0 的任意性,知 $S(z)$ 在区域 D 内解析.

(2) 设 z_0 为 D 内任一点,则必有 $\rho>0$, 使闭圆 K: $|z-z_0|<\rho$ 全含于 D 内, $\overline{K}$ 的边界是圆周 τ: $|z-z_0|=\rho$. 由定理 3.14 解析函数高阶导数公式有

$$S^{(p)}(z_0) = \frac{p!}{2\pi\mathrm{i}} \oint_C \frac{S(\xi)}{(\xi-z_0)^{p+1}}\mathrm{d}\xi,$$

$$f_n^{(p)}(z_0) = \frac{p!}{2\pi\mathrm{i}} \oint_C \frac{f_n(\xi)}{(\xi-z_0)^{p+1}}\mathrm{d}\xi, \quad p=1,2,\cdots,n.$$

又因 $\sum\limits_{n=1}^{\infty} f_n(z)$ 在 D 内内闭一致收敛于 $S(z)$,则 $\dfrac{S(z)}{(\xi-z_0)^{p+1}} = \sum\limits_{n=1}^{\infty} \dfrac{f_n(\xi)}{(\xi-z_0)^{p+1}}$ 是一致收敛的,从而可逐项求积分,则 $\oint_C \dfrac{S(\xi)}{(\xi-z_0)^{p+1}}\mathrm{d}\xi = \sum\limits_{n=1}^{\infty} \oint_C \dfrac{f_n(\xi)}{(\xi-z_0)^{p+1}}\mathrm{d}\xi$.

上式两边同时乘以 $\dfrac{p!}{2\pi i}$，得到 $S^{(p)}(z_0) = \sum\limits_{n=1}^{\infty} f_n^{(p)}(z_0)\ (p=1,\,2,\,\cdots)$. 由 z_0 的任意性，得证 $S^{(p)}(z) = \sum\limits_{n=1}^{\infty} f_n^{(p)}(z)\ (z \in D,\ p=1,\,2,\,\cdots)$.

注：据定理 4.13，还有第三个结论：$\sum\limits_{n=1}^{\infty} f_n(z)$ 在 D 内内闭一致收敛于 $S^{(p)}(z)\ (p \in \mathbf{N}_+)$.

4.2　幂级数

幂级数是特殊的函数项级数，是数学分析以及复变函数中重要的概念，也是研究函数性质的极好工具.

4.2.1　幂级数的敛散性

1. 基本概念

定义 4.8　形如 $\sum\limits_{n=0}^{\infty} c_n(z-a)^n = c_0 + c_1(z-a) + c_2(z-a)^2 + \cdots$ 的复数项级数称为幂级数，其中 $c_0,\,c_1,\,c_2,\,\cdots$ 和 a 都是复常数.

令 $\xi = z - a$，则 $\sum\limits_{n=0}^{\infty} c_n(z-a)^n$ 转化为 $\sum\limits_{n=0}^{\infty} c_n\xi^n$. 经常将幂级数 $\sum\limits_{n=0}^{\infty} c_n(z-a)^n$ 的敛散性转化为幂级数 $\sum\limits_{n=0}^{\infty} c_n\xi^n$ 的敛散性来讨论.

注：$z = a$ 必是 $\sum\limits_{n=0}^{\infty} c_n(z-a)^n$ 的收敛点.

定理 4.14　（阿贝尔定理）如果 $\sum\limits_{n=0}^{\infty} c_n(z-a)^n$ 在某点 $z_1(z_1 \neq a)$ 处收敛，则它必在圆 $K: |z-a| < |z_1-a|$（即以 a 为圆心、通过 z_1 的圆，如图 4.1 所示）内绝对收敛且内闭一致收敛.

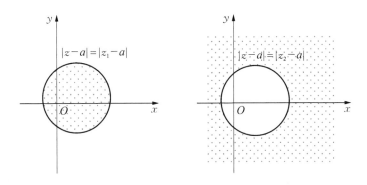

图 4.1　定理 4.14 中的收敛域(左)与推论 4.2 的发散域(右)

证明： 设 z 是所述圆 K 内的任意点，因 $\sum\limits_{n=0}^{\infty} c_n(z-a)^n$ 收敛，它的各项必有界，即存在正数 M，使 $|c_n(z-a)^n| \leqslant M$ $(n \in \mathbf{N}_+)$，从而 $|c_n(z-a)^n| = \left| c_n(z-a)^n \left(\dfrac{z-a}{z_1-a} \right)^n \right| \leqslant M \left| \dfrac{z-a}{z_1-a} \right|^n$. 注意到 $|z-a| < |z_1-a|$，故 $\sum\limits_{n=0}^{\infty} M \left(\dfrac{z-a}{z_1-a} \right)^n$ 为收敛的几何级数，因而 $\sum\limits_{n=0}^{\infty} c_n(z-a)^n$ 在圆 K 上绝对收敛. 对 K 内任一闭圆 $\overline{K_\rho}$：$|z-a| \leqslant \rho$ $(0 < \rho < |z_1-a|)$ 上的一切点来说，有 $|c_n(z-a)^n| \leqslant M \left| \dfrac{z-a}{z_1-a} \right|^n \leqslant M \left| \dfrac{\rho}{z_1-a} \right|^n$. 因此，$\sum\limits_{n=0}^{\infty} M \left(\dfrac{\rho}{z_1-a} \right)^n$ 在圆 K 内绝对收敛且内闭一致收敛.

推论 4.2 若 $\sum\limits_{n=0}^{\infty} c_n(z-a)^n$ 在某点 $z_2(z_2 \neq a)$ 发散，则它在 $|z-a| > |z_2-a|$ 发散（见图 4.1），即在以 a 为圆心并通过 z_2 的圆外部发散.

2. 收敛圆与收敛半径

利用阿贝尔定理，我们可以确定幂级数的收敛域与发散域具有确定的分界线.

定理 4.15 任何幂级数 $\sum\limits_{n=0}^{\infty} c_n(z-a)^n$ 的收敛范围也是下列三种情形之一：

(1) 在整个复平面（z 平面）内处处绝对收敛.

(2) 只在 $z=a$ 处收敛（除 $z=a$ 外都是发散的）.

(3) 存在正实数 R，使 $\sum\limits_{n=0}^{\infty} c_n(z-a)^n$ 在圆周 $|z-a|=R$ 内部绝对收敛，在圆周 $|z-a|=R$ 外部发散，称 R 为 $\sum\limits_{n=0}^{\infty} c_n(z-a)^n$ 的收敛半径，称 $|z-a| < R$ 和 $|z-a|=R$ 分别为它的收敛圆盘和收敛圆周.

第一种情形，约定收敛半径 $R=0$；第二种情形，约定收敛半径 $R=+\infty$.

注： 收敛圆上的敛散性有如下三种可能：① 处处发散；② 既有收敛点，又有发散点；③ 处处发散.

4.2.2 收敛半径的求法

定理 4.16 若幂级数 $\sum\limits_{n=0}^{\infty} c_n(z-a)^n$ 的系数 c_n 满足 $\lim\limits_{n \to \infty} \dfrac{c_{n+1}}{c_n} = l$，或 $\lim\limits_{n \to \infty} \sqrt[n]{|c_n|} = l$，或 $\overline{\lim\limits_{n \to \infty}} \sqrt[n]{|c_n|} = l$，则 $\sum\limits_{n=0}^{\infty} c_n(z-a)^n$ 的收敛半径 $R = \begin{cases} \dfrac{1}{l}, & l \neq 0, \, l \neq +\infty, \\ 0, & l = +\infty, \\ +\infty, & l = 0. \end{cases}$

例 4.5 试求下列各级数的收敛半径：

(1) $\sum\limits_{n=0}^{\infty} n^n z^n$；   (2) $\sum\limits_{n=1}^{\infty} \dfrac{z^n}{n^n}$；   (3) $\sum\limits_{n=1}^{\infty} \dfrac{z^n}{n^2}$；

(4) $\sum\limits_{n=1}^{\infty}[2+(-1)^n]^n z^n$; (5) $\sum\limits_{n=0}^{\infty}(3+4\mathrm{i})^n(z-\mathrm{i})^{2n}$; (6) $\sum\limits_{n=0}^{\infty}\cos(\mathrm{i}n)z^n$.

解: (1) 因 $\lim\limits_{n\to\infty}\sqrt[n]{n^n}=\lim\limits_{n\to\infty}n=+\infty$, 故 $R=0$, 从而 $\sum\limits_{n=0}^{\infty}n^n z^n$ 只在原点 $z=0$ 处收敛.

(2) 因 $\lim\limits_{n\to\infty}\sqrt[n]{|c_n|}=\lim\limits_{n\to\infty}\sqrt[n]{\dfrac{1}{n^n}}=\lim\limits_{n\to\infty}\dfrac{1}{n}=0$, 故 $R=+\infty$, 从而 $\sum\limits_{n=1}^{\infty}\dfrac{z^n}{n^n}$ 在复平面上收敛.

(3) 因 $\lim\limits_{n\to\infty}\left|\dfrac{c_{n+1}}{c_n}\right|=\lim\limits_{n\to\infty}\left|\dfrac{n^2}{(n+1)^2}\right|=1$, 故 $R=1$. 在圆周 $|z|=1$ 上, $\sum\limits_{n=1}^{\infty}\left|\dfrac{z^n}{n^2}\right|=$ $\sum\limits_{n=1}^{\infty}\dfrac{1}{n^2}$ 收敛, 从而 $\sum\limits_{n=1}^{\infty}\dfrac{z^n}{n^2}$ 在 $|z|=1$ 上处处收敛, 进而 $\sum\limits_{n=1}^{\infty}\dfrac{z^n}{n^2}$ 在 $|z|\leqslant 1$ 内收敛, 在 $|z|>1$ 上发散.

(4) 因 $\overline{\lim\limits_{n\to\infty}}\sqrt[n]{[2+(-1)^n]^n}=\overline{\lim\limits_{n\to\infty}}[2+(-1)^n]=3$, 故 $R=\dfrac{1}{3}$.

(5) 该级数为缺项幂级数, 令 $f_n(z)=(3+4\mathrm{i})^n(z-\mathrm{i})^{2n}$, 由于 $\lim\limits_{n\to\infty}\left|\dfrac{f_{n+1}(z)}{f_n(z)}\right|=$ $\lim\limits_{n\to\infty}\left|\dfrac{(3+4\mathrm{i})^{n+1}(z-\mathrm{i})^{2n+2}}{(3+4\mathrm{i})^n(z-\mathrm{i})^{2n}}\right|=\lim\limits_{n\to\infty}|(3+4\mathrm{i})(z-\mathrm{i})^2|=5|z-\mathrm{i}|^2$. 当 $5|z-\mathrm{i}|^2<1$, 即 $|z-\mathrm{i}|<\dfrac{\sqrt{5}}{5}$ 时, 幂级数绝对收敛. 当 $5|z-\mathrm{i}|>1$, 即 $|z-\mathrm{i}|>\dfrac{\sqrt{5}}{5}$ 时, 幂级数发散, 故幂级数的收敛半径为 $R=\dfrac{\sqrt{5}}{5}$.

(6) 因 $c_n=\cos(\mathrm{i}n)=\dfrac{\mathrm{e}^n+\mathrm{e}^{-n}}{2}$, 从而 $\lim\limits_{n\to\infty}\left|\dfrac{c_{n+1}}{c_n}\right|=\lim\limits_{n\to\infty}\left|\dfrac{\mathrm{e}^{n+1}+\mathrm{e}^{-(n+1)}}{\mathrm{e}^n+\mathrm{e}^{-n}}\right|=\mathrm{e}$, 故 $R=\dfrac{1}{e}$.

4.2.3 幂级数和的解析性

定理 4.17 (1) 幂级数 $\sum\limits_{n=0}^{\infty}c_n(z-a)^n$ 的和函数 $f(z)$ 在其收敛圆 K: $|z-a|<R$ $(0<R\leqslant+\infty)$ 内解析.

(2) 在收敛圆 K 内, $\sum\limits_{n=0}^{\infty}c_n(z-a)^n$ 可以逐项求导至任意阶, 即 $f^{(p)}(z)=p!\,c_p+(p+1)p\cdots 2c_{p+1}(z-a)+\cdots+n(n-1)\cdots(n-p+1)c_n(z-a)^{n-p}+\cdots(p\in\mathbf{N}_+)$, 且所得幂级数的收敛半径与原幂级数的收敛半径相同.

(3) 在(2)中, $c_p=\dfrac{f^p(a)}{p!}$ $(p=0,1,2,\cdots)$.

(4) $\sum\limits_{n=0}^{\infty}c_n(z-a)^n$ 可沿 K 内曲线 C 逐项积分, 即 $\int\limits_{C}f(z)\mathrm{d}z=\sum\limits_{n=0}^{\infty}c_n\int\limits_{C}(z-a)^n\mathrm{d}z$, 且所得幂级数的收敛半径与原幂级数的收敛半径相同.

证明: 由阿贝尔定理, $\sum\limits_{n=0}^{\infty} c_n(z-a)^n$ 在其收敛圆 K: $|z-a|<R$ $(0<R\leqslant+\infty)$ 内内闭一致收敛于 $f(z)$, 而各项 $c_n(z-a)^n$ $(n=0,1,2,\cdots)$ 又都在 z 平面上解析, 从而 $f(z)$ 在 K 内解析, 且幂级数在 K 内逐项求导至任意阶, 逐项求 p $(p\in\mathbf{N}_+)$ 阶导数后可得 (2)中的幂级数表达式. 在(2)中, 令 $z=a$ 得 $c_p=\dfrac{f^p(a)}{p!}$ $[c_0=f(a)]$. 又由于各项 $c_n(z-a)^n$ $(n\in\mathbf{N})$ 在 K 内曲线 C 上连续, 故幂级数 $\sum\limits_{n=0}^{\infty} c_n(z-a)^n$ 沿 C 可逐项求积分.

下面讨论逐项求导后的幂级数半径的关系. 设 $\lim\limits_{n\to\infty}\left|\dfrac{c_{n+1}}{c_n}\right|=l=+\infty$, 则 $\sum\limits_{n=0}^{\infty} c_n(z-a)^n$ 的收敛半径为 $R=\begin{cases}\dfrac{1}{l}, & l\neq 0,\\ +\infty, & l=0.\end{cases}$ $\sum\limits_{n=0}^{\infty} c_n(z-a)^n$ 逐项求导后, 则为 $\sum\limits_{n=0}^{\infty} nc_n(z-a)^{n-1}$, 由于

$\lim\limits_{n\to\infty}\left|\dfrac{(n+1)C_{n+1}}{nC_n}\right|=\lim\limits_{n\to\infty}\dfrac{n+1}{n}\cdot\lim\limits_{n\to\infty}\left|\dfrac{c_{n+1}}{c_n}\right|=l$, 则同样亦有 $R=\begin{cases}\dfrac{1}{l}, & l\neq 0,\\ +\infty, & l=0.\end{cases}$ 这说明逐项求导后与 $\sum\limits_{n=0}^{\infty} c_n(z-a)^n$ 具有相同半径. 同理, 逐项求积分所得级数的收敛半径与原级数半径相同.

例 4.6 求 $\sum\limits_{n=1}^{\infty}(-1)^{n-1}nz^n$ 在收敛圆内的和函数.

解: 因 $c_n=(-1)^{n-1}n$, 则 $R=\lim\limits_{n\to\infty}\left|\dfrac{c_n}{c_{n+1}}\right|=\lim\limits_{n\to\infty}\dfrac{n}{n+1}=1$, 收敛圆周为 $|z|=1$. 令 $g(z)=\sum\limits_{n=1}^{\infty}(-1)^{n-1}nz^n$, 则 $\int_0^z g(z)\mathrm{d}z=\sum\limits_{n=1}^{\infty}\int_0^z(-1)^{n-1}nz^n\mathrm{d}z=\sum\limits_{n=1}^{\infty}(-1)^n z^n=\dfrac{z}{1+z}$, $g(z)=\left(\dfrac{z}{1+z}\right)'=\dfrac{1}{(1+z)^2}$, $|z|<1$, 故 $\sum\limits_{n=1}^{\infty}(-1)^{n-1}nz^n=z\cdot g(z)=\dfrac{z}{(1+z)^2}$.

例 4.7 设 $\sum\limits_{n=0}^{\infty} c_n z^n$ 的收敛半径为 R $(0<R<+\infty)$, 并且在收敛圆周上一点绝对收敛, 试证明 $\sum\limits_{n=0}^{\infty} c_n z^n$ 对于所有点 z $(|z|\leqslant R)$ 为绝对收敛且一致收敛.

证明: 设 $\sum\limits_{n=0}^{\infty} c_n z^n$ 在收敛圆周 z_0 上绝对收敛, 即 $\sum\limits_{n=0}^{\infty}|c_n z_0|^n=\sum\limits_{n=0}^{\infty}|c_n|R^n$ 收敛, 从而当 $|z|\leqslant R$ 时, $\sum\limits_{n=0}^{\infty}|c_n z^n|=\sum\limits_{n=0}^{\infty}|c_n|R^n$, 从而 $\sum\limits_{n=0}^{\infty} c_n z^n$ 在 $|z|\leqslant R$ 上绝对收敛且一致收敛.

例 4.8 试证级数 $\sum\limits_{n=0}^{\infty} z^n$ 具有以下性质:

(1) 当 $|z|<1$ 时, 级数收敛.

(2) 在 $|z|\leqslant r<1$ 内, 级数一致收敛.

(3) 在 $|z|<1$ 内, 级数不一致收敛.

证明：(1) 当 $|z| < 1$ 时，$\lim\limits_{n \to \infty} S_n(z) = \lim\limits_{n \to \infty} \dfrac{1 - z^{n+1}}{1 - z} = \dfrac{1}{1 - z}$，从而级数收敛.

(2) 在 $|z| \leqslant r < 1$ 内，$|z|^n < r^n$，可知 $\sum\limits_{n=0}^{\infty} r^n$ 收敛，由优级数判别法，可知 $\sum\limits_{n=0}^{\infty} z^n$ 一致收敛.

(3) 在 $|z| < 1$ 内，令 $p = n$，取 $z = \dfrac{n}{n+1}$，则 $\left| \sum\limits_{n+1}^{n+p} z^k \right| = \dfrac{|z|^{n+1} |1 - z^p|}{|1 - z|} = $

$\dfrac{n \left[1 - \left(1 + \dfrac{1}{n} \right)^{-n} \right]}{\left(1 + \dfrac{1}{n} \right)^n} > \dfrac{n}{9}$（事实上，由数列 $\left\{ \left(1 + \dfrac{1}{n} \right)^n \right\}$ 的单调递增性与极限

$\lim\limits_{n \to \infty} \left(1 + \dfrac{1}{n} \right)^n = \mathrm{e}$，可知 $\left(1 + \dfrac{1}{n} \right)^n < 3$，从而上述不等式成立），因此 $\sum\limits_{n=0}^{\infty} z^n$ 在 $|z| < 1$ 内不一致收敛.

4.3　解析函数的泰勒展式

根据幂级数的性质，幂级数在其收敛圆内的和函数是解析函数，反过来，任一解析函数是否可展开成幂级数的形式呢？这里我们将讨论解析函数的泰勒展式，于是有如下定理.

4.3.1　泰勒定理

定理 4.18　（泰勒定理）设 $f(z)$ 在区域 D 内解析，$a \in D$，则当 $|z - a| < R$ 时（R 为 a 到 D 的边界上各点的最短距离），有 $f(z) = \sum\limits_{n=0}^{\infty} c_n (z - a)^n$，其中 $c_n = \dfrac{1}{2\pi \mathrm{i}} \oint\limits_{|z-a|=\rho}$

$\dfrac{f(\xi)}{(\xi - z)^n} \mathrm{d}\xi = \dfrac{f^{(n)}(a)}{n!}$　$(0 < \rho < R, \ n = 0, 1, 2, \cdots)$，且展式是唯一的（见图 4.2）.

证明：设 z 为圆周 $|\xi - a| = R$ 内部任意取定的点（见图 4.2），总有圆周 Γ_ρ：$|\xi - a| = \rho$ $(0 < \rho < R)$，使 z 含在 Γ_ρ 的内部，由柯西积分公式得 $f(z) = \dfrac{1}{2\pi \mathrm{i}} \oint\limits_{\rho} \dfrac{f(\xi)}{\xi - z} \mathrm{d}\xi$，则 $\dfrac{f(\xi)}{\xi - z} = $

$\dfrac{f(\xi)}{\xi - a - (z - a)} = \dfrac{f(\xi)}{\xi - a} \cdot \dfrac{1}{1 - \dfrac{z - a}{\xi - a}}$，当 $\xi \in \Gamma_\rho$ 时，由于 $\left| \dfrac{z - a}{\xi - a} \right| = \dfrac{|z - a|}{\rho} < 1$，

$\dfrac{1}{1 - \dfrac{z - a}{\xi - a}} = \sum\limits_{n=0}^{\infty} \left(\dfrac{z - a}{\xi - a} \right)^n$，右端级数在 Γ_ρ 上（关于 ξ）是一致收敛的，与 Γ_ρ 上的有界函数

$\dfrac{f(\xi)}{\xi - a}$ 相乘，仍然得到 Γ_ρ 上的一致收敛级数. 从而 $\dfrac{f(\xi)}{\xi - z}$ 可表示为 Γ_ρ 上的一致收敛级数

$\dfrac{f(\xi)}{\xi - z} = \sum\limits_{n=0}^{\infty} (z - a)^n \cdot \dfrac{f(\xi)}{(\xi - a)^{n+1}}$. 对上式沿 Γ_ρ 积分，再乘以 $\dfrac{1}{2\pi \mathrm{i}}$，据逐项积分定理得

$$f(z) = \frac{1}{2\pi i} \oint_{\Gamma_\rho} \frac{f(\xi)}{\xi - z} d\xi = \sum_{n=0}^{\infty} (z-a)^n \cdot \frac{1}{2\pi i} \oint_{\Gamma_\rho} \frac{f(\xi)}{(\xi-a)^{n+1}} d\xi$$

$$= \sum_{n=0}^{\infty} \frac{f^{(n)}(a)}{n!} (z-a)^n = \sum_{n=0}^{\infty} c_n (z-a)^n.$$

以下证明展式是唯一的. 设另有展式 $f(z) = \sum_{n=0}^{\infty} c_n'(z-a)^n (z \in K: |z-a| < R)$, 由

幂级数展式得运算性质, 则 $c_n' = \frac{f^{(n)}(a)}{n!} = c_n$, 故展式唯一.

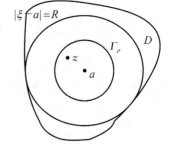

图 4.2   定理 4.18

注: 定理中, R 为 a 到 $f(z)$ 的各奇点的距离的最小值[若 $f(z)$ 无奇点, R 取 $+\infty$].

定义 4.9   称 $f(z) = \sum_{n=0}^{\infty} \frac{f^{(n)}(a)}{n!} (z-a)^n$ 为 $f(z)$ 在点 a

数的泰勒展式, $c_n = \frac{f^{(n)}(a)}{n!}$ 为其泰勒系数, 称 $\sum_{n=0}^{\infty} \frac{f^{(n)}(a)}{n!}$

$(z-a)^n$ 为 $f(z)$ 的泰勒级数.

定理 4.19 $f(z)$ 在区域 D 内解析的充要条件为 $f(z)$ 在 D 内任一点 a 的邻域内可展为 $z-a$ 的幂级数, 即泰勒级数.

推论 4.3   若 $f(z)$ 在 $|z-a| < R$ 内解析, 则其泰勒系数 c_n 满足柯西不等式

$$|c_n| \leqslant \frac{\max\limits_{|z-a|=\rho} |f(z)|}{\rho^n}, \quad 0 < \rho < R, n = 0, 1, 2, \cdots.$$

4.3.2   幂级数的和函数在其收敛圆周上的状况

定理 4.20   如果 $\sum_{n=0}^{\infty} c_n(z-a)^n$ 的收敛半径 $R > 0$ 且 $f(z) = \sum_{n=0}^{\infty} c_n(z-a)^n (z \in K:$ $|z-a| < R)$. 则 $f(z)$ 在收敛圆周 $C: |z-a| = R$ 上至少有奇点, 即不可能有 $F(z)$ 存在, 使在 $|z-a| < R$ 内, $F(z) = f(z)$, 而在 C 上 $F(z)$ 处处解析.

证明: 假若这样的 $F(z)$ 存在, 这时 C 上的每一点都是某圆 O 的中心, 而在圆 O 内 $F(z)$ 是解析的, 根据有限覆盖定理, 可以在这些圆 O 中选取有限个圆将 C 覆盖, 这有限个圆构成一个区域 G, 用 $\rho > 0$ 表示 C 到 G 的边界的距离, 于是 $F(z)$ 在较圆 K 的同心圆 $K':$ $|z-a| < R+\rho$ 内是解析的, 于是 $F(z)$ 在 K' 中可展成泰勒级数, 但因在 $|z-a| < R$ 中 $F(z) \equiv f(z)$, 故在 $z = a$ 处它们各阶导数有相同的值. 因此, $\sum_{n=0}^{\infty} c_n(z-a)^n$ 也是 $F(z)$ 的泰勒级数, 而它的收敛半径不为 $R+\rho$, 这与假设矛盾.

注: 即使幂级数在其收敛圆上处处收敛, 其和函数在收敛圆周上仍然至少有一个奇点.

4.3.3   一些初等函数泰勒展式

一般不采用计算泰勒系数的直接法, 而是采用已知展开式来计算幂级数展式的间接法.

例 4.9   将 e^z 在 $z=0$ 处展开成幂级数.

解：e^z 在 $z=0$ 处的泰勒系数

$$c_n = \frac{f^{(n)}(0)}{n!} = \frac{1}{n!}, \quad n=0,\ 1,\ 2,\ \cdots,$$

$$e^z = 1 + z + \frac{z^2}{2!} + \cdots + \frac{z^n}{n!} + \cdots, \quad |z| < +\infty.$$

例 4.10　将 $\cos z$ 与 $\sin z$ 在 $z=0$ 处展开成幂级数.

解：因 $\cos z = \dfrac{e^{iz}+e^{-iz}}{2} = \dfrac{1}{2}\sum\limits_{n=0}^{\infty}\dfrac{(iz)^n}{n!} + \dfrac{1}{2}\sum\limits_{n=0}^{\infty}\dfrac{(-iz)^n}{n!}$. 注意到两个级数 $\sum\limits_{n=0}^{\infty}\dfrac{(iz)^n}{n!}$

与 $\sum\limits_{n=0}^{\infty}\dfrac{(-iz)^n}{n!}$ 的奇次方项互相抵消,故得 $\cos z = \sum\limits_{n=0}^{\infty}\dfrac{(-1)^n z^{2n}}{(2n)!}(|z|<+\infty)$.

同理,可得 $\sin z = \sum\limits_{n=0}^{\infty}\dfrac{(-1)^n z^{2n+1}}{(2n+1)!}(|z|<+\infty)$.

注：这里给出正切函数与余切函数的幂级数展开,以备读者查阅.

$$\tan z = z + \frac{1}{3}z^3 + \frac{1}{15}z^5 + \frac{17}{315}z^7 + \cdots, \quad |z| < \frac{\pi}{2},$$

$$\cot z = \frac{1}{z} - \frac{1}{3}z^3 - \frac{1}{45}z^5 - \cdots, \quad |z| < \pi,\ z \neq 0.$$

例 4.11　设多值函数 $\mathrm{Ln}(1+z)$ 以 $z=-1, \infty$ 为支点,将 z 平面沿负实轴从 -1 到 ∞ 割破,这样得到的区域 G 内 $\mathrm{Ln}(1+z)$ 可分出无穷多个单值解析分支,求这些单值分支在单位圆内展开成 z 的幂级数.

解：先计算主值分支 $f_0(z) = [\ln(1+z)]_0$ 在单位圆内的泰勒系数,因 $f'_0(z) = \dfrac{1}{1+z}, \cdots, f_0^{(n)}(z) = (-1)^{n-1}\dfrac{(n-1)!}{(1+z)^n}$. 故其泰勒系数为 $c_n = \dfrac{f_0^{(n)}(0)}{n!} = \dfrac{(-1)^{n-1}}{n}(n=1, 2, \cdots)$,因 $f_0(z) = [\ln(1+z)]_0$ 是主值,即 $1+z$ 取正实数时,$[\ln(1+z)]_0$ 取实数,于是 $f_0(0)=0$,故

$$[\ln(1+z)]_0 = z - \frac{z^2}{2} + \frac{z^3}{3} - \frac{z^4}{4} + \cdots + (-1)^{n-1}\frac{z^n}{n} + \cdots = \sum_{n=1}^{\infty}(-1)^{n-1}\frac{z^n}{n}(|z|<1).$$

从而 $\mathrm{Ln}(1+z)$ 的各支的展式为 $[\ln(1+z)]_k = 2k\pi i + \sum\limits_{n=1}^{\infty}(-1)^{n-1}\dfrac{z^n}{n}$ $(|z|<1, k=0, \pm1, \pm2, \cdots)$.

例 4.12　求 $(1+z)^\alpha = e^{\alpha \mathrm{Ln}(1+z)}$ (α 为复数)各个单值分支在单位圆内展成 z 的泰勒级数.

解：取主值支 $g(z) = (1+z)^\alpha = e^{\alpha \mathrm{Ln}(1+z)}$,当 $z=0$ 时,$g(z)=1$,

$$g'(z) = e^{\alpha[\ln(1+z)]_0} \cdot \alpha \cdot [\ln(1+z)]'_0 = \alpha e^{\alpha[\ln(1+z)]_0} \cdot \frac{1}{1+z}$$

$$= \alpha e^{\alpha[\ln(1+z)]_0} \cdot \frac{1}{e^{\ln(1+z)}} = \alpha e^{(\alpha-1)[\ln(1+z)]_0}.$$

依次求导,即得 $g^{(n)}(z) = \alpha(\alpha-1)\cdots(\alpha-n+1) \cdot e^{(\alpha-n)[\ln(1+z)]_0}$. 从而泰勒系数 $c_n = $

$$\frac{g^{(n)}(0)}{n!} = \frac{\alpha(\alpha-1)\cdots(\alpha-n+1)}{n!}, \text{从而} (1+z)^{\alpha} \text{的主值支的展式为}$$

$$(1+z)^{\alpha} = 1 + \alpha z + \frac{\alpha(\alpha-1)}{2!} z^2 + \cdots + \frac{\alpha(\alpha-1)\cdots(\alpha-n+1)}{n!} z^n + \cdots, \quad |z| < 1.$$

从而得到

$$(1+z)^{\alpha} = e^{\alpha \mathrm{Ln}(1+z)} = e^{\alpha[\ln(1+z)_0 + 2k\pi\mathrm{i}]} = e^{\alpha[\ln(1+z)]_0} \cdot e^{2k\pi\alpha\mathrm{i}}$$

$$= [\cos(2k\pi\alpha) + \mathrm{i}\sin(2k\pi\alpha)] \cdot \left[1 + \sum_{n=1}^{\infty} \frac{\alpha(\alpha-1)\cdots(\alpha-n+1)}{n!} z^n \right],$$

$$|z| < 1, \ k = 0, \pm 1, \pm 2, \cdots.$$

例 4.13　将 $\dfrac{1}{(1+z)^2}$ 展成 z 的幂级数.

解: 由于 $\dfrac{1}{1+z} = \sum\limits_{n=0}^{\infty} (-z)^n = \sum\limits_{n=0}^{\infty} (-1)^n z^n$, 又因 $\left(\dfrac{1}{1+z}\right)^2 = -\dfrac{1}{(1+z)^2}$, $\dfrac{1}{1+z}$ 在 $|z| < 1$ 内解析, 故可逐项求导, 故 $\left(\dfrac{1}{1+z}\right)^2 = -\left(\dfrac{1}{1+z}\right)' = \sum\limits_{n=0}^{\infty} (-1)^{n+1} n z^{n-1} = \sum\limits_{n=1}^{\infty} (-1)^{n+1} n z^{n-1}, \quad |z| < 1.$

例 4.14　试将 $\dfrac{z}{(z+1)(z+2)}$ 按 $z-2$ 的幂展开, 并指明其收敛范围.

解: 因 $\dfrac{z}{(z+1)(z+2)} = \dfrac{2}{z+2} - \dfrac{1}{z+1}$, 易得 $\dfrac{2}{z+2} = \dfrac{2}{z-2+4} = \dfrac{1}{2} \cdot \dfrac{1}{1+\frac{z-2}{4}} = \dfrac{1}{2} \sum\limits_{n=0}^{\infty} \dfrac{(z-2)^n}{4^n}$, 且 $\dfrac{1}{z+1} = \dfrac{1}{z-2+3} = \dfrac{1}{3} \cdot \dfrac{1}{1+\frac{z-2}{3}} = \dfrac{1}{3} \sum\limits_{n=0}^{\infty} \dfrac{(z-2)^n}{3^n}$, 而 $\dfrac{z}{(z+1)(z+2)}$ 的奇点为 $z_1 = -1$, $z_2 = -2$, 故上述两个展开式在 $|z-2| < 3$ 内处处成立. 从而

$$\frac{z}{(z+1)(z+2)} = \frac{1}{2} \sum_{n=0}^{\infty} \frac{(z-2)^n}{4^n} - \frac{1}{3} \sum_{n=0}^{\infty} \frac{(z-2)^n}{3^n}$$

$$= \sum_{n=0}^{\infty} \left(\frac{1}{2^{2n+1}} - \frac{1}{3^n} \right) (z-2)^n, \quad |z-2| < 3.$$

例 4.15　将 $\dfrac{e^z}{1-z}$ 在 $z=0$ 展开成幂级数.

解: 因 $\dfrac{e^z}{1-z}$ 在 $|z| \leqslant 1$ 处解析, 故展开后的幂级数在 $|z| \leqslant 1$ 内收敛,

$$e^z = 1 + z + \frac{z^2}{2!} + \cdots + \frac{z^n}{n!} + \cdots, \quad |z| < +\infty,$$

$$\frac{1}{1-z} = 1 + z + z^2 + \cdots, \quad |z| < 1.$$

在 $|z| \leqslant 1$ 内, 两式相乘得

$$\frac{\mathrm{e}^z}{1-z} = 1 + \left(1 + \frac{1}{1!}\right)z + \left(1 + \frac{1}{1!} + \frac{1}{2!}\right)z^2 + \left(1 + \frac{1}{1!} + \frac{1}{2!} + \frac{1}{3!}\right)z^3 + \cdots$$

$$= 1 + \sum_{n=1}^{\infty} \left(1 + \sum_{k=1}^{n} \frac{1}{k!}\right)z^n, \quad |z| < 1.$$

例 4.16　设 $\dfrac{\mathrm{e}^z}{1-z-z^2} = \displaystyle\sum_{n=0}^{\infty} c_n z^n$.

（1）求证：$c_n = c_{n-1} + c_{n-2}$;

（2）求出展式的前五项;

（3）指出收敛范围.

解：（1）利用余数公式 $c_n = \dfrac{1}{2\pi\mathrm{i}} \displaystyle\oint_{|\xi|=\rho} \dfrac{f(\xi)}{\xi^{n+1}} \mathrm{d}\xi$, 有

$$c_{n-1} + c_{n-2} = \frac{1}{2\pi\mathrm{i}} \oint_{|\xi|=\rho} \frac{1}{1-\xi-\xi^2}\left(\frac{1}{\xi^n} + \frac{1}{\xi^{n-1}}\right)\mathrm{d}\xi = \frac{1}{2\pi\mathrm{i}} \oint_{|\xi|=\rho} \frac{1+\xi}{\xi^n(1-\xi-\xi^2)}\mathrm{d}\xi$$

$$= \frac{1}{2\pi\mathrm{i}} \oint_{|\xi|=\rho} \frac{\dfrac{\xi+\xi^2}{1-\xi-\xi^2}}{\xi^{n+1}}\mathrm{d}\xi = \frac{1}{2\pi\mathrm{i}} \oint_{|\xi|=\rho} \frac{\dfrac{1}{1-\xi-\xi^2}}{\xi^{n+1}}\mathrm{d}\xi - \frac{1}{2\pi\mathrm{i}} \oint_{|\xi|=\rho} \frac{1}{\xi^{n+1}}\mathrm{d}\xi$$

$$= c_n - 0 = c_n.$$

（2）$c_0 = \dfrac{1}{1-z-z^2}\Big|_{z=0} = 0$, $c_1 = \left(\dfrac{1}{1-z-z^2}\right)'\Big|_{z=0} = \dfrac{1+2z}{(1-z-z^2)^2}\Big|_{z=0} = 1$. 由

（1）, 得 $c_2 = c_0 + c_1 = 2$, $c_3 = c_2 + c_1 = 2 + 1 = 3$, $c_4 = c_3 + c_2 = 3 + 2 = 5$, 即 $\dfrac{1}{1-z-z^2} =$

$1 + z + 2z^2 + 3z^3 + 5z^4 + \cdots$.

（3）因 $1 - z - z^2 = 0$, 解得 $z = \dfrac{-1 \pm \sqrt{5}}{2}$, 它们是和函数的两个奇点, 两奇点到原点的

最大距离为 $\dfrac{\sqrt{5}-1}{2}$, 故知收敛圆为 $|z| < \dfrac{\sqrt{5}-1}{2}$.

4.4　解析函数零点的孤立性及唯一性定理

函数的零点或方程的根在实际问题中有重要应用, n 次多项式具有 n 个根, 而多项式是解析函数, 那么解析函数有几个根? 其根的分布情况又如何?

4.4.1　解析函数零点的孤立性

定义 4.10　（1）设解析函数 $f(z)$ 在区域 D 内一点 a 的值为零, 则称 a 为解析函数 $f(z)$ 的零点.

（2）若 $f(a) = f'(a) = \cdots = f^{(m-1)}(a) = 0$, 但 $f^{(m)}(a) \neq 0$, 则称 a 是 $f(z)$ 的 m 阶零点. 特别地, 当 $m = 1$ 时, a 也称为 $f(z)$ 的单零点.

定理 4.21   不恒为零的解析函数 $f(z)$ 以 a 为 m 阶零点的充要条件为 $f(z)=(z-a)^m y(z)$，其中 $y(z)$ 在点 a 的领域 $|z-a|<R$ 内解析，且 $y(a)\neq 0$.

证明：必要性   由假设 $f(z)=\dfrac{f^{(m)}(a)}{m!}(z-a)^m+\dfrac{f^{(m+1)}(a)}{m!}(z-a)^{m+1}+\cdots$，取

$y(z)=\dfrac{f^{(m)}(a)}{m!}+\dfrac{f^{(m+1)}(a)}{m!}(z-a)+\cdots$，则 $y(z)$ 是 $|z-a|<R$ 内的收敛的幂级数，

从而 $y(z)$ 在 $|z-a|<R$ 内解析且 $y(a)\neq 0$.

充分性   显然.

例 4.17   求 $f(z)=z-\sin z$ 在 $z=0$ 的零点阶数.

解： $f(0)=0$，$f'(z)=1-\cos z$，$f'(0)=0$，$f''(z)=\sin z$，$f''(0)=0$，$f''(z)=\cos z$，$f'''(0)=1$. 从而 $f(z)$ 是 $z=0$ 的三阶零点.

例 4.18   求 $\sin z-1$ 在 $z=0$ 的全部零点，并指出其阶数.

解： $\sin z-1$ 在 z 平面上解析，由 $\sin z-1=0$，得 $\dfrac{\mathrm{e}^{\mathrm{i}z}-\mathrm{e}^{-\mathrm{i}z}}{2\mathrm{i}}=1$，$\mathrm{e}^{\mathrm{i}z}-\mathrm{e}^{-\mathrm{i}z}=2\mathrm{i}$，即 $\mathrm{e}^{2z\mathrm{i}}-$

$2\mathrm{i}\mathrm{e}^{\mathrm{i}z}+\mathrm{i}^2=0$ 或 $(\mathrm{e}^{\mathrm{i}z}-\mathrm{i})^2=0$，即 $\mathrm{e}^{\mathrm{i}z}=\mathrm{i}=\mathrm{e}^{\frac{\pi}{2}\mathrm{i}}$，故 $\mathrm{i}z=\dfrac{\pi}{2}\mathrm{i}+2k\pi\mathrm{i}$，故 $z_k=\dfrac{\pi}{2}+2k\pi$ $(k=0,$

$\pm 1,\pm 2,\cdots)$，这是 $\sin z-1$ 在 z 平面上的全部零点. 显然，有

$$f'(z)=\cos z,\quad f'(z_k)=\cos\left(\frac{\pi}{2}+2k\pi\right)=0,$$

$$f''(z)=-\sin z,\quad f''(z_k)=-\sin\left(\frac{\pi}{2}+2k\pi\right)=-1\neq 0.$$

故 $z_k=\dfrac{\pi}{2}+2k\pi$ $(k=0,\pm 1,\pm 2,\cdots)$ 均是 $\sin z-1$ 的二阶零点.

定义 4.11   设 a 是 $f(z)$ 的零点，存在 $\delta>0$，使得 $f(z)$ 在 $0<|z-a|<\delta$ 内不为零，则称 a 是 $f(z)$ 的孤立零点.

实变可微函数的零点不一定是孤立的，如 $f(x)=\begin{cases}x^2\sin\dfrac{1}{x},&x\neq 0,\\0,&x=0\end{cases}$ 在 $x=0$ 处可微，

在实轴上也处处可微. $x=0$ 是其零点，$x=\pm\dfrac{1}{n\pi}$ 亦是其零点，并以 $x=0$ 为聚点，尽管 $f(x)$ 不恒为零，$x=0$ 却不是孤立零点. 但在复变函数中，我们有如下结论：

定理 4.22   若 $f(z)$ 在区域 K：$|z-a|<R$ 内解析，且不恒为零，则 $f(z)$ 在 K 内的零点是孤立的.

证明： 不妨设 $f(z)$ 在 $|z-a|<R$ 内解析，a 为其 m 阶零点，则 $f(z)=(z-a)^m y(z)$，其中 $y(z)$ 在 $|z-a|<R$ 内解析，且 $y(a)\neq 0$. 从而 $y(z)$ 在点 a 处连续. 从而存在一个邻域 $|z-a|<r$ $(r\leqslant R)$，使 $y(z)$ 在点此邻域恒不为零，故 $f(z)$ 在 $|z-a|<R$ 内无异于 a 的其他零点.

推论 4.4   设 $f(z)$ 在邻域 K：$|z-a|<R$ 内解析，且 $f(z)$ 在 K 内有一列零点 $\{z_n\}$ $(z_n\neq a)$ 收敛于 a，则 $f(z)$ 在 K 内必恒为零.

证明：因 $f(z)$ 在点 a 连续，且 $f(z_n)=0$，又因 $\lim\limits_{n\to\infty} f(z_n)=f(\lim\limits_{n\to\infty} z_n)=f(a)$，故 $f(a)=0$，故 a 是 $f(z)$ 的一个非孤立的零点. 从而 $f(z)$ 在 K 内恒为零.

注：可将推论 4.4 中的"$f(z)$ 在 K 内有一列零点 $\{z_n\}$($z_n\neq a$) 收敛于 a"换成条件"$f(z)$ 在 K 内某一子区域（或某一小段弧）上等于零".

4.4.2　唯一性定理

在连续的实函数中，相邻两点的值相差很小，但对于解析复变函数，在其定义域中某点邻域内的取值完全决定着其他部分的值，由柯西积分公式可知，解析函数在边界 C 上的值可推得它在 C 内部的一切值，如下唯一性定理是解析函数论中最基本的定理：

定理 4.23　设 $f_1(z)$ 与 $f_2(z)$ 在区域 D 内解析，在 D 内有一个收敛于 $a\in D$ 的点列 $\{z_n\}$($z_n\neq a$)，在其上 $f_1(z)=f_2(z)$，则 $f_1(z)$ 与 $f_2(z)$ 在区域 D 内恒等.

证明：令 $f(z)=f_1(z)-f_2(z)$，则 $f(z)$ 在 D 内解析，由于 $f(z)$ 在 D 内有一列零点 $\{z_n\}$($z_n\neq a$) 收敛于 $a\in D$，若 D 本身就是以 a 为圆心或 D 就是 z 平面，则由推论 4.4 可知 $f(z)\equiv 0$.

下面用圆链法证明一般情形.

设 b 是 D 内任意一取定的点，则在 D 内可作一折线 L 连接 a 与 b，d 表示 L 与 D 的边界 τ 的最短距离. 在 L 上依次取一串点 $a=a_0, a_1, \cdots, a_{n-1}, a_n=b$，使相邻两点间的距离小于定数 R($0<R<d$)，如图 4.3 所示.

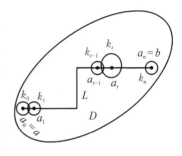

显然由推论 4.4 可知，在圆 K_0：$|z-a_0|<R$ 内，$f(z)\equiv 0$，在圆 K_1：$|z-a_1|<R$ 内又重复应用推论，即知在 K_1 内，$f(z)\equiv 0$. 这样下去，直到最后一个含有点 b 的圆为止，在该圆内，$f(z)\equiv 0$. 特别地，$f(b)=0$，因 b 是圆内任意一点，故在 D 内，有 $f(z)\equiv 0$.

图 4.3　定理 4.23

推论 4.5　设在区域 D 内解析的函数 $f_1(z)$ 及 $f_2(z)$ 在 D 内的某一子区域（或一小段弧）上相等，则它们必在区域 D 内恒等.

例 4.19　设 $f(z)$ 及 $g(z)$ 在区域 D 内解析，且在 D 内 $f(z)\cdot g(z)=0$. 试证：在 D 内 $f(z)=0$ 或 $g(z)=0$.

证明：若有 $z_0\in D$，使 $g(z_0)\neq 0$，因 $g(z)$ 在点 z_0 连续，故存在 z_0 的邻域 $K\subseteq D$，使 $g(z)$ 在 K 内恒不为零，由题知，$f(z)\cdot g(z)=0$ ($z\in K\subseteq D$)，故必有 $f(z)\equiv 0$ ($z\in K\subseteq D$)，从而由推论 4.5 知 $f(z)\equiv 0$ ($z\in D$).

推论 4.6　一切在实轴上成立的恒等式（如 $\sin^2 z+\cos^2 z=1$，$\sin 2z=2\sin z\cos z$ 等），在 z 平面上也成立，只要这个恒等式等量两边的函数在 z 平面上解析.

例 4.20　设 $f(z)$ 在区域 D 内解析，且在某一点 $z_0\in D$，有 $f^{(n)}(z_0)=0$，$n=1$, $2, \cdots$，试证：$f(z)$ 在区域 D 内必为常数.

证明：因 $f(z)$ 在点 z_0 解析，由泰勒定理，存在点 z_0 的邻域 K：$|z-z_0|<R$ ($K\subseteq D$)，使得 $f(z)=\sum\limits_{n=0}^{\infty} \dfrac{f^{(n)}(z_0)}{n!}(z-z_0)^n$ ($z\in K\subseteq D$). 又因 $f^{(n)}(z_0)=0$，$n=1$, $2, \cdots$，故 $f(z)=f(z_0)$，($z\in K\subseteq D$)，由唯一性定理知，$f(z)=f(z_0)$ ($z\in D$).

4.4.3　最大模原理

定理 4.24　（最大模原理）设 $f(z)$ 在区域 D 内解析，则 $|f(z)|$ 在 D 内任何点不能达到最大值，除非在 D 内 $f(z)$ 恒等于常数.

证明：设 M 为 $|f(z)|$ 在 D 内的最小上界，则必然存在 $0 < M < +\infty$，假定在 D 内有一点 z_0，使得 $f(z)$ 的模在 z_0 达到它的最大值，即 $|f(z_0)| = M$.

应用平均值定理，以 z_0 为中心，并且连通它的周界一起全部含于 D 内的一个圆 $|z - z_0| < R$，就得到 $f(z_0) = \dfrac{1}{2\pi} \int_0^{2\pi} f(z_0 + Re^{i\theta}) \mathrm{d}\theta$. 由此得到 $|f(z_0)| \leqslant \dfrac{1}{2\pi} \int_0^{2\pi} |f(z_0 + Re^{i\theta})| \mathrm{d}\theta$. 由于 $|f(z_0 + Re^{i\theta})| \leqslant M$，而 $|f(z_0)| = M$，从而由上述不等式得

$$M = |f(z_0)| \leqslant \frac{1}{2\pi} \int_0^{2\pi} |f(z_0 + Re^{i\theta})| \mathrm{d}\theta \leqslant \frac{1}{2\pi} \int_0^{2\pi} M \mathrm{d}\theta = M.$$

故对任何 θ（$0 < \theta < 2\pi$），有 $|f(z_0 + Re^{i\theta})| = M$，事实上，如果对于某个有限值 $\theta = \theta_0$，有 $|f(z_0 + Re^{i\theta})| < M$. 根据 $|f(z)|$ 的连续性，不等式 $|f(z_0 + Re^{i\theta})| < M$ 在某个充分小的区间 $\theta_0 - \varepsilon < \theta < \theta_0 + \varepsilon$ 内成立，同时在这个区间外总是 $|f(z_0 + Re^{i\theta})| \leqslant M$，在此情况下，得到 $M = |f(z_0)| \leqslant \dfrac{1}{2\pi} \int_0^{2\pi} |f(z_0 + Re^{i\theta})| \mathrm{d}\theta < M$，矛盾，因此，我们证明了：在以 z_0 为中心的每个充分小的圆周上 $|f(z)| = M$. 换句话说，在 z_0 的足够小的邻域 K 内（K 及其周界全含于 D 内），有 $|f(z)| = M$.

由习题 2 第 6 题第 3 小题可知，$f(z)$ 必在 K 内为一常数. 再由唯一性定理可知，$f(z)$ 必在 D 内为一常数.

推论 4.7　设 $f(z)$ 在有界区域 D 内解析，在闭域 $\bar{D} = D + \partial D$ 上连续，且 $|f(z)| \leqslant M$（$z \in \bar{D}$），则除 $f(z)$ 为常数的情形外，$|f(z)| < M$（$z \in D$）.

注：（1）在柯西不等式中的 $M(R) = \max\limits_{|z-a|=R} |f(z)|$ 也可理解为 $M(R) = \max\limits_{|z-a| \leqslant R} |f(z)|$.

（2）解析函数在区域边界上的最大模可以限制区域内的最大模.

例 4.21　（最小模原理）若在区域 D 内不恒为常数的解析函数 $f(z)$，在 D 内的点 z_0 有 $f(z_0) \neq 0$，则 $|f(z_0)|$ 不可能是 $|f(z)|$ 在 D 内的最小值.

证明：（反证法）假设 $|f(z_0)|$ 使 $|f(z)|$ 在 D 内的最小值，因 $f(z_0) \neq 0$，则 $\dfrac{1}{|f(z_0)|}$ 是 $\dfrac{1}{|f(z)|}$ 在 D 内的最大值，因 $f(z)$ 为解析函数，由最大模原理，$\dfrac{1}{f(z)}$ 在 D 内恒为常数，即 $f(z)$ 在 D 内恒为常数，与题设矛盾，故 $|f(z_0)|$ 不可能是 $|f(z)|$ 在 D 内的最小值.

例 4.22　试用最大模原理证明：设 $f(z)$ 在闭圆 $|z| \leqslant R$ 上解析，如果存在 $a > 0$，使当 $|z| = R$ 时，$|f(z)| > a$，且 $|f(0)| < a$，则在圆 $|z| < R$ 内，$f(z)$ 至少有一个零点.

证明：假设在 $|z| < R$ 内，$f(z)$ 无零点. 由题设，在 $|z| = R$ 上，$|f(z)| > a > 0$，且 $f(z)$ 在 $|z| \leqslant R$ 上解析，故 $y(z) = \dfrac{1}{f(z)}$ 在 $|z| \leqslant R$ 上解析，此时 $|y(0)| = \left| \dfrac{1}{f(0)} \right| > \dfrac{1}{a}$，在 $|z| = R$ 上，$|y(z)| = \left| \dfrac{1}{f(z)} \right| < \dfrac{1}{a}$，于是 $y(z)$ 必非常数，在 $|z| = R$ 上，

$|y(z)|<|y(0)|$. 与最大模原理矛盾.

例 4.23　设 $f(z)$ 在 D 内部及边界解析(在 D 上解析)，$f(z)$ 在 D 内只有一个一阶零点 z_0，求 $\oint_C \dfrac{zf'(z)}{f(z)}\mathrm{d}z$，其中 C 为 D 内的一条绕 z_0 的简单闭曲线.

解：设 z_0 为 $f(z)$ 的一阶零点，则 $f(z)=(z-z_0)y(z)$，其中 $y(z)$ 在 z_0 处解析，且 $y(z_0)\neq 0$，则 $\dfrac{zf'(z)}{f(z)}=z\dfrac{y(z)+(z-z_0)y'(z)}{(z-z_0)y(z)}=\dfrac{z}{z-z_0}+z\dfrac{y'(z)}{y(z)}$. 从而

$$\oint_C \frac{zf'(z)}{f(z)}\mathrm{d}z=\oint_C \frac{z}{z-z_0}\mathrm{d}z+\oint_C \frac{zy'(z)}{y(z)}\mathrm{d}z=2\pi\mathrm{i}z_0+0=2\pi\mathrm{i}z_0.$$

注：由最小模、最大模原理知，若 $f(z)$ 在 D 内解析，且 $f(z)$ 在 D 内处处不为零，则 $|f(z)|$ 在 D 内既不能达到最小值，也不能达到最大值.

数学名人介绍

阿贝尔

阿贝尔(Abel，1802—1829 年)是十九世纪挪威最伟大的数学家. 他的父亲是挪威克里斯蒂安桑主教区芬杜小村庄的牧师，全家生活在穷困之中. 1815 年，他进入了奥斯陆的一所天主教学校读书，展现了他的数学才华. 经他的老师霍尔姆伯的引导，他学习了不少当时的数学名家的著作，包括牛顿、欧拉、拉格朗日及高斯等. 他不单了解了他们的理论，而且可以找出著作中一些微小的漏洞.

1820 年，阿贝尔的父亲去世，照顾全家七口的重担突然落到他的肩上. 即便如此，通过霍尔姆伯的资助，1821 年，阿贝尔仍进入了奥斯陆的克里斯蒂安尼亚大学，并于 1822 年获大学预颁学位，并在霍尔姆伯的资助下继续学业. 1823 年，当阿贝尔的第一篇论文发表后，他的朋友便力请挪威政府资助他到德国及法国进修. 1824 年，在等待政府回复时，他发表了论文《一元五次方程没有代数一般解》，他把论文寄了给当时有名的数学家高斯，渴望这篇论文能为他在数学界占一席之地. 可惜高斯错过了这篇论文.

1825—1826 年的冬季，阿贝尔远赴柏林，并认识了克列尔. 克列尔是个土木工程师，对数学很有兴趣. 1826 年，在阿贝尔的鼓励下，克列尔创立了一本纯数学和应用数学杂志 *Journal für die reine und angewandte Mathematik*，该杂志的第一期便刊登了阿贝尔在五次方程上的工作成果，另外还有方程理论、泛函方程及理论力学等论文. 在柏林，新的数学向导使他继续独立地进行研究工作，后来阿贝尔便去了欧洲不同的地方.

1826 年夏天，阿贝尔造访了巴黎当时最顶尖的数学家，并且完成了一份有关超越函数的研究报告. 这些工作展示了一个代数函数理论，现在称为阿贝尔定理，而该定理也是后期阿贝尔积分及阿贝尔函数的理论基础. 然而，当时阿贝尔在巴黎受到被冷落，他曾经把研究报告寄去科学学院，期望可以得到好评，但他的努力并没有回应. 他在离开巴黎前染上了顽疾，最初以为只是感冒，后来才发现是肺结核. 他辗转回到挪威，欠下不少债务，只好靠教书

及收取大学的微薄津贴为生.1828 年,他找到一份代课教师之职来维持生计.但他的穷困及病况并没有降低他对数学的热诚,他写了大量的论文,主要涉及方程理论及椭圆函数,也就是有关阿贝尔方程和阿贝尔群的理论.他比雅可比更快完善了椭圆函数的理论.此时,阿贝尔已声名鹊起,各方面的人也希望为他找到一个适当的教授席位.

1828 年冬天,阿贝尔的病情逐渐加重.在他于圣诞节去芬罗兰探望他的未婚妻克莱利·肯姆普期间,病情更加恶化.1829 年 1 月时,他已知自己寿命不长.1829 年 4 月 6 日凌晨,阿贝尔去世了,他的未婚妻坚持不要他人帮助,独自料理阿贝尔的后事.在阿贝尔死后两天,克列尔写信说为阿贝尔成功争取到了去柏林大学当数学教授的机会,可惜一代天才数学家已经在收到这消息前去世了.

习　题　4

1. 下列复数项级数是否收敛? 是绝对收敛还是条件收敛?

(1) $\displaystyle\sum_{n=0}^{\infty} i^n$; (2) $\displaystyle\sum_{n=1}^{\infty} \frac{1}{n}(1+i^{2n+1})$; (3) $\displaystyle\sum_{n=1}^{\infty} \frac{(3+5i)^n}{n!}$; (4) $\displaystyle\sum_{n=1}^{\infty} \left(\frac{1+5i}{2}\right)^n$; (5) $\displaystyle\sum_{n=1}^{\infty} \frac{i^n}{\ln n}$.

2. 求下列级数的收敛半径,并写出收敛圆周:

(1) $\displaystyle\sum_{n=0}^{\infty} \frac{(z-i)^n}{n^p}$; (2) $\displaystyle\sum_{n=0}^{\infty} n^p \cdot z^n$; (3) $\displaystyle\sum_{n=0}^{\infty} (-i)^{n-1} \cdot \frac{2n-1}{2n} \cdot z^{2n-1}$; (4) $\displaystyle\sum_{n=0}^{\infty} \left(\frac{i}{n}\right)^n \cdot$ $(z-1)^{n(n+1)}$.

3. 求下列级数的和函数:

(1) $\displaystyle\sum_{n=0}^{\infty} (n+1)z^n$; (2) $\displaystyle\sum_{n=1}^{\infty} (2^n - 1)z^n$.

4. 将下列函数展成 z 的幂级数,并指出展式成立的范围:

(1) $\dfrac{1}{az+b}$ (a,b 为复数,且 $b \neq 0$); (2) $\displaystyle\int_0^z e^{z^2} dz$; (3) $\displaystyle\int_0^z \frac{\sin z}{z} dz$; (4) $\sin^2 z$.

5. 写出 $e^z \ln(1+z)$ 的幂级数展式至 z^5 项为止,其中 $\ln(1+z)\,|_{z=0} = 0$.

6. 求下列函数在指定点 z_0 处的泰勒展开式:

(1) $\dfrac{z-1}{z+1}$, $z_0 = 1$; (2) $\dfrac{z}{(z+1)(z+2)}$, $z_0 = 2$; (3) $\dfrac{1}{z^2}$, $z_0 = -1$; (4) $\dfrac{1}{4-3z}$, $z_0 = 1+i$.

7. 设 $\displaystyle\sum_{n=0}^{\infty} a_n z^n$ 的收敛半径为 R,求证: $\displaystyle\sum_{n=0}^{\infty} [\operatorname{Re}(a_n)]z^n$ 的收敛半径不小于 R.

8. 求证: $\displaystyle\sum_{n=1}^{\infty} z^{-n}$ 在 $|z| > 1$ 内解析.

9. 将 $f(z) = \dfrac{1}{4-3z}$ 在 $z_0 = 1+i$ 展开为泰勒级数.

10. 指出下列函数在零点 $z = 0$ 的阶:

(1) $z^2(e^{z^2} - 1)$; (2) $6\sin z^3 + z^3(z^6 - 6)$.

11. 设 z_0 是函数 $f(z)$ 的 m 阶零点,又是 $g(z)$ 的 n 阶零点,试问下列函数在 z_0 处具有何种性质:

(1) $f(z) + g(z)$; (2) $f(z) \cdot g(z)$; (3) $\dfrac{f(z)}{g(z)}$.

12. 在原点解析,而在 $z = \dfrac{1}{n}$ ($n = 1, 2, \cdots$) 处取下列各组值的函数是否存在:

(1) $\dfrac{1}{2}, \dfrac{1}{2}, \dfrac{1}{4}, \dfrac{1}{4}, \dfrac{1}{6}, \dfrac{1}{6}, \cdots;$　(2) $\dfrac{1}{2}, \dfrac{2}{3}, \dfrac{3}{4}, \dfrac{4}{5}, \dfrac{5}{6}, \cdots.$

13. 设 $f(z)$ 在区域 D 内解析,在某一点 $z_0 \in D$,有 $f^{(n)}(z_0) = 0$, $n = 1, 2, \cdots$. 试证: $f(z)$ 在 D 内必为常数.

14. 设 D 是周线 C 的内部,函数 $f(z)$ 在区域 D 内解析,在闭域 $\bar{D} = D + C$ 上连续,其模 $|f(z)|$ 在 C 上为常数. 试证: 若 $f(z)$ 不恒等于一个常数,则 $f(z)$ 在 D 内至少有一个零点.

15. 设级数 $\displaystyle\sum_{n=1}^{\infty} f_n(z)$ 在点集 E 上一致收敛于 $f(z)$,且在 E 上 $|g(z)| < M(M < +\infty)$,则级数 $\displaystyle\sum_{n=1}^{\infty} g(z) f_n(z)$ 在 E 上一致收敛于 $g(z) \cdot f(z)$.

16. 求证: (1) 级数 $\displaystyle\sum_{n=0}^{\infty} \dfrac{z}{(1+z^2)^n}$ 在区间 $0 \leqslant z \leqslant 1$ 上绝对收敛,但不一致收敛.

(2) 级数 $\displaystyle\sum_{n=0}^{\infty} (-1)^{n-1} \dfrac{1}{z+n}$ 在区间 $0 \leqslant z \leqslant 1$ 上一致收敛,但不绝对收敛.

17. 设 $f(z) = \displaystyle\sum_{n=0}^{\infty} a_n z^n$ ($a_0 \neq 0$) 的收敛半径 $R > 0$,且 $M = \max\limits_{|z| \leqslant \rho} |f(z)|$ ($\rho < R$). 试证: 在圆 $|z| < \dfrac{|a_0|}{|a_0| + M^{\rho}}$ 内 $f(z)$ 无零点.

第5章 洛朗展式与孤立奇点

如前文所述,幂级数的和函数在收敛圆内是解析的;反之,圆域内的解析函数可展成幂级数,如果 $f(z)$ 在点 z_0 处不解析,则在点 z_0 的邻域内不能用 $z-z_0$ 的幂级数来表示. 但是这种情况在实际问题中经常遇到,因此需要一个环形域内的解析函数的级数表示方法,并以此为工具研究孤立奇点邻域内的性质. 本章从双边幂级数的角度介绍洛朗展式,并基于洛朗展式的类型介绍有限孤立奇点分类与无穷远点处孤立奇点的分类.

5.1 解析函数的洛朗展式

5.1.1 双边幂级数

例 5.1 将 $\dfrac{1}{z(1-z)}$ 在 $0<\mid z\mid<1$ 内展成 z 的级数.

解:(根据泰勒定理,解析函数在解析点处可展开泰勒级数)因 $z=0$, $z=1$ 是 $\dfrac{1}{z(1-z)}$ 的奇点,故不能使用泰勒定理展开. 尽管如此,可用如下方法展开:

$$f(z)=\frac{1}{z}+\frac{1}{1-z}=\frac{1}{z}+\sum_{n=0}^{\infty}z^n=\sum_{n=-1}^{\infty}z^n.$$

此例告诉我们,在环域 $0<\mid z\mid<1$ 内,解析函数可在奇点 $z=0$ 处展成 z 的级数的形式,但除了 z 的正幂项外,还发现了 z 的负幂项 $\dfrac{1}{z}$. 事实上,这是一个双边幂级数,下面给出双边幂级数的定义.

定义 5.1 含正、负正次幂的级数 $\displaystyle\sum_{n=-\infty}^{\infty}c_n(z-z_0)^n=\sum_{n=-\infty}^{-1}c_n(z-z_0)^n+\sum_{n=0}^{\infty}c_n(z-z_0)^n$ 称为双边幂级数,其中 z_0, $c_n(n=0,\pm 1,\pm 2,\cdots)$ 都是常数.

正幂项部分 $\displaystyle\sum_{n=0}^{\infty}c_n(z-z_0)^n$ 称为解析部分或正则部分,负幂项部分 $\displaystyle\sum_{n=-\infty}^{-1}c_n(z-z_0)^n$ 称为主要部分,设 $f_1(z)=\displaystyle\sum_{n=0}^{\infty}c_n(z-z_0)^n$ 的收敛半径为 R, 即当 $\mid z-z_0\mid<R$ 时, $\displaystyle\sum_{n=0}^{\infty}c_n(z-z_0)^n$ 收敛, $f_1(z)$ 在 $\mid z-z_0\mid<R$ 内解析.

再令 $\xi=\dfrac{1}{z-z_0}$, 则 $f_2(z)\triangleq\displaystyle\sum_{n=-\infty}^{-1}c_n(z-z_0)^n=\sum_{m=1}^{\infty}c_{-m}\xi^m$, 设它的收敛区域为 $\mid\xi\mid<$

$\dfrac{1}{r}\left(0<\dfrac{1}{r}\leqslant+\infty\right)$，即 $\displaystyle\sum_{n=-\infty}^{-1}c_n(z-z_0)^n$ 在 $|z-z_0|>r$ 内收敛，故 $f_2(z)$ 在 $|z-z_0|>r$

内解析. 因此，$\displaystyle\sum_{n=-\infty}^{+\infty}c_n(z-z_0)^n$ 的收敛区域为圆环域 $H：r<|z-z_0|<R$.

注：在圆环域 H 中，r 可取 0，R 也可取 $+\infty$.

由以上讨论可得如下定理：

定理 5.1　设双边幂级数 $\displaystyle\sum_{n=-\infty}^{+\infty}c_n(z-z_0)^n$ 的收敛圆环为 $H：r<|z-z_0|<R$.

(1) $\displaystyle\sum_{n=-\infty}^{+\infty}c_n(z-z_0)^n$ 在 H 内绝对收敛且内闭一致收敛于 $f(z)=f_1(z)+f_2(z)$，其中

$f_1(z)$ 为 $\displaystyle\sum_{n=0}^{\infty}c_n(z-z_0)^n$ 的和函数，$f_2(z)$ 为 $\displaystyle\sum_{n=-\infty}^{-1}c_n(z-z_0)^n$ 的和函数.

(2) $f(z)$ 在环域 H 内解析.

(3) $f(z)=\displaystyle\sum_{n=-\infty}^{+\infty}c_n(z-z_0)^n$ 在环域 H 内可逐项求导 p 次 $(p=1,2,\cdots)$.

(4) $f(z)=\displaystyle\sum_{n=-\infty}^{+\infty}c_n(z-z_0)^n$ 可沿 H 内曲线 C 逐项积分.

5.1.2　解析函数的洛朗展式

下面的定理可看作定理 5.1 的逆定理. 实际上，前面我们指出了双边幂级数在环域内可表示为一解析函数，反之有如下洛朗定理：

定理 5.2　(洛朗定理) 在圆环 $H：r<|z-z_0|<R$ $(r\geqslant0,R\leqslant+\infty)$ 内解析函数 $f(z)$ 必可展成双边幂级数 $f(z)=\displaystyle\sum_{n=-\infty}^{+\infty}c_n(z-z_0)^n$，其中 $c_n=\dfrac{1}{2\pi i}\displaystyle\oint_{\Gamma}\dfrac{f(\xi)}{(\xi-z_0)^{n+1}}\mathrm{d}\xi(n\in\mathbf{Z})$，$\Gamma$ 为圆周 $|\xi-a|=\rho(r<\rho<R)$，并且展式是唯一的[即 $f(z)$ 及圆环 H 唯一地决定了系数 c_n].

证明：设 z 为 H 内任意取定点，则在 H 内，总可存在含于 H 的两个圆周 $\Gamma_1：|z-z_0|=\rho_1$，$\Gamma_2：|z-z_0|=\rho_2(\rho_1<\rho_2)$ 使点 z 含在圆环 $\rho_1<|z-z_0|<\rho_2$ 内(见图 5.1). 又因 $f(z)$ 在闭圆环 $\rho_1<|z-z_0|<\rho_2$ 上解析，由柯西积分公式有

$f(z)=\dfrac{1}{2\pi i}\displaystyle\oint_{\Gamma_2}\dfrac{f(\xi)}{\xi-z}\mathrm{d}\xi-\dfrac{1}{2\pi i}\displaystyle\oint_{\Gamma_1}\dfrac{f(\xi)}{\xi-z}\mathrm{d}\xi$，或写成 $f(z)=$

$\dfrac{1}{2\pi i}\displaystyle\oint_{\Gamma_2}\dfrac{f(\xi)}{\xi-z}\mathrm{d}\xi+\dfrac{1}{2\pi i}\displaystyle\oint_{\Gamma_1}\dfrac{f(\xi)}{z-\xi}\mathrm{d}\xi$.

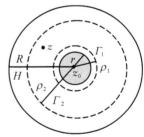

图 5.1　定理 5.2 示意图

仿照泰勒定理证明中的相应部分，针对第一个积分，我们有 $\dfrac{1}{2\pi i}\displaystyle\oint_{\Gamma_2}\dfrac{f(\xi)}{\xi-z}\mathrm{d}\xi=\displaystyle\sum_{n=0}^{\infty}c_n$

$(z-z_0)^n$，其中 $c_n=\dfrac{1}{2\pi i}\displaystyle\oint_{\Gamma_2}\dfrac{f(\xi)}{(\xi-z_0)^{n+1}}\mathrm{d}\xi(n=0,1,2,\cdots)$. 现考虑积分 $\dfrac{1}{2\pi i}\displaystyle\oint_{\Gamma_1}\dfrac{f(\xi)}{z-\xi}\mathrm{d}\xi$，

我们有 $\dfrac{f(\xi)}{z-\xi}=\dfrac{f(\xi)}{(z-z_0)-(\xi-z_0)}=\dfrac{f(\xi)}{z-z_0}\cdot\dfrac{1}{1-\dfrac{\xi-z_0}{z-z_0}}$. 当 $\xi\in\Gamma_1$ 时，$\left|\dfrac{\xi-z_0}{z-z_0}\right|=$

$\dfrac{\rho_1}{|z-z_0|}<1$，于是 $\dfrac{f(\xi)}{z-\xi}=\dfrac{f(\xi)}{z-z_0}\cdot\sum\limits_{n=1}^{\infty}\left(\dfrac{\xi-z_0}{z-z_0}\right)^{n-1}$ 可沿 Γ_1 逐项积分，在两端乘以

$\dfrac{1}{2\pi i}$，即得 $\dfrac{1}{2\pi i}\oint_{\Gamma_1}\dfrac{f(\xi)}{z-\xi}d\xi=\sum\limits_{n=1}^{\infty}\dfrac{c_{-n}}{(z-z_0)^n}$，其中 $c_{-n}=\dfrac{1}{2\pi i}\oint_{\Gamma_1}\dfrac{f(\xi)}{(\xi-z_0)^{n+1}}d\xi$（$n=0,1$,

$2,\cdots$），从而有 $f(z)=\sum\limits_{n=0}^{\infty}c_n(z-z_0)^n+\sum\limits_{n=1}^{\infty}\dfrac{c_{-n}}{(z-z_0)^n}=\sum\limits_{n=-\infty}^{+\infty}c_n(z-z_0)^n$.

由复合闭路定理（复周线的柯西积分定理），对任意圆周 Γ：$|z-z_0|=\rho$（$r<\rho<R$）有

$$c_n=\frac{1}{2\pi i}\oint_{\Gamma_2}\frac{f(\xi)}{(\xi-z_0)^{n+1}}d\xi=\frac{1}{2\pi i}\oint_{\Gamma}\frac{f(\xi)}{(\xi-z_0)^{n+1}}d\xi,\quad n=0,1,2,\cdots,$$

$$c_{-n}=\frac{1}{2\pi i}\oint_{\Gamma_1}\frac{f(\xi)}{(\xi-z_0)^{-n+1}}d\xi=\frac{1}{2\pi i}\oint_{\Gamma}\frac{f(\xi)}{(\xi-z_0)^{-n+1}}d\xi,\quad n=0,1,2,\cdots.$$

故系数 c_n 可统一表示为 $c_n=\dfrac{1}{2\pi i}\oint_{\Gamma}\dfrac{f(\xi)}{(\xi-z_0)^{n+1}}d\xi$，$n=0,\pm1,\pm2,\cdots$.

下面证明展式的唯一性. 设 $f(z)$ 在圆环 H 内又可展开成 $f(z)=\sum\limits_{n=-\infty}^{+\infty}c_n'(z-z_0)^n$. 由定理 5.1 知，它在圆周 Γ：$|z-z_0|=\rho$（$r<\rho<R$）上一致收敛. 乘以 Γ 上的有界函数 $\dfrac{1}{(z-z_0)^{n+1}}$ 后仍一致收敛，故可逐项积分得 $\oint_{\Gamma}\dfrac{f(\xi)}{(\xi-z_0)^{m+1}}d\xi=\sum\limits_{n=-\infty}^{+\infty}c_n'\oint_{\Gamma}(\xi-z_0)^{n-m-1}d\xi$. 当 $n=m$ 时，$\oint_{\Gamma}(\xi-z_0)^{n-m-1}d\xi$ 为 $2\pi i$，其余各项积分为零，于是 $c_m'=\dfrac{1}{2\pi i}\oint_{\Gamma}\dfrac{f(\xi)}{(\xi-z_0)^{n+1}}d\xi=c_m$（$m=0,\pm1,\pm2,\cdots$）. 唯一性证毕.

定义 5.2 称 $f(z)=\sum\limits_{n=-\infty}^{+\infty}c_n(z-z_0)^n$ 为 $f(z)$ 在点 z_0 的洛朗展式，$c_n=\dfrac{1}{2\pi i}\oint_{\Gamma}\dfrac{f(\xi)}{(\xi-z_0)^{n+1}}d\xi$ 为其洛朗系数，而等号右边的级数称为洛朗级数.

注：当 $c_{-n}=0$（$n=0,1,2,\cdots$）时，洛朗级数与泰勒级数无异. 泰勒级数是洛朗级数的特殊情形.

5.1.3 洛朗级数展开式的求解

如同函数 $f(z)$ 展为幂级数有直接展开法和间接展开法一样，函数展开为洛朗级数也有直接展开法和间接展开法. 出于便捷的考虑，一般采用间接展开法. 但是，在未指定圆环域的情形下，首先应确定 $f(z)$ 的所有奇点以及所有圆环域，再确认在圆环域内是否可展开为洛朗级数，最后才进行洛朗展开.

例 5.2 将 $f(z)=\dfrac{1}{(z-1)(z-2)}$ 分别在如下环形域内展成洛朗级数：

(1) $0<|z|<1$； (2) $1<|z|<2$； (3) $2<|z|<+\infty$；

(4) $0<|z-1|<1$;　(5) $1<|z-1|<+\infty$;　(6) $0<|z-2|<1$;

(7) $1<|z-2|<+\infty$.

解: 首先把 $f(z)$ 分解成部分分式 $f(z)=\dfrac{1}{z-2}-\dfrac{1}{z-1}$.

(1) 在 $|z|<1$ 内,自然有 $\left|\dfrac{z}{2}\right|<1$,因此,

$$f(z)=\frac{1}{1-z}-\frac{1}{2}\cdot\frac{1}{1-\dfrac{z}{2}}=\sum_{n=0}^{\infty}z^n-\frac{1}{2}\sum_{n=0}^{\infty}\frac{z^n}{2^n}=\sum_{n=0}^{\infty}\left(1-\frac{1}{2^{n+1}}\right)z^n.$$

(2) 在 $1<|z|<2$ 内,$\left|\dfrac{1}{z}\right|<1$,$\left|\dfrac{z}{2}\right|<1$,

$$f(z)=-\frac{1}{z}\cdot\frac{1}{1-\dfrac{1}{z}}-\frac{1}{2}\cdot\frac{1}{1-\dfrac{z}{2}}=-\frac{1}{z}\sum_{n=0}^{\infty}\frac{1}{z^n}-\frac{1}{2}\sum_{n=0}^{\infty}\frac{z^n}{2^n}$$

$$=-\sum_{n=0}^{\infty}\frac{1}{z^{n+1}}-\sum_{n=0}^{\infty}\frac{z^n}{2^{n+1}}.$$

(3) 在 $2<|z|<+\infty$ 内,$\left|\dfrac{1}{z}\right|<1$,$\left|\dfrac{2}{z}\right|<1$,从而有

$$f(z)=\frac{1}{z}\cdot\frac{1}{1-\dfrac{2}{z}}-\frac{1}{z}\cdot\frac{1}{1-\dfrac{1}{z}}=\frac{1}{z}\sum_{n=0}^{\infty}\frac{2^n}{z^n}-\frac{1}{z}\sum_{n=0}^{\infty}\frac{1}{z^n}=\sum_{n=0}^{\infty}\frac{2^n-1}{z^{n+1}}$$

$$=\sum_{n=1}^{\infty}\frac{2^n-1}{z^{n+1}}=\sum_{n=2}^{\infty}\frac{2^{n-1}-1}{z^n}.$$

(4) 在 $0<|z-1|<1$,有

$$f(z)=\frac{1}{z-1}\cdot\frac{1}{z-2}=\frac{1}{z-1}\cdot\frac{1}{(z-1)-1}=-\frac{1}{z-1}\cdot\frac{1}{1-(z-1)}$$

$$=-\frac{1}{z-1}\cdot\sum_{n=0}^{\infty}(z-1)^n=-\sum_{n=0}^{\infty}(z-1)^{n-1}\left[\text{或}-\sum_{n=-1}^{\infty}(z-1)^n\right].$$

(5) 在 $1<|z-1|<+\infty$ 内,$0<\left|\dfrac{1}{z-1}\right|<1$,从而有

$$f(z)=\frac{1}{z-1}\cdot\frac{1}{(z-1)-1}=\frac{1}{(z-1)^2}\cdot\frac{1}{1-\dfrac{1}{z-1}}=\frac{1}{(z-1)^2}\cdot\sum_{n=0}^{\infty}\frac{1}{(z-1)^n}$$

$$=\sum_{n=0}^{\infty}\frac{1}{(z-1)^{n+2}}.$$

(6) 在 $0<|z-2|<1$ 内,有

$$f(z)=\frac{1}{z-2}\cdot\frac{1}{1-[-(z-2)]}=\frac{1}{z-2}\cdot\sum_{n=0}^{\infty}(-1)^n(z-2)^n=\sum_{n=0}^{\infty}(-1)^n(z-1)^{n-1}.$$

（7）在 $1<|z-2|<+\infty$ 内，则 $0<\left|\dfrac{1}{z-2}\right|<1$，进而有

$$f(z)=\frac{1}{z-2}\cdot\frac{1}{(z-2)+1}=\frac{1}{(z-2)^2}\cdot\frac{1}{1-\left(-\dfrac{1}{z-2}\right)}$$

$$=\frac{1}{z-2}\cdot\sum_{n=0}^{\infty}(-1)^n\frac{1}{(z-2)^n}=\sum_{n=0}^{\infty}(-1)^n\frac{1}{(z-2)^{n+2}}.$$

例 5.3 将 $f(z)=\dfrac{z^2-2z+5}{(z-2)(z^2+1)}$ 在 $2<|z|<+\infty$ 内展开成洛朗级数.

解： 设 $f(z)=\dfrac{A}{z-2}+\dfrac{Bz+C}{z^2+1}$，则有

$$z^2-2z+5=A(z^2+1)+(Bz+C)(z-2)=(A+B)z^2+(C-2B)z+A-2C.$$

比较系数，可得 $\begin{cases}A+B=1\\C-2B=-2,\\A-2C=5\end{cases}$ 进而可解得 $\begin{cases}A=1\\B=0\\C=-2\end{cases}$，因此，

$$f(z)=\frac{1}{z-2}-\frac{2}{z^2+1}=\frac{1}{z}\cdot\frac{1}{1-\dfrac{2}{z}}-\frac{2}{z^2}\frac{1}{1+\dfrac{1}{z^2}}$$

$$=\frac{1}{z}\cdot\sum_{n=0}^{\infty}\left(\frac{2}{z}\right)^n-\frac{2}{z^2}\sum_{n=0}^{\infty}(-1)^n\frac{1}{z^{2n}}$$

$$=\sum_{n=0}^{\infty}\frac{2^n}{z^{n+1}}-\sum_{n=0}^{\infty}\frac{2\cdot(-1)^n}{z^{2n+2}},\quad\left|\frac{2}{z}\right|<1,\ \left|\frac{1}{z}\right|<1.$$

例 5.4 将 $f(z)=\sin\dfrac{z}{z-1}$ 在 $0<|z-1|<+\infty$ 内展成洛朗级数.

解： $f(z)=\sin\dfrac{z}{z-1}=\sin\left(1+\dfrac{1}{z-1}\right)=\sin 1\cdot\cos\dfrac{1}{z-1}+\cos 1\cdot\sin\dfrac{1}{z-1}$

$$=\sin 1\cdot\sum_{n=0}^{\infty}\frac{(-1)^n}{(2n)!}(z-1)^{-2n}+\cos 1\cdot\sum_{n=0}^{\infty}\frac{(-1)^n}{(2n+1)!}(z-1)^{-2n-1}.$$

例 5.5 将 $f(z)=\dfrac{1}{1+z^2}$ 在圆环域 $0<|z-\mathrm{i}|<2$ 内展开为洛朗级数.

解： 显然 $f(z)=\dfrac{1}{1+z^2}=\dfrac{1}{z+\mathrm{i}}\cdot\dfrac{1}{z-\mathrm{i}}$. 在 $0<|z-\mathrm{i}|<2$ 内，有

$$f(z)=\frac{1}{z-\mathrm{i}}\cdot\frac{1}{2\mathrm{i}+z-\mathrm{i}}=\frac{1}{2\mathrm{i}(z-\mathrm{i})}\cdot\frac{1}{1+(z-\mathrm{i})/(2\mathrm{i})}$$

$$=\frac{1}{2\mathrm{i}(z-\mathrm{i})}\sum_{n=0}^{\infty}(-1)^n\left(\frac{z-\mathrm{i}}{2\mathrm{i}}\right)^n=\frac{1}{2\mathrm{i}}\sum_{n=0}^{\infty}(-1)^n\frac{(z-\mathrm{i})^{n-1}}{(2\mathrm{i})^n}.$$

例 5.6 设 k 为实数，且 $k^2<1$，求证：$\displaystyle\sum_{n=0}^{\infty}k^n\sin(n+1)\theta=\dfrac{\sin\theta}{1-2k\cos\theta+k^2}$，

$$\sum_{n=0}^{\infty} k^n \cos(n+1)\theta = \frac{\cos\theta - k}{1 - 2k\cos\theta + k^2}.$$

证明： 当 $|z| > k$，且 $k^2 < 1$ 时，有

$$\frac{1}{z-k} = \frac{1}{z} \cdot \frac{1}{1-k/z} = \frac{1}{z}\sum_{n=0}^{\infty}\left(\frac{k}{z}\right)^n = \sum_{n=0}^{\infty}\frac{k^n}{z^{n+1}}.$$

令 $z = e^{i\theta}$，则 $|z| > k$，$z^{n+1} = \cos(n+1)\theta + i\sin(n+1)\theta$，于是

$$\sum_{n=0}^{\infty}\frac{k^n}{z^{n+1}} = \sum_{n=0}^{\infty}\frac{k^n}{\cos(n+1)\theta + i\sin(n+1)\theta} = \sum_{n=0}^{\infty} k^n[\cos(n+1)\theta - i\sin(n+1)\theta].$$

又因 $\dfrac{1}{z-k} = (e^{i\theta} - k)^{-1} = \dfrac{1}{\cos\theta + i\sin\theta - k} = \dfrac{(\cos\theta - k) - i\sin\theta}{1 - 2k\cos\theta + k^2}$. 比较两式的实部与虚部，即得所求证等式.

5.2　孤立奇点的分类

孤立奇点是复变函数论中的重要概念，孤立奇点类型及其判别对孤立奇点去心邻域内的函数性质以及复积分的计算等至关重要.

5.2.1　孤立奇点

定义 5.3　(1) 如果 $f(z)$ 在 z_0 处不解析，在 z_0 的某去心邻域 $0 < |z - z_0| < \delta$ 内解析，则称 z_0 为 $f(z)$ 的孤立奇点.

(2) 如果 z_0 是 $f(z)$ 的孤立奇点，且 $f(z)$ 在 $0 < |z - z_0| < \delta$ 内还是单值的，则称 z_0 是 $f(z)$ 的单值性孤立奇点.

(3) 如果 z_0 是 $f(z)$ 的孤立奇点，且 $f(z)$ 在 $0 < |z - z_0| < \delta$ 内还是多值的，则称 z_0 是 $f(z)$ 的多值性孤立奇点，即 z_0 是 $f(z)$ 的支点.

例 5.7　(1) $z = \pm i$ 是 $\dfrac{1}{z^2 + 1}$ 的两个孤立奇点.

(2) $z = 0$ 是 $e^{\frac{1}{z}}$ 的孤立奇点.

(3) 负实轴上的点是 $\ln z$ 的奇点，却是非孤立奇点.

注： 确定奇点首先要分清其是孤立奇点还是非孤立奇点，由考察 z_0 的任意小邻域内是否还有其他奇点来区分.

如果 z_0 是孤立奇点，还要看 z_0 是有限的还是无限的. 本节主要讨论有限孤立奇点的分类，奇点是无限的分类问题将在下一节讲述.

5.2.2　孤立奇点的三种类型

设 z_0 是 $f(z)$ 的孤立奇点，则 $f(z)$ 在某去心邻域 $0 < |z - z_0| < \delta$ 内解析，则 $f(z)$ 在 z_0 处的洛朗级数为 $f(z) = \sum\limits_{n=-\infty}^{+\infty} c_n(z - z_0)^n = \sum\limits_{n=1}^{+\infty} c_{-n}(z - z_0)^{-n} + \sum\limits_{n=0}^{+\infty} c_n(z - z_0)^n$.

定义 5.4 设 z_0 是 $f(z)$ 的孤立奇点.

(1) 如果 $f(z)$ 在 z_0 的主要部分为零,则称 z_0 为 $f(z)$ 的可去奇点(即 $c_n=0$, $n=0,1,2,\cdots$)

(2) 如果 $f(z)$ 在 z_0 的主要部分为有限多项,设为 $\dfrac{c_m}{(z-z_0)^m}+\dfrac{c_{m-1}}{(z-z_0)^{m-1}}+\cdots+\dfrac{c_1}{z-z_0}$ $(c_m\neq0)$,则称 z_0 为 $f(z)$ 的 m 阶极点,一阶奇点也称为单极点.

(3) 如果 $f(z)$ 在 z_0 的主要部分为有无穷多项,则称 z_0 为 $f(z)$ 的本性奇点.

注: 孤立奇点 $z_0(z_0\neq\infty)$ 的分类,根据定义,一般依据在 z_0 处的洛朗级数进行判别. 若 z_0 处的洛朗级数没有负幂项,则 z_0 是可去奇点;若 z_0 处的洛朗级数含有有限项负幂项,则 z_0 是极点;若 z_0 处的洛朗级数含有无穷多项负幂项,则 z_0 是本性奇点.

有时候计算洛朗级数不是特别方便,下面我们将进一步探讨其他判别法.

5.2.3 孤立奇点类型的判定

1. 可去奇点

定理 5.3 设 z_0 是 $f(z)$ 的孤立奇点,则以下命题等价:

(1) z_0 是 $f(z)$ 的可去奇点.

(2) $f(z)$ 在 z_0 处的洛朗展式的主要部分为零.

(3) $\lim\limits_{z\to z_0}f(z)=A$($A$ 是复常数,$A\neq\infty$).

(4) $f(z)$ 在 z_0 的某个去心邻域内有界.

证明:(1)$\Leftrightarrow$(2),显然(由可去奇点的定义).

(2)$\Rightarrow$(3),设 $f(z)$ 的洛朗展式为 $f(z)=c_0+c_1(z-z_0)+\cdots$ $(0<|z-z_0|<\delta)$,于是 $\lim\limits_{z\to z_0}f(z)=c_0(\neq\infty)$.

(3)$\Rightarrow$(4),取 $\varepsilon=1$,$\exists\rho>0$,当 $0<|z-z_0|<\rho<\delta$ 时,$|f(z)-A|\leqslant1$,故 $|f(z)|=|f(z)-A+A|\leqslant|f(z)-A|+|A|$,即 $f(z)$ 在 z_0 的某个去心邻域内有界.

(4)$\Rightarrow$(2),设 $f(z)$ 在 $0<|z-z_0|<\delta$ 内有界. 考虑 $f(z)$ 在 z_0 的主要部分 $\dfrac{c_1}{z-z_0}+\dfrac{c_2}{(z-z_0)^2}+\cdots+\dfrac{c_n}{(z-z_0)^n}+\cdots$,其中 $c_n=\dfrac{1}{2\pi i}\oint_\Gamma\dfrac{f(\xi)}{(\xi-z_0)^{n+1}}\mathrm{d}\xi$ $(n=0,1,2,\cdots)$,而 Γ 为 $0<|z-z_0|<\delta$ 内的圆周 $|z-z_0|=\rho$ $(0<\rho<\delta)$,于是 $|c_n|=\left|\dfrac{1}{2\pi i}\oint_\Gamma\dfrac{f(\xi)}{(\xi-z_0)^{n+1}}\mathrm{d}\xi\right|\leqslant\dfrac{1}{2\pi}\cdot\dfrac{M}{\rho^{-n+1}}\cdot2\pi\rho=M\rho^n$,即当 $n=0,1,2,\cdots$ 时,$c_n=0$,即 $f(z)$ 在 z_0 的主要部分为零.

例 5.8 (1) 验证 $z=0$ 是 $\dfrac{\sin z}{z}$(见图 5.2)的可去奇点.

(2) 验证 $z=0$ 是 $\dfrac{\ln(1+z)}{z}$(见图 5.2)的可去奇点 [$\ln(1+z)$ 取其主值].

解:(1) 事实上,因 $\lim\limits_{z\to0}\dfrac{\sin z}{z}=1$,故 $z=0$ 是 $\dfrac{\sin z}{z}$ 的可去奇点.

(2) 因 $\lim\limits_{z \to 0} \dfrac{\ln(1+z)}{z} = \lim\limits_{z \to 0} \dfrac{1}{1+z} = 1$，故 $z = 0$ 是 $\dfrac{\ln(1+z)}{z}$ 的可去奇点.

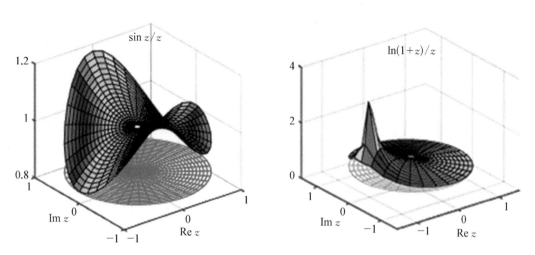

图 5.2 例题 2 的函数图像

引理 5.1 （施瓦茨引理）如果 $f(z)$ 在单位圆 $|z| < 1$ 内解析，并且满足条件 $f(0) = 0$，$|f(z)| < 1 (|z| < 1)$，则在单位圆 $|z| < 1$ 内恒有 $|f(z)| \leqslant |z|$，且有 $|f'(0)| \leqslant 1$. 如果上式等号成立，或在 $|z| < 1$ 内点 z_0 处前一式等号成立，则 $f(z) = \mathrm{e}^{\mathrm{i}\alpha} z (|z| < 1)$，其中 α 为一实常数.

证明： 设 $f(z) = c_1 z + c_2 z^2 + \cdots (|z| < 1)$，令 $y(z) = \dfrac{f(z)}{z} = c_1 + c_2 z + \cdots (z \neq 0)$，定义 $y(0) = c_1 = f'(0)$，则 $y(z)$ 在 $|z| < 1$ 内解析.

考虑 $y(z)$ 在 $|z| < 1$ 内任意一点 z_0 处的值，如果 r 满足条件 $|z_0| < r < 1$，根据最大模原理，有 $|y(z_0)| \leqslant \max\limits_{|z| = r} |y(z)| = \max\limits_{|z| = r} \left| \dfrac{f(z)}{z} \right| \leqslant \dfrac{1}{r}$. 令 $r \to 1$，即得 $|y(z_0)| \leqslant 1$. 于是 $|f'(0)| = |y(0)| \leqslant 1$，且当 $z_0 \neq 0$ 时，有 $|y(z_0)| = \dfrac{|f(z_0)|}{|z_0|} \leqslant 1$，即 $|f(z_0)| \leqslant z_0$.

如果这些关系式中有一个取等号，意味着在单位圆 $|z| < 1$ 内的某一点 z_0 处，$|y(z_0)|$ 达到最大值，这只有 $y(z)$ 恒等于常数 $\mathrm{e}^{\mathrm{i}\alpha}$（$\alpha$ 为常数）时才有可能，即 $f(z) = \mathrm{e}^{\mathrm{i}\alpha} z$.

2. 极点

定理 5.4 设 z_0 是 $f(z)$ 的孤立奇点，则下列命题等价：

(1) z_0 是 $f(z)$ 的 m 阶极点.

(2) $f(z)$ 在 z_0 的主要部分为 $\dfrac{c_m}{(z - z_0)^m} + \cdots + \dfrac{c_1}{z - z_0}$ $(c_m \neq 0)$.

(3) $f(z)$ 在 z_0 的某去心邻域内能表示为 $f(z) = \dfrac{y(z)}{(z - z_0)^m}$，其中 $y(z)$ 在点 z_0 的邻域内解析，且 $y(z_0) \neq 0$.

(4) $g(z) = \dfrac{1}{f(z)}$ 以 z_0 为 m 阶零点.

证明：(1)$\Leftrightarrow$(2)，显然（由极点定义）.

(2)⇒(3),若(2)为真,则在点 z_0 的某去心邻域内有

$$f(z) = \frac{c_m}{(z-z_0)^m} + \frac{c_{m-1}}{(z-z_0)^{m-1}} + \cdots + \frac{c_1}{z-z_0} + c_0 + c_1(z-z_0) + \cdots$$

$$= \frac{c_m + c_{m-1}(z-z_0) + \cdots}{(z-z_0)^m} = \frac{y(z)}{(z-z_0)^m},$$

其中,$y(z)$ 显然在 z_0 的邻域内解析,且 $y(z_0) = c_m \neq 0$.

(3)⇒(4),若(3)为真,则在点 z_0 的某去心邻域内有 $g(z) = \dfrac{1}{f(z)} = \dfrac{(z-z_0)^m}{y(z)}$,其中

$\dfrac{1}{y(z)}$ 在点 z_0 的某邻域内解析,且 $\dfrac{1}{y(z_0)} \neq 0$,故 z_0 为 $g(z)$ 的 m 阶零点.

(4)⇒(2),如果 $g(z) = \dfrac{1}{f(z)}$ 以 z_0 为 m 阶零点,则在点 z_0 的某邻域内 $g(z) = (z-z_0)^m h(z)$,其中 $h(z)$ 在此邻域内解析,且 $h(z_0) \neq 0$,故 $f(z) = \dfrac{1}{(z-z_0)^m} \cdot \dfrac{1}{h(z)}$.

因 $\dfrac{1}{h(z)}$ 在 z_0 的某邻域内解析,则 $\dfrac{1}{h(z)}$ 的泰勒展式可令为 $\dfrac{1}{h(z)} = c_m + c_{m-1}(z-z_0) + \cdots$,则 $f(z)$ 在点 z_0 的主要部分为 $\dfrac{c_m}{(z-z_0)^m} + \dfrac{c_{m-1}}{(z-z_0)^{m-1}} + \cdots + \dfrac{c_1}{z-z_0}$ $\left[c_m = \dfrac{1}{h(z_0)} \neq 0\right]$.

定理 5.5　$f(z)$ 的孤立奇点 z_0 为极点的充要条件是 $\lim\limits_{z \to z_0} f(z) = \infty$.

证明：z_0 为 $f(z)$ 的极点 $\Leftrightarrow z_0$ 是 $\dfrac{1}{f(z)}$ 的零点 $\Leftrightarrow \dfrac{1}{f(z_0)} = 0 \Leftrightarrow \lim\limits_{z \to z_0} f(z) = \infty$.

例 5.9　$z = 0$ 是 $\dfrac{1}{z(z-1)^2}$ 的一阶奇点(单极点),$z = 1$ 是 $\dfrac{1}{z(z-1)^2}$ 的二阶极点(见图 5.3).

定理 5.6　$z = 0$ 是 $f(z)$ 的 m 阶极点 $\Leftrightarrow \exists m \in \mathbf{N}_+$,使 $\lim\limits_{z \to z_0}[f(z) \cdot (z-z_0)^m] = A$ $(A \neq 0, \infty)$.

证明：$z = 0$ 为 $f(z)$ 的 m 阶极点 $\Leftrightarrow f(z)$ 在 $z = 0$ 的某去心邻域内能表示为 $f(z) = \dfrac{y(z)}{(z-z_0)^m}$,其中 $y(z)$ 在点 $z = 0$ 的邻域内解析,且 $y(z_0) \neq 0$. 因此有

$$\lim_{z \to z_0}[f(z) \cdot (z-z_0)^m] = \lim_{z \to z_0}\left[\frac{y(z)}{(z-z_0)^m} \cdot (z-z_0)^m\right]$$

$$= \lim_{z \to z_0} y(z) = y(z_0) \neq 0.$$

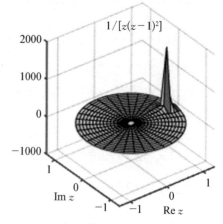

图 5.3　例 5.9 函数图像

例 5.10　验证 $z = 0$ 是 $\dfrac{1}{e^{z^3}-1}$ 的三阶极点(见图 5.4).

解： 因 $\lim\limits_{z\to 0} z^3 \cdot \dfrac{1}{\mathrm{e}^{z^3}-1} = \lim\limits_{z\to 0} \dfrac{z^3}{z^3} = 1$，故

$z=0$ 是 $\dfrac{1}{\mathrm{e}^{z^3}-1}$ 的三阶极点.

3. 本性奇点

定理 5.7　z_0 是 $f(z)$ 的本性奇点的充要条件是 $\lim\limits_{z\to z_0} f(z)$ 不存在，也不为 ∞.

定理 5.8　若 z_0 是 $f(z)$ 的本性奇点，且在 z_0 的充分小的邻域内不为零，则 z_0 亦必为 $\dfrac{1}{f(z)}$ 的本性奇点.

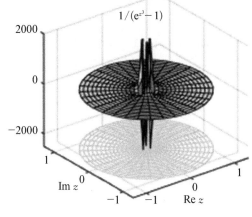

图 5.4　例 5.10 函数图像

证明： 令 $y(z)=\dfrac{1}{f(z)}$，由假设知 z_0 必为

$y(z)$ 的孤立奇点，若 z_0 是 $y(z)$ 的可去奇点，则 z_0 必为 $f(z)$ 的可去奇点或零点，亦与假设矛盾，故 z_0 必为 $y(z)$ 的本性奇点.

例 5.11　验证 $z=0$ 是 $\mathrm{e}^{\frac{1}{z}}$ 的本性奇点.

解： 因 $\mathrm{e}^{\frac{1}{z}} = 1 + \dfrac{1}{z} + \dfrac{1}{2!\,z^2} + \cdots +$

$\dfrac{1}{n!\,z^n} + \cdots \ (0<|z|<+\infty)$，由此可知 $z=0$

是 $\mathrm{e}^{\frac{1}{z}}$ 的本性奇点. 同样，$z=0$ 是 $\mathrm{e}^{-\frac{1}{z}}$ 的本性奇点（见图 5.5）.

例 5.12　指出 $\dfrac{\sin(z-1)}{z(z^2+4)^2(z-1)^3}$ 有哪

些奇点，各属何类型（如是极点，指出阶数）.

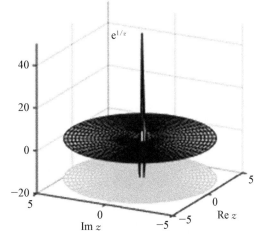

图 5.5　例 5.11 函数图像

解： $z=0,1,\pm 2\mathrm{i}$ 为 $f(z)$ 的奇点. 由于

$\lim\limits_{z\to 1}[(z-1)^2 f(z)] = \lim\limits_{z\to 1}\dfrac{1}{z(z^2+4)^2} = \dfrac{1}{25}$，

故 $z=1$ 是 $f(z)$ 的二阶极点. 因 $\lim\limits_{z\to 0} zf(z) =$

$\lim\limits_{z\to 0}\dfrac{\sin(z-1)}{(z^2+4)^2(z-1)^3} = \dfrac{\sin 1}{16}$，故 $z=0$ 是 $f(z)$ 的单极点. 因 $\lim\limits_{z\to 2\mathrm{i}}(z-2\mathrm{i})^2$

$\dfrac{\sin(z-1)}{z(z^2+4)^2(z-1)^3} = \dfrac{\sin(2\mathrm{i}-1)}{56+32\mathrm{i}}$，故 $z=2\mathrm{i}$ 是 $f(z)$ 的二阶极点. 同理，$z=-2\mathrm{i}$ 也是

$f(z)$ 的二阶极点.

5.2.4　皮卡定理

定理 5.9　如果 a 为 $f(z)$ 的本性奇点，则对任何常数 A，不管是有限数还是无穷，都存在一个收敛于 a 的点列 $\{z_n\}$，使得 $\lim\limits_{n\to\infty} f(z_n)=A\ (\lim\limits_{n\to\infty} z_n=a)$.

注：在本性奇点的无论怎样小的去心邻域内，$f(z)$ 可取任意接近于预先给定的任何数值.

证明：(1) 在 $A=\infty$ 的情形下，定理是正确的，因 $|f(z)|$ 在 a 的任何去心邻域内都是无界的，否则，a 必为可去奇点.

(2) 现设 $A\neq\infty$.

① 若在 a 的任意去心邻域内有这样的点 z，使 $f(z)=A$，则定理已得证.

② 假定点 a 的充分小的去心邻域 $K-\{a\}$ 内 $f(z)\neq A$，则 $y(z)=\dfrac{1}{f(z)-A}$ 在 $K-\{a\}$ 内解析，且以 a 为本性奇点[因 a 是 $f(z)$ 的本性奇点]. 根据(1)，必定存在趋于 a 的点列 $\{z_n\}$，使得 $\lim\limits_{n\to\infty}y(z_n)=\infty$ $(\lim\limits_{n\to\infty}z_n=a)$，由此推出 $\lim\limits_{n\to\infty}[f(z_n)-A]=0$，即 $\lim\limits_{n\to\infty}f(z_n)=A$.

例 5.13　设 $f(z)=\sin\dfrac{1}{z}$，因 $\sin\dfrac{1}{z}=\sum\limits_{n=0}^{\infty}\dfrac{(-1)^n}{(2n+1)!}\dfrac{1}{z^{2n+1}}$ $(0<|z|<+\infty)$ 具有无穷多负幂项，则 $z=0$ 是 $f(z)$ 的本性奇点(当 $z\to0$ 时，$\sin\dfrac{1}{z}$ 不趋于任何极限).

(1) 若 $A=\infty$，取 $z_n=\dfrac{i}{n}$，则 $\dfrac{1}{z_n}=-in$，$\sin\dfrac{1}{z_n}=\sin(-in)=-i\dfrac{e^n-e^{-n}}{2}\to\infty$ $(n\to\infty)$.

(2) 现设 $A\neq\infty$，为了得到点列 $\{z_n\}$，我们解方程 $\sin\dfrac{1}{z}=A$，则有 $\dfrac{1}{z}=\arcsin A=\dfrac{1}{i}\mathrm{Ln}(iA+\sqrt{1-A^2})$. 于是取 $z_n=\dfrac{i}{\ln(iA+\sqrt{1-A^2})+2n\pi i}$ $(n=0,\pm1,\pm2,\cdots)$，则 $\lim\limits_{n\to\infty}z_n=0$，并满足 $f(z_n)=A$ $(n=1,2,\cdots)$，因此 $\lim\limits_{n\to\infty}f(z_n)=A$.

例 5.14　设 $f(z)=e^{\frac{1}{z}}$，则 $z=0$ 是 $f(z)$ 的本性奇点.

(1) 若 $A=\infty$，取 $z_n=\dfrac{1}{n}$，则 $f(z_n)=e^n\to\infty$ $(n\to\infty)$.

(2) 若 $A=0$，取 $z_n=-\dfrac{1}{n}$，则 $f(z_n)=e^{-n}\to0$ $(n\to\infty)$.

(3) 若 $A\neq0$，$A\neq\infty$，解方程 $e^{\frac{1}{z}}=A$，则 $\dfrac{1}{z}=\mathrm{Ln}\,A$，于是 $z_n=\dfrac{1}{\ln A+2n\pi i}$ $(n=0,\pm1,\pm2,\cdots)$，则 $\lim\limits_{n\to\infty}z_n=0$，且 $f(z_n)=A$ $(n=1,2,\cdots)$，于是 $\lim\limits_{n\to\infty}f(z_n)=A$.

定理 5.10　(皮卡大定理) 如果 a 是 $f(z)$ 的本性奇点，则对于每一个 $A\neq\infty$，除掉可能一个值 $A=A_0$ 外，必有趋于 a 的无限点列 $\{z_n\}$，使 $f(z_n)=A$ $(n=1,2,\cdots)$.

也就是说，在本性奇点的任何一个领域内，$f(z)$ 可以取到任何复数任何多次，除了一个可能的例外值. 由于皮卡大定理的证明比较繁复，限于篇幅，本书不予证明.

5.3　解析函数在无穷远点的性质

函数奇点分为有限奇点与无穷远点. 因 $f(z)$ 在 ∞ 总是无意义的，所以 ∞ 总是可看成

$f(z)$ 的奇点. 这一节我们讨论解析函数在无穷远点的性质.

5.3.1　∞处孤立奇点的概念与分类

定义 5.5　若 $f(z)$ 在去心邻域 $N-\{\infty\}: r<|z|<+\infty (r$ 可充分大) 内解析, 则 ∞ 称是 $f(z)$ 的孤立奇点.

若 ∞ 是 $f(z)$ 的孤立奇点, 可做变换 $t=\dfrac{1}{z}$, 因 $f(z)$ 在 $r<|z|<+\infty$ 内解析, 且 $t=0$ 是 $f\left(\dfrac{1}{t}\right)$ 的孤立奇点.

定义 5.6　若 $t=0$ 是 $f\left(\dfrac{1}{t}\right)$ 的可去奇点、m 阶极点或本性奇点, 则相应地称 $z=\infty$ 为 $f(z)$ 的可去奇点、m 阶极点或本性奇点.

因此, 我们可将 $f(z)$ 在 ∞ 处的性质转为讨论 $f\left(\dfrac{1}{t}\right)$ 在 $t=0$ 处的性质, 而 $t=0$ 处的孤立点处的性质可由 5.2 节的方法来判断.

5.3.2　∞处孤立奇点的判定

1. 可去奇点

定理 5.11　下列命题等价:

(1) ∞ 是 $f(z)$ 的可去奇点 $[f(z)$ 在 $z=\infty$ 处洛朗展式的主要部分为零].

(2) $\lim\limits_{n\to\infty} f(z)=A \ (A\neq\infty)$.

(3) $f(z)$ 在 ∞ 的某去心邻域 $r<|z|<+\infty$ 内有界.

注: (1) 若 ∞ 是 $f(z)$ 的可去奇点, 则 $f(z)$ 在 $z=\infty$ 处的洛朗展式没有 z 的正幂项.

(2) 所谓 $f(z)$ 在点 ∞ 解析, 就是指点 ∞ 为 $f(z)$ 的可去奇点, 且定义 $f(\infty)=\lim\limits_{z\to\infty} f(z)$.

例 5.15　验证 ∞ 是 $\dfrac{z}{z+1}$ 的可去奇点.

解: 因 $\lim\limits_{z\to\infty} \dfrac{z}{z+1}=1$, 所以 ∞ 是 $\dfrac{z}{z+1}$ 的可去奇点.

例 5.16　验证 ∞ 是 $\ln\dfrac{z-1}{z-2}$ 的可去奇点.

解: 因 $\lim\limits_{z\to\infty}\ln\dfrac{z-1}{z-2}=0$, 所以 ∞ 是 $\ln\dfrac{z-1}{z-2}$ 的可去奇点.

2. 极点

定理 5.12　下列命题等价:

(1) ∞ 是 $f(z)$ 的 m 阶极点 $[f(z)$ 的洛朗展式含有有限个 z 的正幂项: $b_1 z+b_2 z^2+\cdots+b_m z^m (b_m\neq 0)]$.

(2) $f(z)$ 在 ∞ 的某去心邻域 $r<|z|<+\infty$ 内能展成 $f(z)=z^m y(z)$, 其中 $y(z)$ 在 $r<|z|<+\infty$ 内解析, 且 $\lim\limits_{z\to\infty} y(z)\neq 0$.

(3) $\dfrac{1}{f(z)}$ 以 $z=\infty$ 为 m 阶零点.

(4) $\lim\limits_{z\to\infty}\dfrac{f(z)}{z^m}=A(\neq 0)$.

定理 5.13 ∞ 为 $f(z)$ 极点的充要条件是 $\lim\limits_{z\to\infty}f(z)=\infty$.

例 5.17 验证 ∞ 是 $f(z)=\dfrac{z^2}{z+1}$ 的一阶极点.

解法 1: $f\left(\dfrac{1}{t}\right)=\dfrac{\dfrac{1}{t^2}}{\dfrac{1}{t}+1}=\dfrac{1}{t(1+t)}$，$t=0$ 是 $f\left(\dfrac{1}{t}\right)$ 的单极点，从而 ∞ 是 $f(z)$ 的单极点.

解法 2: $\lim\limits_{z\to\infty}\dfrac{1}{z}\cdot f(z)=\lim\limits_{z\to\infty}\dfrac{z}{z+1}=1$，故 ∞ 是 $f(z)$ 的单极点.

3. 本性奇点

定理 5.14 若 $\lim\limits_{z\to\infty}f(z)$ 不存在也不为 ∞，则 ∞ 是 $f(z)$ 的本性奇点.

定理 5.15 ∞ 是 $f(z)$ 的本性奇点的充要条件是 $f(z)$ 在 $z=\infty$ 的主要部分有无穷多个 z 的正幂项不等于零.

例 5.18 验证 ∞ 是 $\sin z$ 的本性奇点.

解： 由于 $\sin z=z-\dfrac{z^3}{3!}+\dfrac{z^5}{5!}-\cdots+(-1)^n\dfrac{z^{2n+1}}{(2n+1)!}+\cdots$ 含有无穷多 z 的正幂项，所以 ∞ 是它的本性奇点.

注： 对 ∞ 的奇点分类是以 ∞ 处洛朗展式的正幂项为判断依据，这与有限点处奇点(分类判断)不一样！

例 5.19 在扩充复平面内，指出下列孤立奇点类型，若为极点，指出阶数：

(1) $f(z)=\dfrac{z^6+1}{z(z^2+1)^2}$； (2) $f(z)=\dfrac{\sin z-z}{z^3}$； (3) $f(z)=\dfrac{\tan(z-1)}{z-1}$.

解： (1) $0,\pm i,\infty$ 是 $f(z)$ 的孤立奇点.

① $\lim\limits_{z\to 0}z\cdot f(z)=\lim\limits_{z\to 0}\dfrac{z^6+1}{(z^2+1)^2}=1$，故 $z=0$ 是 $f(z)$ 的单极点.

② $\lim\limits_{z\to i}(z-i)f(z)=\lim\limits_{z\to i}(z-i)\cdot\dfrac{(1+z^2)(1-z^2+z^4)}{z(z^2+1)^2}=-\dfrac{3}{2}$，故 $z=i$ 是 $f(z)$ 的单极点. 同理，$z=-i$ 亦是 $f(z)$ 的单极点.

③ $\lim\limits_{z\to\infty}\dfrac{1}{z}\cdot f(z)=\lim\limits_{z\to\infty}\dfrac{z^6+1}{z^2(z^2+1)^2}=1(\neq 0)$，故 ∞ 是 $f(z)$ 的单极点.

(2) 因 $f(z)=\dfrac{1}{z^3}\left(-z+z-\dfrac{1}{3!}z^3+\dfrac{1}{5!}z^5-\dfrac{1}{7!}z^7+\cdots\right)=-\dfrac{1}{3!}+\dfrac{1}{5!}z^2-\dfrac{1}{7!}z^4+\cdots$，故 $\lim\limits_{z\to 0}f(z)=-\dfrac{1}{3!}$，故 $z=0$ 是 $f(z)$ 的可去奇点. 因 $f(z)$ 的洛朗展式含有无穷多个 z 的正幂项，故 ∞ 是 $f(z)$ 的本性极点.

（3）因 $f(z)=\dfrac{\sin(z-1)}{(z-1)\cos(z-1)}$，可知 $z=1$ 是 $f(z)$ 的可去奇点，因 $\lim\limits_{z\to1}f(z)=$

$\lim\limits_{z\to1}\dfrac{1}{\cos(z-1)}=1$，令 $\cos(z-1)=0$，$z_k=1+\dfrac{2k+1}{2}\pi$ $(k=0,\pm1,\pm2,\cdots)$ 为一阶极

点. 又因 $1+\dfrac{2k+1}{2}\pi\to\infty$ $(k\to\infty)$，故 $z=\infty$ 是 $f(z)$ 的非孤立奇点.

例 5.20　将多值解析函数 $\mathrm{Ln}\dfrac{z-a}{z-b}$ 的各分支在无穷远点的某去心邻域（$2<|z|<\infty$）内展成洛朗级数.

解： ∞ 不是 $\mathrm{Ln}\dfrac{z-a}{z-b}$ 的支点，故可在 $\max\{|a|,|b|\}<|z|<+\infty$ 内展成洛朗级数.

$$\mathrm{Ln}\frac{z-a}{z-b}=\mathrm{Ln}\frac{1-\dfrac{a}{z}}{1-\dfrac{b}{z}}=\ln\Big(1-\frac{a}{z}\Big)-\ln\Big(1-\frac{b}{z}\Big)+2k\pi\mathrm{i}$$

$$=2k\pi\mathrm{i}+\sum_{n=1}^{\infty}(-1)^{n-1}\frac{\Big(-\dfrac{a}{z}\Big)^n}{n}-\sum_{n=1}^{\infty}(-1)^{n-1}\frac{\Big(-\dfrac{b}{z}\Big)^n}{n}$$

$$=2k\pi\mathrm{i}-\sum_{n=1}^{\infty}\frac{1}{n}\cdot\frac{a^n}{z^n}+\sum_{n=1}^{\infty}\frac{1}{n}\cdot\frac{b^n}{z^n}$$

$$=2k\pi\mathrm{i}+\sum_{n=1}^{\infty}\frac{b^n-a^n}{n}\cdot\frac{1}{z^n},\quad k=0,\pm1,\pm2,\cdots.$$

由此可见，∞ 是单值解析分支的可去奇点.

例 5.21　若 $f(z)$ 在 $0<|z-a|<R$ 内解析，且不恒为零，又若 $f(z)$ 有一列异于 a 但以 a 为聚点的零点，试证：a 必为 $f(z)$ 的本性奇点.

证明： $z=a$ 必是 $f(z)$ 的孤立奇点，且不可能是可去奇点，否则令 $f(a)=0$，则 $f(z)$ 在 $|z-a|<R$ 内解析，且以 a 为非孤立的零点（由推论 4.4）. 从而 $f(z)$ 恒为零，这与假设矛盾.

此外，$z=a$ 也不能是 $f(z)$ 的极点，否则，$\lim\limits_{z\to a}f(z)=\infty$，对任给 $M>0$，有 $\delta>0$，使得当 $0<|z-a|<\delta$ 时，$|f(z)|>M$，也与假设矛盾，故 $z=a$ 必为 $f(z)$ 的本性奇点.

例 5.22　设 $f(z)$ 在复平面内解析 $\lim\limits_{z\to\infty}\dfrac{f(z)}{z}=1$，求证：$f(z)$ 有且仅有一个零点.

证明： 因 $f(z)$ 在 z 平面内解析，则 $f(z)$ 的幂级数展开式为

$$f(z)=c_0+c_1z+c_2z^2+\cdots+c_nz^n+\cdots.$$

又因 $\lim\limits_{z\to\infty}\dfrac{f(z)}{z}=1\neq0$，故 $z=\infty$ 是 $f(z)$ 的单极点. 从而 $f(z)=c_0+c_1z$ $(c_1\neq0)$，故 $f(z)$ 有且仅有一个零点.

5.4   整函数与亚纯函数的概念

5.4.1   整函数

定义 5.7   在整个 z 平面解析的函数 $f(z)$ 称为整函数. 设 $f(z)$ 为整函数,则 $f(z)$ 只以 ∞ 为孤立奇点,且可设 $f(z) = \sum\limits_{n=0}^{\infty} c_n z^n (0 \leqslant |z| < +\infty)$.

定理 5.16   若 $f(z)$ 为一整函数,则

(1) ∞ 为 $f(z)$ 的可去奇点的充要条件是 $f(z) \equiv c_0$.

(2) ∞ 为 $f(z)$ 的 m 阶极点的充要条件是 $f(z)$ 为一个 m 次多项式

$$c_0 + c_1 z + c_2 z^2 + \cdots + c_m z^m, \quad c_m \neq 0.$$

(3) ∞ 为 $f(z)$ 的本性奇点的充要条件是 $f(z) = \sum\limits_{n=0}^{\infty} c_n z^n$ 中有无穷多个 c_n 不等于零[此时称 $f(z)$ 为超越整函数].

如 e^z, $\sin z$, $\cos z$ 是超越整函数. 根据定义 5.16,整函数族按照 ∞ 的不同类型而被分成三类.

5.4.2   亚纯函数

定义 5.8   在 z 平面上除极点外无其他类型奇点的单值解析函数称为亚纯函数.

注：亚纯函数族是较整函数族更为一般的函数族.

定理 5.17 $f(z)$ 为有理函数的充要条件是 $f(z)$ 在扩充复平面上除极点外没有其他类型的奇点.

证明：必要性   设 $f(z)$ 为有理函数,则可设 $f(z) = \dfrac{P(z)}{Q(z)}$,其中 $P(z)$ 与 $Q(z)$ 分别为 z 的 m 次多项式与 n 次多项式,且彼此互质,则

(1) 当 $m > n$ 时,$z = \infty$ 必为 $f(z)$ 的 $m - n$ 阶极点.

(2) 当 $m \leqslant n$ 时,$z = \infty$ 必为 $f(z)$ 的可去奇点,只要 $f(\infty) = \lim\limits_{z \to \infty} \dfrac{p(z)}{Q(z)}$,则 ∞ 是 $f(z)$ 的解析点.

(3) $Q(z)$ 的零点必为 $f(z)$ 的极点.

充分性   若 $f(z)$ 在扩充 z 平面上除极点外无其他类型的奇点,则这些极点的个数只能是有限个,否则,这些极点在 z 平面上的聚点为 $Q(z)$ 的非孤立奇点,与假设矛盾.

令 $f(z)$ 在 z 平面上的极点为 $z_1, z_2, \cdots, z_n$,其阶数分别为 $\lambda_1, \lambda_2, \cdots, \lambda_n$,则

$$g(z) = (z - z_1)^{\lambda_1} (z - z_2)^{\lambda_2} \cdots (z - z_n)^{\lambda_n} f(z),$$

至多以 $z = \infty$ 为极点,而在 z 平面上解析,故 $g(z)$ 必为多项式成常数,即 $f(z)$ 必为有理函数.

注：有理函数都是亚纯函数.

定义 5.9 非有理函数的亚纯函数称为超越亚纯函数.

例 5.23 $\dfrac{1}{e^z - 1}$ 是一个超越亚纯函数，因它有无穷多个极点 $z_k = 2k\pi i \ (k \in \mathbf{Z})$，其聚点 ∞ 是一个非孤立奇点.

注：整函数也可看作亚纯函数的一种特例.

例 5.24 在扩充 z 平面上解析的函数 $f(z)$ 必为常数.

证明：因 $f(z)$ 在 z 平面上解析，则 $f(z)$ 必为整函数，而整函数只以 ∞ 为孤立奇点，而 $f(z)$ 在 $z = \infty$ 只能是 $f(z)$ 的可去奇点，从而 $f(z)$ 必为常数.

例 5.25 设曲线 C 是一条周线，$f(z)$ 在 C 的内部都是亚纯的，并连续到 C，且 $f(z)$ 沿 C 不为零，求证：$f(z)$ 在 C 的内部至多只有有限个零点和极点.

证明：反证法 记曲线 C 的内部区域为 D. 设在区域 D 中去掉所有的极点的区域为 D_1，则在 D_1 内，$f(z) \neq 0$.

(1) 假设 $f(z)$ 在 D_1 内有无穷多个零点，即在 D 内有无限多个零点，则可取出彼此不同的零点组成一点列 $\{z_n\}$，它是有界的，因而有一收敛子列 $\{z_{n_k}\}$，设 $\lim\limits_{k \to \infty} z_{n_k} = z_0$，由假设知 $z_0 \in D_1$，由唯一性定理知，在 D_1 内 $f(z) \equiv 0$，矛盾，故 $f(z)$ 在 D 内至多只有有限个零点.

(2) 考察 $\dfrac{1}{f(z)}$. 由于 $\dfrac{1}{f(z)}$ 也满足题设条件，由(1) 知 $\dfrac{1}{f(z)}$ 在 D 内至多只有有限个零点，从而 $f(z)$ 在 D 内至多只有有限个极点.

数学名人介绍

洛 朗

洛朗(Laurent，1813—1854 年)是法国数学分析学者和工程师，是复变函数论中洛朗级数的提出者，与洛朗级数相关的洛朗多项式也以他的名字命名.

1813 年 7 月 18 日，洛朗出生于法国巴黎. 1830—1832 年，洛朗进入巴黎综合理工学院就读，并以优异成绩毕业. 他毕业后进入工程师部队服役，军衔为少尉. 之后，他又去了位于法国东北部梅斯城的炮兵与杰出人才应用学校进修. 后来，他又被调往位于非洲北部的阿尔及利亚，并游历了该国的特莱姆森和穆阿斯凯尔等城市.

1840 年，洛朗从阿尔及利亚返回法国. 他花费 6 年时间指导了位于英吉利海峡一侧的阿弗尔海港的扩建行动. 直到 19 世纪，法国的主港一直是鲁昂港，但洛朗在阿弗尔港的水事扩建使得阿弗尔港成为新的法国主要海港.

在法国勒阿弗尔从事海港工程建设期间，洛朗也开始撰写数学论文. 1842—1843 年，他为冲击法国科学院大奖而提交了文章. 他的文章被收下，但是由于超过了参与评比的截止日期，所以没有发表. 1843 年，他证明了洛朗级数展开定理. 1847 年，他成了法国科学院几何学部门的通信者. 1851 年，他被选入防御委员会. 1852 年，他撰写了一篇关于偏微分方程的论文. 他也为多重积分理论和函数项级数的发展做出过贡献. 他构想了一种光学理论,并在与法国物理学家阿拉果的通信中发展了有关波动的理论.

1854 年 9 月 2 日,洛朗在巴黎去世,享年 41 岁. 他的数学成果直到死后才得以发表.

习 题 5

1. 将下列各函数在指定圆环内展成洛朗级数:

(1) $\dfrac{1}{(z^2+1)(z-2)}$,　$1<|z|<2$;

(2) $\dfrac{1}{z(1-z)^2}$,　$0<|z|<1, 0<|z-1|<1$;

(3) $\dfrac{z+1}{z^2(z-1)}$,　$0<|z|<1, 1<|z|<+\infty$;

(4) $\dfrac{1}{z^2(z-i)}$,　$0<|z-i|<1, 1<|z-i|<+\infty$.

2. 将下列各函数在指定的去心邻域内展成洛朗级数,并指出其收敛范围:

(1) $\dfrac{1}{2z-3}$,　$z=0$ 及 $z=1$;　　　　(2) $\arctan z$,　$z=0$;

(3) $\dfrac{1}{z^2-3z+2}$,　$z=1$;　　　　(4) $\mathrm{e}^{\frac{1}{1-z}}$,　$z=1$ 及 $z=\infty$.

3. 求出下列函数的奇点,并确定它们的类别(对于极点,要指出它们的阶),对无穷远点也要加以讨论:

(1) $\dfrac{1}{z(z^2+1)^2}$;　　(2) $\dfrac{\sin z}{z^3}$;　　(3) $\dfrac{1}{z^3-z^2-z+1}$;　(4) $\dfrac{\ln(z+1)}{z}$,　$|z|<1$;

(5) $\dfrac{z}{(1+z^2)(1+\mathrm{e}^{\pi z})}$;　(6) $\mathrm{e}^{\frac{1}{z-1}}$;　　(7) $\dfrac{1}{z^2(\mathrm{e}^z-1)}$;　　(8) $\dfrac{z^{2n}}{1+z^n}$,　n 为整数;

(9) $\dfrac{1}{\sin z^2}$.

4. 函数 $f(z), g(z)$ 分别以 $z=a$ 为 m 阶极点及 n 阶极点. 试问: $z=a$ 为 $f(z)+g(z)$、$f(z)g(z)$ 及 $f(z)/g(z)$ 的什么点?

5. 试证:在扩充 z 平面上解析的函数 $f(z)$ 必为常数(刘维尔定理).

6. 试证:如果 z_0 是 $f(z)$ 的 $m(m>1)$ 级零点,则 z_0 是 $f'(z)$ 的 $m-1$ 级零点.

7. 判定下列函数的奇点与其类别(包括无穷远点):

(1) $\dfrac{1}{\mathrm{e}^z-1}-\dfrac{1}{z}$;　(2) $\mathrm{e}^{z-\frac{1}{z}}$;　　(3) $\sin\dfrac{1}{z}+\dfrac{1}{z^2}$;　(4) $\dfrac{\mathrm{e}^{\frac{1}{z-1}}}{\mathrm{e}^z-1}$.

8. 考察 $z=\infty$ 是不是下列函数的奇点:

(1) $\cot z$;　　(2) $\ln\dfrac{z-1}{z-2}$;　　(3) $\mathrm{e}^z\ln\dfrac{z-a}{z-b}$.

9. 若 $f(z)$ 在全平面解析,求证:

(1) $z=\infty$ 为 $f(z)$ 可去奇点 $\Leftrightarrow f(z)\equiv$ 常数;

(2) $z=\infty$ 为 $f(z)$ 的 m 级极点 $\Leftrightarrow f(z)$ 为 m 次多项式;

(3) $z=\infty$ 为 $f(z)$ 本性奇点 $\Leftrightarrow f(z)$ 在 $z=\infty$ 邻域内洛朗展开式无负幂项,有无穷多正幂项.

第 6 章　留数理论及其应用

留数定理是柯西积分和复级数相结合的产物. 它与封闭曲线积分、定积分的计算问题有着紧密联系. 此外, 留数理论在值分布中有重要的应用.

6.1　留数

6.1.1　留数的定义

设 $f(z)$ 在 $|z-a|<R$ 内解析, 曲线 C 是此范围内绕 a 的闭曲线, 则 $\oint_C f(z)\mathrm{d}z=0$. 若 $f(z)$ 在 $0<|z-a|<R$ 内解析 $[z=a$ 为 $f(z)$ 的孤立奇点$]$, 则 $\oint_C f(z)\mathrm{d}z=0$ 不一定成立. 于是, 给出如下留数定义.

定义 6.1　$[a$ 是 $f(z)$ 的孤立奇点$]$ 设 $f(z)$ 在 $0<|z-a|<R$ 内解析, 则称积分 $\dfrac{1}{2\pi\mathrm{i}}\oint_{|z-a|=\rho} f(z)\mathrm{d}z\ (0<\rho<R)$ 为 $f(z)$ 在点 a 的留数, 记为 $\operatorname*{Res}\limits_{z=a} f(z)$ (或 $\operatorname{Res}[f(z),a]$ 或 $\operatorname{Res}[f(a)]$), 即 $\operatorname{Res}[f(z),a]=\dfrac{1}{2\pi\mathrm{i}}\oint_{|z-a|=\rho} f(z)\mathrm{d}z\ (0<\rho<R)$.

设 $f(z)$ 在点 a 的洛朗展式为 $f(z)=\sum\limits_{n=-\infty}^{+\infty} C_n (z-a)^n$, 其中 $C_n=\dfrac{1}{2\pi\mathrm{i}}\oint_{|z-a|=\rho} \dfrac{f(z)}{(z-a)^{n+1}}\mathrm{d}z$. 令 $n=-1$, 得 $C_{-1}=\dfrac{1}{2\pi\mathrm{i}}\oint_{|z-a|=\rho} f(z)\ \mathrm{d}z$. 故 $\operatorname{Res}[f(z),a]=C_{-1}$, 其中 C_{-1} 是洛朗展式中 $\dfrac{1}{z-a}$ 的系数.

注: (1) 若 a 是 $f(z)$ 在 $|z-a|<\rho$ 内的唯一孤立奇点, 则 $\oint_{|z-a|=\rho} f(z)\mathrm{d}z=2\pi\mathrm{i}\operatorname{Res}[f(z),a]$.

(2) 若 a 是 $f(z)$ 的可去奇点或解析点, 则 $\operatorname{Res}[f(z),a]=0$.

(3) 若 a 是 $f(z)$ 的本性奇点, 则可用洛朗展式 $\dfrac{1}{z-a}$ 的系数 C_{-1} 表示其留数 $\operatorname{Res}[f(z),a]$.

例 6.1　求下列留数:

(1) $\operatorname{Res}\left[\left(\dfrac{\sin z}{z}\right),0\right]$,　　　　　　　(2) $\operatorname{Res}\left[\left(\mathrm{e}^{\frac{1}{z}}\right),0\right]$.

解：（1）因 $z=0$ 是 $\dfrac{\sin z}{z}$ 的可去奇点，故 $\mathrm{Res}\left[\left(\dfrac{\sin z}{z}\right),\ 0\right]=0$.

（2）因 $z=0$ 是 $\underset{z=0}{\mathrm{Res}}(\mathrm{e}^{\frac{1}{z}})$ 的本性奇点，且 $\mathrm{e}^{\frac{1}{z}}$ 在 $z=0$ 处的洛朗展式为 $\mathrm{e}^{\frac{1}{z}}=1+\dfrac{1}{z}+$

$\dfrac{1}{2!z^2}+\cdots+\dfrac{1}{n!z^n}+\cdots$，故 $\mathrm{Res}\left[(\mathrm{e}^{\frac{1}{z}}),\ 0\right]=C_{-1}=1$.

6.1.2 留数定理

定理 6.1 （柯西留数定理）$f(z)$ 在周线或复周线 C 所围的区域 D 内，除 $a_1,\ a_2,\ \cdots,$ a_n 外解析，在 D 的边界上连续，则 $\displaystyle\oint_C f(z)\mathrm{d}z=2\pi\mathrm{i}\sum_{k=1}^{n}\mathrm{Res}[f(z),\ a_k]$.

证明： 以 a_k 为圆心，以充分小的正数 ρ_k 为半径，作圆周 C_k：$|z-a_k|=\rho_k(k=1,\ 2,\ \cdots,\ n)$，使 C_k 的内部全含于 D，且各圆周 C_k 互不相交、互不包含（彼此隔离）（见图 6.1）. 从而 $\displaystyle\oint_C f(z)\mathrm{d}z=\sum_{k=1}^{n}\oint_{C_k} f(z)\mathrm{d}z$，据留数定义，有 $\displaystyle\oint_{C_k} f(z)\mathrm{d}z=$

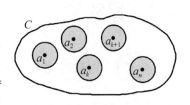

图 6.1　定理 6.1 示意图

$2\pi\mathrm{i}\mathrm{Res}[f(z),\ a_k]$，因此，$\displaystyle\oint_C f(z)\mathrm{d}z=2\pi\sum_{k=1}^{n}\mathrm{Res}[f(z),\ a_k]$.

留数定理的意义在于把复变函数的闭合曲线积分转化为计算被积函数在孤立奇点处的留数. 由于一般情况下计算这些孤立奇点的留数相对容易，因此留数定理是计算复变函数闭合曲线积分的有效的方法.

6.1.3 留数的计算

应用洛朗展式求留数是一般方法. 下面讨论 n 阶极点的留数的计算.

定理 6.2 设 a 为 $f(z)$ 的 n 阶极点，$f(z)=\dfrac{\varphi(z)}{(z-a)^n}$，其中 $\varphi(z)$ 在点 a 解析，且 $\varphi(a)\neq0$，则 $\underset{z=a}{\mathrm{Res}}f(z)=\dfrac{\varphi^{(n-1)}(a)}{(n-1)!}$.

证明： 结合高阶导数公式，容易得到

$$\mathrm{Res}[f(z),\ a]=\frac{1}{2\pi\mathrm{i}}\oint_{|z-a|=\rho}\frac{\varphi(z)}{(z-a)^n}\mathrm{d}z=\frac{\varphi^{(n-1)}(a)}{(n-1)!}.$$

注： 定理 6.2 中，计算公式的另一种写法为 $\mathrm{Res}[f(z),\ a]=\dfrac{1}{(n-1)!}$ $[(z-a)^n f(z)]^{(n-1)}\big|_{z=a}$.

推论 6.1 设 a 为 $f(z)$ 的一阶极点，则 $\mathrm{Res}[f(z),\ a]=\lim_{z\to a}[(z-a)f(z)]$.

推论 6.2 设 a 为 $f(z)$ 的二阶极点，则 $\mathrm{Res}[f(z),\ a]=[(z-a)^2 f(z)]'\big|_{z=a}$.

推论 6.3 设 a 为 $f(z)=\dfrac{\varphi(z)}{\psi(z)}$ 的一阶极点，$\varphi(z)$ 与 $\psi(z)$ 在点 a 解析，且 $\varphi(a)\neq0$，$\psi(a)=0$，$\psi'(a)\neq0$，则 $\mathrm{Res}[f(z),\ a]=\dfrac{\varphi(a)}{\psi'(a)}$.

证明： 因设 a 为 $f(z)$ 的一阶极点，故

$$\operatorname{Res}[f(z), a] = \lim_{z \to a}(z-a)\frac{\varphi(z)}{\psi(z)} = \lim_{z \to a}\frac{\varphi(z)}{\dfrac{\psi(z)-\psi(a)}{z-a}} = \frac{\varphi(a)}{\psi'(a)}.$$

例 6.2 计算下列积分：

(1) $\displaystyle\oint_{|z|=3}\frac{e^z}{z^2(z-1)}dz$；　　(2) $\displaystyle\oint_{|z|=1}\frac{e^z}{z^{100}}dz$；　　(3) $\displaystyle\oint_{|z|=2}\frac{\sin^2 z}{z^2(z-1)}dz$；

(4) $\displaystyle\oint_{|z|=n}\tan \pi z\,dz$，　$n \in \mathbf{N}_+$；　(5) $\displaystyle\oint_{|z|=1}\frac{z\sin z}{(1-e^z)^3}dz$；　(6) $\displaystyle\oint_{|z|=1}\sin\frac{1}{z}dz$.

解： (1) 因 $z=0$ 是 $f(z)=\dfrac{e^z}{z^2(z-1)}$ 的二阶极点，$z=1$ 是 $f(z)$ 的单极点，则

$$\operatorname{Res}[f(z), 0] = [z^2 \cdot f(z)]'\Big|_{z=0} = \left(\frac{e^z}{z-1}\right)'\Big|_{z=0} = \frac{e^z(z-1)-e^z}{(z-1)^2}\Big|_{z=0} = -2,$$

$$\operatorname{Res}[f(z), 1] = \lim_{z \to 1}(z-1)f(z) = \frac{e^z}{z^2}\Big|_{z=1} = e,$$

因此，$\displaystyle\oint_{|z|=3}\frac{e^z}{z^2(z-1)}dz = 2\pi i(e-2)$.

(2) 因 $z=0$ 是 $\dfrac{e^z}{z^{100}}$ 的 100 阶极点，故

$$\oint_{|z|=1}\frac{e^z}{z^{100}}dz = 2\pi i\operatorname*{Res}_{z=0}\left[\frac{e^z}{z^{100}}\right] = 2\pi i \cdot \frac{1}{99!}\left[z^{100}\cdot\frac{e^z}{z^{100}}\right]^{(99)}\Big|_{z=0} = \frac{2\pi i}{99!}.$$

(3) 因 $f(z)=\dfrac{\sin^2 z}{z^2(z-1)}$ 在 $|z|=2$ 内有可去奇点 $z=0$ 及单极点 $z=1$，则 $\operatorname*{Res}_{z=0}f(z)=0$，

$$\operatorname*{Res}_{z=1}f(z) = \lim_{z \to 1}(z-1)f(z) = \frac{\sin^2 z}{z^2}\Big|_{z=1} = \sin^2 1.$$

因此，

$$\oint_{|z|=2}f(z)\,dz = 2\pi i\left[\operatorname*{Res}_{z=0}f(z) + \operatorname*{Res}_{z=1}f(z)\right] = (2\pi\sin^2 1)i.$$

(4) 因 $\tan \pi z = \dfrac{\sin \pi z}{\cos \pi z}$ 只以 $z=k+\dfrac{1}{2}$ $(k=0, \pm 1, \pm 2, \cdots)$ 为一阶极点，故

$$\operatorname*{Res}_{z=k+\frac{1}{2}}(\tan \pi z) = \frac{\sin \pi z}{(\cos \pi z)'}\Big|_{z=k+\frac{1}{2}} = -\frac{1}{\pi}, \quad k=0, \pm 1, \pm 2, \cdots$$

据留数定理得，

$$\oint_{|z|=n}\tan \pi z\,dz = 2\pi i\sum_{\left|k+\frac{1}{2}\right|<n}\operatorname*{Res}_{z=k+\frac{1}{2}}(\tan \pi z) = 2\pi i\left(-\frac{1}{\pi}\cdot 2n\right) = -4ni,$$

$$k=-n, -n+1, \cdots, -1, 0, 1, \cdots, n-1.$$

(5) 因 z，$\sin z$，$1-\mathrm{e}^z$ 均以 $z=0$ 为一阶零点，故 $z=0$ 是 $f(z)=\dfrac{z\sin z}{(1-\mathrm{e}^z)^3}$ 的单极点 $1-\mathrm{e}^z$ 的全部零点为 $z=2k\pi\mathrm{i}\ (k=0,\pm1,\pm2,\cdots)$. 但只有 $z=0$ 在单位圆周 $|z|=1$ 的内部，故

$$\operatorname*{Res}_{z=0}f(z)=\lim_{z\to0}zf(z)=\lim_{z\to0}\frac{z\sin z}{(1-\mathrm{e}^z)^3}=\lim_{z\to0}\frac{\sin z}{z}\cdot\left(\lim_{z\to0}\frac{z}{1-\mathrm{e}^z}\right)^3$$

$$=\left(\lim_{z\to0}\frac{1}{-\mathrm{e}^z}\right)^3=(-1)^3=-1.$$

(6) 在 $|z|=1$ 内 $\sin\dfrac{1}{z}$ 只有 $z=0$ 一个本性奇点，由 $\sin\dfrac{1}{z}$ 的洛朗展式为

$$\sin\frac{1}{z}=\frac{1}{z}-\frac{1}{3!z^3}+\frac{1}{5!z^5}-\frac{1}{7!z^7}+\frac{1}{9!z^9}+\cdots$$

可得 $C_{-1}=1$，$\operatorname*{Res}_{z=0}\left[\sin\left(\dfrac{1}{z}\right)\right]=1$，从而 $\displaystyle\oint_{|z|=1}\sin\left(\dfrac{1}{z}\right)\mathrm{d}z=2\pi\mathrm{i}\operatorname*{Res}_{z=0}\left[\sin\left(\dfrac{1}{z}\right)\right]=2\pi\mathrm{i}$.

例 6.3 设 $f(z)=\displaystyle\sum_{n=0}^{\infty}a_nz^n$ 在复平面上解析，求证：对任一正整数 k，函数 $\dfrac{f(z)}{z^k}$ 在点 $z=0$ 的留数 $\operatorname*{Res}_{z=0}\dfrac{f(z)}{z^k}=a_{k-1}$.

证明： 因为 $f(z)=\displaystyle\sum_{n=0}^{\infty}a_nz^n$，所以，$\dfrac{f(z)}{z^k}=a_0z^{-k}+a_1z^{-k+1}+\cdots+a_{k-1}z^{-1}+a_k+\cdots$，因此，$\operatorname*{Res}_{z=0}\dfrac{f(z)}{z^k}=c_{-1}=a_{k-1}$.

6.1.4 函数在无穷远点的留数

定义 6.2 设 $f(z)$ 在 $r<|z|<+\infty$ 内解析，则积分 $\dfrac{1}{2\pi\mathrm{i}}\displaystyle\oint_{\Gamma^-}f(z)\mathrm{d}z\ (\Gamma:|z|=\rho,\rho>\gamma)$ 称为 $f(z)$ 在 ∞ 点的留数，记为 $\operatorname*{Res}_{z=\infty}f(z)$，这里 Γ^- 表示顺时针方向（这个方向可以很自然地看作绕 ∞ 的正向）.

设 $f(z)$ 在 $r<|z|<+\infty$ 内的洛朗展式为

$$f(z)=\sum_{n=-\infty}^{+\infty}c_nz^n=\cdots+\frac{c_{-n}}{z^n}+\cdots+\frac{c_{-1}}{z}+c_0+c_1z+\cdots+c_nz^n+\cdots,$$

式中，$c_n=\dfrac{1}{2\pi\mathrm{i}}\displaystyle\oint_{\Gamma}\dfrac{f(z)}{z^{n+1}}\mathrm{d}z$，则 $\operatorname*{Res}_{z=\infty}f(z)=\dfrac{1}{2\pi\mathrm{i}}\displaystyle\oint_{\Gamma^-}f(z)\mathrm{d}z=-c_{-1}$，即 $\operatorname*{Res}_{z=\infty}f(z)$ 为 $f(z)$ 在 ∞ 的洛朗展式中 $\dfrac{1}{z}$ 的系数的相反数.

定理 6.3 （总留数定理）若 $f(z)$ 在扩充 z 平面上只有有限个孤立奇点（包括 ∞），设为 $a_1,a_2,\cdots,a_n,\infty$，则 $f(z)$ 在各奇点的留数总和为零，即 $\displaystyle\sum_{k=1}^{n}\operatorname*{Res}_{z=a_k}f(z)+\operatorname*{Res}_{z=\infty}f(z)=0$.

证明：以原点为圆心作圆周 Γ，使 a_1，a_2，$\cdots$，a_n 皆含于 Γ 的内部，则由留数定理得 $\oint_{\Gamma} f(z)\mathrm{d}z = 2\pi\mathrm{i}\sum_{k=1}^{n}\operatorname*{Res}_{z=a_k} f(z)$. 两边除以 $2\pi\mathrm{i}$，并移项得 $\sum_{k=1}^{n}\operatorname*{Res}_{z=a_k} f(z) + \dfrac{1}{2\pi\mathrm{i}}\oint_{\Gamma^-} f(z)\mathrm{d}z = 0$，

即 $\sum_{k=1}^{n}\operatorname*{Res}_{z=a_k} f(z) + \operatorname*{Res}_{z=\infty} f(z) = 0$.

定理 6.4　$\operatorname*{Res}_{z=\infty} f(z) = -\operatorname*{Res}_{t=0}\left[f\left(\dfrac{1}{t}\right)\dfrac{1}{t^2} \right]$ [∞ 为 $f(z)$ 的孤立奇点].

证明：取正向简单闭合曲线 Γ 为半径足够大的正向圆周：$|z| = \rho$ $(\rho > r)$. 令 $t = \dfrac{1}{z}$，

则 $\varphi(t) = f\left(\dfrac{1}{t}\right) = f(z)$，则 ∞ 的去心邻域 $N - \{\infty\}$：$r < |z| < +\infty$ 变换成 t 平面的原

点的去心邻域 $N - \{0\}$：$0 < |t| < \dfrac{1}{r}$ $\left(\text{若 } r = 0,\text{则规定 } \dfrac{1}{r} = +\infty\right)$，圆周 Γ：$|z| = \rho$ 变成

圆周 γ：$|t| = \dfrac{1}{\rho}$ $\left(\dfrac{1}{\rho} < \dfrac{1}{r}\right)$，从而 $\dfrac{1}{2\pi\mathrm{i}}\oint_{\Gamma^-} f(z)\mathrm{d}z = -\dfrac{1}{2\pi\mathrm{i}}\oint_{\gamma} f\left(\dfrac{1}{t}\right)\cdot\dfrac{1}{t^2}\mathrm{d}t$，即

$\operatorname*{Res}_{z=\infty} f(z) = -\operatorname*{Res}_{t=0}\left[f\left(\dfrac{1}{t}\right)\dfrac{1}{t^2} \right]$.

注：当 $\lim\limits_{z\to\infty} f(z) = 0$ 时 [此时 ∞ 为 $f(z)$ 的可去奇点]，则有 $c_{-1} = \lim\limits_{z\to\infty} zf(z)$，从而 $\operatorname*{Res}_{z=\infty} f(z) = -\lim\limits_{z\to\infty} zf(z)$ [此法仅适用于 $\lim\limits_{z\to\infty} f(z) = 0$ 情形].

例 6.4　求下列积分：

(1) $I = \oint_{|z|=2}\dfrac{1}{(z+\mathrm{i})^{10}(z-1)(z-3)}\mathrm{d}z$，　　(2) $I = \oint_{|z|=4}\dfrac{z^{15}}{(z^2+1)^2(z^4+2)^3}\mathrm{d}z$.

解：(1) 令 $f(z) = \dfrac{1}{(z+\mathrm{i})^{10}(z-1)(z-3)}$. 在扩充复平面上，$-\mathrm{i}$，$1$，$3$ 与 ∞ 是 $f(z)$

的孤立奇点，则 $\operatorname*{Res}_{z=\mathrm{i}} f(z) + \operatorname*{Res}_{z=1} f(z) + \operatorname*{Res}_{z=3} f(z) + \operatorname*{Res}_{z=\infty} f(z) = 0$，由于

$$\operatorname*{Res}_{z=3} f(z) = \lim_{z\to 3}(z-3)f(z) = \dfrac{1}{2(3+\mathrm{i})^{10}}$$

$$\operatorname*{Res}_{z=\infty} f(z) = -\operatorname*{Res}_{t=0}\left[f\left(\dfrac{1}{t}\right)\cdot\dfrac{1}{t^2} \right] = -\operatorname*{Res}_{t=0}\left[\dfrac{1}{\left(\dfrac{1}{t}+\mathrm{i}\right)^{10}\cdot\left(\dfrac{1}{t}-1\right)\cdot\left(\dfrac{1}{t}-3\right)}\cdot\dfrac{1}{t^2} \right]$$

$$= -\operatorname*{Res}_{t=0}\left[\dfrac{t^{10}}{(1+t\mathrm{i})^{10}\cdot(1-t)\cdot(1-3t)} \right] = 0,$$

故由总留数定理，有

$$\oint_{|z|=2} f(z)\mathrm{d}z = 2\pi\mathrm{i}\{\operatorname{Res}[f(z),\ \mathrm{i}] + \operatorname{Res}[f(z),\ 1]\}$$

$$= -2\pi\mathrm{i}\left[\operatorname*{Res}_{z=3} f(z) + \operatorname*{Res}_{z=\infty} f(z)\right] = -\dfrac{\pi\mathrm{i}}{(3+\mathrm{i})^{10}}.$$

(2) 令 $f(z) = \dfrac{z^{15}}{(z^2+1)^2(z^4+2)^3}$，则 $f(z)$ 孤立奇点有 $z = \pm\mathrm{i}$，$z = \sqrt[4]{2}\,\mathrm{e}^{\mathrm{i}\frac{\pi+2k\pi}{4}}$ $(k=0,$

1, 2, 3) 以及 $z=\infty$. 前六个均在 $|z|=4$ 的内部(这六个奇点的留数计算十分麻烦),则利用留数定理及总留数定理,有 $I=2\pi\mathrm{i}\left[-\operatorname*{Res}_{z=\infty}f(z)\right]$.

由于 $f\left(\dfrac{1}{t}\right)\dfrac{1}{t^2}=\dfrac{\dfrac{1}{t^{15}}}{\left(\dfrac{1}{t^2}+1\right)^2\left(\dfrac{1}{t^4}+2\right)^3}\cdot\dfrac{1}{t^2}=\dfrac{1}{t(1+t^2)^2(1+2t^4)^3}$,它以 $t=0$ 为

单极点,$\operatorname*{Res}_{t=0}\left[f\left(\dfrac{1}{t}\right)\cdot\dfrac{1}{t^2}\right]=1$,从而 $\operatorname*{Res}_{z=\infty}f(z)=-\operatorname*{Res}_{z=0}f\left(\dfrac{1}{t}\right)\dfrac{1}{t^2}=-1$,因此,$I=2\pi\mathrm{i}\left[-\operatorname*{Res}_{z=\infty}f(z)\right]=2\pi\mathrm{i}$.

注: 在本例中均有 $\lim\limits_{z\to\infty}f(z)=0$.

例 6.3(1)中 ∞ 的留数另一种计算方法为 $\operatorname*{Res}_{z=\infty}f(z)=-\lim\limits_{z\to\infty}zf(z)=0$.

例 6.3(2)中 ∞ 的留数另一种计算方法为 $\operatorname*{Res}_{z=\infty}f(z)=-\lim\limits_{z\to\infty}zf(z)=-1$. 所得结果与上述结果一致.

例 6.5 计算积分 $\oint\limits_{|z|=2}\dfrac{z^2-z+2}{z^4+10z^2+9}\mathrm{d}z$.

解: 在 $|z|=2$ 内有四个奇点 $z=\pm\mathrm{i}, \pm3\mathrm{i}$,在 $|z|=2$ 外有一个可去奇点 $z=\infty$. 因而,$\operatorname*{Res}_{z=\infty}f(z)=-\lim\limits_{z\to\infty}z\dfrac{z^2-z+2}{z^4+10z^2+9}=0$,据总留数定理有

$$\oint\limits_{|z|=2}\frac{z^2-z+2}{z^4+10z^2+9}\mathrm{d}z=-2\pi\mathrm{i}\operatorname*{Res}_{z=\infty}f(z)=0.$$

6.2　留数的应用

某些原函数不易求得定积分和反常积分,可利用留数进行计算. 要计算某些类型的定积分或反常积分,可设法将这些积分化为复变函数在封闭曲线上的积分,然后再利用留数定理计算积分值.

6.2.1　计算 $\displaystyle\int_0^{2\pi}R(\cos\theta, \sin\theta)\mathrm{d}\theta$

我们先利用数学分析或者高等数学的知识求解下面的积分:

例 6.6 计算积分 $\displaystyle\int_0^{2\pi}\dfrac{\mathrm{d}\theta}{1+\dfrac{\sqrt{3}}{2}\cos\theta}$.

解法 1: $\displaystyle\int_0^{2\pi}\dfrac{\mathrm{d}\theta}{1+\dfrac{\sqrt{3}}{2}\cos\theta}=\int_0^{\pi}\dfrac{\mathrm{d}\theta}{1+\dfrac{\sqrt{3}}{2}\cos\theta}+\int_{\pi}^{2\pi}\dfrac{\mathrm{d}\theta}{1+\dfrac{\sqrt{3}}{2}\cos\theta}$

$$=\int_0^{\pi}\frac{\mathrm{d}\theta}{1+\dfrac{\sqrt{3}}{2}\cos\theta}+\int_{\pi}^{0}\frac{\mathrm{d}(2\pi-\theta)}{1+\dfrac{\sqrt{3}}{2}\cos(2\pi-\theta)}$$

$$=2\int_0^\pi \frac{\mathrm{d}\theta}{1+\frac{\sqrt3}{2}\cos\theta}=2\int_0^{\frac\pi2}\frac{\mathrm{d}\theta}{1+\frac{\sqrt3}{2}\cos\theta}+2\int_{\frac\pi2}^\pi\frac{\mathrm{d}\theta}{1+\frac{\sqrt3}{2}\cos\theta}$$

$$=2\int_0^{\frac\pi2}\frac{\mathrm{d}\theta}{1+\frac{\sqrt3}{2}\cos\theta}+2\int_0^{\frac\pi2}\frac{\mathrm{d}\theta}{1-\frac{\sqrt3}{2}\cos\theta}$$

$$=4\int_0^{\frac\pi2}\frac{\mathrm{d}\theta}{1-\frac34\cos^2\theta}=4\int_0^{\frac\pi2}\frac{\mathrm{d}\theta}{\frac14\cos^2\theta+\sin^2\theta}$$

$$=4\int_0^{\frac\pi2}\frac{\mathrm{d}\tan\theta}{\tan^2\theta+\frac14}=4\int_0^{\frac\pi2}\frac{\mathrm{d}\tan\theta}{\frac14[(2\tan\theta)^2+1]}$$

$$=\lim_{\theta\to\frac\pi2^-}8\arctan(2\tan\theta)=8\cdot\frac\pi2=4\pi.$$

显然,利用数学分析或者高等数学的知识计算上述例题中的积分计算量大,过程复杂,考虑的细节问题比较多. 实际上,对于这类定积分,我们还可以利用留数定理来计算. 这是一类三角有理函数在 $[0,2\pi]$ 上的积分.

设 $R(\cos\theta,\sin\theta)$ 是 $\cos\theta,\sin\theta$ 的有理函数,并且在 $[0,2\pi]$ 上连续. 不妨令 $z=\mathrm{e}^{\mathrm{i}\theta}(=\cos\theta+\mathrm{i}\sin\theta)$,则 $\mathrm{d}z=\mathrm{e}^{\mathrm{i}\theta}\mathrm{d}\theta$, $\mathrm{d}\theta=\frac{1}{\mathrm{i}z}\mathrm{d}z$, $\cos\theta=\frac{\mathrm{e}^{\mathrm{i}\theta}+\mathrm{e}^{-\mathrm{i}\theta}}{2}=\frac{z+z^{-1}}{2}=\frac{z^2+1}{2z}$, $\sin\theta=\frac{\mathrm{e}^{\mathrm{i}\theta}+\mathrm{e}^{-\mathrm{i}\theta}}{2\mathrm{i}}=\frac{z-z^{-1}}{2\mathrm{i}}=\frac{z^2-1}{2\mathrm{i}z}$. 当 $\theta\in[0,2\pi]$ 时,变量 z 恰好沿圆周 $|z|=1$ 的正向绕行一周,故 $\int_0^{2\pi}R(\cos\theta,\sin\theta)\mathrm{d}\theta=\oint_{|z|=1}R\left(\frac{z^2+1}{2z},\frac{z^2-1}{2\mathrm{i}z}\right)\frac{\mathrm{d}z}{\mathrm{i}z}\triangleq\oint_{|z|=1}f(z)\mathrm{d}z$,其中 $f(z)$ 为 z 的有理函数,且在 $|z|=1$ 上无奇点. 据留数定理,有 $\oint_{|z|=1}f(z)\mathrm{d}z=2\pi\mathrm{i}\sum_{k=1}^n\mathrm{Res}[f(z),a_k]$,其中 $a_k(k=1,2,\cdots,n)$ 为 $f(z)$ 在 $|z|=1$ 内的孤立奇点. 因此,可以利用留数的方法计算例 6.6,具体如下:

解法 2: 令 $z=\mathrm{e}^{\mathrm{i}\theta}$,则 $I=\oint_{|z|=1}\frac{1}{1+\frac{\sqrt3}{2}\cdot\frac{z^2+1}{2z}}\cdot\frac{1}{\mathrm{i}z}\mathrm{d}z=\frac4{\mathrm{i}}\oint_{|z|=1}\frac{1}{(\sqrt3z+1)(z+\sqrt3)}\mathrm{d}z$.

在 $|z|=1$ 内,只有 $-\frac{1}{\sqrt3}$ 是被积函数 $f(z)\triangleq\frac{1}{(\sqrt3z+1)(z+\sqrt3)}$ 的一级极点,则

$$\mathrm{Res}\left[f(z),-\frac1{\sqrt3}\right]=\lim_{z\to\frac1{\sqrt3}}\left(z+\frac1{\sqrt3}\right)\frac{1}{(\sqrt3z+1)(z+\sqrt3)}=\frac12,$$

从而由留数定理可得 $I=\frac4{\mathrm{i}}\cdot2\pi\cdot\frac12=4\pi$.

例 6.7　计算积分 $I=\int_0^{2\pi}\frac{\mathrm{d}\theta}{5+3\sin\theta}$.

解： 令 $z = \mathrm{e}^{\mathrm{i}\theta}$，则 $\mathrm{d}z = \mathrm{e}^{\mathrm{i}\theta}\mathrm{d}\theta$，$\mathrm{d}\theta = \dfrac{1}{\mathrm{i}z}\mathrm{d}z$，$\sin\theta = \dfrac{\mathrm{e}^{\mathrm{i}\theta} + \mathrm{e}^{-\mathrm{i}\theta}}{2\mathrm{i}} = \dfrac{z^2 - 1}{2\mathrm{i}z}$. 代入原式，得

$$I = \oint_{|z|=1} \frac{1}{5 + 3 \cdot \dfrac{z^2-1}{2\mathrm{i}z}} \cdot \frac{\mathrm{d}z}{\mathrm{i}z} = \oint_{|z|=1} \frac{2}{10z^2 + 10\mathrm{i}z - 3}\mathrm{d}z = \oint_{|z|=1} \frac{2}{3(z+3\mathrm{i})(z+\mathrm{i}/3)}\mathrm{d}z.$$

在 $|z| = 1$ 内，$\dfrac{2}{3(z+3\mathrm{i})(z+\mathrm{i}/3)}$ 只以 $-\dfrac{\mathrm{i}}{3}$ 为单极点. 从而

$$\mathrm{Res}\left[f(z), -\frac{\mathrm{i}}{3}\right] = \lim_{z \to -\frac{\mathrm{i}}{3}}\left(z + \frac{\mathrm{i}}{3}\right) \cdot \frac{2}{3(z+3\mathrm{i})(z+\mathrm{i}/3)} = -\frac{\mathrm{i}}{4}.$$

故

$$I = 2\pi\mathrm{i} \cdot \mathrm{Res}\left[f(z), -\frac{\mathrm{i}}{3}\right] = 2\pi\mathrm{i} \cdot \left(-\frac{\mathrm{i}}{4}\right) = \frac{\pi}{2}.$$

例 6.8 计算积分 $I = \displaystyle\int_0^{2\pi} \frac{\sin^2\theta}{a + b\cos\theta}\mathrm{d}\theta \ (a > b > 0)$.

解： 令 $z = \mathrm{e}^{\mathrm{i}\theta}$，则 $\mathrm{d}\theta = \dfrac{\mathrm{d}z}{\mathrm{i}z}$，$\sin\theta = \dfrac{z^2-1}{2\mathrm{i}z}$，$\cos\theta = \dfrac{z^2+1}{2z}$，代入可得

$$I = \oint_{|z|=1}\left[-\frac{(z^2-1)^2}{4z}\right] \cdot \frac{1}{a + b \cdot \dfrac{z^2+1}{2z}} \cdot \frac{\mathrm{d}z}{\mathrm{i}z} = \frac{\mathrm{i}}{2b}\oint_{|z|=1} \frac{(z^2-1)^2}{z^2\left(z^2 + \dfrac{2a}{b} \cdot z + 1\right)}\mathrm{d}z$$

$$= \frac{\mathrm{i}}{2b}\oint_{|z|=1} \frac{(z^2-1)^2}{z^2(z-\alpha)(z-\beta)}\mathrm{d}z,$$

式中，$\alpha = \dfrac{-a + \sqrt{a^2-b^2}}{b}$，$\beta = \dfrac{-a - \sqrt{a^2-b^2}}{b}$ 为 $z^2 + \dfrac{2a}{b} \cdot z + 1 = 0$ 的两个相异实根. 根据根与系数的关系，可知 $\alpha\beta = 1$. 显然 $|\beta| > |\alpha|$，因此，$|\alpha| < 1$，$|\beta| > 1$.

被积函数 $f(z)$ 在 $|z| = 1$ 上无奇点，在 $|z| < 1$ 内只有二阶极点 $z = 0$ 以及一阶极点 $z = \alpha$. 由于

$$\mathrm{Res}[f(z), 0] = \left(\frac{(z^2-1)^2}{z^2 + \dfrac{2a}{b} \cdot z + 1}\right)'\Bigg|_{z=0} = -\frac{2a}{b},$$

$$\mathrm{Res}[f(z), \alpha] = \frac{(z^2-1)^2}{z^2(z-\beta)}\bigg|_{z=\alpha} = \frac{(\alpha^2-1)^2}{\alpha^2(\alpha-\beta)} = \frac{\left(\alpha - \dfrac{1}{\alpha}\right)^2}{\alpha - \beta} = \frac{(\alpha-\beta)^2}{\alpha-\beta}$$

$$= \alpha - \beta = \frac{2\sqrt{a^2-b^2}}{b}.$$

由留数定理得 $I = \dfrac{\mathrm{i}}{2b} \cdot 2\pi\mathrm{i}\left[-\dfrac{2a}{b} + \dfrac{2\sqrt{a^2-b^2}}{b}\right] = \dfrac{2\pi}{b^2}(a - \sqrt{a^2-b^2})$.

例 6.9 计算积分 $I = \displaystyle\int_0^{\pi} \frac{1}{1 + \sin^2 x}\mathrm{d}x$.

解： 将 $\sin^2 x = \dfrac{1}{2}(1-\cos 2x)$ 代入，有 $I = \displaystyle\int_0^\pi \dfrac{2\mathrm{d}x}{3-\cos 2x}$. 令 $t=2x$，当 $x=0$ 时，$t=0$；当 $x=\pi$ 时，$t=2\pi$. 由换元积分，可得 $I = \displaystyle\int_0^{2\pi} \dfrac{\mathrm{d}t}{3-\cos t}$. 再令 $z=\mathrm{e}^{\mathrm{i}t}$，则 $\mathrm{d}t = \dfrac{\mathrm{d}z}{\mathrm{i}z}$，$\cos t = \dfrac{z^2+1}{2z}$. 当 $t \in [0, 2\pi]$ 时，变量 z 恰好沿圆周 $|z|=1$ 的正向绕行一周，从而

$$I = \int_0^{2\pi} \frac{\mathrm{d}t}{3-\cos t} = 2\mathrm{i}\oint_{|z|=1} \frac{\mathrm{d}z}{z^2-6z+1} = 2\mathrm{i}\oint_{|z|=1} \frac{\mathrm{d}z}{[z-(3-2\sqrt{2})][z-(3+2\sqrt{2})]}.$$

显然，在 $|z|=1$ 的内部，被积函数只有一个单极点 $z_0 = 3-2\sqrt{2}$，且

$$\operatorname*{Res}_{3-2\sqrt{2}} \frac{1}{[z-(3-2\sqrt{2})][z-(3+2\sqrt{2})]} = \lim_{z\to z_0}(z-z_0)\frac{1}{[z-(3-2\sqrt{2})][z-(3+2\sqrt{2})]}$$
$$= -\frac{1}{4\sqrt{2}}.$$

据留数定理，有 $I = 2\pi\mathrm{i} \cdot 2\mathrm{i} \cdot \operatorname*{Res}_{3-2\sqrt{2}} \dfrac{1}{[z-(3-2\sqrt{2})][z-(3+2\sqrt{2})]} = \dfrac{\pi}{\sqrt{2}}$.

例 6.10 计算积分 $I = \displaystyle\int_0^\pi \dfrac{\cos mx}{5-4\cos x}\mathrm{d}x$（$m$ 为正整数）.

解： 因被积函数为 x 的偶函数，故 $I = \dfrac{1}{2}\displaystyle\int_{-\pi}^\pi \dfrac{\cos mx}{5-4\cos x}\mathrm{d}x$. 令 $I_1 = \displaystyle\int_{-\pi}^\pi \dfrac{\cos mx}{5-4\cos x}\mathrm{d}x$，$I_2 = \displaystyle\int_{-\pi}^\pi \dfrac{\sin mx}{5-4\cos x}\mathrm{d}x$，则 $I_1 + \mathrm{i}I_2 = \displaystyle\int_{-\pi}^\pi \dfrac{\mathrm{e}^{\mathrm{i}mx}}{5-4\cos x}\mathrm{d}x$. 令 $z=\mathrm{e}^{\mathrm{i}x}$，则

$$I_1 + \mathrm{i}I_2 = \frac{1}{\mathrm{i}}\oint_{|z|=1} \frac{z^m}{5z-2(1+z^2)}\mathrm{d}z = \frac{\mathrm{i}}{2}\oint_{|z|=1} \frac{z^m}{\left(z-\frac{1}{2}\right)(z-2)}\mathrm{d}z \triangleq \frac{\mathrm{i}}{2}\oint_{|z|=1} f(z)\mathrm{d}z.$$

在 $|z|=1$ 内被积函数 $f(z)$ 仅有一个单极点 $z=\dfrac{1}{2}$，于是 $\operatorname*{Res}_{z=\frac{1}{2}} f(z) = \dfrac{z^m}{z-2}\Big|_{z=\frac{1}{2}} = -\dfrac{1}{3\cdot 2^{m-1}}$. 据留数定理，$I_1 + \mathrm{i}I_2 = \dfrac{\mathrm{i}}{2}\cdot 2\pi\mathrm{i}\cdot\left(-\dfrac{1}{3\cdot 2^{m-1}}\right) = \dfrac{\pi}{3\cdot 2^{m-1}}$，比较实部与虚部，可得 $I_1 = \dfrac{\pi}{3\cdot 2^{m-1}}$，$I_2 = 0$，故 $I = \dfrac{1}{2}I_1 = \dfrac{\pi}{3\cdot 2^m}$.

例 6.11 计算开普勒积分 $I = \dfrac{1}{2\pi}\displaystyle\int_0^{2\pi} \dfrac{\mathrm{d}\theta}{(1+\varepsilon\cos\theta)^2}$（$0<\varepsilon<1$）.

解： 令 $z=\mathrm{e}^{\mathrm{i}\theta}$，则 $I = \dfrac{1}{\mathrm{i}\varepsilon^2\pi}\oint_{|z|=1} \dfrac{2z\mathrm{d}z}{\left(z^2+\frac{2z}{\varepsilon}+1\right)^2}$. 被积函数 $f(z) = \dfrac{2z}{\left(z^2+\frac{2z}{\varepsilon}+1\right)^2}$

在 $|z|=1$ 内只在一个 2 阶极点 $z_1 = \dfrac{-1+\sqrt{1-\varepsilon^2}}{\varepsilon}$，由留数计算方法得 $\operatorname{Res}[f(z), z_1] = \dfrac{\varepsilon}{2\sqrt{(1-\varepsilon^2)^3}}$，再由留数定理得 $I = \dfrac{1}{\mathrm{i}\varepsilon^2\pi}\cdot 2\pi\mathrm{i}\cdot \operatorname{Res}[f(z), z_1] = \dfrac{1}{\sqrt{(1-\varepsilon^2)^3}}$.

例 6.12 计算积分 $I = \int_0^{2\pi} \sin^{2n}x \, \mathrm{d}x$ （n 为自然数）.

解： 由于 $\sin^{2n}x = \left[\dfrac{1}{2\mathrm{i}}(\mathrm{e}^{\mathrm{i}x} - \mathrm{e}^{-\mathrm{i}x})\right]^{2n} = (-1)^n 2^{-2n} \mathrm{e}^{\mathrm{i}2nx}(1 - \mathrm{e}^{-2\mathrm{i}x})^{2n}$ 及 $\int_0^{2\pi} \sin^{2n}x \, \mathrm{d}x = 2\int_0^{\pi} \sin^{2n}x \, \mathrm{d}x$，故令 $\mathrm{e}^{\mathrm{i}2x} = z$，则 $|\mathrm{e}^{2\mathrm{i}x}| = |z| = 1$，$2\mathrm{i}\mathrm{e}^{2\mathrm{i}x}\mathrm{d}x = \mathrm{d}z$，$\mathrm{d}x = -\dfrac{\mathrm{d}z}{2\mathrm{i}z}$，所以

$$I = \int_0^{2\pi} \sin^{2n}x \, \mathrm{d}x = 2\int_0^{\pi} \sin^{2n}x \, \mathrm{d}x = \frac{(-1)^n}{2^{2n}} \cdot 2 \int_{|z|=1} z^n (1 - z^{-1})^{2n} \cdot \frac{1}{2\mathrm{i}z} \mathrm{d}z$$

$$= \frac{(-1)^n}{2^{2n}\mathrm{i}} \int_{|z|=1} z^{n-1}\left(1 - \frac{1}{z}\right)^{2n} \mathrm{d}z = \frac{(-1)^n}{2^{2n}\mathrm{i}} \int_{|z|=1} \frac{(z-1)^{2n}}{z^{n+1}} \mathrm{d}z.$$

由于 $z = 0$ 为 $f(z) = \dfrac{(z-1)^{2n}}{z^{n+1}}$ 的 $n+1$ 阶极点，且只有它在 $|z| = 1$ 的内部，由留数定理，

$$I = \frac{(-1)^n}{2^{2n}\mathrm{i}} \cdot 2\pi\mathrm{i} \cdot \mathrm{Res}[f(z), 0] = \frac{(-1)^n}{2^{2n-1}} \cdot \frac{\pi}{n!} \left[(z-1)^{2n}\right]^{(n)}\Big|_{z=0}$$

$$= \frac{2\pi \cdot 2n(n-1)\cdots(n+1)}{2^{2n}n!}.$$

6.2.2   计算 $\int_{-\infty}^{+\infty} \dfrac{P(z)}{Q(z)} \mathrm{d}x$

引理 6.1 （大圆弧引理）设 $f(z)$ 沿圆弧 S_R：$z = R\mathrm{e}^{\mathrm{i}\theta}(\theta_1 \leqslant \theta \leqslant \theta_2,\ R$ 充分大）上连续（见图 6.2），且 $\lim\limits_{R \to +\infty} zf(z) = \lambda$ 在 S_R 上一致成立（与 $\theta_1 \leqslant \theta \leqslant \theta_2$ 中的 θ 无关），则

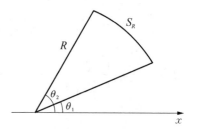

图 6.2   引理 6.1 示意图

$$\lim_{R \to +\infty} \int_{S_R} f(z)\mathrm{d}z = \mathrm{i}(\theta_2 - \theta_1)\lambda.$$

证明： 因 $\mathrm{i}(\theta_2 - \theta_1)\lambda = \mathrm{i}\lambda\int_{\theta_1}^{\theta_2} \mathrm{d}\theta = \lambda \int_{S_R} \dfrac{\mathrm{d}z}{z}$，则

$$\left| \int_{S_R} f(z)\mathrm{d}z - \mathrm{i}(\theta_2 - \theta_1)\lambda \right| = \left| \int_{S_R} \frac{zf(z) - \lambda}{z} \mathrm{d}z \right|. \quad 因 \lim_{R \to +\infty} zf(z) = \lambda，则对 \ \forall \varepsilon > 0,$$

$\exists R_0(\varepsilon)$，当 $R > R_0$ 时，有 $|zf(z) - \lambda| < \dfrac{\varepsilon}{\theta_2 - \theta_1}$，$z \in S_R$. 从而 $\left| \int_{S_R} \dfrac{zf(z) - \lambda}{z} \right| <$

$\dfrac{\varepsilon}{\theta_2 - \theta_1} \cdot \dfrac{l}{R} = \varepsilon$，其中 l 为 S_R 的弧长，$l = R(\theta_2 - \theta_1)$. 进而有

$$\lim_{R \to +\infty} \int_{S_R} f(z)\mathrm{d}z = \mathrm{i}(\theta_2 - \theta_1)\lambda.$$

定理 6.5 设 $f(z) = \dfrac{P(z)}{Q(z)} = \dfrac{c_0 z^m + c_1 z^{m-1} + \cdots + c_m}{b_0 z^n + b_1 z^{n-1} + \cdots + b_n}$ （$c_0 \neq 0$，$b_0 \neq 0$）满足下列

条件:

(1) $P(z)$ 与 $Q(z)$ 为互质多项式,且 $n-m \geqslant 2$.

(2) $Q(z)$ 在实轴上无零点.

(3) $f(z)$ 在上半复平面内只有有限个孤立奇点 $a_k(k=1,2,\cdots,l)$,则有

$$\int_{-\infty}^{+\infty} f(x)\mathrm{d}x = 2\pi\mathrm{i}\sum_{k=1}^{l} \operatorname*{Res}_{z=a_k} f(z).$$

证明: 取上半圆周 $\Gamma_R: R\mathrm{e}^{\mathrm{i}\theta}(0 \leqslant \theta \leqslant \pi)$ 为辅助曲线 (R 充分大) (见图 6.3),并由线段 $[-R, R]$ 与 Γ_R 共同构成闭曲线 C_R,取 R 充分大,使 C_R 内包含 $f(z)$ 在上半平面内的一切孤立奇点 a_k,且 $f(z)$ 在 C_R 上没有孤立奇点. 由复数积分性质以及留数定理,有

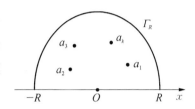

图 6.3　定理 6.5 示意图

$$\int_{-R}^{R} f(x)\mathrm{d}x + \int_{\Gamma_R} f(z)\mathrm{d}z = 2\pi\mathrm{i}\sum_{\operatorname{Im} a_k > 0} \operatorname*{Res}_{z=a_k} f(z).$$

由于 $\left| zf(z) \right| = \left| z\dfrac{P(z)}{Q(z)} \right| = \left| z\dfrac{c_0 z^m + c_1 z^{m-1} + \cdots + c_m}{b_0 z^n + b_1 z^{n-1} + \cdots + b_n} \right|$

$$= \left| \frac{z^{m+1}}{z^n} \right| \cdot \left| \frac{c_0 + \cdots + \dfrac{c_m}{z^m}}{b_0 + \cdots + \dfrac{b_n}{z^n}} \right|,$$

由定理 6.5 条件(1)知,$n-m-1 \geqslant 1$,故沿 Γ_R 上,有 $\left| zf(z) \right| \to 0 (R \to +\infty)$. 从而据引理 6.1 可得 $\displaystyle\lim_{R \to +\infty} \int_{\Gamma_R} f(z)\mathrm{d}z = 0$. 从而 $\displaystyle\int_{-\infty}^{+\infty} f(x)\mathrm{d}x = 2\pi\mathrm{i}\sum_{k=1}^{l} \operatorname*{Res}_{z=a_k} f(z)$.

例 6.13　计算积分 $I = \displaystyle\int_{-\infty}^{+\infty} \frac{x^2}{(x^2+1)(x^2+9)}\mathrm{d}x$.

解: 令 $f(z) = \dfrac{z^2}{(z^2+1)(z^2+9)}$,则 $f(z)$ 在实轴上没有孤立奇点. $\pm\mathrm{i}, \pm 3\mathrm{i}$ 均是 $f(z)$ 的单极点,上半平面孤立奇点只有 i 和 $3\mathrm{i}$,由于

$$\operatorname*{Res}_{z=\mathrm{i}} f(z) = \lim_{z \to \mathrm{i}}(z-\mathrm{i}) \cdot \frac{z^2}{(z^2+1)(z^2+9)} = \left.\frac{z^2}{(z+\mathrm{i})(z^2+9)}\right|_{z=\mathrm{i}} = -\frac{1}{16\mathrm{i}},$$

$$\operatorname*{Res}_{z=3\mathrm{i}} f(z) = \lim_{z \to \mathrm{i}}(z-3\mathrm{i}) \cdot \frac{z^2}{(z^2+1)(z^2+9)} = \left.\frac{z^2}{(z^2+1)(z+3\mathrm{i})}\right|_{z=3\mathrm{i}} = \frac{3}{16\mathrm{i}},$$

故 $I = 2\pi\mathrm{i}\left(-\dfrac{1}{16\mathrm{i}} + \dfrac{3}{16\mathrm{i}}\right) = \dfrac{\pi}{4}$.

例 6.14　设 $a > 0$,计算积分 $I = \displaystyle\int_{0}^{+\infty} \frac{\mathrm{d}x}{x^4 + a^4}$.

解: 因 $I = \dfrac{1}{2}\displaystyle\int_{-\infty}^{+\infty} \frac{\mathrm{d}x}{x^4 + a^4}$,令 $f(z) = \dfrac{1}{z^4 + a^4}$,则 $f(z)$ 共有四个单极点 $a_k =$

$a\mathrm{e}^{\frac{\pi+2k\pi}{4}}$ $(k=0,1,2,3)$，而 $\underset{z=a_k}{\mathrm{Res}}f(z)=\dfrac{1}{4z^3}\Big|_{z=a_k}=\dfrac{1}{4a_k^3}=\dfrac{a_k}{4a_k^4}=-\dfrac{a_k}{4a^4}$ $(k=0,1,2,3)$. $f(z)$ 在上半平面只有两个极点 a_0 与 a_1，故

$$I=\frac{1}{2}\cdot 2\pi\mathrm{i}\cdot\left(-\frac{1}{4a^4}\right)(a\mathrm{e}^{\frac{\pi\mathrm{i}}{4}}+a\mathrm{e}^{\frac{3\pi\mathrm{i}}{4}})=\frac{\pi}{2a^3}\cdot\frac{\mathrm{e}^{\frac{\pi\mathrm{i}}{4}}-\mathrm{e}^{-\frac{\pi\mathrm{i}}{4}}}{2\mathrm{i}}=\frac{\pi}{2a^3}\sin\frac{\pi}{4}=\frac{\pi}{2\sqrt{2}a^3}.$$

例 6.15 计算积分 $I=\displaystyle\int_{-\infty}^{+\infty}\frac{x^2-x+2}{x^4+10x^2+9}\mathrm{d}x$.

解：令 $R(z)=\dfrac{z^2-z+2}{z^4+10z^2+9}$，则 $R(z)$ 在上半平面有两个一级极点 $z=\mathrm{i}$，$z=3\mathrm{i}$，分母幂次数比分子高两次，在实轴上无奇点. 从而

$$\begin{aligned}
I&=2\pi\mathrm{i}\{\mathrm{Res}[R(z),\mathrm{i}]+\mathrm{Res}[R(z),3\mathrm{i}]\}\\
&=2\pi\mathrm{i}\left\{\lim_{z\to\mathrm{i}}\frac{z^2-z+2}{(z+\mathrm{i})(z^2+9)}+\lim_{z\to 3\mathrm{i}}\frac{z^2-z+2}{(z+3\mathrm{i})(z^2+1)}\right\}\\
&=2\pi\mathrm{i}\left(-\frac{1+\mathrm{i}}{16}+\frac{3-7\mathrm{i}}{48}\right)=\frac{5}{12}\pi.
\end{aligned}$$

6.2.3 计算 $\displaystyle\int_{-\infty}^{+\infty}\frac{P(z)}{Q(z)}\mathrm{e}^{\mathrm{i}mx}\mathrm{d}x$

引理 6.2 （若尔当引理）设沿半圆周 Γ_R：$z=R\mathrm{e}^{\mathrm{i}\theta}(0<\theta<\pi,R$ 充分大）上连续，且 $\lim\limits_{R\to+\infty}g(z)=0$ 在 Γ_R 上一致成立，则 $\lim\limits_{R\to+\infty}\displaystyle\int_{\Gamma_R}g(z)\mathrm{e}^{\mathrm{i}mz}\mathrm{d}z=0$.

证明：因 $\lim\limits_{R\to+\infty}g(z)=0$，对于 $\forall\varepsilon>0$，$\exists R_0(\varepsilon)>0$，使当 $R>R_0$ 时，有 $|g(z)|<\varepsilon$，$z\in\Gamma_R$. 从而 $\left|\displaystyle\int_{\Gamma_R}g(z)\mathrm{e}^{\mathrm{i}mz}\mathrm{d}z\right|=\left|\displaystyle\int_0^\pi g(R\mathrm{e}^{\mathrm{i}\theta})\mathrm{e}^{\mathrm{i}mR\mathrm{e}^{\mathrm{i}\theta}}R\mathrm{e}^{\mathrm{i}\theta}\mathrm{i}\mathrm{d}\theta\right|\leqslant R\varepsilon\displaystyle\int_0^\pi\mathrm{e}^{-mR\sin\theta}\mathrm{d}\theta$，

在此使用了 $|g(R\mathrm{e}^{\mathrm{i}\theta})|<\varepsilon$，$|R\mathrm{e}^{\mathrm{i}\theta}\mathrm{i}|=R$ 以及 $|\mathrm{e}^{\mathrm{i}mR\mathrm{e}^{\mathrm{i}\theta}}|=|\mathrm{e}^{-mR\sin\theta+\mathrm{i}mR\cos\theta}|=\mathrm{e}^{-mR\sin\theta}$. 由（若尔当不等式）$\dfrac{2\theta}{\pi}\leqslant\sin\theta\leqslant\theta$ $\left(0\leqslant\theta\leqslant\dfrac{\pi}{2}\right)$，故

$$\left|\int_{\Gamma_R}g(z)\mathrm{e}^{\mathrm{i}mz}\mathrm{d}z\right|\leqslant 2R\varepsilon\int_0^{\frac{\pi}{2}}\mathrm{e}^{-mR\sin\theta}\mathrm{d}\theta\leqslant 2R\varepsilon\int_0^{\frac{\pi}{2}}\mathrm{e}^{-\frac{2mR\theta}{\pi}}\mathrm{d}\theta$$

$$=2R\varepsilon\left(-\frac{\mathrm{e}^{-\frac{2mR\theta}{\pi}}}{\frac{2mR}{\pi}}\right)\Bigg|_{\theta=0}^{\theta=\frac{\pi}{2}}=\frac{\pi\varepsilon}{m}(1-\mathrm{e}^{-mR})<\frac{\pi\varepsilon}{m}.$$

故 $\lim\limits_{R\to+\infty}\displaystyle\int_{\Gamma_R}g(z)\mathrm{e}^{\mathrm{i}mz}\mathrm{d}z=0$.

类似于定理 6.5 的证明思路，应用引理 6.2，同样可得如下定理：

定理 6.6 设 $g(z)=\dfrac{P(z)}{Q(z)}$，其中 $P(z)$ 与 $Q(z)$ 是互质多项式，且满足如下条件：

（1）$Q(z)$ 的次数比 $P(z)$ 的次数高.

(2) 在实轴上 $Q(z) \neq 0$.

(3) $m > 0$.

则有 $\int_{-\infty}^{+\infty} g(x) \mathrm{e}^{\mathrm{i}mx} \mathrm{d}x = 2\pi \mathrm{i} \sum_{\mathrm{Im}\, a_k > 0} \mathop{\mathrm{Res}}_{z=a_k} [g(z)\mathrm{e}^{\mathrm{i}mz}]$.

注： 对定理 6.6 的结论，比较实部与虚部，则有

$$\int_{-\infty}^{+\infty} g(x) \cos mx\, \mathrm{d}x = \mathrm{Re}\Big\{ 2\pi \mathrm{i} \sum_{\mathrm{Im}\, a_k > 0} \mathop{\mathrm{Res}}_{z=a_k} [g(z)\mathrm{e}^{\mathrm{i}mz}] \Big\},$$

$$\int_{-\infty}^{+\infty} g(x) \sin mx\, \mathrm{d}x = \mathrm{Im}\Big\{ 2\pi \mathrm{i} \sum_{\mathrm{Im}\, a_k > 0} \mathop{\mathrm{Res}}_{z=a_k} [g(z)\mathrm{e}^{\mathrm{i}mz}] \Big\}.$$

例 6.16　计算积分 $\int_0^{+\infty} \dfrac{\cos 2x}{(x^2+1)^2} \mathrm{d}x$.

解： 令 $f(x) = \dfrac{1}{(x^2+1)^2}$，则被积函数 $f(x)\cos 2x$ 是偶函数. $f(z) = \dfrac{1}{(z^2+1)^2}$ 在上半平面内只有一个二阶极点 $z=\mathrm{i}$，由于 $\mathrm{Res}[f(z)\mathrm{e}^{\mathrm{i}2z}, \mathrm{i}] = [(z-\mathrm{i})^2 f(z)\mathrm{e}^{\mathrm{i}2z}]'\big|_{z=\mathrm{i}} = -\dfrac{3\mathrm{i}}{4\mathrm{e}^2}$，所以

$$\int_0^{+\infty} \frac{\cos 2x}{(x^2+1)^2} \mathrm{d}x = \frac{1}{2}\int_{-\infty}^{+\infty} \frac{\cos 2x}{(x^2+1)^2} \mathrm{d}x = \frac{1}{2} \mathrm{Re}\{2\pi\mathrm{i}\,\mathrm{Res}[f(z)\mathrm{e}^{\mathrm{i}2z}, \mathrm{i}]\} = \frac{3\pi}{4\mathrm{e}^2}$$

例 6.17　计算积分 $I = \int_{-\infty}^{+\infty} \dfrac{x\cos x}{x^2-2x+10} \mathrm{d}x$.

解： 令 $g(z) = \dfrac{z\cos z}{z^2-2z+10}$，则 $g(z)$ 在实轴上没有孤立奇点，且分母次数比分子次数高，$z=1+3\mathrm{i}$ 是 $g(z)$ 在上半平面唯一的单极点，则

$$\mathrm{Res}[g(z)\mathrm{e}^{\mathrm{i}mz}, 1+3\mathrm{i}] = \frac{z\mathrm{e}^{\mathrm{i}z}}{(z^2-2z+10)'}\Big|_{z=1+3\mathrm{i}} = \frac{(1+3\mathrm{i})\mathrm{e}^{-3+\mathrm{i}}}{6\mathrm{i}}.$$

于是 $\int_{-\infty}^{+\infty} \dfrac{x\mathrm{e}^{\mathrm{i}z}}{x^2-2x+10} \mathrm{d}x = 2\pi\mathrm{i} \cdot \dfrac{(1+3\mathrm{i})\mathrm{e}^{-3+\mathrm{i}}}{6\mathrm{i}} = \dfrac{\pi}{3} \cdot \mathrm{e}^{-3}(1+3\mathrm{i})(\cos 1 + \mathrm{i}\sin 1)$

$$= \frac{\pi}{3} \cdot \mathrm{e}^{-3}(\cos 1 - 3\sin 1) + \mathrm{i} \cdot \frac{\pi}{3}(3\cos 1 + \sin 1),$$

比较两端实部与虚部 $I = \dfrac{\pi}{3} \mathrm{e}^{-3}(\cos 1 - 3\sin 1)$. 此外，有 $\int_{-\infty}^{+\infty} \dfrac{x\sin x}{x^2-2x+10} \mathrm{d}x = \dfrac{\pi}{3} \mathrm{e}^{-3}(3\cos 1 + \sin 1)$.

例 6.18　计算积分 $I = \int_0^{+\infty} \dfrac{x\sin x}{x^4+a^4} \mathrm{d}x$ $(a>0)$.

解： $I = \int_0^{+\infty} \dfrac{x\sin x}{x^4+a^4} \mathrm{d}x = \dfrac{1}{2}\int_{-\infty}^{+\infty} \dfrac{x\sin x}{x^4+a^4} \mathrm{d}x$. 令 $f(z) = \dfrac{z\mathrm{e}^{\mathrm{i}z}}{z^4+a^4}$，则函数 $f(z)$ 有四个一阶极点 $a_k = a\mathrm{e}^{\frac{\pi+2k\pi}{4}\mathrm{i}}$ $(k=0,1,2,3)$，而在上半平面只有两个极点 a_0 和 a_1，于是

$$\mathrm{Res}[f(z),a_k]=\frac{z\mathrm{e}^{\mathrm{i}z}}{4z^3}\bigg|_{z=a_k}=\frac{\mathrm{e}^{\mathrm{i}a_k}}{4a_k^2}=-\frac{a_k^2\mathrm{e}^{\mathrm{i}a_k}}{4a^4}\quad(k=0,1).$$ 由留数定理,有

$$\int_{-\infty}^{+\infty}\frac{x\mathrm{e}^{\mathrm{i}x}}{x^4+a^4}\mathrm{d}x=2\pi\mathrm{i}\{\mathrm{Res}[f(z),a_0]+\mathrm{Res}[f(z),a_1]\}=2\pi\mathrm{i}\Big(-\frac{a_0^2\mathrm{e}^{\mathrm{i}a_0}}{4a^4}-\frac{a_1^2\mathrm{e}^{\mathrm{i}a_1}}{4a^4}\Big)$$

$$=\pi\mathrm{i}\Big(-\frac{\mathrm{e}^{\mathrm{i}\frac{\pi}{2}}\mathrm{e}^{\mathrm{i}ae^{\frac{\pi}{4}}}}{2a^2}-\frac{\mathrm{e}^{\mathrm{i}\frac{3\pi}{2}}\mathrm{e}^{\mathrm{i}ae^{\frac{3\pi}{4}}}}{a^2}\Big)=\pi\Big(\frac{\mathrm{e}^{\mathrm{i}a\left(\frac{\sqrt2}{2}+\frac{\sqrt2}{2}\mathrm{i}\right)}}{2a^2}-\frac{\mathrm{e}^{\mathrm{i}a\left(\frac{\sqrt2}{2}-\frac{\sqrt2}{2}\mathrm{i}\right)}}{2a^2}\Big)$$

$$=\mathrm{i}\,\frac{\pi}{a^2}\cdot\mathrm{e}^{-\frac{\sqrt2 a}{2}}\cdot\frac{\mathrm{e}^{\frac{\sqrt2 a}{2}}-\mathrm{e}^{-\frac{\sqrt2}{2}\mathrm{i}}}{2\mathrm{i}}=\mathrm{i}\,\frac{\pi}{a^2}\mathrm{e}^{-\frac{\sqrt2 a}{2}}\sin\frac{\sqrt2 a}{2}.$$

注意到 $\int_{-\infty}^{+\infty}\dfrac{x\sin x}{x^4+a^4}\mathrm{d}x$ 表示 $\int_{-\infty}^{+\infty}\dfrac{x\mathrm{e}^{\mathrm{i}x}}{x^4+a^4}\mathrm{d}x$ 的虚部,可得

$$I=\int_0^{+\infty}\frac{x\sin x}{x^4+a^4}\mathrm{d}x=\frac{\pi}{2a^2}\mathrm{e}^{-\frac{\sqrt2 a}{2}}\sin\frac{\sqrt2 a}{2}.$$

6.2.4　积分路径上有奇点的积分

在定理 6.6 中,假定 $Q(z)$ 无实零点,假如 $F(z)=\dfrac{P(z)}{Q(z)}\mathrm{e}^{\mathrm{i}mz}$ 在实轴上有孤立奇点,为此我们先介绍下面引理.

引理 6.3　(小圆弧引理)设 $f(z)$ 沿圆弧 S_r：$z-a=r\mathrm{e}^{\mathrm{i}\theta}(\theta_1\leqslant\theta\leqslant\theta_2,\ r$ 充分小)上连续,且 $\lim\limits_{r\to0}(z-a)f(z)=\lambda$ 于 S_r 上一致成立,则有 $\lim\limits_{r\to0}\displaystyle\int_{S_r}f(z)\mathrm{d}z=\mathrm{i}(\theta_2-\theta_1)\lambda$.

证明：因为 $\mathrm{i}(\theta_2-\theta_1)\lambda=\lambda\displaystyle\int_{S_r}\frac{\mathrm{d}z}{z-a}$, 于是有 $\Big|\displaystyle\int_{S_r}f(z)\mathrm{d}z-\mathrm{i}(\theta_2-\theta_1)\lambda\Big|=\Big|\displaystyle\int_{S_r}\frac{(z-a)f(z)-\lambda}{z-a}\mathrm{d}z\Big|$. 与引理 6.1 的证明相仿,得知上式在 r 充分小时,其值不超过任意给定的正数 ε, 证毕.

定理 6.7　若 $F(z)=\mathrm{e}^{\mathrm{i}mz}f(z)\ (m>0)$,且满足

(1) 在上半平面仅有有限个奇点 $a_k(k=1,2,\cdots,n)$.

(2) 除一级极点 $x_k(k=1,2,\cdots,l)$ 外,在实轴上解析.

(3) 当 $\mathrm{Im}(z)\geqslant0$, $z\to\infty$ 时,有 $f(z)\to0$.

则 $\displaystyle\int_{-\infty}^{+\infty}F(x)\mathrm{d}x=2\pi\mathrm{i}\Big\{\sum_{k=1}^{n}\mathrm{Res}[F(z),a_k]+\frac{1}{2}\sum_{k=1}^{l}\mathrm{Res}[F(z),x_k]\Big\}$.

考虑到 $F(z)=\dfrac{P(z)}{Q(z)}\mathrm{e}^{\mathrm{i}mz}$ 在实轴上有孤立奇点,可挖去极点后构造辅助路径积分,利用引理 6.3,与证明定理 6.5 的思路相似,读者可以作为练习,自行证明(可参考本章习题).

如果定理 6.7 中 $m=0$,且 $zf(z)\to0(\mathrm{Im}\,z\geqslant0,\ z\to\infty)$,以便能够同时使用大圆弧引理和小圆弧引理,则定理 6.7 的结论仍然成立.

例 6.19　计算积分 $I=\displaystyle\int_0^{+\infty}\frac{\sin x}{x}\mathrm{d}x$.

解：因被积函数为偶函数，则 $I = \dfrac{1}{2}\displaystyle\int_{-\infty}^{+\infty} \dfrac{\sin x}{x}\mathrm{d}x = \dfrac{1}{2}\mathrm{Im}\left(\displaystyle\int_{-\infty}^{+\infty} \dfrac{\mathrm{e}^{\mathrm{i}x}}{x}\mathrm{d}x\right)$. 因 $\dfrac{1}{z}$ 在复平面内，只在实轴上有一个单极点 $z = 0$，故 $\displaystyle\int_{-\infty}^{+\infty} \dfrac{\mathrm{e}^{\mathrm{i}x}}{x}\mathrm{d}x = 2\pi\mathrm{i}\left\{0 + \dfrac{1}{2}\operatorname*{Res}_{z=0}\left[\dfrac{\mathrm{e}^{\mathrm{i}z}}{z}\right]\right\} = \pi\mathrm{i}\left(\displaystyle\lim_{z\to 0} z\cdot\dfrac{\mathrm{e}^{\mathrm{i}z}}{z}\right) = \pi\mathrm{i}$. 从而，$I = \dfrac{1}{2}\mathrm{Im}(\pi\mathrm{i}) = \dfrac{\pi}{2}$.

注：通过比较实部与虚部，容易发现 $\displaystyle\int_{-\infty}^{+\infty} \dfrac{\sin x}{x}\mathrm{d}x = \pi$，此类积分有 $\displaystyle\int_{-\infty}^{\infty} \dfrac{\sin^2 x}{x^2}\mathrm{d}x = \pi$，$\displaystyle\int_{-\infty}^{\infty} \dfrac{\sin^3 x}{x^3}\mathrm{d}x = \dfrac{3}{4}\pi$，$\displaystyle\int_{-\infty}^{\infty} \dfrac{\sin^4 x}{x^4}\mathrm{d}x = \dfrac{2}{3}\pi$，$\displaystyle\int_{-\infty}^{\infty} \dfrac{\sin^5 x}{x^5}\mathrm{d}x = \dfrac{115}{192}\pi$，$\displaystyle\int_{-\infty}^{\infty} \dfrac{\sin^6 x}{x^6}\mathrm{d}x = \dfrac{11}{20}\pi$，更为一般的结果为 $\displaystyle\int_{-\infty}^{\infty} \dfrac{\sin^n x}{x^n}\mathrm{d}x = \dfrac{\pi}{(n-1)!}\displaystyle\sum_{k=0}^{n/2}(-1)^k\binom{n}{k}\left(\dfrac{n-2k}{2}\right)^{n-1}$.

例 6.20 计算积分 $I = \displaystyle\int_0^{+\infty} \dfrac{\sin x}{x(x^2+1)}\mathrm{d}x$.

解：因被积函数为偶函数，则 $I = \dfrac{1}{2}\displaystyle\int_{-\infty}^{+\infty} \dfrac{\sin x}{x(x^2+1)}\mathrm{d}x = \dfrac{1}{2}\mathrm{Im}\left[\displaystyle\int_{-\infty}^{+\infty} \dfrac{\mathrm{e}^{\mathrm{i}x}}{x(x^2+1)}\mathrm{d}x\right]$. 令 $g(z) = \dfrac{1}{z(z^2+1)}$，则 $z = \mathrm{i}$ 是 $g(z)$ 在上半平面的唯一单极点，$z = 0$ 是 $g(z)$ 在实轴上的唯一单极点，则 $\operatorname*{Res}_{z=\mathrm{i}}[g(z)\mathrm{e}^{\mathrm{i}z}] = \displaystyle\lim_{z\to\mathrm{i}}(z-\mathrm{i})\dfrac{\mathrm{e}^{\mathrm{i}z}}{z(z^2+1)} = -\dfrac{\mathrm{e}^{-1}}{2}$，$\operatorname*{Res}_{z=0}[g(z)\mathrm{e}^{\mathrm{i}z}] = \dfrac{\mathrm{e}^{\mathrm{i}z}}{z(z^2+1)}\Big|_{z=0} = 1$. 故 $\displaystyle\int_{-\infty}^{+\infty} \dfrac{\mathrm{e}^{\mathrm{i}x}}{x(x^2+1)}\mathrm{d}x = 2\pi\mathrm{i}\left\{\operatorname*{Res}_{z=\mathrm{i}}[g(z)\mathrm{e}^{\mathrm{i}z}] + \dfrac{1}{2}\operatorname*{Res}_{z=0}[g(z)\mathrm{e}^{\mathrm{i}z}]\right\} = 2\pi\mathrm{i}\left(-\dfrac{\mathrm{e}^{-1}}{2} + \dfrac{1}{2}\right) = \pi(1-\mathrm{e}^{-1})\mathrm{i}$. 故 $I = \dfrac{1}{2}\mathrm{Im}\left[\displaystyle\int_{-\infty}^{+\infty} \dfrac{\mathrm{e}^{\mathrm{i}x}}{x(x^2+1)}\mathrm{d}x\right] = \dfrac{\pi}{2}(1-\mathrm{e}^{-1})$.

例 6.21 计算积分 $\displaystyle\int_{-\infty}^{\infty} \dfrac{\mathrm{d}x}{x(1+x+x^2)}$.

解：这是一个反常积分，积分区间既是无穷区间，$x = 0$ 又是暇点. 令 $f(z) = \dfrac{1}{z(1+z+z^2)}$，则有 $\displaystyle\lim_{z\to\infty} zf(z) = 0$，且 $z_0 = 0$ 是 $f(z)$ 在实轴上的一级极点，$z_1 = -\dfrac{1}{2} + \dfrac{\sqrt{3}}{2}\mathrm{i}$ 是 $f(z)$ 在上半平面的一级极点. 因此，

$$\int_{-\infty}^{\infty} \frac{\mathrm{d}x}{x(1+x+x^2)} = 2\pi\mathrm{i}\left\{\mathrm{Res}[f(z), z_1] + \frac{1}{2}\mathrm{Res}[f(z), 0]\right\}$$

$$= 2\pi\mathrm{i}\left(\frac{\frac{1}{z}}{2z+1}\Big|_{z=-\frac{1}{2}+\frac{\sqrt{3}}{2}\mathrm{i}} + \frac{1}{2}\cdot\frac{1}{1+z+z^2}\Big|_{z=0}\right)$$

$$= 2\pi\mathrm{i}\left(-\frac{1}{2} + \frac{\sqrt{3}}{6}\mathrm{i} + \frac{1}{2}\right) = -\frac{\sqrt{3}}{3}\pi.$$

6.2.5　杂例

例 6.22　利用泊松积分 $\int_0^{+\infty} \mathrm{e}^{-t^2}\,\mathrm{d}t = \dfrac{\sqrt{\pi}}{2}$，计算菲涅尔积分 $\int_0^{+\infty} \cos x^2\,\mathrm{d}x$ 及 $\int_0^{+\infty} \sin x^2\,\mathrm{d}x$.

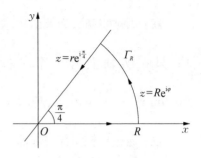

图 6.4　例 6.22 示意图

解：为了利用泊松积分，我们考察函数 $f(z) = \mathrm{e}^{-z^2}$，则 $f(z)$ 是一个整函数. 取如图 6.4 所示的封闭积分路径 C_R（由实轴 $[0, R]$，圆弧 $\Gamma_R: z = R\mathrm{e}^{\mathrm{i}\theta}$，以及直线 $y = x$ 构成），则

$$0 = \oint_{C_R} \mathrm{e}^{-z^2}\,\mathrm{d}z = \int_0^R \mathrm{e}^{-x^2}\,\mathrm{d}x + \int_{\Gamma_R} \mathrm{e}^{-z^2}\,\mathrm{d}z + \int_R^0 \mathrm{e}^{-x^2 \mathrm{e}^{\frac{\pi}{2}\mathrm{i}}}\mathrm{e}^{\frac{\pi}{4}\mathrm{i}}\,\mathrm{d}x.$$

而

$$\left| \int_{\Gamma_R} \mathrm{e}^{-z^2}\,\mathrm{d}z \right| = \left| \int_0^{\frac{\pi}{4}} \mathrm{e}^{-R^2(\cos 2\varphi + \mathrm{i}\sin 2\varphi)}\mathrm{i}R\mathrm{e}^{\mathrm{i}\varphi}\,\mathrm{d}\varphi \right| \leqslant \int_0^{\frac{\pi}{4}} \mathrm{e}^{-R^2\cos 2\varphi}R\,\mathrm{d}\varphi,$$

令 $2\varphi = \dfrac{\pi}{2} - \theta$，并结合若尔当不等式 $\dfrac{2\theta}{\pi} \leqslant \sin\theta \ (0 \leqslant \theta \leqslant \pi)$，则

$$\int_0^{\frac{\pi}{4}} \mathrm{e}^{-R^2\cos 2\varphi}R\,\mathrm{d}\varphi = \frac{R}{2}\int_0^{\frac{\pi}{2}} \mathrm{e}^{-R^2\sin\theta}\,\mathrm{d}\theta \leqslant \frac{R}{2}\int_0^{\frac{\pi}{2}} \mathrm{e}^{-R^2 \cdot \frac{2\theta}{\pi}}\,\mathrm{d}\theta$$

$$= -\frac{R}{2} \cdot \frac{\pi}{2R^2}\mathrm{e}^{-\frac{2R^2}{\pi}\theta}\bigg|_{\theta=0}^{\theta=\frac{\pi}{2}} = \frac{\pi}{4R}(1 - \mathrm{e}^{-R^2}) < \frac{\pi}{4R} \to 0, \quad R \to +\infty,$$

故 $\displaystyle\lim_{R\to+\infty} \int_{\Gamma_R} \mathrm{e}^{-z^2}\,\mathrm{d}z = 0$. 而 $\mathrm{e}^{-r^2 \mathrm{e}^{\frac{\pi}{2}\mathrm{i}}}\mathrm{e}^{\frac{\pi}{4}\mathrm{i}} = \dfrac{1+\mathrm{i}}{\sqrt{2}}\mathrm{e}^{-r^2\mathrm{i}} = \dfrac{1+\mathrm{i}}{\sqrt{2}}(\cos r^2 - \mathrm{i}\sin r^2)$，故当 $R \to +\infty$ 时，有 $\displaystyle\int_0^{+\infty} \mathrm{e}^{-x^2}\,\mathrm{d}x + \int_{+\infty}^0 \dfrac{1+\mathrm{i}}{\sqrt{2}}(\cos r^2 - \mathrm{i}\sin r^2)\mathrm{d}r = 0$，即 $\displaystyle\int_0^{+\infty}(\cos x^2 - \mathrm{i}\sin x^2)\mathrm{d}x = $

$\dfrac{\sqrt{2}}{1+\mathrm{i}}\displaystyle\int_0^{+\infty} \mathrm{e}^{-x^2}\,\mathrm{d}x = \dfrac{\sqrt{2}}{1+\mathrm{i}} \cdot \dfrac{\sqrt{\pi}}{2} = \dfrac{1}{2}\sqrt{\dfrac{\pi}{2}}(1-\mathrm{i})$. 比较两端实部与虚部，得 $\displaystyle\int_0^{+\infty} \cos x^2\,\mathrm{d}x = $

$\displaystyle\int_0^{+\infty} \sin x^2\,\mathrm{d}x = \dfrac{1}{2}\sqrt{\dfrac{\pi}{2}}$.

注：菲涅尔积分在光的衍射理论中以及高速公路回旋设计中都有重要应用.

例 6.23　利用泊松积分 $\int_0^{+\infty} \mathrm{e}^{-t^2}\,\mathrm{d}t = \dfrac{\sqrt{\pi}}{2}$，计算 $I = \displaystyle\int_0^{+\infty} \mathrm{e}^{-ax^2}\cos bx\,\mathrm{d}x \ (a > 0)$.

解：令 $t = \sqrt{a}\,x$，则 $\displaystyle\int_0^{+\infty} \mathrm{e}^{-ax^2}\,\mathrm{d}x = \dfrac{1}{\sqrt{a}}\int_0^{+\infty} \mathrm{e}^{-t^2}\,\mathrm{d}t = \dfrac{1}{\sqrt{a}} \cdot \dfrac{\sqrt{\pi}}{2} = \dfrac{1}{2} \cdot \dfrac{\sqrt{\pi}}{\sqrt{a}}$. 进而有

$$\int_{-\infty}^{+\infty} \mathrm{e}^{-ax^2}\,\mathrm{d}x = \sqrt{\dfrac{\pi}{a}}.$$ 因此，当 $b = 0$ 时，$I = \dfrac{1}{2} \cdot \dfrac{\sqrt{\pi}}{\sqrt{a}}$. 若 $b \neq 0$，由于 $\cos bx$ 是偶函数，只需考虑 $b > 0$ 的情况. 考察函数 $f(z) = \mathrm{e}^{-az^2}\mathrm{e}^{\mathrm{i}z}$，由于

$$I = \frac{1}{2} \operatorname{Re}\left[\int_{-\infty}^{+\infty} \mathrm{e}^{-(ax^2+ibx)}\,\mathrm{d}x\right] = \frac{1}{2} \operatorname{Re}\left[\mathrm{e}^{-\frac{b^2}{4a}} \int_{-\infty}^{+\infty} \mathrm{e}^{-a\left(x+\frac{b}{2a}\right)^2}\,\mathrm{d}x\right] = \frac{1}{2}\mathrm{e}^{-\frac{b^2}{4a}} \operatorname{Re}\left[\int_{-\infty+\frac{b}{2a}\mathrm{i}}^{+\infty+\frac{b}{2a}\mathrm{i}} \mathrm{e}^{-az^2}\,\mathrm{d}z\right],$$

取 $f(z) = \mathrm{e}^{-az^2}$ 为辅助函数,并取如图 6.5 所示的封闭积分
路径 C_R. 由柯西积分定理知

$$0 = \int_{C_R} \mathrm{e}^{-az^2}\,\mathrm{d}z = \int_{AB} \mathrm{e}^{-az^2}\,\mathrm{d}z + \int_{BC} \mathrm{e}^{-az^2}\,\mathrm{d}z + \int_{CD} \mathrm{e}^{-az^2}\,\mathrm{d}z + \int_{DA} \mathrm{e}^{-z^2}\,\mathrm{d}z.$$

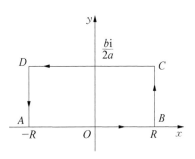

图 6.5 例 6.23 示意图

由以上两式,可得

$$I = \frac{1}{2}\mathrm{e}^{-\frac{b^2}{4a}} \operatorname{Re}\left[\lim_{R\to+\infty}\left(\int_{DC} \mathrm{e}^{-az^2}\,\mathrm{d}z\right)\right]$$

$$= \frac{1}{2}\mathrm{e}^{-\frac{b^2}{4a}} \operatorname{Re}\left[\lim_{R\to+\infty}\left(\int_{AB} \mathrm{e}^{-az^2}\,\mathrm{d}z + \int_{BC} \mathrm{e}^{-az^2}\,\mathrm{d}z + \int_{DA} \mathrm{e}^{-az^2}\,\mathrm{d}z\right)\right].$$

在线段 BC 及 DA 上,其方程为 $z = \pm R + \mathrm{i}y\ \left(0 \leqslant y \leqslant \dfrac{b}{2a}\right)$. 此时,有

$$\left|\,\mathrm{e}^{-az^2}\,\right| = \mathrm{e}^{-a(R^2-y^2)} \leqslant \mathrm{e}^{\frac{b^2}{4a}}\,\mathrm{e}^{-aR^2} \to 0, \quad R\to+\infty,$$

因此

$$\lim_{R\to+\infty}\int_{BC} \mathrm{e}^{-az^2}\,\mathrm{d}z = 0, \quad \lim_{R\to+\infty}\int_{DA} \mathrm{e}^{-az^2}\,\mathrm{d}z = 0.$$

从而

$$I = \frac{1}{2}\mathrm{e}^{-\frac{b^2}{4a}} \operatorname{Re}\left[\lim_{R\to+\infty}\int_{AB} \mathrm{e}^{-az^2}\,\mathrm{d}z\right] = \frac{1}{2}\mathrm{e}^{-\frac{b^2}{4a}}\sqrt{\frac{\pi}{a}}.$$

在研究热传导问题时,需要经常使用积分 $\displaystyle\int_0^{+\infty} \mathrm{e}^{-ax^2}\cos bx\,\mathrm{d}x$.

6.2.6 复值函数的积分

当被积函数是复值函数时,要适当割开平面,使其能分出单值解析分支,才能使用柯西
积分定理或留数定理.

例 6.24 计算积分 $\displaystyle\int_0^{+\infty} \frac{1}{(1+x)x^\alpha}\,\mathrm{d}x\ (0 < \alpha < 1)$.

解: 在复平面上取正实轴(包含原点)作割线,得到单值解析区域 D,取 $\dfrac{1}{(1+z)z^\alpha}$ 为在正

实轴为实值的分支,用 $\dfrac{1}{(1+z)(z^\alpha)_0}$ 表示. 作封闭曲线 $C(R,\varepsilon)\ (0<\varepsilon<1<R<+\infty)$:首
先沿正实轴的上沿 ε 到 R,其次按逆时针方向以 O 为圆心、R 为半径(充分大)圆周 $\varGamma_R$ 前进;然
后沿正实轴的下沿从 R 到 ε;最后按顺时针方向,绕过以 O 为圆心、ε 为半径的圆周 $\varGamma_\varepsilon$(见图
6.6). 显然,$\dfrac{1}{(1+z)(z^\alpha)_0}$ 唯一的单极点在 $C(R,\varepsilon)$ 的内部,根据留数定理,则

$$\int_\varepsilon^R \frac{1}{(1+x)x^\alpha}\,\mathrm{d}x + \int_{\varGamma_R} \frac{1}{(1+z)(z^\alpha)_0}\,\mathrm{d}z + \int_R^\varepsilon \frac{1}{(1+z)(z^\alpha)_0}\,\mathrm{d}z + \int_{\varGamma_\varepsilon} \frac{1}{(1+z)(z^\alpha)_0}\,\mathrm{d}z$$

$$= 2\pi\mathrm{i}\operatorname{Res}\left[\frac{1}{(1+z)(z^\alpha)_0}, -1\right].$$

在正实轴的下沿,有 $(z^\alpha)_0 = e^{\alpha(\ln x + 2\pi i)} = e^{2\pi\alpha i}x^\alpha$. 因此取实轴下沿时,有

$$\int_R^\varepsilon \frac{1}{(1+z)(z^\alpha)_0}dz = \int_R^\varepsilon \frac{1}{(1+x)e^{2\pi\alpha i}x^\alpha}dx$$

$$= -e^{-2\pi\alpha i}\int_\varepsilon^R \frac{1}{(1+x)x^\alpha}dx.$$

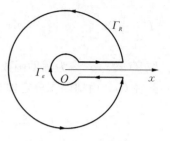

图 6.6   例 6.24 和例 6.25 示意图

由于 $\lim\limits_{\varepsilon \to 0} z\dfrac{1}{(1+z)(z^\alpha)_0} = \lim\limits_{\varepsilon \to 0}\dfrac{(z^{1-\alpha})_0}{(1+z)} = 0 \ (0 < \alpha < 1)$,

由小圆弧引理,可知 $\lim\limits_{\varepsilon \to 0}\displaystyle\int_{\Gamma_\varepsilon} \frac{1}{(1+z)(z^\alpha)_0}dz = 0$. 又因为

$\lim\limits_{R \to +\infty} z\dfrac{1}{(1+z)(z^\alpha)_0} = \lim\limits_{R \to +\infty}\dfrac{1-\alpha}{(z^\alpha)_0} = 0$,由大圆弧引理可知 $\lim\limits_{R \to +\infty}\displaystyle\int_{\Gamma_R} \frac{1}{(1+z)(z^\alpha)_0}dz = 0$.

利用留数计算方法,有 $\mathrm{Res}\Big[\dfrac{1}{(1+z)(z^\alpha)_0}, -1\Big] = \dfrac{1}{e^{\pi\alpha i}}$.

令 $R \to +\infty$, $\varepsilon \to 0$ 时,有 $(1-e^{-2\pi\alpha i})\displaystyle\int_0^{+\infty} \frac{1}{(1+x)x^\alpha}dx = \frac{2\pi i}{e^{\pi\alpha i}}$. 从而,有

$$\int_0^{+\infty} \frac{1}{(1+x)x^\alpha}dx = \frac{2\pi i e^{\pi\alpha i}}{e^{2\pi\alpha i}-1} = \frac{\pi}{\dfrac{e^{\pi\alpha i}-e^{-\pi\alpha i}}{2i}} = \frac{\pi}{\sin(\pi\alpha)}.$$

例 6.25   计算积分 $\displaystyle\int_0^{+\infty} \frac{\ln x}{(1+x)^3}dx$.

解: 在复平面上取正实轴(包含原点)作割线,得到单值解析区域 D,$\ln z$ 为在正实轴为实值的分支,即主值支. 作封闭曲线 $C(R,\varepsilon)$ $(0 < \varepsilon < 1 < R < +\infty)$:首先沿正实轴的上沿 ε 到 R,其次按逆时针方向以 O 为圆心、R 为半径(充分大)圆周 Γ_R 前进;然后沿正实轴的下沿从 R 到 ε;最后按顺时针方向,绕过以 O 为圆心、ε 为半径的圆周 Γ_ε (见图 6.6). 显然,$\dfrac{\ln^2 z}{(1+z)^3}$ 的三阶极点 -1 在封闭曲线 $C(R,\varepsilon)$ 的内部. 根据留数定理,则

$$\oint_{C(R,\varepsilon)} \frac{\ln^2 z}{(1+z)^3}dz = 2\pi i\Big\{\mathrm{Res}\Big[\frac{\ln^2 z}{(1+z)^3}, -1\Big]\Big\}.$$

显然,$\mathrm{Res}\Big[\dfrac{\ln^2 z}{(1+z)^3}, -1\Big] = \dfrac{1}{2}(\ln^2 z)''\Big|_{z=-1} = \dfrac{1-\ln z}{z^2}\Big|_{z=-1} = 1-\pi i$. 在实轴下沿,有 $\ln^2 z = (\ln x + 2\pi i)^2$,因此

$$\oint_{C(R,\varepsilon)} \frac{\ln^2 z}{(1+z)^3}dz = \int_\varepsilon^R \frac{\ln^2 x}{(1+x)^3}dx + \int_{\Gamma_R} \frac{\ln^2 z}{(1+z)^3}dz + \int_R^\varepsilon \frac{(\ln x + 2\pi i)^2}{(1+x)^3}dx + \int_{\Gamma_\varepsilon} \frac{\ln^2 z}{(1+z)^3}dz$$

$$= -4\pi i\int_\varepsilon^R \frac{\ln x}{(1+x)^3}dx + 4\pi^2\int_\varepsilon^R \frac{1}{(1+x)^3}dx + \int_{\Gamma_R} \frac{\ln^2 z}{(1+z)^3}dz + \int_{\Gamma_\varepsilon} \frac{\ln^2 z}{(1+z)^3}dz$$

$$= 2\pi i(1-\pi i).$$

由于 $\left| z\,\dfrac{\ln^2 z}{(1+z)^3} \right| \leqslant \left| \dfrac{z}{(1+z)^3} \right| (|\ln|z||+2\pi)^2$，容易得到 $\lim\limits_{|z|\to+\infty} z\,\dfrac{\ln^2 z}{(1+z)^3}=0$，

$\lim\limits_{z\to 0} z\,\dfrac{\ln^2 z}{(1+z)^3}=0$. 再由大圆弧引理与小圆弧引理，可得 $\lim\limits_{R\to+\infty}\displaystyle\int_{\Gamma_R} z\,\dfrac{\ln^2 z}{(1+z)^3}\mathrm{d}z=0$，

$\lim\limits_{\varepsilon\to 0}\displaystyle\int_{\Gamma_\varepsilon} z\,\dfrac{\ln^2 z}{(1+z)^3}\mathrm{d}z=0$. 且容易验证 $\displaystyle\int_0^{+\infty}\dfrac{\ln x}{(1+x)^3}\mathrm{d}x$ 与 $\displaystyle\int_0^{+\infty}\dfrac{1}{(1+x)^3}\mathrm{d}x$ 收敛. 因此，取

$R\to+\infty$，$\varepsilon\to 0$ 时，有

$$-4\pi\mathrm{i}\int_0^{+\infty}\dfrac{\ln x}{(1+x)^3}\mathrm{d}x+4\pi^2\int_0^{+\infty}\dfrac{1}{(1+x)^3}\mathrm{d}x=2\pi\mathrm{i}(1-\pi\mathrm{i})，$$

即

$$\int_0^{+\infty}\dfrac{\ln x}{(1+x)^3}\mathrm{d}x+\pi\mathrm{i}\int_0^{+\infty}\dfrac{1}{(1+x)^3}\mathrm{d}x=-\dfrac{1}{2}(1-\pi\mathrm{i}).$$

比较实部与虚部得 $\displaystyle\int_0^{+\infty}\dfrac{\ln x}{(1+x)^3}\mathrm{d}x=\dfrac{1}{2}$.

例 6.26　计算积分 $\displaystyle\int_0^{+\infty}\dfrac{\ln x}{(1+x^2)^2}\mathrm{d}x$.

解： 以原点 O 为中心，r、R 为半径，在 Ox 轴上方作两个半圆周，r 可充分小，R 可充分大. 此两个半圆周与 Ox 轴上的 AB 与 $B'A'$ 两线段构成一周线 C（见图 6.7）.

令 $f(z)=\dfrac{\ln z}{(1+z^2)^2}$，$f(z)$ 在 C 内部仅有一个二阶极点 $z=\mathrm{i}$，而支点 $z=0$ 与 $z=\infty$ 已不属于 C 的内部. 故 $f(z)$ 在 C 所围的闭区域上，除 $z=\mathrm{i}$ 外，是单值解析的. 则

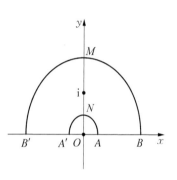

图 6.7　例 6.26 示意图

$$\mathrm{Res}[f(z),\mathrm{i}]=[(z-\mathrm{i})^2 f(z)]'|_{z=\mathrm{i}}=\left(\dfrac{1}{z}\cdot\dfrac{1}{(z-\mathrm{i})^2}-\dfrac{2}{(z+\mathrm{i})^3}\ln z\right)\bigg|_{z=\mathrm{i}}=\dfrac{\pi+2\mathrm{i}}{8}.$$

故

$$\int_{BMB'}f(z)\mathrm{d}z+\int_{B'A'}f(z)\mathrm{d}z+\int_{A'NA}f(z)\mathrm{d}z+\int_{AB}f(z)\mathrm{d}z=\oint_C f(z)\mathrm{d}z=2\pi\mathrm{i}\cdot\dfrac{\pi+2\mathrm{i}}{8}=-\dfrac{\pi}{2}+\dfrac{\pi^2}{4}\mathrm{i}.$$

下面分别计算等式左边各个积分：

① 因 $\lim\limits_{|z|\to+\infty} z\,\dfrac{\ln z}{(1+z^2)^2}=0$，由大圆弧引理可知，$\lim\limits_{|z|\to+\infty}\displaystyle\int_{BMB'}f(z)\mathrm{d}z=0$；

② 因 $\lim\limits_{|z|\to 0} zf(z)=0$，由小圆弧知，$\lim\limits_{|z|\to 0}\displaystyle\int_{A'NA}f(z)\mathrm{d}z=0$；

③ 在直线段 AB 上，$z=x>0$，有 $\lim\limits_{\substack{r\to 0\\R\to+\infty}}\displaystyle\int_{AB}f(z)\mathrm{d}z=\int_0^{+\infty}\dfrac{\ln x}{(1+x^2)^2}\mathrm{d}x$；

④ 在直线段 $A'B'$ 上，$z=x\mathrm{e}^{\pi\mathrm{i}}(x>0)$，$\ln z=\ln x+\pi\mathrm{i}$，$\mathrm{d}z=-\mathrm{d}x$，因而，

$$\lim_{\substack{r\to 0\\R\to\infty}}\int_{B'A'}f(z)\mathrm{d}z=\int_{+\infty}^0\dfrac{\ln x+\pi\mathrm{i}}{(1+x^2)^2}(-\mathrm{d}x)=\int_0^{+\infty}\dfrac{\ln x+\pi\mathrm{i}}{(1+x^2)^2}\mathrm{d}x.$$

因而,当 $R \to +\infty$, $r \to 0$ 时,则 $\int_0^{+\infty} \dfrac{\ln x}{(1+x^2)^2} \mathrm{d}x + \int_0^{+\infty} \dfrac{\ln x + \pi \mathrm{i}}{(1+x^2)^2} \mathrm{d}x = -\dfrac{\pi}{2} + \dfrac{\pi^2}{4}\mathrm{i}$,比较

两端实部,得 $2\displaystyle\int_0^{+\infty} \dfrac{\ln x}{(1+x^2)^2} \mathrm{d}x = -\dfrac{\pi}{2}$,即 $\displaystyle\int_0^{+\infty} \dfrac{\ln x}{(1+x^2)^2} \mathrm{d}x = -\dfrac{\pi}{4}$.

6.2.7 应用留数计算级数的和

在高等数学中,许多级数求和的计算是比较困难的,这里主要探讨用留数定理计算无穷

级数的求和问题. 现考察无穷级数 $\displaystyle\sum_{n=-\infty}^{+\infty} f(n)$,其中 $f(z)$ 是已知函数,除了有限个非整数的

极点外,它在全平面解析. 如果存在另一个函数 $G(z)$ ($z=0,\pm1,\pm2,\cdots$) 是它的一阶极

点,且在这些极点处的留数均为 1,除了这些极点外, $G(z)$ 也在全平面解析. 作一个封闭曲

线 C_N,将 $n=0,\pm1,\pm2,\cdots,\pm N$ 包围在内,于是,根据留数定理,有

$$\oint_{C_N} G(z)f(z)\mathrm{d}z = 2\pi\mathrm{i}\left\{\sum_{n=-N}^{N} f(n) + \sum_{a_k} \operatorname{Res}[G(z)f(z), a_k]\right\},$$

式中, a_k 为 $f(z)$ 在复平面上的所有极点.

如果当 $N \to \infty$ 时,能求出 $\displaystyle\oint_{C_N} G(z)f(z)\mathrm{d}z$ 的极限值(如在一定条件下为零),如此,则可

计算 $\displaystyle\sum_{n=-\infty}^{+\infty} f(n)$. 事实上, $G(z)$ 可取为 $\pi\cot\pi z$,因此我们有如下引理:

引理 6.4　设 $f(z)$ 除了有限个孤立奇点外处处解析,

若存在常数 $R>0$ 和 $M>0$,使当 $|z|>R$ 时, $|zf(z)| \leqslant$

M,则 $\displaystyle\oint_{C_N} \pi\cot\pi z f(z)\mathrm{d}z \to 0$,当 $N \to \infty$,其中 C_N 为正方

形封闭曲线(见图 6.8),顶点为 $(N+1/2)(1\pm\mathrm{i})$ 和

$-(N+1/2)(1\pm\mathrm{i})$.

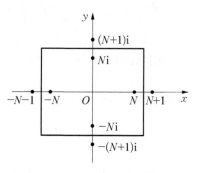

图 6.8　引理 6.4 示意图

证明:首先,在上面取定的围道 C_N 下,考虑积分

$\displaystyle\oint_{C_N} \dfrac{\pi\cot\pi z}{z}\mathrm{d}z$,由留数定理,有

$$\oint_{C_N} \frac{\pi\cot\pi z}{z}\mathrm{d}z = 2\pi\mathrm{i}\cdot\operatorname{Res}\left\{\frac{\pi\cot\pi z}{z}\right\}_{z=0} + 2\pi\mathrm{i}\sum_{n=1}^{N}\operatorname{Res}\left\{\frac{\pi\cot\pi z}{z}\right\}_{z=\pm n}.$$

但 $\dfrac{\pi\cot\pi z}{z}$ 为偶函数,在 $z=0$ 点的留数必为零;而在 $z=n$ 处,

$$\operatorname{Res}\left\{\frac{\pi\cot\pi z}{z}\right\}_{z=n} = \frac{\pi\cos\pi z}{z(\sin\pi z)'}\bigg|_{z=n} = \frac{1}{n},$$

$\dfrac{\pi\cot\pi z}{z}$ 在 $z=\pm n$ 处的留数互相抵消. 所以, $\displaystyle\oint_{C_N} \dfrac{\pi\cot\pi z}{z}\mathrm{d}z = 0$. 从而,对任意常数 k,

$\displaystyle\oint_{C_N} \pi\cot\pi z f(z)\mathrm{d}z = \oint_{C_N} \pi\cot\pi z\left[f(z) - \dfrac{k}{z}\right]\mathrm{d}z$ 一定成立. 因为 $|zf(z)|$ 有界, $f(z)$ 在

$|z|>R$ 之外没有奇点,即全部奇点均在 $|z|\leqslant R$ 内,而且 $zf(z)$ 在 ∞ 点解析,所以

$$zf(z)=a_0+\frac{a_1}{z}+\frac{a_2}{z^2}+\cdots,\quad |z|>R,$$

即

$$f(z)-\frac{a_0}{z}=\frac{a_1+a_2z+\cdots}{z^2},\quad |z|>R.$$

而 $a_1+a_2z+a_3z^2+\cdots$ 在 $|z|<1/R$ 内代表一个解析函数,故在闭区域 $|z|\leqslant 1/R'(R'>R)$ 中,$|a_1+a_2z+a_3z^2+\cdots|\leqslant M'$,从而,

$$\left|f(z)-\frac{a_0}{z}\right|\leqslant\frac{M'}{|z|^2},\quad |z|\geqslant R'.$$

当 N 充分大,可使 C_N 上的所有点均满足 $|z|\geqslant R'$,则

$$\left|\oint_{C_N}\pi\cot\pi z\left[f(z)-\frac{a_0}{z}\right]\mathrm{d}z\right|\leqslant\frac{\pi M'\left(N+\frac{1}{2}\right)}{\left(N+\frac{1}{2}\right)^2}L,$$

式中,L 为 $\cot\pi z$ 在 C_N 上的上确界.当 z 处于 C_N 的两条垂边上,$x=\pm(N+1/2)$,$|\cot\pi z|\leqslant 1$;当 z 处于 C_N 的上下两条边上,$y=\pm(N+1/2)$,$|\cot\pi z|$ 在 $x=0$ 点取极大值,故 $L=\dfrac{\mathrm{e}^{2\pi(N+1/2)}+1}{\mathrm{e}^{2\pi(N+1/2)}-1}\leqslant 2$. 因此,当 $N\to\infty$ 时

$$\lim_{N\to\infty}\oint_{C_N}\pi\cot\pi z\left[f(z)-\frac{a_0}{z}\right]\mathrm{d}z=0,$$

从而

$$\lim_{N\to\infty}\oint_{C_N}\pi\cot\pi zf(z)\mathrm{d}z=0.$$

根据这个引理,可得如下定理:

定理 6.8　若函数 $f(z)$ 除了有限个非整数的极点外在全平面解析,且存在常数 $R>0$ 和 $M>0$,使当 $|z|>R$ 时,$|zf(z)|\leqslant M$,则 $\sum\limits_{n=-\infty}^{\infty}f(n)=-\sum\limits_{a_k}\mathrm{Res}[\pi\cot(\pi z)f(z),a_k]$,其中 a_k 为 $f(z)$ 在复平面上的所有极点.

证明: 取图 6.8 中的封闭曲线 C_N,考虑积分 $\oint_{C_N}\pi\cot\pi zf(z)\mathrm{d}z$. 只要 N 足够大,则 C_N 一定将 $f(z)$ 的全部极点包含于其内. 这样,在 C_N 中,除了包含 $f(z)$ 的全部极点外,还有 $\pi\cot\pi z$ 的奇点(一阶极点) $z=n$,$n=0,\pm 1,\pm 2,\cdots,\pm N$. 由于

$$\mathrm{Res}[\pi\cot\pi zf(z),n]=\frac{\pi\cos\pi z}{(\sin\pi z)'}\cdot f(z)\Big|_{z=n}=f(n).$$

根据留数定理,可得 $\oint_{C_N}\pi\cot\pi zf(z)\mathrm{d}z=2\pi\mathrm{i}\left\{\sum\limits_{n=-N}^{N}f(n)+\sum\limits_{a_k}\mathrm{Res}[\pi\cot\pi zf(z),a_k]\right\}$. 两边取极限,即得所求.

根据引理 6.4 与定理 6.8 的证明思路,同样我们有如下定理:

定理 6.9   设 $f(z)$ 是分母次数比分子高两次以上的有理函数,则

$$\sum_{n=-\infty}^{+\infty}(-1)^n f(n)=-\sum_{a_k}\mathrm{Res}\big[\pi\csc(\pi z)f(z),\,a_k\big],$$

其中 a_k 为 $f(z)$ 在复平面上的所有极点.

例 6.27   计算级数 $\sum\limits_{n=1}^{\infty}\dfrac{1}{n^2}$ 的和.

解:可取 $f(z)=\dfrac{1}{z^2}$,但是,$f(z)$ 的极点为整数,所以不能直接引用定理的结果,但可按照前面的做法,从留数定理出发,得到

$$\oint_{C_N}\frac{\pi\cot\pi z}{z^2}\mathrm{d}z=2\pi\mathrm{i}\sum_{n=-N}^{N}\mathrm{Res}\left[\frac{\pi\cot\pi z}{z^2},\,n\right].$$

在 $z=0$ 点处,$\mathrm{Res}\left\{\dfrac{\pi\cot\pi z}{z^2}\right\}_{z=0}$ 为 $\dfrac{\pi\cot\pi z}{z^2}$ 在 $z=0$ 点邻域内展开式中 $\dfrac{1}{z}$ 的系数,即为 $\pi\cot\pi z$ 在 $z=0$ 点邻域内展开式中 z 的系数,从而 $\mathrm{Res}\left\{\dfrac{\pi\cot\pi z}{z^2}\right\}_{z=0}=-\dfrac{\pi^2}{3}$,这里用到了 4.3 节中关于 $\cot z$ 的展开式.

另外 $z=n\neq0$ 点为 $\dfrac{\pi\cot\pi z}{z^2}$ 的单极点,$\mathrm{Res}\left[\dfrac{\pi\cot\pi z}{z^2},\,n\right]=\dfrac{\pi\cos(\pi z)}{[z^2\sin(\pi z)]'}\bigg|_{z=n}=\dfrac{1}{n^2}$.

所以 $\oint_{C_N}\dfrac{\pi\cot\pi z}{z^2}\mathrm{d}z=2\pi\mathrm{i}\left\{-\dfrac{\pi^2}{3}+2\sum\limits_{n=1}^{N}\dfrac{1}{n^2}\right\}$. 令 $N\to\infty$,左边为零,即得 $\sum\limits_{n=1}^{\infty}\dfrac{1}{n^2}=\dfrac{\pi^2}{6}$.

例 6.28   计算级数 $\sum\limits_{n=-\infty}^{\infty}\dfrac{(-1)^n}{\left(n+\dfrac{1}{4}\right)^3}$ 的和.

解:可取 $f(z)=\dfrac{1}{\left(z+\dfrac{1}{4}\right)^3}$,显然 $f(z)$ 的分母次数比分子高两次,而且 $z=\dfrac{1}{4}$ 是 $f(z)$ 的三阶极点,则有

$$\sum_{n=-\infty}^{+\infty}\frac{(-1)^n}{\left(n+\dfrac{1}{4}\right)^3}=-\pi\mathrm{Res}\left[\frac{\csc(\pi z)}{\left(z+\dfrac{1}{4}\right)^3},\,-\frac{1}{4}\right]=-\pi\frac{\left[\csc(\pi z)\right]''}{2!}\bigg|_{z=-\frac{1}{4}}$$

$$=-\frac{\pi^3\left[1+\cos^2(\pi z)\right]}{2\sin^3(\pi z)}\bigg|_{z=-\frac{1}{4}}=\frac{3\sqrt{2}\,\pi^3}{2}.$$

6.3   辐角定理及其应用

对数留数是讨论解析函数零点与极点个数问题的重要且有效的方法. 而辐角原理及其

推论具有重要的理论意义和应用价值. 本节我们将重点讨论对数留数以及辐角原理.

6.3.1　对数留数

定义 6.3　设 $f(z)$ 在封闭曲线 C 内解析,在 C 上解析单不为零,积分 $\dfrac{1}{2\pi i}\oint_C \dfrac{f'(z)}{f(z)}\mathrm{d}z$ 称为 $f(z)$ 的对数留数.

显然, $f(z)$ 的零点和奇点都可能是 $\dfrac{f'(z)}{f(z)}$ 的奇点.

引理 6.5　(1) 设 a 为 $f(z)$ 的 n 阶零点,则 a 是 $\dfrac{f'(z)}{f(z)}$ 的一阶极点,且 $\mathrm{Res}\left[\dfrac{f'(z)}{f(z)},a\right]=n$.

(2) 设 b 为 $f(z)$ 的 m 阶极点,则 b 是 $\dfrac{f'(z)}{f(z)}$ 的一阶极点,且 $\mathrm{Res}\left[\dfrac{f'(z)}{f(z)},b\right]=-m$.

证明: (1) 设 a 为 $f(z)$ 的 n 阶零点,则在点 a 的邻域内有 $f(z)=(z-a)^n g(z)$,其中 $g(z)$ 在点 a 的邻域内解析,且 $g(a)\neq 0$. 于是 $f'(z)=n(z-a)^{n-1}g(z)+(z-a)^n g'(z)$. 从而 $\dfrac{f'(z)}{f(z)}=\dfrac{n}{z-a}+\dfrac{g'(z)}{g(z)}$. 由于 $\dfrac{g'(z)}{g(z)}$ 在点 a 的邻域内解析,故点 a 为 $\dfrac{f'(z)}{f(z)}$ 的一阶极点,且 $\mathrm{Res}\left[\dfrac{f'(z)}{f(z)},a\right]=n$.

(2) 设 b 为 $f(z)$ 的 m 阶极点,则在点 b 的某去心邻域内有 $f(z)=\dfrac{h(z)}{(z-b)^m}$,其中 $h(z)$ 在点 b 的邻域内解析,且 $h(b)\neq 0$. 因 $f'(z)=\dfrac{-m}{(z-b)^{m+1}}h(z)+\dfrac{h'(z)}{(z-b)^m}$,由此,得 $\dfrac{f'(z)}{f(z)}=\dfrac{-m}{z-b}+\dfrac{h'(z)}{h(z)}$. 而 $\dfrac{h'(z)}{h(z)}$ 在点 b 的去心邻域内解析,故点 b 必为 $\dfrac{f'(z)}{f(z)}$ 的一阶极点,且 $\mathrm{Res}\left[\dfrac{f'(z)}{f(z)},b\right]=-m$.

定理 6.10　设 $f(z)=\dfrac{P(z)}{Q(z)}$,其中 $P(z),Q(z)$ 在 $z=b$ 解析,且 $z=b$ 是 $P(z)$ 的 $n-1$ 阶零点及 $Q(z)$ 的 n 阶零点,则 $z=b$ 为 $f(z)$ 的一阶极点,且 $\mathrm{Res}\left[\dfrac{P(z)}{Q(z)},b\right]=n\dfrac{P^{(n-1)}(b)}{Q^{(n)}(b)}$.

证明: 因为 $z=b$ 是 $P(z)$ 的 $n-1$ 阶零点及 $Q(z)$ 的 n 阶零点,由解析函数的泰勒级数展开定理知

$$P(z)=p_{n-1}(z-b)^{n-1}+p_n(z-b)^n+\cdots=(z-b)^{n-1}\left[p_{n-1}+p_n(z-b)+\cdots\right]$$
$$=(z-b)^{n-1}P_1(z),$$

式中, $P_1(z)=p_{n-1}+p_n(z-b)+\cdots$, $p_1(b)=P_{n-1}=\dfrac{P^{(n-1)}(b)}{(n-1)!}\neq 0$. 类似地,

$$Q(z)=q_n(z-b)^n+q_{n+1}(z-b)^{n+1}+\cdots=(z-b)^n\left[q_n+q_{n+1}(z-b)+\cdots\right]$$
$$=(z-b)^n Q_1(z),$$

式中, $Q_1(z)=q_n+q_{n+1}(z-b)+\cdots$, $Q_1(b)=q_n=\dfrac{Q^{(n)}(b)}{n!}\neq 0$. 由此可得 $\dfrac{P(z)}{Q(z)}=$

$\dfrac{1}{z-b}R(z)$，其中 $R(z)=\dfrac{P_1(z)}{Q_1(z)}$，$R(z)$ 在 $z=b$ 解析，且 $R(b)=\dfrac{P_1(b)}{Q_1(b)}=\dfrac{\dfrac{P^{(n-1)}(b)}{(n-1)!}}{\dfrac{Q^{(n)}(b)}{n!}}=$

$n\,\dfrac{P^{n-1}(b)}{Q^{(n)}(b)}\neq 0$．因此，$z=b$ 是 $\dfrac{P_1(b)}{Q_1(b)}$ 的一阶极点，由留数计算方法可得

$$\mathrm{Res}\left[\frac{P(z)}{Q(z)},\,b\right]=\lim_{z\to b}(z-b)\cdot\frac{P(z)}{Q(z)}=\lim_{z\to b}(z-b)\cdot\frac{(z-b)^{n-1}P_1(z)}{(z-b)^n Q_1(z)}$$

$$=\frac{P_1(b)}{Q_1(b)}=n\,\frac{P^{(n-1)}(b)}{Q^{(n)}(b)}.$$

命题 6.1　设 C 是一条周线，$f(z)$ 符合条件：

(1) $f(z)$ 在 C 的内部除可能有极点外是解析的．

(2) $f(z)$ 沿 C 上连续且不为零．

则 $f(z)$ 在 C 内部至多只有有限个零点和极点．

证明：设 D_0 为 $f(z)$ 在 D 内的极点全体，则 $f(z)$ 在区域 $D_1=D-D_0$ 内解析．以下证明 $f(z)$ 在 D_1 内部至多只有有限个零点．事实上，如果存在 $\{a_n\}\subset D_1$，使得 $f(a_n)=0$，由于封闭曲线内部是有界区域，因此存在收敛子列 $\{a_{n_k}\}\subseteq\{a_n\}$．设 $\lim\limits_{k\to\infty}a_{a_n}=a$，则 $\lim\limits_{k\to\infty}f(a_{n_k})=0=f(a)$．由于 $f(z)$ 沿 C 连续且不为零，所以 $a\in D_1$．由唯一性定理，在 D_1 上有 $f(z)\equiv 0$，矛盾．$f(z)$ 在 D 内部至多只有有限个零点．根据零点与极点的互为倒数关系，考虑 $\dfrac{1}{f(z)}$，显然，$\dfrac{1}{f(z)}$ 也满足条件(1)和(2)．由此可知 $\dfrac{1}{f(z)}$ 在 D 内部至多也只有有限个零点．从而，$f(z)$ 在 C 内部至多只有有限个零点和极点．

定理 6.11　设曲线 C 是一条封闭曲线，$f(z)$ 符合条件：

(1) $f(z)$ 在 C 的内部是亚纯的．

(2) $f(z)$ 在 C 上的解析不为零．

则有 $\dfrac{1}{2\pi\mathrm{i}}\oint_C\dfrac{f'(z)}{f(z)}\mathrm{d}z=N(f,C)-P(f,C)$，其中 $N(f,C)$ 与 $P(f,C)$ 分别表示 $f(z)$ 在 C 的内部的零点与极点的个数．

证明：由定理条件知，$f(z)$ 在 C 内部至多只有有限个零点和极点．设 $a_k(k=1,2,\cdots,p)$ 为 $f(z)$ 在 C 内部的不同零点，其阶相应为 n_k，$b_j(j=1,2,\cdots,q)$ 为 $f(z)$ 在 C 内部的不同极点，其阶相应为 m_j．据引理 6.5 知，在 C 的内部及边界上，除去 C 内部的一阶极点 a_k 及 b_j 外均是解析的．故由留数定理及引理 6.5，得

$$\frac{1}{2\pi\mathrm{i}}\oint_C\frac{f'(z)}{f(z)}\mathrm{d}z=\sum_{k=1}^p\mathrm{Res}_{z=a_k}\left[\frac{f'(z)}{f(z)}\right]+\sum_{j=1}^q\mathrm{Res}_{z=b_j}\left[\frac{f'(z)}{f(z)}\right]=\sum_{k=1}^p n_k+\sum_{j=1}^q(-m_j)$$

$$=N(f,C)-P(f,C).$$

注：一个 n 阶零点算作 n 个零点，一个 m 阶极点算作 m 个极点．

例 6.29　计算积分 $\displaystyle\oint_{|z|=4}\dfrac{z^9}{z^{10}-1}\mathrm{d}z$．

解：设 $f(z) = z^{10} - 1$，则 $f(z)$ 在 $|z| = 4$ 上解析且不等于零，$f(z)$ 在 $|z| = 4$ 内部解析，有 10 个零点. 因此，有

$$\frac{1}{2\pi i} \oint_{|z|=4} \frac{z^9}{z^{10}-1} dz = \frac{1}{10} \cdot \frac{1}{2\pi i} \int_{|z|=4} \frac{(z^{10}-1)'}{z^{10}-1} dz = \frac{1}{10} [N(f, C) - P(f, C)]$$

$$= \frac{1}{10}(10 - 0) = 1.$$

从而，$\displaystyle\oint_{|z|=4} \frac{z^9}{z^{10}-1} dz = 2\pi i.$

6.3.2 辐角原理

对数留数有简单的几何意义. 事实上，考虑到 $\ln |f(z)|$ 是 z 的单值函数，当 z 从 z_0 起绕行一周回到 z_0，$\displaystyle\oint_C d[\ln |f(z)|] = \ln |f(z_0)| - \ln |f(z_0)| = 0$. 从而有

$$\frac{1}{2\pi i} \oint_C \frac{f'(z)}{f(z)} dz = \frac{1}{2\pi i} \oint_C \frac{d}{dz}[\ln f(z)] = \frac{1}{2\pi i} \oint_C d[\ln f(z)]$$

$$= \frac{1}{2\pi i} \left\{ \oint_C d[\ln |f(z)|] + i \oint_C d[\arg f(z)] \right\} = \frac{1}{2\pi i} \left\{ 0 + i \oint_C d[\arg f(z)] \right\}$$

$$= \frac{\displaystyle\oint_C d[\arg f(z)]}{2\pi} = \frac{\Delta_C \arg f(z)}{2\pi},$$

式中，$\Delta_C \arg f(z)$ 表示沿曲线 C 的正向绕行一周后 $\arg f(z)$ 的改变量（它是 2π 的整数倍），于是有如下辐角原理：

定理 6.12（辐角原理）设 $f(z)$ 符合定理 6.11 的条件，则 $f(z)$ 在 C 内至多有有限个极点，在 C 上的解析不为零，进而有

$$\frac{\Delta_C \arg f(z)}{2\pi} = N(f, C) - P(f, C).$$

特别地，如 $f(z)$ 在 C 上及 C 内均解析，且 $f(z)$ 在 C 上不为零，则

$$\frac{\Delta_C \arg f(z)}{2\pi} = N(f, C).$$

例 6.30 设 $f(z) = (z-1)(z-2)^2(z-4)$，C：$|z| = 3$，试验证辐角原理.

证明：$f(z)$ 在 z 平面上解析，在 C 上无零点，且在内部只有一阶零点 $z = 1$ 及二阶零点 $z = 2$. 一方面，有 $N(f, C) = 1 + 2 = 3$.

另一方面，当 z 绕正向 C 一周时（见图 6.9），有

$$\Delta_C \arg f(z) = \Delta_C \arg(z-1) + \Delta_C \arg(z-2)^2 + \Delta_C \arg(z-4)$$

$$= \Delta_C \arg(z-1) + 2\Delta_C \arg(z-2) + 0$$

$$= 2\pi + 4\pi = 6\pi.$$

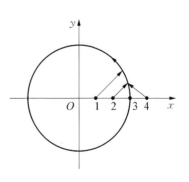

图 6.9 例 6.30 示意图

于是 $\dfrac{\Delta_C \arg f(z)}{2\pi} = N(f, C)$.

例 6.31　设 n 次多项式 $P(z) = a_0 z^n + a_1 z^{n-1} + \cdots + a_n (a_0 \neq 0)$ 在虚轴上没有零点,试证它的零点全在左半平面内的充要条件是 $\Delta_{\substack{C \\ y(-\infty \nearrow +\infty)}} \arg P(\mathrm{i}y) = n\pi$,即当点 z 自下而上沿虚轴从 $-\infty$ 走向 $+\infty$ 过程中,$P(z)$ 绕原点转了 $\dfrac{n}{2}$ 圈.

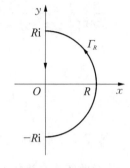

证明: 令周线 C_R 是右半圆周 Γ_R:$z = R\mathrm{e}^{\mathrm{i}\theta} \left(-\dfrac{\pi}{2} \leqslant \theta \leqslant \dfrac{\pi}{2}\right)$,以及虚轴从 $R\mathrm{i}$ 到 $-R\mathrm{i}$ 的有限线段所构成(见图 6.10).$P(z)$ 的零点全在左半平面内的充要条件是 $N(P, C_R) = 0$.

图 6.10　例 6.31 示意图

由辐角定理知

$$0 = \lim_{R \to +\infty} \Delta_{C_R} \arg P(z) = \lim_{R \to +\infty} \Delta_{C_R} \arg P(z) - \lim_{R \to +\infty} \Delta_{y(-\infty \nearrow +\infty)} \arg P(\mathrm{i}y).$$

由于

$$\Delta_{\Gamma_R} \arg P(z) = \Delta_{\Gamma_R} \arg a_0 z^n [1 + g(z)] = \Delta_{\Gamma_R} \arg a_0 z^n + \Delta_{\Gamma_R} \arg[1 + g(z)],$$

式中,$g(z) = \dfrac{a_1 z^{n-1} + \cdots + a_n}{a_0 z^n} \to 0 \ (R \to +\infty)$.故 $\lim_{R \to +\infty} \Delta_{\Gamma_R} \arg[1 + g(z)]$.又因

$$\Delta_{\Gamma_R} \arg a_0 z^n = \Delta_{\theta\left[-\frac{\pi}{2} \nearrow \frac{\pi}{2}\right]} \arg a_0 R^n \mathrm{e}^{\mathrm{i}n\theta} = n\pi,$$

故有 $\Delta_{y(-\infty \nearrow +\infty)} \arg P(\mathrm{i}y) = n\pi$.

注: 在自动控制中,要求 $a_0 \dfrac{\mathrm{d}^n y}{\mathrm{d}t^n} + a_1 \dfrac{\mathrm{d}^{n-1}}{\mathrm{d}t^{n-1}} y + \cdots + a_n y = f(t)$ 解具有稳定性,此问题归结为其特征多项式 $P(z) = a_0 z^n + a_1 z^{n-1} + \cdots + a_n$ 的根全在左平面.

6.3.3　鲁歇定理

鲁歇定理是辐角原理的推广,在讨论零点分布时,应用较为方便.

定理 6.13　(鲁歇定理)设曲线 C 是一条周线,$f(z)$ 及 $\varphi(z)$ 满足如下条件:

(1) 它们在 C 的内部均解析,且在 C 上连续.

(2) 在 C 上,$|f(z)| > |\varphi(z)|$.

则 $f(z)$ 与 $f(z) + \varphi(z)$ 在 C 的内部有同样多(几阶算作几个)的零点,即 $N(f, C) = N(f + \varphi, C)$.

证明: 由假设知,$|f(z)| > 0$,且 $|f(z) + \varphi(z)| \geqslant |f(z)| - |\varphi(z)| > 0$.则 $f(z)$ 与 $f(z) + \varphi(z)$ 均满足定理的条件.由于则 $f(z)$ 与 $f(z) + \varphi(z)$ 均在 C 的内部解析,只需证明

$$\Delta_C \arg[f(z) + \varphi(z)] = \Delta_C \arg f(z).$$

由于 $f(z) + \varphi(z) = f(z)\left[1 + \dfrac{\varphi(z)}{f(z)}\right]$,$\Delta_C \arg[f(z) + \varphi(z)] = \Delta_C \arg f(z) +$

$\Delta_C \arg f(z)\left[1+\dfrac{\varphi(z)}{f(z)}\right]$，当 z 沿 C 变动时，$\left|\dfrac{\varphi(z)}{f(z)}\right|<1$，令 $\eta(z)=1+\dfrac{\varphi(z)}{f(z)}$，则将封闭曲线 C 变成 η 平面上闭曲线 Γ（见图 6.11）. 由于 Γ 全在圆周 $|\eta-1|=1$ 的内部，而 $\eta=0$ 又不在此圆周的内部，即点 η 不会围原点 $\eta=0$ 绕行，故 $\Delta_C \arg f(z)\left[1+\dfrac{\varphi(z)}{f(z)}\right]=0$，从而

$$\Delta_C \arg[f(z)+\varphi(z)]=\Delta_C \arg f(z),$$

故 $N(f, C)=N(f+\varphi, C)$.

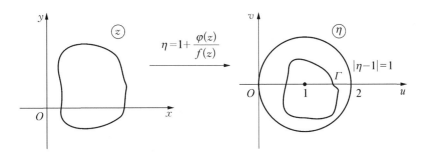

图 6.11　定理 6.13 示意图

例 6.32　求等式 $z^5-16z^3+z-1=0$ 在圆 $|z|=2$ 内根的数目.

解：记 $f(z)=-16z^3$ 和 $g(z)=z^5+z-1$. 注意到，当 $|z|=2$ 时，$|f(z)|=|-16z^3|=16\times8=128$ 和 $|g(z)|=|z^5+z-1|\leqslant|z|^5+|z|+1=32+2+1=35<|f(z)|$，因此满足鲁歇定理的条件. 由于 $f(z)$ 在圆 $|z|=2$ 内按重数计算有 3 个根，$f(z)+g(z)$ 亦然，即 $z^5-16z^3+z-1=0$ 在圆 $|z|=2$ 内有 3 个根.

例 6.33　判断 $x^5-17x^3+5x^2+3=0$（$x\in\mathbf{R}$）在 $x\in(-1,1)$ 内根的情况.

解：对于一元实变函数零点问题，可利用微分中值定理或零点定理判断. 令 $f(x)=x^5-17x^3+5x^2+3$，则 $f(-1)=-1+17+5+3=24>0$，$f(1)=1-17+5+3=-8<0$. 由于 $f(-1)f(1)<0$，所以方程 $x^5-17x^3+5x^2+3=0$ 在 $x\in(-1,1)$ 内必有实根. 我们已经知道 $f(x)$ 在区间 $(-1,1)$ 内至少有一个根，但不知根的个数. 我们可利用鲁歇定理判断，将原方程放在复平面上考虑，做代换 $z=x$，原方程变为 $z^5-17z^3+5z^2+3=0$，$|z|\leqslant1$. 利用鲁歇定理，令 $f(z)=z^5+5z^2+3$，$g(z)=-17z^3$，当 $|z|=1$ 时，$|g(z)|=|-17z^3|=17$，$|f(z)|\leqslant|z|^5+5|z|^2+3=9<|g(z)|$，所以 $f(z)$，$g(z)$ 满足鲁歇定理的条件. 由 $g(z)$ 和 $f(z)+g(z)$ 在 $|z|\leqslant1$ 内的零点个数相等，由 $g(z)=0$，可得 $z=0$ 一个根. 所以 $x^5-17x^3+5x^2+3=0$ 在 $x\in(-1,1)$ 内有且仅有一个实根.

例 6.34　设 n 次多项式 $P(z)=a_0z^n+\cdots+a_tz^{n-t}+\cdots+a_n(a_0\neq0)$ 满足条件

$$|a_t|>|a_0|+\cdots+|a_{t-1}|+\cdots+|a_{t+1}|+\cdots+|a_n|,$$

则 $P(z)$ 在单位圆 $|z|<1$ 内有 $n-t$ 个零点.

证明：令 $f(z)=a_tz^{n-t}$，$\varphi(z)=a_0z^n+\cdots+a_{t-1}z^{n-t+1}+a_{t+1}z^{n-t-1}+\cdots+a_n$. 据题设条件，在单位圆周 $|z|=1$ 上，有 $|f(z)|>|\varphi(z)|$. 依鲁歇定理知，$P(z)=f(z)+\varphi(z)$ 与 $f(z)=a_tz^{n-t}$ 在 $|z|<1$ 内的零点一样多，即 $n-t$ 个[因 $f(z)$ 在 $|z|<1$ 内可看成 $n-$

t 个零点 $(z=0)$].

根据例 6.34 的结论, 我们可轻松判断如下方程的根:

方程 $z^8-5z^5-2z+1=0$ 在单位圆内有 5 个根;

方程 $z^7-5z^4+z^2-2=0$ 在单位圆内有 4 个根;

方程 $z^4-5z+1=0$ 在单位圆内有 1 个根.

代数学基本定理是代数学的基石, 用纯粹的代数方法证明比较繁杂, 但利用鲁歇定理却可以给出简洁的证明.

例 6.35 **代数学基本定理:** 任何一个 n 次多项式 $a_0+a_1z+\cdots+a_nz^n\,(a_n\neq0)$ 在复数域中有且只有 n 个根(重根按重数计).

证明: 设 $f(z)=a_nz^n$, $\varphi(z)=a_0+a_1z+\cdots+a_{n-1}z^{n-1}$, 取 $R>\max\left\{\dfrac{|a_0|+|a_1|+\cdots+|a_{n-1}|}{|a_n|},1\right\}$. 并取圆周 $C:|z|=R$, 于是在 C 上有

$$|\phi(z)|\leqslant|a_0|+|a_1|\cdot|z|+\cdots+|a_{n-1}|\cdot|z|^{n-1}$$
$$=|a_0|+|a_1|\cdot R+\cdots+|a_{n-1}|\cdot R^{n-1},$$

又因 $R>\max\left\{\dfrac{|a_0|+|a_1|+\cdots+|a_{n-1}|}{|a_n|},1\right\}\geqslant1$, 且 $R>\dfrac{|a_0|+|a_1|+\cdots+|a_{n-1}|}{|a_n|}$,
所以

$$|\phi(z)|\leqslant(|a_0|+|a_1|+\cdots+|a_{n-1}|)R^{n-1}$$
$$=|a_n|\cdot\frac{|a_0|+|a_1|+\cdots+|a_{n-1}|}{|a_n|}\cdot R^{n-1}<|a_n|\cdot R^n.$$

因此, 在圆周 C 上, $|f(z)|=|a_n|\cdot R^n>|\phi(z)|$. 由鲁歇定理, 在 $|z|<R$ 内, $N(f+\varphi,C)=N(f,C)$. 而显然 $N(f,C)=n$, 因此 n 次多项式 $a_0+a_1z+\cdots+a_nz^n$ 在 $|z|<R$ 内有 n 个零点, 即 n 次多项式 $a_0+a_1z+\cdots+a_nz^n$ 在 $|z|<R$ 内有 n 个根.

以下证明 $|z|=R$ 上或其外部多项式无根. 事实上, 任取 z_0 在 $|z|=R$ 上或其外部, 则 $|z_0|=R_0\geqslant R$, 于是

$$|a_0+a_1z_0+\cdots+a_nz_0^n|\geqslant|a_nz_0^n|-|a_0+a_1z_0+\cdots+a_{n-1}z_0^{n-1}|$$
$$\geqslant|a_n|\cdot R_0^n-(|a_0|+|a_1|\cdot R_0+\cdots+|a_{n-1}|\cdot R_0^{n-1})$$
$$>|a_n|\cdot R_0^n-(|a_0|+|a_1|+\cdots+|a_{n-1}|)\cdot R_0^{n-1}$$
$$>|a_n|\cdot R_0^n-|a_n|\cdot R_0^n=0.$$

即 z_0 不是 n 次多项式 $a_0+a_1z+\cdots+a_nz^n\,(a_n\neq0)$ 的根.

综上, n 次多项式 $a_0+a_1z+\cdots+a_nz^n\,(a_n\neq0)$ 在复数域中有且只有 n 个根.

例 6.36 试证: 方程 $z^7-z^3+12=0$ 的根全在圆环 $1<|z|<2$ 内.

证明: 由例 6.34 知, 该方程在 $|z|<1$ 内无根. 又在 $|z|=2$ 上有 $|12-z^3|\leqslant12+|z^3|=12+8=20<128=2^7=|z^7|$. 据鲁歇定理

$$N(z^7-z^3+12,|z|=2)=N(z^7,|z|=2)=7,$$

即方程的 7 个根全在 $|z|<2$ 内, 但在 $|z|<1$ 内无根, 故此方程的根全在 $1\leqslant|z|<2$ 内.

但当 $|z|=1$ 时

$$|z^7-z^3|=|z|^3|z^4-1|\leqslant|z|^3(|z|^4+1)=2,$$

$$|z^7-z^3+12|\geqslant12-|z^7-z^3|\geqslant12-2=10>0.$$

故方程在 $|z|=1$ 上无根. 从而原方程的根全在圆环 $1<|z|<2$ 内.

在 4.4 节中,我们用最大模原理证明了复变函数的零点定理,下面我们用鲁歇定理再次证明零点定理.

例 6.37 试用鲁歇定理证明:设 $f(z)$ 在闭圆 $|z|\leqslant R$ 上解析,若存在 $a>0$,使当 $|z|=R$ 时,$|f(z)|>a$,且 $|f(0)|<a$,则在圆 $|z|<R$ 内,$f(z)$ 至少有一个零点.

证明: 若 $f(0)=0$,则至少 $z=0$ 是 $f(z)$ 的零点. 若 $f(0)\neq0$,则在 $|z|=R$ 上取 $\varphi(z)=-f(0)$,$|f(z)|>a>|f(0)|=|-f(0)|=|\varphi(z)|$. 由鲁歇定理

$$N(f,|z|=R)=N(f+\phi,|z|=R)=N(f(z)-f(0),|z|=R),$$

而 $f(z)-f(0)$ 至少以 $z=0$ 为零点,所以,$N(f(z)-f(0),|z|=R)\geqslant1$. 从而,$N(f,|z|=R)\geqslant1$,即在 $|z|<R$ 内,函数 $f(z)$ 至少有一个零点.

定理 6.14 若 $f(z)$ 在区域 D 内单叶解析,则在 D 内 $f'(z_0)\neq0$.

证明: 若 $\exists z_0\in D$,使 $f'(z_0)=0$,则 z_0 必为 $f(z)-f(z_0)$ 的一个 n $(n\geqslant2)$ 阶零点. 由零点的孤立性,故 $\exists\delta>0$,使在圆周 $C:|z-z_0|=\delta$ 上,$f(z)-f(z_0)\neq0$,在 C 的内部,$f(z)-f(z_0)=0$ 及 $f'(z)$ 无异于 z_0 的零点.

令 m 为 $|f(z)-f(z_0)|$ 在 C 上的下确界,则由鲁歇定理知,当 $0<|-a|<m$ 时,$f(z)-f(z_0)-a$ 在圆周 C 的内部亦恰有 n 个零点[因 $f'(z)$ 在 C 内除 z_0 外无其他零点,显然 z_0 非 $f(z)-f(z_0)-a$ 的零点].

故令 $z_1,z_2,\cdots,z_n$ 表示 $f(z)-f(z_0)-a$ 在 C 内部的 n 个相异零点. 于是 $f(z_k)=f(z_0)+a$ $(k=1,2,\cdots,n)$,这与 $f(z)$ 的单叶性假设矛盾. 故 $f'(z_0)\neq0$,$z\in D$.

数学名人介绍

魏尔斯特拉斯

魏尔斯特拉斯(Weierstrass,1815—1897 年),德国数学家和教育家,1815 年 10 月 31 日生于德国威斯特伐利亚地区的奥斯登费尔特,1897 年 2 月 19 日卒于柏林. 魏尔斯特拉斯作为现代分析之父,其工作涵盖幂级数理论、实分析、复变函数、阿贝尔函数、无穷乘积、变分学、双线型与二次型、整函数等. 他以其解析函数理论与柯西、黎曼并称为复变函数论的奠基人. 魏尔斯特拉斯在数学分析领域中的最大贡献是在柯西、阿贝尔等开创的数学分析的严格化潮流中,以 ε-δ 语言,系统建立了实分析和复分析的基础,基本上完成了分析的算术化. 他引进了一致收敛的概念,并由此阐明了函数项级数的逐项微分和逐项积分定理. 在建立分析基础的过程中,他引进了实数轴和 n 维欧氏空间中一系列的拓扑概念,并将黎曼积分推广到在一个可数集上的不连续函数之上. 1872 年,魏尔斯特拉斯给出了第一个处处连续但处处

不可微函数的例子,使人们意识到连续性与可微性的差异,由此引出了一系列诸如皮亚诺曲线等反常性态的函数的研究.

　　魏尔斯特拉斯于 14 岁时在帕德博恩城的一所天主教预科学校学习,在那里学习德语、拉丁语、希腊语和数学.中学毕业时成绩优秀,共获 7 项奖,其中包括数学.但此后,他的父亲却把他送到波恩大学去学习法律和商业.在波恩大学,他把相当一部分时间花在自学他所喜欢的数学上,攻读了包括拉普拉斯的《天体力学》在内的一些名著.他在波恩的另一部分时间则花在了击剑上.在波恩大学度过四年之后,他没有得到父亲所希望的法律博士学位,甚至连硕士学位也没有得到.

　　在朋友的建议下,魏尔斯特拉斯在 1841 年正式通过了教师资格考试,开始了漫长的中学教师生活,并在两处偏僻的地方中学度过了 30 至 40 岁的这段数学家的黄金岁月.他在中学不仅教数学、物理,还教写作和体育.在这期间,他刻苦地进行数学研究,白天教课,晚上攻读研究阿贝尔等人的数学著作,并写了许多论文.

　　1853 年,魏尔斯特拉斯将一篇关于阿贝尔函数的论文寄给了德国数学家克雷尔主办的《纯粹与应用数学》杂志,随即引起了轰动,这才使他时来运转.哥尼斯堡大学的一位数学教授亲自到魏尔斯特拉斯当时任教的布伦斯堡中学向他颁发了哥尼斯堡大学博士学位证书.1856 年,也就是在魏尔斯特拉斯当了 15 年的中学教师后,他被任命为柏林工业大学的数学教授,同年被选进柏林科学院.他后来又转到柏林大学任教授,直到去世.

习　题　6

1. 求下列函数 $f(z)$ 在有限孤立奇点处的留数:

(1) $\dfrac{z+1}{z^2-2z}$;　　　　(2) $\dfrac{1+z^4}{(z^2+1)^3}$;　　　　(3) $\dfrac{1-e^{2z}}{z^4}$;　　　　(4) $\dfrac{z^2}{(1+z^2)^2}$;

(5) $z^2\sin\dfrac{1}{z}$;　　　　(6) $\dfrac{z^{2n}}{1+z^n}$, $n\in\mathbf{N}$;　　(7) $\dfrac{\sinh z}{\cosh z}$.

2. 求下列函数 $f(z)$ 在其孤立奇点(包括无穷远点)处的留数:

(1) $\dfrac{5z-2}{z(z-1)}$;　　　(2) $\dfrac{e^z-1}{z^5}$;　　　　(3) $\dfrac{1}{\sin\dfrac{1}{z}}$;　　　　(4) $\dfrac{2z}{3+z^2}$.

3. 计算下列各积分:

(1) $\displaystyle\oint_{|z|=2}\dfrac{e^{2z}}{(z-1)^2}\mathrm{d}z$;　　　　　　(2) $\displaystyle\oint_{|z|=2}\dfrac{\sin z}{z}\mathrm{d}z$;

(3) $\displaystyle\oint_{|z|=1}\dfrac{\sin z}{z(1-e^z)}\mathrm{d}z$;　　　　(4) $\displaystyle\oint_{|z|=2}\dfrac{e^z}{(z-1)(z+3)^2}\mathrm{d}z$;

(5) $\displaystyle\oint_{|z|=1}\dfrac{\tan\pi z}{z^3}\mathrm{d}z$;　　　　　　(6) $\displaystyle\oint_{|z|=\frac{5}{2}}\dfrac{1}{(z-3)(z^5-1)}\mathrm{d}z$.

4. 求下列各积分之值:

(1) $\displaystyle\int_0^{2\pi}\dfrac{1}{5+3\sin\theta}\mathrm{d}\theta$;　　　　(2) $\displaystyle\int_0^{2\pi}\dfrac{\mathrm{d}x}{(2+\sqrt{3}\cos x)^2}$;

(3) $\displaystyle\int_0^{2\pi}(\cos 4\theta)^4\mathrm{d}\theta$;　　　　　(4) $\displaystyle\int_0^{2\pi}\sin^{2n}x\,\mathrm{d}x$, n 为自然数.

5. 求下列各积分：

(1) $\displaystyle\int_0^{+\infty} \frac{x^2}{(x^2+1)(x^2+4)}\mathrm{d}x$；

(2) $\displaystyle\int_0^{+\infty} \frac{x^2}{1+x^4}\mathrm{d}x$；

(3) $\displaystyle\int_{-\infty}^{+\infty} \frac{x\,\mathrm{d}x}{(1+x^2)(x^2+2x+2)}$；

(4) $\displaystyle\int_{-\infty}^{+\infty} \frac{\cos x\,\mathrm{d}x}{(x^2+1)(x^2+9)}$；

(5) $\displaystyle\int_0^{\infty} \frac{x\sin x}{1+x^2}\mathrm{d}x$；

(6) $\displaystyle\int_0^{+\infty} \frac{x\sin mx}{(x^2+a^2)^2}\mathrm{d}x$，$m>0, a>0$.

6. 计算下列积分：

(1) $\displaystyle\int_0^{+\infty} \frac{\sin x}{x(x^2+1)^2}\mathrm{d}x$；

(2) $\displaystyle\int_0^{\infty} \frac{x^2-1}{x^2+1}\cdot\frac{\sin x}{x}\mathrm{d}x$.

7. 利用辐角原理与对数留数计算下列积分：

(1) $\displaystyle\oint_{|z|=3} \frac{z}{z^2-1}\mathrm{d}z$；

(2) $\displaystyle\oint_{|z|=3} \tan z\,\mathrm{d}z$.

8. 从 $\displaystyle\int_C \frac{\mathrm{e}^{\mathrm{i}z}}{\sqrt{z}}\mathrm{d}z$ 出发，其中 C 是如图 6.12 所示之周线（沿正实轴取正值），求证：$\displaystyle\int_0^{+\infty} \frac{\cos x}{\sqrt{x}}\mathrm{d}x = \int_0^{+\infty} \frac{\sin x}{\sqrt{x}}\mathrm{d}x = \frac{\pi}{2}$.

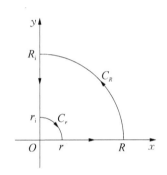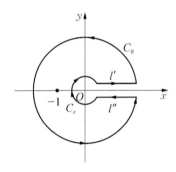

图 6.12 习题 8 示意图　　**图 6.13 习题 9 示意图**

9. 从 $\displaystyle\int_C \frac{\sqrt{z}\ln z}{(1+z)^2}\mathrm{d}z$ 出发，其中 C 是如图 6.13 所示的周线，求证：

(1) $\displaystyle\int_0^{+\infty} \frac{\sqrt{x}\ln x}{(1+x)^2}\mathrm{d}x = \pi$；

(2) $\displaystyle\int_0^{+\infty} \frac{\sqrt{x}}{(1+x)^2}\mathrm{d}x = \frac{\pi}{2}$.

10. 求证：方程 $kz^4 = \sin z\ (k>2)$ 在单位圆 $|z|<1$ 内有 4 个根.

11. 若 $f(z)$ 在周线 C 内部除有一个一阶极点外解析，且连续到 C，在 C 上 $|f(z)|=1$，求证：$f(z)=a\ (|a|>1)$ 在 C 内部恰好有一个根.

12. 若 $f(z)$ 在周线 C 内部亚纯且连续到 C，试证：

(1) 若 $z\in C$ 时，$|f(z)|<1$，则方程 $|f(z)|=1$ 在 C 内部根的个数，等于 $f(z)$ 在 C 内部的极点个数；

(2) 若 $z\in C$ 时，$|f(z)|>1$，则方程 $|f(z)|=1$ 在 C 内部根的个数，等于 $f(z)$ 在 C 内部的零点个数.

13. 设 $f(z)$ 在 $|z|<1$ 内解析，在 $|z|\leqslant 1$ 上连续，试证：$(1-|z|^2)f(z) = \dfrac{1}{2\pi\mathrm{i}}\displaystyle\int_{C:|\zeta|=1} f(\zeta)\left(\frac{1-\bar{z}\zeta}{\zeta-z}\right)\mathrm{d}\zeta$

14. 求证定理 6.7.

第 7 章　共 形 映 射

本章将从几何角度来对解析函数的性质和应用进行讨论. 共形映射对研究解析函数的几何理论起着主导作用, 本章将主要讨论由解析函数构成的共形映射, 并重点讨论由分式线性函数构成的映射.

7.1　解析变换的特性

7.1.1　解析变换的保域性

定理 7.1　（保域定理）设 $w = f(z)$ 在区域 D 内解析且不恒为常数, 则 D 的像 $G = f(D)$ 也是一个区域.

证明: 先证 G 是开集. 设 $w_0 \in G$, 则 $\exists z_0 \in D$, 使 $w_0 = f(z_0)$. 要证 w_0 是 G 的内点, 须证 w_0 与 w_* 充分接近时, w_* 亦属于 G. 换句话说, 须证明, 当 w_0 与 w_* 充分接近时, $w_* = f(z)$ 在 D 内解析. 考察 $f(z) - w_* = [f(z) - w_0] + (w_0 - w_*)$, 显然 $f(z) - w_0 = 0$.

由解析函数零点的孤立性, 必须在以 z_0 为圆心的某圆周 $C: |z - z_0| = R, C$ 及 C 的内部全含于 D, 使 $f(z) - w_0$ 在 C 上及 C 的内部（除 z_0 外）均不为零, 因而在 C 上, 有 $|f(z) - w_0| \geqslant \delta > 0$. 对于邻域 $|w_* - w_0| < \delta$ 内的点及在 C 上的点 z, 有 $|f(z) - w_0| \geqslant \delta > |w_* - w_0|$. 据鲁歇定理, 在 C 的内部, $f(z) - w_* = [f(z) - w_0] + (w_0 - w_*)$ 与 $f(z) - w_0$ 有相同的零点个数, 于是 $w_* = f(z)$ 在 D 内有解.

下面证明 G 是连通集, 即证 G 中任意两点 $w_1 = f(z_1)$, $w_2 = f(z_2)$ 均可由完全含于 G 的折线连接起来.

因 D 是区域, 则在 D 内可取连接 z_1, z_2 的折线 $C: z = z(t)[t_1 \leqslant t \leqslant t_2, z(t_1) = z_1, z(t_2) = z_2]$. 于是曲线 $\Gamma: w = f[z(t)] \ (t_1 \leqslant t \leqslant t_2)$ 就是连接 w_1, w_2 且完全含于 G 的一条曲线. 从而参照柯西积分定理的古尔萨证明的第三步, 可以找到连接 w_1, w_2 内接 Γ 且完全含于 G 的折线 Γ_1.

总结以上两点, 即知 $G = f(D)$ 是区域.

推论 7.1　设 $w = f(z)$ 在区域 D 内单叶解析, 则 D 的像 $G = f(D)$ 也是一个区域.

证明: 因 $f(z)$ 在区域 D 内单叶, $f(z)$ 必在 D 内不恒为常数.

定理 7.1 可推广如下:

命题 7.1　$w = f(z)$ 在扩充平面的区域 D 内亚纯, 且不恒为常数, 则 D 的像 $G = f(D)$ 为扩充 w 平面上的区域.

定理 7.2 设 $w=f(z)$ 在点 z_0 解析,且 $f'(z_0)\neq 0$,则 $f(z)$ 在 z_0 的一个领域内单叶解析.

结合推论 7.1 与定理 7.2,解析变换 $w=f(z)$ 将 z_0 的充分小的邻域变成 $w_0=f(z_0)$ 的一个曲边领域.

7.1.2 解析变换的保角性——导数的几何意义

设 $w=f(z)$ 在区域 D 内解析,$z_0\in D$,且存在导数 $f'(z_0)\neq 0$.过点 z_0 引任意一条有向光滑曲线 C:$z=z(t)$ $(t_0\leqslant t\leqslant t_1)$,$z_0=z(t_0)$.则 $z'(t_0)$ 必存在,且 $z'(t_0)\neq 0$,因此 C 在 z_0 有切线,$z'(t_0)$ 为其切向量.它的倾角为 $\psi=\arg z'(t_0)$.

经变换 $w=f(z)$,C 的像曲线 $\Gamma=f(C)$:$w=f[z(t)]$ $(t_0\leqslant t\leqslant t_1)$,则 $w_0=w(t_0)$ 的邻域内是光滑的.又由于 $w'(t_0)=f'(z_0)\cdot z'(t_0)\neq 0$,故 Γ 在 $w_0=f(z_0)$ 处也有切线,$w'(t_0)$ 为其切向量,设其倾角为 Ψ,则 $\Psi=\arg w'(t_0)=\arg f'(z_0)+\arg z'(t_0)$,即 $\Psi=\psi+\arg f'(z_0)$.设 $f'(z_0)=Re^{i\alpha}$,则 $|f'(z_0)|=R$,$\arg f'(z_0)=\alpha$,于是 $\Psi-\psi=\alpha$,且 $\lim\limits_{\Delta z\to 0}\left|\dfrac{\Delta w}{\Delta z}\right|=R=|f'(z_0)|$.

$\Psi-\psi=\alpha$ 说明 Γ:$w=f[z(t)]$ 在点 $w_0=f(z_0)$ 的切线正向,可由原像 C:$z=z(t)$ 在点 z_0 的切线正向旋转一个角 $\arg f'(z_0)$ 得出.

称 $\arg f'(z_0)$ 为 $w=f(z)$ 在点 z_0 的**旋转角**(它仅与 z_0 有关,与过 z_0 的曲线 C 无关).这就是导数辐角的几何意义.

称 $\lim\limits_{\Delta z\to 0}\left|\dfrac{\Delta w}{\Delta z}\right|=R=|f'(z_0)|$ 为 $w=f(z)$ 在点 z_0 的**伸缩率**(它仅与 z_0 有关,与过 z_0 的曲线 C 无关).这也就是导数模的几何意义.即**旋转角不变性与伸缩率不变性**.

例 7.1 求 $w=f(z)=z^2+2z$ 在点 $z=-1+2i$ 处的旋转角,并说明 $w=f(z)$ 将哪部分放大,哪部分缩小.

解:因 $f'(z)=2z+2=2(z+1)$,$f'(-1+2i)=4i$,$\arg f'(-1+2i)=\dfrac{\pi}{2}$.故 $w=f(z)$ 在 $z=-1+2i$ 的旋转角为 $\dfrac{\pi}{2}$.

又因 $|f'(z)|=2\sqrt{(x+1)^2+y^2}$ $(z=x+yi)$,$|f'(z)|<1\Leftrightarrow(x+1)^2+y^2<\dfrac{1}{4}$,故 $w=f(z)$ 将以点 $(-1,0)$ 为圆心、半径为 $\dfrac{1}{2}$ 的圆周内部缩小、外部放大.

定义 7.1 经过 z_0 的两条有向曲线 C_1,C_2 的切线方向所构成的角,称为两曲线在该点的夹角.

定义 7.2 设 $w=f(z)$ 在点 z_0 的邻域内有定义,且在 z_0 具有如下性质:

(1) 伸缩率不变.

(2) 过 z_0 的任意两曲线的夹角在 $w=f(z)$ 下,既保持大小,又保持方向.

则称 $w=f(z)$ 在点 z_0 是**保角的**.如果 $w=f(z)$ 在区域 D 内处处是保角的,则称 $w=f(z)$ 在区域 D 内是保角变换.

定理 7.3 若 $f(z)$ 在区域 D 内是保角的,则它在导数不为零的点处是保角的.

推论 7.2　若 $w=f(z)$ 在区域 D 内单叶解析,则 $w=f(z)$ 在 D 内是保角的.

例 7.2　试证 $w=\mathrm{e}^{\mathrm{i}z}$ 将互相相交的直线族 $\operatorname{Re}z=C_1$ 与 $\operatorname{Im}z=C_2$ 依次变为互相正交的直线族 $v=u\tan C_1$ 与圆周族 $u^2+v^2=\mathrm{e}^{-2C_2}$.

证明: 正交直线族 $\operatorname{Re}z=C_1$ 与 $\operatorname{Im}z=C_2$ 在变换 $w=\mathrm{e}^{\mathrm{i}z}$ 下,有 $u+\mathrm{i}v=w=\mathrm{e}^{\mathrm{i}z}=\mathrm{e}^{\mathrm{i}(C_1+\mathrm{i}C_2)}=\mathrm{e}^{-C_2}\cdot\mathrm{e}^{\mathrm{i}C_1}$,即有像曲线族 $u^2+v^2=\mathrm{e}^{-2C_2}$ 与 $\arctan\dfrac{v}{u}=C_1$.

因 $\mathrm{e}^{\mathrm{i}z}$ 在 z 平面上处处解析,且 $\dfrac{\mathrm{d}w}{\mathrm{d}z}=\mathrm{i}\mathrm{e}^{\mathrm{i}z}\neq0$. 根据保角变换的特性,$w$ 平面上的圆周族 $u^2+v^2=\mathrm{e}^{-2C_2}$ 与直线族 $v=u\tan C_1$ 也是相互正交的.

7.1.3　单叶解析变换的共形性

定义 7.3　如果 $w=f(z)$ 在区域 D 内是单叶且保角的,则称 $w=f(z)$ 在 D 内是共形的,也称它为 D 内的**共形映射**[有的课本也称 $w=f(z)$ 是**保形的**].

注: 若 $w=f(z)$ 在 z_0 处解析,且 $f'(z_0)\neq0$,于是 $w=f(z)$ 在 z_0 处保角,因而在 z_0 的邻域内单叶保角,从而在 z_0 的邻域内共形. $w=f(z)$ 在 D 内(整体)共形,必然在 D 内处处(局部)共形,反之不真.

例 7.3　讨论 $w=z^n$ (n 为整数)的保角性和共形性.

解: (1) 因 $\dfrac{\mathrm{d}w}{\mathrm{d}z}=nz^{n-1}\neq0$ ($z\neq0$),故 $w=z^n$ 在 z 平面上除原点 $z=0$ 外,处处是保角的.

(2) 由于 $w=z^n$ 的单叶性区域是顶点在原点张度不超过 $\dfrac{2\pi}{n}$ 的角形区域,故在此区域,$w=z^n$ 是共形的,在张度超过 $\dfrac{2\pi}{n}$ 的角形区域不是共形的.

定理 7.4　设 $w=f(z)$ 在区域 D 内单叶解析,则

(1) $w=f(z)$ 将 D 共形映射成区域 $G=f(D)$.

(2) 在 G 内单叶解析,且 $f^{-1}(w_0)=\dfrac{1}{f'(z_0)}$ [$z_0\in D$,$w_0=f(z_0)\in G$].

证明: (1) 因 $w=f(z)$ 在 D 内单叶解析,由推论 7.1 知,G 是区域,由推论 7.2 知,$w=f(z)$ 在 D 内是保角的. 故 $w=f(z)$ 将 D 共形映射成区域 $G=f(D)$.

(2) 因 $w=f(z)$ 在 D 内单叶解析,据定理 6.14 知,又因 $w=f(z)$ 是 D 到 G 的单叶满变换,因而是 D 到 G 的一一变换. 于是当 $w\neq w_0$ 时,$z\neq z_0$,故 $z=f^{-1}(w)$ 在 G 内单叶,故 $\dfrac{f^{-1}(w)-f^{-1}(w_0)}{w-w_0}=\dfrac{z-z_0}{w-w_0}=\dfrac{1}{\dfrac{w-w_0}{z-z_0}}$. 由假设 $f(z)=u(x,y)+\mathrm{i}v(x,y)$ 在区域 D 内解析,即在 D 内满足柯西-黎曼方程 $u_x=v_y$,$u_y=-v_x$,故

$$\begin{vmatrix}u_x & u_y\\ v_x & v_y\end{vmatrix}=\begin{vmatrix}u_x & -v_x\\ v_x & u_x\end{vmatrix}=u_x^2+v_x^2=|u_x+\mathrm{i}v_x|^2=|f'(z)|^2\neq0,\quad z\in D.$$

由数学分析中的隐函数存在定理,存在两个函数 $x=x(u,v)$,$y=y(u,v)$ 在点 $w_0=$

$u_0+\mathrm{i}v_0$ 及其一个邻域 $N_\varepsilon(w_0)$ 内连续,即在邻域 $N_\varepsilon(w_0)$ 中,当 $w\to w_0$ 时,有 $z=f^{-1}(w)\to z_0=f^{-1}(w_0)$,故

$$\lim_{w\to w_0}\frac{f^{-1}(w)-f^{-1}(w_0)}{w-w_0}=\frac{1}{\lim\limits_{z\to z_0}\dfrac{z-z_0}{w-w_0}}=\frac{1}{\lim\limits_{z\to z_0}\dfrac{f(z)-f(z_0)}{z-z_0}}=\frac{1}{f'(z_0)}$$

即 $f^{-1}(w_0)=\dfrac{1}{f'(z_0)}$ $\big[z_0\in D,w_0=f(z_0)\in G\big]$. 由 w_0 或 z_0 的任意性知,$z=f^{-1}(w)$ 在 G 内解析,从而 $z=f^{-1}(w)$ 在 G 内单叶解析.

7.2 分式线性变换

分式线性变换是最简单的共形映射,同时也是共形映射一般理论的基础,并且具有许多几何直观十分明显的重要性质.

7.2.1 分式线性变换及其分解

1. 概念

定义 7.4 称 $w=\dfrac{az+b}{cz+d}$ 为分式线性映射,其中 a,b,c,d 为复常数,且 $ad-bc\neq0$,简记为 $w=L(z)$.

注:条件 $ad-bc\neq0$ 是必要的,否则由于 $\dfrac{\mathrm{d}w}{\mathrm{d}z}=\dfrac{ad-bc}{(cz+d)^2}$,将有 $\dfrac{\mathrm{d}w}{\mathrm{d}z}=0$,这时 $w\equiv$ 常数,此时它将整个 z 平面映射成 w 平面上的一点.

$w=L(z)$ 可在扩充平面上补充定义:① 当 $c\neq0$ 时,定义 $L\left[-\dfrac{c}{d}\right]=\infty$,$L(\infty)=\dfrac{a}{c}$;② 当 $c=0$ 时,定义 $L(\infty)=\infty$. 如此,$w=L(z)$ 定义在整个扩充 z 平面上. $w=L(z)$ 的逆变换:$z=L^{-1}(w)=\dfrac{-dw+b}{cw-a}$ $(ad-bc\neq0)$. 则 $z=L^{-1}(w)$ 也是分式线性映射.

由命题 7.1 可知,$w=L(z)$ 在扩充 z 平面上是保域的.

注:由于一个分式线性映射有三个独立的复参数,因此给定三个条件就可以唯一确定一个分式线性映射.

2. 分式线性变换的分解

1) 分解与复合

分式线性变换 $w=\dfrac{az+b}{cz+d}$ 可看成如下变换的复合:① $w=kz+h$ $(k\neq0)$;② $w=\dfrac{1}{z}$.

(1) 当 $c=0$ 时,则 $w=\dfrac{a}{d}z+\dfrac{b}{d}$ 已是①型变换.

(2) 当 $c\neq0$ 时,由于 $w=\dfrac{bc-ad}{c}\cdot\dfrac{1}{cz+d}+\dfrac{a}{c}$,是三个形如①和②变换的复合,即

$$\xi = cz + d, \quad \eta = \frac{1}{\xi}, \quad w = \frac{bc - ad}{c} \eta + \frac{a}{c}.$$

2）①②变换的几何性质.

弄清①②变换的几何性质，一般分式线性变换便可一望而知.

称 $w = kz + h$（$k \neq 0$）为整线性变换. 若 $k = \rho \cdot e^{i\alpha}$（$\rho > 0, \alpha$ 为实数），则 $w = \rho e^{i\alpha} z + h$. 从而 $w = kz + h$ 可分解成三个更简单的变换：旋转、伸缩和平移，即

$$\begin{cases} w_1 = e^{i\alpha} z, \\ w_2 = \rho w_1, \\ w = w_2 + h. \end{cases}$$

称 $w = \dfrac{1}{z}$ 为反演变换. 进一步可分解为 $w_1 = \dfrac{1}{\bar{z}}$，$w = \bar{w}_1$ 的复合. $w_1 = \dfrac{1}{\bar{z}}$ **称为关于单位圆周的对称变换，并称 z 与 w_1 是关于单位圆周的对称点. $w = \bar{w}_1$ 称为关于实轴的对称变换，并称 w 与 w_1 是关于实轴的对称点.**

设 C：$|z| = r$，若有以 O 为起点的一条射线上的两点 P 和 P'，使 $|OP| \cdot |OP'| = r^2$，则称这两点关于圆周 C 对称.

如图 7.1 所示，取单位圆周 C：$|z| = 1$，则 $\text{Rt}\triangle OP'A \backsim \text{Rt}\triangle OPA$，则 $\dfrac{|OP'|}{|OA|} = \dfrac{|OA|}{|OP|}$. 故 $|OP| \cdot |OP'| = |OA|^2 = 1$，即 $|w_1| \cdot |z| = 1$，$w\bar{z} = 1$，w_1 与 z 关于单位圆周对称，且 w_1、z 都在过单位圆心 O 的同一条直线上.

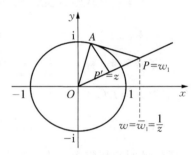

规定：无穷远点 ∞ 与圆心 O 关于单位圆周对称.

称满足 $L(z) = z$ 的点为 $L(z)$ 的**不动点**，显然 $L(z)$ 的不动点满足方程

$$cz^2 + (d - a)z - b = 0.$$

图 7.1 反演变换的几何作法

注： 不为恒等变换的分式线性变换至多只有两个不动点. 若一分式线性变换有三个不动点，则必为恒等变换.

例 7.4 试将 $w = \dfrac{3z + 4}{iz - 1}$ 分解为简单变换的复合.

解： 由于 $w = \dfrac{3z + 4}{iz - 1} = \dfrac{\dfrac{3}{i}(iz - 1) + \dfrac{3}{i} + 4}{iz - 1} = \dfrac{3}{i} + \dfrac{3 + 4i}{i(iz - 1)} = -(3 + 4i)\dfrac{1}{z + i} - 3i$，

因此原线性变换可分解为以下变换的复合.

① 平移变换：$z_1 = z + i$；

② 反演变换：$z_2 = \dfrac{1}{z_1}$；

③ 伸缩变换：$z_3 = |3 + 4i| z_2 = 5z_2$；

④ 旋转变换：$z_4 = e^{i(\alpha + \pi)} z_3$，$\alpha = \arctan \dfrac{4}{3}$；

⑤ 平移变换：$w = z_4 - 3i$.

例 7.5 试证：除恒等变换外，一切 $w = \dfrac{az+b}{cz+d}$ 恒有两个相异的或一个二重不动点.

证明： $w = L(z)$ 的不动点满足 $z = \dfrac{az+b}{cz+d}$，即 $cz^2 + (d-a)z - b = 0$，方程的系数不全为零，否则 $w = z$ 为恒等变换.

① 若 $c \neq 0$，则方程 $cz^2 + (d-a)z - b = 0$ 有两个根，$z_{1,2} = \dfrac{(a-d) \pm \sqrt{\Delta}}{2c}$，$\Delta = (d-a)^2 + 4bc$.

当 $\Delta \neq 0$ 时，有两个相异的不动点 z_1，z_2.

当 $\Delta = 0$ 时，有一个二重不动点 $z = \dfrac{a-d}{2c}$.

② 当 $c = 0$ 时，则方程 $cz^2 + (d-a)z - b = 0$ 变为 $(d-a)z - b = 0$.

当 $a \neq d \neq 0$ 时，方程有根 $z = \dfrac{b}{d-a}$，这时 $w = L(z) = \dfrac{a}{d}z + \dfrac{b}{d}$ 有不动点 $z = \dfrac{b}{d-a}$，$z = \infty$.

当 $a = d \neq 0$ 时，必有 $b \neq 0$（否则 $w = z$ 为恒等变换），有不动点 $z = \dfrac{b}{d-a} = \infty$，这时 $w = L(z)$ 以 $z = \infty$ 为二重不动点.

注： 一般的分式线性映射 $w = \dfrac{az+b}{cz+d}$ 最多只有两个不动点. 若 $w = L(z)$ 有三个或更多不动点，则必为恒等变换 $w = z$.

7.2.2 分式线性变换的共形性

(1) 对反演变换来说，只要 $z \neq 0$，$z \neq \infty$，则 $\dfrac{dw}{dz} = -\dfrac{1}{z^2} \neq 0$，故 $w = \dfrac{1}{z}$ 在 $z \neq 0$，$z \neq \infty$ 的各点处是保角的（据定理 7.4）.

定义 7.5 两曲线在无穷远点的交角 α 是指它们在反演变换下的像在曲线的原点的交角.

注： $w = \dfrac{1}{z}$ 在扩充 z 平面是保角的.

(2) 对于整线性变换，因 $\dfrac{dw}{dz} = k \neq 0$，故在 $z \neq \infty$ 的各点处是保角的. 为使整线性变换在扩充复平面是保角的，引入两个反演变换：$\lambda = \dfrac{1}{z}$，$\mu = \dfrac{1}{w}$. 则 $\dfrac{1}{\mu} = k \dfrac{1}{\lambda} + h$，即 $\mu = \dfrac{\lambda}{k + \lambda h}$. 从而 $\dfrac{d\mu}{d\lambda}\Big|_{\lambda=0} = \dfrac{\lambda h + k - \lambda h}{(\lambda h + k)^2}\Big|_{\lambda=0} = \dfrac{1}{k} = 0$，即 $\mu = \dfrac{\lambda}{k + \lambda h}$ 在 $\lambda = 0$ 是保角的. 由定义 7.5 知，整线性变换在 $z = \infty$ 处是保角的，从而整线性变换在扩充复平面上是保角的.

定理 7.5 分式线性变换 $w = L(z)$ 在扩充 z 平面上是共形的.

注： 在 ∞ 处不考虑伸缩率的不变性.

7.2.3　分式线性变换的保交比性

定义 7.6　在扩充 z 平面上有顺序的四个相异点 z_1，z_2，z_3，z_4 构成下面的量，称为它们的交比，记为 (z_1, z_2, z_3, z_4)，即 $(z_1, z_2, z_3, z_4) = \dfrac{z_4 - z_1}{z_4 - z_2} : \dfrac{z_3 - z_1}{z_3 - z_2}$.

注：当四点中有一点为 ∞ 时，包含此点的项用 1 代替. 如 $(z_1, z_2, \infty, z_4) = \dfrac{z_4 - z_1}{z_4 - z_2} : \dfrac{1}{1}$. 相当于 $z_3 \to \infty$ 取得极限.

定理 7.6　在分式线性变换下，四点的交比不变.

证明：设 $w_i = \dfrac{az_i + b}{cz_i + d}$，$i = 1, 2, 3, 4$，则 $w_i - w_j = \dfrac{(ad - bc)(z_i - z_j)}{(cz_i + d)(cz_j + d)}$. 因此

$$(w_1, w_2, w_3, w_4) = \frac{w_4 - w_1}{w_4 - w_2} : \frac{w_3 - w_1}{w_3 - w_2} = \frac{\dfrac{(ad - bc)(z_4 - z_1)}{(cz_4 + d)(cz_1 + d)}}{\dfrac{(ad - bc)(z_4 - z_2)}{(cz_4 + d)(cz_2 + d)}} : \frac{\dfrac{(ad - bc)(z_3 - z_1)}{(cz_3 + d)(cz_1 + d)}}{\dfrac{(ad - bc)(z_3 - z_2)}{(cz_3 + d)(cz_2 + d)}}$$

$$= \frac{z_4 - z_1}{z_4 - z_2} : \frac{z_3 - z_1}{z_3 - z_2} = (z_1, z_2, z_3, z_4).$$

注：由于 $ad - bc \neq 0$，故 a，b，c，d 中至少有一个不为零，从而 $w = \dfrac{az + b}{cz + d}$ 中只依赖 a，b，c，d 中的三个复参数（另一个参数可由交比确定）. 因此只需指定三对对应点 $z_i \xrightarrow{\ w = L(z)\ } w_i (i = 1, 2, 3)$，通过交比 $(z_1, z_2, z_3, z_4) = (w_1, w_2, w_3, w_4)$，即可求出 $w = \dfrac{az + b}{cz + d}$，且相差一个常数因子外是唯一确定的.

定理 7.7　设分式线性变换将扩充 z 平面上三个相异点 z_1，z_2，z_3 指定变为 w_1，w_2，w_3，则此分式线性变换就被唯一确定，并可写成 $\dfrac{w - w_1}{w - w_2} : \dfrac{w_3 - w_1}{w_3 - w_2} = \dfrac{z - z_1}{z - z_2} : \dfrac{z_3 - z_1}{z_3 - z_2}$.

注：三对对应点唯一确定一个分式线性变换. 给定 z 平面上三个相异的点和 w 平面上三个相异的点，当确定对应关系后，由交比不变性可以唯一确定一个分式线性映射.

例 7.6　求将 $1 - i$，$1 + i$，∞ 分别变为 -1，0，i 的分式线性变换.

解：所求的分式线性变换为 $(-1, 0, i, w) = (1 - i, 1 + i, \infty, z)$，即 $\dfrac{w + 1}{w - 0} : \dfrac{i + 1}{i - 0} = \dfrac{z - (1 - i)}{z - (1 + i)} : \dfrac{1}{1}$. 整理得 $w = \dfrac{iz + 1 - i}{z - 3 + i}$.

7.2.4　分式线性变换的保圆性

整线性变换显然是将圆周（直线）变为圆周或直线，这可从变换的几何意义得知. 旋转、伸缩和平移变换均没有改变圆周或直线的形状.

反演变换是将圆周（直线）变为圆周或直线. 事实上，根据例 1.21，圆周或直线可表示为 $Az\bar{z} + \bar{\beta}z + \beta\bar{z} + C = 0$（$A, C \in \mathbf{R}$，$|\beta|^2 > AC$）（$A = 0$ 表示直线）.

经过反演变换，则上述方程变为 $Cw\bar{w} + \bar{\beta}\bar{w} + \beta w + A = 0$（$C = 0$ 表直线），它表示圆周

或直线.

定理 7.8　分式线性变换将平面上的圆周(直线)变为圆周或直线.

注：在扩充 z 平面上,直线可视为无穷远点的圆周.

事实上,方程 $Az\bar{z}+\bar{\beta}z+\beta\bar{z}+C=0$ 可写成 $A+\dfrac{\bar{\beta}}{\bar{z}}+\dfrac{\beta}{z}+\dfrac{C}{z\bar{z}}=0$,当且仅当 $A=0$ 时,其过 ∞.

注：$w=L(z)$ 将扩充 z 平面上的圆周变为扩充 w 平面上的圆周,同时圆被共形变换成圆(分式变换的保圆性).

确定圆周所界区域在分式线性变换 $w=L(z)$ 下的对应区域的方法如下：

(1) 取 $z_0 \in K_1$,若 $w_0=L(z_0) \in D_1$,则 $D_1=L(K_1)$,否则 $D_2=L(K_2)$.

(2) 在圆周上任取三点 z_1,z_2,z_3(见图 7.2),当沿 z_1,z_2,z_3 顺次绕行时,k 在观察者前进方向左侧；类似地,w_1,w_2,w_3 顺次绕行时,在观察者前进方左侧的区域就是 K_1 的像.

注：① 在扩充复平面给定的区域 K 及 D,若其边界是圆周,则可共形变换成 D.

② 要使 $w=L(z)$ 将圆周 C 变换成直线的条件是 C 上点 z_0 变成∞.

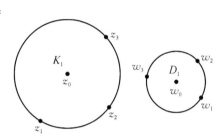

图 7.2　分式线性变换确定圆周所界区域示意图

例 7.7　试决定在分式线性变换 $w=\dfrac{2z-1}{z+1}$ 下实轴与上半平面及单位圆 $|z|=1$ 的像.

解：(1) 因系数为实数,故 z 为实数时,w 为实数,从而该线性变换将实轴变为实轴,故将实轴为边界的两个区域的上下两个半平面变为 w 的上下两个半平面.因 $w(\mathrm{i})=\dfrac{2\mathrm{i}-1}{\mathrm{i}+1}=\dfrac{1}{2}+\dfrac{3}{2}\mathrm{i}$,故将上半 z 平面 $\mathrm{Im}\,z>0$ 变为上半 w 平面 $\mathrm{Im}\,w>0$(见图 7.3).

(2) 扩充 z 平面上的圆周由三个点决定,为确定 $|z|=1$ 的像,在其上取三点 $z_1=1$,$z_2=\mathrm{i}$,$z_3=-1$,它们依次变为 $w_1=\dfrac{1}{2}$,$w_2=\dfrac{1}{2}+\dfrac{3}{2}\mathrm{i}$,$w_3=\infty$.从而该变换将单位圆周 $|z|=1$ 变为过点 $w_1=\dfrac{1}{2}$,$w_2=\dfrac{1}{2}+\dfrac{3}{2}\mathrm{i}$ 的直线 $\mathrm{Re}\,w=\dfrac{1}{2}$(见图 7.3).

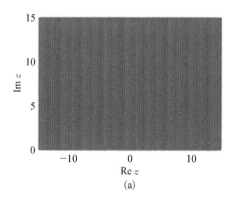

(a)

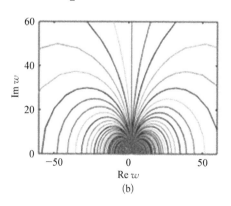

(b)

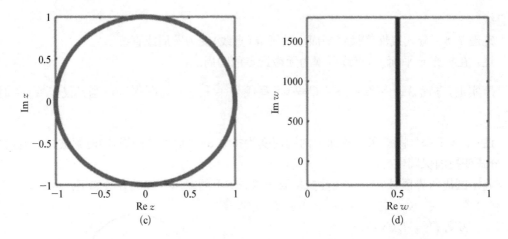

图 7.3　上半 z 平面映射为上半 w 平面以及将单位圆周映射为直线示意图
(a) 映射前的格线；(b) 映射后的图形；(c) 映射前的单位圆周；(d) 映射后的直线

7.2.5　分式线性变换的保对称点性

定义 7.7　z_1，z_2 关于圆周 γ：$|z-a|=R$ 对称是指 z_1，z_2 都在过圆心 a 的同一条射线上，且满足 $|z_1-a||z_2-a|=R^2$. 此外，还规定圆心 a 与点 ∞ 也是关于 γ 对称的.

注：z_1，z_2 关于圆周 γ：$|z-a|=R$ 对称 $\Leftrightarrow z_2-a=\dfrac{R^2}{\overline{z_1-a}}$（证明略）.

定理 7.9　扩充 z 平面上的两点 z_1，z_2 关于圆周 γ 对称的充要条件是通过 z_1，z_2 的任意圆周都与 γ 正交.

证明：设 z_1，z_2 是关于圆周 γ：$|z-a|=R$ 对称的，则过 z_1，z_2 的直线必与 γ 正交（见图 7.4）. 设 Γ 为过 z_1，z_2 的任一圆周（非直线），由点 a 引 Γ 的切线 $a\zeta$，ζ 为切点，显然 az_2 为 Γ 的割线. 由平面几何的性质，得 $|\zeta-a|^2=|z_1-a||z_2-a|$. 但由 z_1，z_2 关于圆周 γ 对称的定义知 $|z_1-a||z_2-a|=R^2$，故 $|\zeta-a|=R$，即线段 $a\zeta$ 是圆周 γ 的半径，因此 Γ 与 γ 正交.

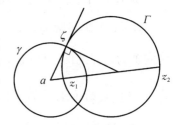

图 7.4　圆周 Γ 与圆周 γ 正交示意图

设过 z_1，z_2 的每一圆周都与 γ 正交，设 Γ 为过 z_1 与 z_2 的圆周（非直线），则 Γ 与 γ 正交. 设交点之一为 ζ，则 γ 的半径必为圆周 Γ 的切线. 连接 z_1，z_2，延长后必经过 a（因过 z_1，z_2 的直线与 γ 正交）. 于是 z_1，z_2 在从 a 出发的同一条射线上，并且由平面几何性质得 $R^2=|\zeta-a|^2=|z_1-a||z_2-a|$. 因此，$z_1$，$z_2$ 关于圆 γ 对称.

定理 7.10　扩充 z 平面上的两点 z_1，z_2 关于圆周 γ 对称，$w=L(z)$ 为一分式线性变换，则 $w_1=L(z_1)$，$w_2=L(z_2)$ 两点关于圆周 $\Gamma=L(\gamma)$ 对称.

证明：设 Δ 是 w 平面经过 w_1 与 w_2 的任一圆周，此时，必存在一个圆周 δ 经过 z_1，z_2，并使 $\Delta=L(\delta)$. 因 z_1，z_2 关于圆周 γ 对称，故 δ 与 γ 正交.

由于 $w=L(z)$ 的保角性，$\Delta=L(\delta)$ 与 $\Gamma=L(\gamma)$ 亦正交，据定理 7.9 知，w_1 与 w_2 关于 $\Gamma=L(\gamma)$ 对称.

例 7.8　求线性变换 $w=L(z)$，使圆形域 $|z-(1+\mathrm{i})|<2$ 变为上半平面（见图 7.5），且将 $z_1=2+\mathrm{i}$，$z_2=1+3\mathrm{i}$ 分别变为 $w_1=\mathrm{i}$，$w_2=1$.

解：由于 $w = L(z)$ 将 $|z - (1+i)| < 2$ 变为上半平面，故必将圆周 $|z - (1+i)| = 2$ 变为实轴. 又因它将 $z_1 = 2 + i$ 变为 $w_1 = i$. 而 $z_1 = 2 + i$ 关于 $|z - (1+i)| = 2$ 的对称点为 $z_3 = 1 + i + \dfrac{4}{(2+i) - (1+i)} = 5 + i$. $w_1 = i$ 关于实轴对称的点为 $w_3 = -i$. 据定理 7.10，$w = L(z)$ 将 z_3 变为 $w_3 = -i$，故所求线性变换为 $(-i, i, 1, w) = (2+i, 5+i, 1+3i, z)$，即

$$\frac{w-i}{w+i} : \frac{1-i}{1+i} = \frac{z - (2+i)}{z - (5+i)} : \frac{(1+3i) - (2+i)}{(1+3i) - (5+i)}, \text{整理后得 } w = \frac{(7+5i) \cdot z - (12+26i)}{(1+5i) \cdot z - (6+8i)}.$$

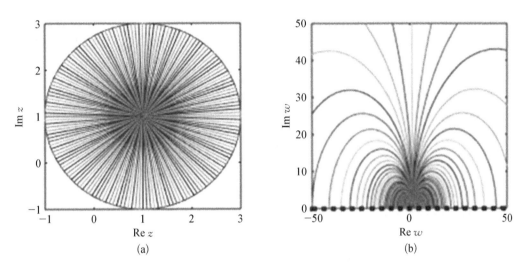

图 7.5　圆形域与映射后的上半平面示意图

（a）映射前的圆形域；（b）映射后的图形

7.2.6　线性变换的应用

例 7.9　把上半 z 平面共形映射成上半 w 平面的分式线性变换为 $w = \dfrac{az+b}{cz+d}$，其中 a，b，c，d 为实数，且 $ad - bc > 0$.

解：由于变换将实轴变为虚轴，故当 z 为实数时，w 也为实数，从而 a，b，c，d 为实数，且 z 为实数时，$\dfrac{\mathrm{d}w}{\mathrm{d}z} = \dfrac{ad-bc}{(cz+d)^2} > 0$，即实轴变为虚轴是同向的，因此上半 z 平面共形映射成上半 w 平面. 由于

$$\mathrm{Im}\, w = \frac{1}{2i}(w - \bar{w}) = \frac{1}{2i}\left(\frac{az+b}{cz+d} - \frac{a\bar{z}+b}{c\bar{z}+d}\right) = \frac{1}{2i}\frac{ad-bc}{|cz+d|^2}(z - \bar{z}) = \frac{ad-bc}{|cz+d|^2}\mathrm{Im}\, z,$$

当 $\mathrm{Im}\, z > 0$ 时，有 $\mathrm{Im}\, w > 0$，故 $ad - bc > 0$.

例 7.10　求上半平面 $\mathrm{Im}\, z > 0$ 共形映射成单位圆 $|w| < 1$ 的分式线性变换并使上半平面一点 $z = a$（$\mathrm{Im}\, a > 0$）变为 $w = 0$.

解：由线性变换的保对称性，a 关于实轴的对称点 $\bar{a}$ 应变到 $w = 0$ 关于 $|w| = 1$ 的对称点 ∞. 因此，所求变换应具有形式 $w = k\dfrac{z-a}{z-\bar{a}}$，其中复常数 k 待定，实轴上点 $z = 0$ 变到单位圆上的某点

$w = k \dfrac{a}{\bar{a}}$. 因此 $1 = |k| \left| \dfrac{a}{\bar{a}} \right| = |k|$，可令 $k = e^{i\beta}$（β 为实数），故所求变换为 $w = e^{i\beta} \dfrac{z-a}{z-\bar{a}}$.

注：此例若确定点 k，只需再给一对边界对应点.

例 7.11 求出将单位圆 $|z| < 1$ 共形映射成单位圆 $|w| < 1$ 的分式线性变换，并使一点 $z = a$（$|a| < 1$）变到 $w = 0$.

解：据分式线性变换的保对称点性质，点 a（不妨设 $a \neq 0$）关于单位圆周 $|z| = 1$ 的对称点 $a^* = \dfrac{1}{\bar{a}}$ 应该变成 $w = 0$ 关于单位圆周 $|w| = 1$ 的对称点 ∞，故所求变换具有形式 $w = k \dfrac{z-a}{z - \dfrac{1}{\bar{a}}}$. 整理后得 $w = k_1 \dfrac{z-a}{1-\bar{a}z}$，其中 k_1 是复常数. 利用单位圆周变为单位圆周的条件知，点 $z = 1$ 变成单位圆周 $|w| < 1$ 上的点，故 $1 = w = \left| k_1 \dfrac{1-a}{1-\bar{a}} \right| = |k_1| \cdot \left| \dfrac{1-a}{1-\bar{a}} \right| = |k_1| \cdot \left| \dfrac{1-a}{1-a} \right| = |k_1|$. 因此，令 $k_1 = e^{i\beta}$（β 为实数），故所求变换得 $w = e^{i\beta} \dfrac{z-a}{1-\bar{a}z}$（$|a| < 1$）.

注：① 为求 k_1，只需再给一对对应点.

② 在分式线性映射下，圆周 C 的内部不是映射成其像 C' 的内部就是其像 C' 的外部.

例 7.12 将上半 z 平面共形映射成圆 $|w - w_0| < R$ 的分式线性变换 $w = L(z)$，使符合条件 $L(i) = w_0$，$L'(i) > 0$.

解：做分式线性变换 $\xi = \dfrac{w - w_0}{R}$，将圆 $|w - w_0| < R$ 共形映射成单位圆 $|\xi| < 1$，且将 w_0 变为 $\xi = 0$. 此外，作出上半平面 $\mathrm{Im}\, z > 0$ 到单位圆 $|\xi| < 1$ 的共形映射，使 $z = i$ 变成 $\xi = 0$，并将 i 关于实轴的对称点 $-i$ 变成 $\xi = 0$ 关于单位圆周 $|\xi| = 1$ 的对称点 ∞.

类似于例 7.10，故此分式线性变换为 $\xi = e^{i\theta} \dfrac{z-i}{z+i}$. 复合上述两个变换得 $\dfrac{w - w_0}{R} = e^{i\theta} \dfrac{z-i}{z+i}$，整理得 $w = R e^{i\theta} \dfrac{z-i}{z+i} + w_0$. 再由条件 $L'(i) > 0$，先求得

$$\left. \frac{dw}{dz} \right|_{z=i} = R \cdot e^{i\theta} \left. \frac{z+i-z+i}{(z+i)^2} \right|_{z=i} = R e^{i\theta} \cdot \frac{1}{2i} = \frac{R}{2} e^{i(\theta - \frac{\pi}{2})} > 0,$$

得 $\theta = \dfrac{\pi}{2}$，故 $e^{i\theta} = i$，故所求变换为 $w = R i \dfrac{z-i}{z+i} + w_0$.

例 7.13 求出圆周 $|z| < 2$ 到半平面 $\mathrm{Re}\, w > 0$ 的共形映射 $w = f(z)$，使得符合条件 $f(0) = 1$，$\arg f'(0) = \dfrac{\pi}{2}$.

解：由于线性变换的逆映射是线性变换，其逆映射可看成将 $\mathrm{Re}\, w > 0$ 映射到 $|z| < 2$，当然 $\left| \dfrac{z}{2} \right| < 1$. 令 $\xi = \dfrac{z}{2}$，将 $|z| < 2$ 变为 $|\xi| < 1$. 由于 $f(0) = 1$，则 $w = 1$ 在逆映射下变到 $\xi = 0$. $w = 1$ 关于虚轴的对称点 -1 在逆映射下变到 $\xi = \infty$. 因此逆映射形式为 $\xi = k \dfrac{w-1}{w+1}$，即 $\dfrac{z}{2} = k \dfrac{w-1}{w+1}$. 且 $w = 0$ 在逆映射下变到 $|z| = 2$ 上的点，故 $\left| k \dfrac{0-1}{0+1} \right| = $

$\left|\dfrac{z}{2}\right|=1$，即 $\mid k\mid=1$.

令 $k=\mathrm{e}^{\mathrm{i}\theta}$（$\theta$ 为实数），即 $\dfrac{z}{2}=\mathrm{e}^{\mathrm{i}\theta}\dfrac{w-1}{w+1}$，整理得 $w=-\dfrac{z+2\mathrm{e}^{\mathrm{i}\theta}}{z-2\mathrm{e}^{\mathrm{i}\theta}}$. 由于

$$f'(z)=\frac{\mathrm{d}w}{\mathrm{d}z}=-\frac{z-2\mathrm{e}^{\mathrm{i}\theta}-z-2\mathrm{e}^{\mathrm{i}\theta}}{(z-2\mathrm{e}^{\mathrm{i}\theta})^2}=\frac{4\mathrm{e}^{\mathrm{i}\theta}}{(z-2\mathrm{e}^{\mathrm{i}\theta})^2},$$

则 $f'(0)=\dfrac{4\mathrm{e}^{\mathrm{i}\theta}}{4\mathrm{e}^{2\mathrm{i}\theta}}=\mathrm{e}^{-\mathrm{i}\theta}$. 因 $\arg f'(0)=\dfrac{\pi}{2}$，故 $\theta=-\dfrac{\pi}{2}$，从而 $\mathrm{e}^{-\mathrm{i}\theta}=-\mathrm{i}$，故所求变换为 $w=$
$-\dfrac{z-2\mathrm{i}}{2+2\mathrm{i}}$（见图 7.6）.

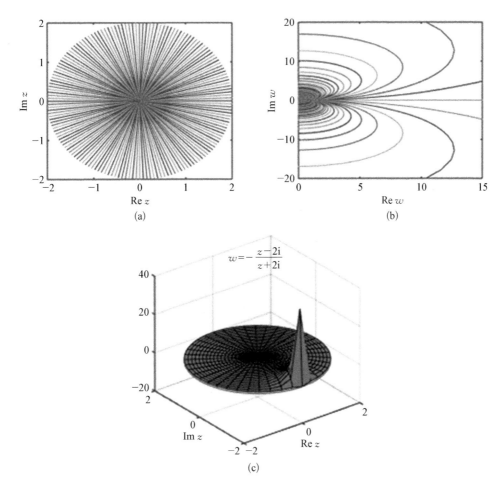

图 7.6 映射前的圆形域、映射后的右半平面以及函数图像

（a）映射前的圆形域；（b）映射后的图形；（c）函数图像

注：分式线性映射对圆弧边界区域的映射如下：

（1）当两圆周上没有点映射成无穷远点时，这两圆周的弧所围成的区域映射成两圆弧所围成的区域.

（2）当两圆周上有一点映射成无穷远点时，这两圆周的弧所围成的区域映射成一圆弧

与一直线所围成的区域.

（3）当两圆交点中的一个映射成无穷远点时,这两圆周的弧所围成的区域映成角形区域.

7.3   某些初等函数构成的共形映射

7.3.1   幂函数与根式函数

1. 幂函数 $w=z^n(n\geqslant 2,n$ 是自然数)

因 $\dfrac{\mathrm{d}w}{\mathrm{d}z}=nz^{n-1}$,除了 $z=0$ 及 $z=\infty$ 外,它处处具有不为零的导数,故这些点是保角的.

由第 2 章可知,$w=z^n$ 的单叶性区域是顶点在原点张度不超过 $\dfrac{2\pi}{n}$ 的角形域,如角形域 d:

$0<\arg z<\alpha\left(0<\alpha\leqslant\dfrac{2\pi}{n}\right)$ 内是单叶的,因而是共形的(因 $z=0$ 及 $z=\infty$ 在边界上). 故

$w=z^n$ 将角形域 d:$0<\arg z<\alpha\left(0<\alpha\leqslant\dfrac{2\pi}{n}\right)$ 共形映射成角形域 D:$0<\arg w<n\alpha$.

特别地,$w=z^n$ 将 $0<\arg z<\dfrac{2\pi}{n}$ 共形映射成 w 平面上除去原点及正实轴的区域.

2. 根式函数 $w=\sqrt[n]{z}$

$w=\sqrt[n]{z}$ 将 z 平面上的角形域 D:$0<\arg z<n\alpha\left(0<\alpha\leqslant\dfrac{2\pi}{n}\right)$ 共形映射成 w 平面上

角形域 d:$0<\arg w<\alpha$($\sqrt[n]{z}$ 是 D 内的一个单位解析分支,它的值由区域 d 确定).

例 7.14   求把角形域 $0<\arg z<\dfrac{\pi}{4}$ 映射成单位圆 $|w|<1$ 的映射(见图 7.7).

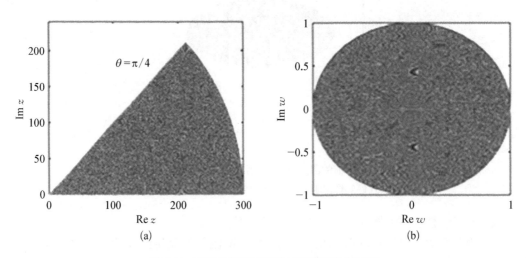

(a)   (b)

图 7.7   映射前扇形域格线与映射后的圆形域

(a) 映射前的格线;(b) 映射后的图形

解： $\xi = z^4$ 将角形域 $0 < \arg z < \dfrac{\pi}{4}$ 映射成上半平面 $\operatorname{Im}\xi > 0$. 又由例 7.10 知，$w = \dfrac{\xi - i}{\xi + i}$ 将上半平面映射成单位圆 $|w| < 1$，故所求映射为 $w = \dfrac{z^4 - i}{z^4 + i}$.

例 7.15 求一变换，把具有"$\operatorname{Re}z = a, 0 \leqslant \operatorname{Im}z \leqslant h$"割痕的上半 z 平面共形映射成上半 w 平面，并把点 $z = a + ih$ 变为点 $w = a$.

分析： 关键在于将割痕展开（黏合），映射 $w = z^2$ 可达此目的.

解： 第一步：把上半 z 平面做距离为 a 的向左平移，则 $z_1 = z - a$（使割痕与虚轴重合）.

第二步：作映射 $z_2 = z_1^2$，使 z_1 上割痕映成 z_2 平面的割痕 $-h^2 \leqslant \operatorname{Re}z_2 < +\infty$，$\operatorname{Im}z_2 = 0$.

第三步：把 z_2 平面做距离为 h^2 的向右平移，则 $z_3 = z_2 + h^2$，得到去掉正实轴的 z_3 平面.

第四步：作映射 $z_4 = \sqrt{z_3}$，得到上半 z_4 平面.

第五步：把 z_4 平面向右做距离为 a 的平移，得到 $w = z_4 + a$.

复合五个变换得到所求变换为 $w = \sqrt{(z-a)^2 + h^2} + a$.

7.3.2 指数函数与对数函数

1. 指数函数 $w = e^z$

因 $(e^z)' \neq 0$，故 $w = e^z$ 在 z 平面上是保角的. 由第 2 章知，$w = e^z$ 的单叶区域为平行于实轴宽不超过 2π 的带形区域. 如 $w = e^z$ 在带形区域 $g: 0 < \operatorname{Im}z < h$ $(0 < h \leqslant 2\pi)$ 是单叶的，因而是共形的（$z = \infty$ 在 g 的边界上，不在 g 内）. 故 $w = e^z$ 将带形域 $g: 0 < \operatorname{Im}z < h$ $(0 < h \leqslant 2\pi)$ 共形映射成角形域 $G: 0 < \arg w < h$.

特别地，$w = e^z$ 将带形域 $0 < \operatorname{Im}z < h$ 共形映射成 w 平面除去原点及正实轴的区域.

2. 对数函数 $w = \ln z$

$w = \ln z$ 将 z 平面上的角形域 $G: 0 < \arg z < h$ $(0 < h \leqslant 2\pi)$ 共形映射成 w 平面上的带形区域 $g: 0 < \operatorname{Im}w < h$（这里 $\ln z$ 是 G 内的一个单值解析分支）.

例 7.16 求一变换将带形域 $0 < \operatorname{Im}z < \pi$ 共形映射成单位圆 $|w| < 1$（见图 7.8）.

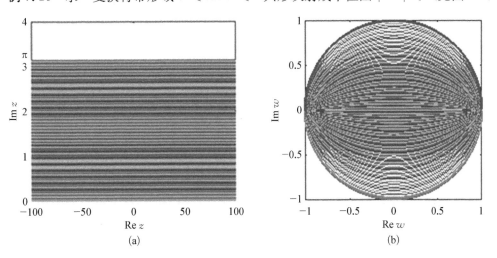

图 7.8 映射前的带形域与映射后的单位圆形域

(a) 映射前的格线；(b) 映射后的图形

解: $\xi = e^z$ 将带形区域共形映射上半 ξ 平面 $\mathrm{Im}(\xi) > 0$. 又由例 7.10 知, $w = \dfrac{\xi - i}{\xi + i}$ 将上半平面 $\mathrm{Im}(\xi) > 0$ 映射成单位圆 $|w| = 1$.

复合两个变换, 得到所求变换为 $w = \dfrac{e^z - i}{e^z + i}$.

7.3.3　由圆弧构成的角形区域的共形映射

例 7.17　求出一个上半圆到上半平面的共形映射 (见图 7.9).

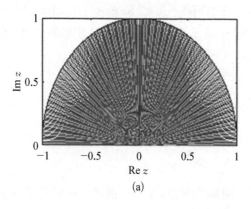 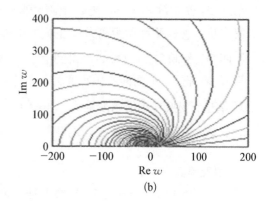

(a)　(b)

图 7.9　映射前的半圆域与映射后的上半平面

(a) 映射前的半圆域格线; (b) 映射后的图形

解: 做分式线性变换 $\xi = k\dfrac{z+1}{z-1}$ 将上半圆变成第一象限, 取 $k = -1$. 事实上此变换将线段 $[-1, 1]$ 变成了正实轴, 将上半圆 ($|z| = 1$) 变成了正虚轴. 于是 $w = \left(-\dfrac{z+1}{z-1}\right)^2$ 为所求变换.

7.3.4　茹科夫斯基函数的单叶区域

称 $w = \dfrac{1}{2}\left(z + \dfrac{a^2}{z}\right)$ $(a > 0)$ 为**茹科夫斯基函数**. $w = \dfrac{1}{2}\left(z + \dfrac{1}{z}\right)$ 在扩充 z 平面上除 $z = 0, \infty$ 外解析, $z = 0, \infty$ 均是其一阶极点. $w = \dfrac{1}{2}\left(z + \dfrac{1}{z}\right)$ 是一个单叶解析函数, 它将扩充 z 平面单位圆外部 $|z| > 1$ 共形映射成 w 平面上去掉割线 $-1 \leqslant w \leqslant 1$, $\mathrm{Im}\, w = 0$ 而得到的区域 D.

实际上, $w = \dfrac{1}{2}\left(z + \dfrac{1}{z}\right)$ 在 $|z| = 1$ 的内部及外部都是单叶的, 且将它们都共形映射成扩充 w 平面上去掉割线 $-1 \leqslant \mathrm{Re}\, w \leqslant 1$, $\mathrm{Im}\, w = 0$ 而得到的区域 D_0.

如此, $w = \dfrac{1}{2}\left(z + \dfrac{1}{z}\right)$ 在 D_0 有两个单值反函数 (单值的解析分支) $z = w + \sqrt{w^2 - 1}$, 它们分别将 D_0 共形映射成单位圆的内部 $|z| < 1$ 及外部 $|z| > 1$. 茹科夫斯基函数及其反函数在机翼设计上都有重要应用, 其图像如图 7.10 所示.

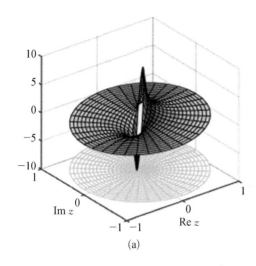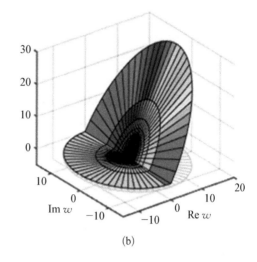

(a)   (b)

图 7.10 $w=\dfrac{1}{2}\left(z+\dfrac{1}{z}\right)$ 的图像及其反函数图像

(a) 茹科夫斯基函数；(b) 茹科夫斯基函数的反函数

数学名人介绍

茹科夫斯基

    茹科夫斯基(Joukowski,1847—1924 年),俄国力学家,1847 年 1 月 17 日出生在奥列霍尔镇(现弗拉基米尔地区)的一个铁路工程师家庭,1921 年 3 月 17 日卒于莫斯科.

    茹科夫斯基 1868 年毕业于莫斯科大学物理数学系.1872 年起任莫斯科工业学院分析力学系数学讲师,1874 年任副教授.1876 年取得硕士学位,发表论文《流体运动学》.1882 年取得应用数学博士学位,发表关于运动稳定性问题的论文《论运动的持久性》.1885 年起在莫斯科大学教授理论力学.1894 年被选为彼得堡科学院通讯院士. 他的早期论著《论鸟的滑翔飞行》和《论飞机最佳倾角》在人类航空发展史上占有重要的学术地位.

    1905 年,茹科夫斯基任莫斯科数学学会主席.1902 年,他指导建成莫斯科大学的风洞,这是欧洲最早一批风洞中之一. 1910 年起,他积极参与莫斯科工业学院的空气动力学实验室的筹建.1910 年至 1912 年间,他讲授"飞行的理论基础"课程,1913 年还为飞机驾驶员讲授该课程. 第一次世界大战中,他从事轰炸理论、外弹道学问题的研究. 十月革命后,他投身于苏维埃空军的创建工作.1918 年 12 月,根据他的建议,苏联建立了中央空气动力学和水动力学研究所,并任命他为主任.

    茹科夫斯基在空气动力学、航空科学、水力学、水文地理学、力学、数学、天文学等领域做出了巨大的贡献. 此外,他还研究了偏微分方程及其近似积分法,首先将复变函数广泛地应用于空气动力学与流体力学. 他的工作对航空业的发展产生了巨大的影响,被称为"俄罗斯航空之父".

习 题 7

1. 求 $w = z^2$ 在 $z = i$ 处的伸缩率和旋转角. 问此变换将经过点 $z = i$ 且平行于实轴正方向的曲线的切线方向变换成 w 平面上哪一个方向?

2. 确定下列集合在映射 $w = \dfrac{z-1}{z+1}$ 下的像:

(1) $z = 1$；   (2) $z = -1$；   (3) $\operatorname{Re} z = 0$；   (4) $|z| = 2$.

3. 求映射 $w = (z+1)^2$ 的等伸缩率和等旋转角的轨迹方程.

4. 求 $w = z^2$ 在 $z = i$ 处的伸缩率和旋转角. 问 $w = z^2$ 将经过点 $z = i$ 且平行于实轴正向的曲线的切线方向映射成 w 平面上哪一个方向?

5. 在整线性变换 $w = iz$ 下, 下列图形分别变成什么图形:

(1) 以 $z_1 = i$, $z_2 = -1$, $z_3 = 1$ 为顶点的三角形；

(2) 闭圆 $|z-1| \leqslant 1$.

6. 求映射 $w = f(z) = z^2 + 2z$ 在点 $z_0 = -1+2i$ 处的旋转角, 并指出映射分别将 z 平面的哪一部分放大了、哪一部分缩小了.

7. 下列各题中, 给出了三对对应点 $z_1 \leftrightarrow w_1$, $z_2 \leftrightarrow w_2$, $z_3 \leftrightarrow w_3$ 的具体数值, 写出相应的分式线性变换, 并指出此变换把通过 z_1, z_2, z_3 的圆的内部或直线的上部或下部 (顺着观察 z_1, z_2, z_3) 变成什么区域.

(1) $1 \leftrightarrow 1$, $i \leftrightarrow 0$, $-1 \leftrightarrow -1$；

(2) $1 \leftrightarrow \infty$, $i \leftrightarrow -1$, $-1 \leftrightarrow 0$；

(3) $\infty \leftrightarrow 0$, $i \leftrightarrow i$, $0 \leftrightarrow \infty$；

(4) $\infty \leftrightarrow 0$, $0 \leftrightarrow 1$, $1 \leftrightarrow \infty$.

8. 若 $w = \dfrac{az+b}{cz+d}$ 将单位圆周变成直线, 其系数应满足什么条件?

9. 求证: 对称映射 $w = \bar{z}$ 不是分式线性映射.

10. 求证: z_1 与 z_2 关于圆周 $Az\bar{z} + Bz + \bar{B}z + D = 0$ 对称的充要条件是 $Az_1\bar{z}_2 + Bz_2 + \bar{B}z_1 + D = 0$.

11. 求证: 相似 (伸缩) 映射 $w = kz$ $(k > 0)$ 可以分解为两个关于圆周 $|w| = R_1$, $|w| = R_2$ 的对称映射, 且 $k = R_1^2 / R_q^2$.

12. 求证: 任意四个相异的点 $z_k (k = 1, 2, 3, 4)$ 可用分式线性映射成 $1, -1, k, -k$ 的位置, 此处的 k 值依点而定, 共有多少解? 相互又有什么关系?

13. 分别求将上半 z 平面 $\operatorname{Im} z > 0$ 共形映射成单位圆 $|w| < 1$ 的分式线性变换 $w = L(z)$, 使符合条件:

(1) $L(i) = 0$, $L'(i) > 0$；

(2) $L(i) = 0$, $\arg L'(i) = \dfrac{\pi}{2}$.

14. 求出将圆 $|z - 4i| < 2$ 变成半平面 $v > u$ 的共形映射, 使得圆心变到 -4, 而圆周上的点 $2i$ 变到 $w = 0$.

15. 求出将上半 z 平面 $\operatorname{Im} z > 0$ 共形映射成圆 $|w| < R$ 的分式线性变换 $w = L(z)$, 使其符合条件 $L(i) = 0$. 如果还要求 $L'(i) = 1$, 此变换是否存在?

16. 求将圆 $|z| < \rho$ 共形映射成圆 $|w| < R$ 的分式线性变换, 使 $z = a$ $(0 < |a| < \rho)$ 变成 $w = 0$.

17. 求出将上半单位圆变成上半平面的共形映射, 使 $z = 1, -1, 0$ 分别变成 $w = -1, 1, \infty$.

18. 求出第一象限到上半平面的共形映射, 使 $z = \sqrt{2}i, 0, 1$ 对应地变成 $w = 0, \infty, -1$.

19. 将扩充 z 平面割去 $1+i$ 到 $2+2i$ 的线段后剩下的区域共形映射成上半平面.

20. 求将单位圆割去 0 到 1 的半径后剩下的区域共形映射成上半平面的变换.

21. 求将一个从中心起沿实轴上的半径割开了的单位圆共形映射成单位圆的变换,使符合条件:割缝上岸的 1 变成 1,割缝下岸的 1 变成 -1,0 变成 i.

22. 求分式线性变换 $w = L(z)$,使点 1 变到 ∞,点 i 是二重不动点.

23. 若 $w = f(z)$ 是将 $|z| < 1$ 共形映射成 $|w| < 1$ 的单叶解析函数,且 $f(0) = 0$, $\arg f(0) = 0$. 试证:这个变换只能是恒等变换,即 $f(z) \equiv z$.

24. 设函数 $w = f(z)$ 在 $|z| < 1$ 内单叶解析,且将 $|z| < 1$ 共形映射成 $|w| < 1$,试证: $w = f(z)$ 必是分式线性函数.

第 8 章　傅 里 叶 变 换

本章介绍的傅里叶(Fourier)变换和下一章的拉普拉斯(Laplace)变换是常见的两种积分变换,它们建立了将一个函数表示为正弦函数和的公式,实现了实变量和复变量之间的连接,同时还能将对函数的微分运算变换成函数的乘法运算,将一个微分方程问题变成一个代数方程问题求解. 因此它们不仅在理论上,而且在工程中得到大量的应用

傅里叶变换是一种分析信号的方法,它可分析信号的成分,也可用这些成分合成信号. 傅里叶变换在物理学、电子类学科、数论、组合数学、信号处理、概率论、统计学、密码学、声学、光学、海洋学、结构动力学等领域都有着广泛的应用.

8.1　傅里叶积分定理与傅里叶变换的概念

8.1.1　傅里叶积分定理

在数学分析或者高等数学中,已经介绍过傅里叶级数的概念. 狄利克雷证明了如下傅里叶级数重要定理:

定理 8.1　设 $f_T(t)$ 是以 T 为周期的实函数,且在 $\left[-\dfrac{T}{2},\dfrac{T}{2}\right]$ 上满足狄利克雷条件(简称狄氏条件),即 $f_T(t)$ 在 $\left[-\dfrac{T}{2},\dfrac{T}{2}\right]$ 上满足:

(1) 连续或只有有限个第一类间断点.

(2) 只有有限个极值点.

则在 $f_T(t)$ 的连续点处有 $f_T(t)=\dfrac{a_0}{2}+\sum\limits_{n=1}^{\infty}(a_n\cos n\omega_0 t+b_n\sin n\omega_0 t)$,其中 $\omega_0=\dfrac{2\pi}{T}$,$a_n=\dfrac{2}{T}\int_{-\frac{T}{2}}^{\frac{T}{2}}f_T(t)\cos n\omega_0 t\,\mathrm{d}t$ $(n=0,1,2,\cdots)$,$b_n=\dfrac{2}{T}\int_{-\frac{T}{2}}^{\frac{T}{2}}f_T(t)\sin n\omega_0 t\,\mathrm{d}t$ $(n=1,2,\cdots)$. 在间断点 t_0 处,傅里叶级数收敛于 $\dfrac{1}{2}[f_T(t_0+0)+f_T(t_0-0)]$.

根据欧拉公式,正弦函数与余弦函数可以统一地由如下指数函数表示:

$$\cos(n\omega_0 t)=\frac{1}{2}(\mathrm{e}^{jn\omega_0 t}+\mathrm{e}^{-jn\omega_0 t}),$$

$$\sin(n\omega_0 t)=\frac{j}{2}(\mathrm{e}^{-jn\omega_0 t}-\mathrm{e}^{jn\omega_0 t}).$$

此时,傅里叶级数可表示成复指数形式 $f_T(t) = \sum\limits_{n=-\infty}^{+\infty} c_n \mathrm{e}^{\mathrm{j}n\omega_0 t}$,其中 $c_n = \dfrac{1}{T}\int_{\frac{T}{2}}^{-\frac{T}{2}} f_T(t)\mathrm{e}^{-\mathrm{j}n\omega_0 t}\mathrm{d}t$ $(n \in \mathbf{Z})$.

傅里叶级数展开说明了周期为 T 的函数 $f_T(t)$ 仅包含离散的频率成分,以 $\omega_0 = \dfrac{2\pi}{T}$ 为间隔的离散频率所形成的简谐波合成,因而其频谱以 ω_0 为间隔离散取值. 当 T 越大时,取值间隔 ω_0 越小;当 T 趋向于无穷大时,周期函数转为非周期函数,其频谱连续取值,这样离散函数的求和就变成如下连续函数的积分了:

$$f(t) = \lim_{T\to\infty} f_T(t) = \lim_{T\to\infty}\sum_{n=-\infty}^{+\infty}\left[\frac{1}{T}\int_{\frac{T}{2}}^{-\frac{T}{2}} f_T(t)\mathrm{e}^{-\mathrm{j}n\omega_0 t}\mathrm{d}t\right]\mathrm{e}^{\mathrm{j}n\omega_0 t}$$

$$= \frac{1}{2\pi}\lim_{\Delta\omega\to 0}\sum_{n=-\infty}^{+\infty}\left[\int_{-\frac{\pi}{\Delta\omega}}^{\frac{\pi}{\Delta\omega}} f_T(\tau)\mathrm{e}^{-\mathrm{j}\omega_n\tau}\mathrm{d}\tau \cdot \mathrm{e}^{\mathrm{j}\omega_n t}\right]\Delta\omega,$$

其中 $\Delta\omega = \omega_0$, $\omega_n = n\omega$, $T = \dfrac{2\pi}{\omega_0} = \dfrac{2\pi}{\Delta\omega}$. 上述和式的极限可写为 $f(t) = \dfrac{1}{2\pi}\int_{-\infty}^{+\infty}\left[\int_{-\infty}^{+\infty} f(\tau)\mathrm{e}^{-\mathrm{j}\omega\tau}\mathrm{d}\tau\right]\mathrm{e}^{\mathrm{j}\omega t}\mathrm{d}\omega$. 由此得到如下傅里叶积分定理:

定理 8.2 如果 $f(t)$ 在 $(-\infty, +\infty)$ 上任一有限区间满足狄氏条件,且在 $(-\infty, +\infty)$ 上绝对可积 $\left[$即 $\int_{-\infty}^{+\infty}|f(t)|\mathrm{d}t$ 收敛$\right]$,则在 $f(t)$ 连续点处,$\dfrac{1}{2\pi}\int_{-\infty}^{+\infty}\left[\int_{-\infty}^{+\infty} f(\tau)\mathrm{e}^{-\mathrm{j}\omega\tau}\mathrm{d}\tau\right]\mathrm{e}^{\mathrm{j}\omega t}\mathrm{d}\omega = f(t)$;在 $f(t)$ 的间断点处,$\dfrac{1}{2\pi}\int_{-\infty}^{+\infty}\left[\int_{-\infty}^{+\infty} f(\tau)\mathrm{e}^{-\mathrm{j}\omega\tau}\mathrm{d}\tau\right]\mathrm{e}^{\mathrm{j}\omega t}\mathrm{d}\omega = \dfrac{1}{2}[f(t+0) + f(t-0)]$.

8.1.2 傅里叶变换的概念

定义 8.1 若函数 $f(t)$ 在 $(-\infty, +\infty)$ 上满足傅里叶积分定理的条件,则称函数 $F(\omega) = \int_{-\infty}^{+\infty} f(t)\mathrm{e}^{-\mathrm{j}\omega t}\mathrm{d}t$ 为 $f(t)$ 的傅里叶变换(或象函数),记为 $F(\omega) = \mathscr{F}[f(t)]$;而称函数 $f(t) = \dfrac{1}{2\pi}\int_{-\infty}^{+\infty} F(\omega)\mathrm{e}^{\mathrm{j}\omega t}\mathrm{d}\omega$ 为 $F(\omega)$ 的傅里叶逆变换(或象原函数),记为 $f(t) = \mathscr{F}^{-1}[F(\omega)]$.

可以说象函数 $F(\omega)$ 和象原函数 $f(t)$ 构成了一个傅里叶变换对,它们有相同的奇偶性.

当 $f(t)$ 为奇函数时,则 $F_s(\omega) = \int_0^{+\infty} f(t)\sin\omega t\,\mathrm{d}t$ 称为 $f(t)$ 的傅里叶正弦变换式(简称正弦变换),即 $F_s = \mathscr{F}_s[f(t)]$;而 $f(t) = \dfrac{2}{\pi}\int_0^{+\infty} F_s(\omega)\sin\omega t\,\mathrm{d}\omega$ 称为 $F(\omega)$ 的正弦逆变换式(简称正弦逆变换),即 $f(t) = \mathscr{F}_s^{-1}[F_s(\omega)]$.

当 $f(t)$ 为偶函数时,则 $F_c(\omega) = \int_0^{+\infty} f(t)\cos\omega t\,\mathrm{d}t$ 称为 $f(t)$ 的傅里叶余弦变换式(简称余弦变换),即 $F_c(\omega) = \mathscr{F}_c[f(t)]$,而 $f(t) = \dfrac{2}{\pi}\int_0^{+\infty} F_c(\omega)\cos\omega t\,\mathrm{d}\omega$ 称为 $F(\omega)$ 的余弦逆变换式(简称余弦逆变换),即 $f(t) = \mathscr{F}_c^{-1}[F_c(\omega)]$.

8.1.3　相关例题

例 8.1　求函数 $f(t)=\begin{cases}0, & t<0 \\ \mathrm{e}^{-\beta t}, & t\geqslant 0\end{cases}$ 的傅里叶变换及其积分表达式,其中 $\beta>0$. 称 $f(t)$ 为指数衰减函数.

解: 根据定义,有

$$F(\omega)=\mathcal{F}[f(t)]=\int_{-\infty}^{+\infty}f(t)\mathrm{e}^{-\mathrm{j}\omega t}\mathrm{d}t=\int_{0}^{+\infty}\mathrm{e}^{-\beta t}\mathrm{e}^{-\mathrm{j}\omega t}\mathrm{d}t$$

$$=\int_{0}^{+\infty}\mathrm{e}^{-(\beta+\mathrm{j}\omega)t}\mathrm{d}t=\frac{1}{\beta+\mathrm{j}\omega}=\frac{\beta-\mathrm{j}\omega}{\beta^2+\omega^2}.$$

这便是指数衰减函数的傅里叶变换,下面我们来求指数衰减函数的积分表达式. 根据定义,并利用奇偶函数的积分性质,可得

$$f(t)=\mathcal{F}^{-1}[F(\omega)]=\frac{1}{2\pi}\int_{-\infty}^{+\infty}F(\omega)\mathrm{e}^{\mathrm{j}\omega t}\mathrm{d}\omega=\frac{1}{2\pi}\int_{-\infty}^{+\infty}\frac{\beta-\mathrm{j}\omega}{\beta^2+\omega^2}\mathrm{e}^{\mathrm{j}\omega t}\mathrm{d}\omega$$

$$=\frac{1}{2\pi}\int_{-\infty}^{+\infty}\frac{\beta\cos\omega t+\omega\sin\omega t}{\beta^2+\omega^2}\mathrm{d}\omega=\frac{1}{\pi}\int_{0}^{+\infty}\frac{\beta\cos\omega t+\omega\sin\omega t}{\beta^2+\omega^2}\mathrm{d}\omega.$$

由此我们顺便得到一个含参反常积分的结果:

$$\int_{0}^{+\infty}\frac{\beta\cos\omega t+\omega\sin\omega t}{\beta^2+\omega^2}\mathrm{d}\omega=\begin{cases}0, & t<0, \\ \dfrac{\pi}{2}, & t=0, \\ \pi\mathrm{e}^{-\beta t}, & t>0.\end{cases}$$

例 8.2　求函数 $f(t)=\begin{cases}\sin t, & 0<t\leqslant\pi, \\ 0, & t>\pi\end{cases}$ 的正弦变换和余弦变换.

解: 根据定义,$f(t)$ 的正弦变换为 $F_s(\omega)=\mathcal{F}_s[f(t)]=\int_{0}^{+\infty}f(t)\sin\omega t\,\mathrm{d}t=\dfrac{\sin\omega\pi}{1-\omega^2}$. 根据定义,$f(t)$ 的余弦变换为 $F_c(\omega)=\mathcal{F}_c[f(t)]=\int_{0}^{+\infty}f(t)\cos\omega t\,\mathrm{d}t=\dfrac{1+\cos\omega\pi}{1-\omega^2}$.

在半无限区间上的同一函数 $f(t)$,其正弦变换和余弦变换的结果是不同的.

例 8.3　求函数 $f(t)=\mathrm{e}^{-at}$(a 为常数)的正弦变换和余弦变换,并计算积分 $\int_{0}^{\infty}\dfrac{\cos(kx)}{a^2+x^2}\mathrm{d}x$,$\int_{0}^{\infty}\dfrac{x\sin(kx)}{a^2+x^2}\mathrm{d}x$ 的值.

解: 利用正弦变换和余弦变换的定义,有

$$F_c(\omega)+\mathrm{i}F_s(\omega)=\int_{0}^{\infty}\mathrm{e}^{-at}(\cos\omega t+\mathrm{i}\sin\omega t)\mathrm{d}t=\int_{0}^{\infty}\mathrm{e}^{(-a+\mathrm{i}\omega)t}\mathrm{d}t$$

$$=\left[\frac{1}{-a+\mathrm{i}\omega}\mathrm{e}^{(-a+\mathrm{i}\omega)t}\right]\Big|_{t=0}^{\infty}=\frac{1}{a-\mathrm{i}\omega}=\frac{a+\mathrm{i}\omega}{a^2+\omega^2},$$

因此,$F_c(\omega)=\dfrac{a}{a^2+\omega^2}$,$F_s(\omega)=\dfrac{\omega}{a^2+\omega_2}$. 利用正弦逆变换与余弦逆变换,可得

$$\frac{2}{\pi}\int_{0}^{\infty}\frac{a}{a^2+\omega^2}\cos(\omega t)\mathrm{d}\omega=\mathrm{e}^{-at},\quad\frac{2}{\pi}\int_{0}^{\infty}\frac{\omega}{a^2+\omega^2}\sin(\omega t)\mathrm{d}\omega=\mathrm{e}^{-at}.$$ 更换变量,可得

$$\int_0^\infty \frac{\cos(kx)}{a^2+x^2}\mathrm{d}x = \frac{\pi}{2}\mathrm{e}^{-ak}, \quad \int_0^\infty \frac{x\sin(kx)}{a^2+x^2}\mathrm{d}x = \frac{\pi}{2}\mathrm{e}^{-ak}.$$

例 8.4　计算礼帽函数 $f(t)=\begin{cases} A, & |t| \leqslant T \\ 0, & |t| > T \end{cases}$ 的傅里叶变换，其中 A 为脉冲幅度，T 为脉冲宽度.

解： 直接利用傅里叶变换的定义，可得

$$F(\omega)=\int_{-\infty}^{\infty} f(t)\mathrm{e}^{-\mathrm{i}\omega t}\mathrm{d}t=\int_{-T}^{T}A\mathrm{e}^{-\mathrm{i}\omega t}\mathrm{d}t=\left[-\frac{A}{\mathrm{i}\omega}\mathrm{e}^{-\mathrm{i}\omega t}\right]_{-T}^{T}=\frac{2A}{\omega}\sin(\omega T).$$

例 8.5　计算函数 $f(t)=\mathrm{e}^{-|t|}$ 的傅里叶变换.

解： 直接利用傅里叶变换的定义，可得

$$F(\omega)=\int_{-\infty}^{+\infty}f(t)\mathrm{e}^{-\mathrm{i}\omega t}\mathrm{d}t=\int_{-\infty}^{+\infty}\mathrm{e}^{-|t|}\ \mathrm{e}^{-\mathrm{i}\omega t}\mathrm{d}t=\int_{-\infty}^{+\infty}\mathrm{e}^{-(|t|+\mathrm{i}\omega t)}\mathrm{d}t$$

$$=\int_{-\infty}^{0}\mathrm{e}^{t(1-\mathrm{i}\omega)}\mathrm{d}t+\int_{0}^{+\infty}\mathrm{e}^{-t(1+\mathrm{i}\omega)}\mathrm{d}t=\frac{2}{1+\omega^2}.$$

例 8.6　计算函数 $f(t)=\dfrac{1}{1+t^4}$ 的傅里叶变换.

解： 利用傅里叶变换的定义，可得

$$F(\omega)=\int_{-\infty}^{+\infty}\frac{1}{1+t^4}\mathrm{e}^{-\mathrm{i}\omega t}\mathrm{d}t=\int_{-\infty}^{+\infty}\frac{\cos\omega t}{1+t^4}\mathrm{d}t-\mathrm{i}\int_{-\infty}^{+\infty}\frac{\sin\omega t}{1+t^4}\mathrm{d}t$$

$$=2\int_{0}^{+\infty}\frac{\cos\omega t}{1+t^4}\mathrm{d}t=\int_{-\infty}^{+\infty}\frac{\cos\omega t}{1+t^4}\mathrm{d}t.$$

令 $R(z)=\dfrac{1}{1+z^4}$，则 $R(z)$ 在上半平面有两个一级极点 $\dfrac{\sqrt{2}}{2}(1+\mathrm{i})$，$\dfrac{\sqrt{2}}{2}(-1+\mathrm{i})$. 根据定理 6.6，有 $\int_{-\infty}^{+\infty}R(t)\mathrm{e}^{\mathrm{i}\omega t}\mathrm{d}t=2\pi\mathrm{i}\cdot\mathrm{Res}\left[R(z)\mathrm{e}^{\mathrm{i}\omega z},\dfrac{\sqrt{2}}{2}(1+\mathrm{i})\right]+2\pi\mathrm{i}\cdot\mathrm{Res}\left[R(z)\mathrm{e}^{\mathrm{i}\omega z},\right.$ $\left.\dfrac{\sqrt{2}}{2}(-1+\mathrm{i})\right]$. 因此，$F(\omega)=\int_{-\infty}^{+\infty}\dfrac{\cos\omega t}{1+t^4}\mathrm{d}t=\mathrm{Re}\left[\int_{-\infty}^{+\infty}\dfrac{\mathrm{e}^{\mathrm{i}\omega t}}{1+t^4}\mathrm{d}t\right]=\dfrac{1}{2\sqrt{2}}\mathrm{e}^{-|\omega|/\sqrt{2}}$ $\left(\cos\dfrac{|\omega|}{2}+\sin\dfrac{|\omega|}{2}\right)$.

8.2　单位脉冲函数及其傅里叶变换

为了突出重要因素，在物理学中常运用质点、点电荷等抽象模型. 质点体积为零，所以它的密度（质量/体积）为无限大，但密度的体积积分（即总质量）为有限的. 点电荷的体积为零，所以它的电荷密度（电量/体积）为无限大，但电荷的体积积分（即总电量）却又是有限的. 下面介绍的 δ 函数可描述这些抽象模型中的物理量.

8.2.1　单位脉冲函数的概念

假设在原来电流为零的电路中，某一瞬时（设为 $t=0$）进入一单位电量的脉冲，现在要

确定电路上的电流 $i(t)$. 以 $q(t)$ 表示上述电路中到时刻 t 为止通过导体截面的电荷函数（即累积电量），则 $q(t) = \begin{cases} 0, & t \leqslant 0, \\ 1, & t > 0. \end{cases}$ 由于电流强度是电荷函数对时间的变化率，即

$$i(t) = \frac{\mathrm{d}q(t)}{\mathrm{d}t} = \lim_{\Delta t \to 0} \frac{q(t + \Delta t) - q(t)}{\Delta t}.$$

所以，当 $t \neq 0$ 时，$i(t) = 0$；当 $t = 0$ 时，由于 $q(t)$ 是不连续的，从而在普通导数的意义下，$q(t)$ 在这一点导数不存在，如果我们形式上计算这个导数，则得

$$i(0) = \lim_{\Delta t \to 0} \frac{q(0 + \Delta t) - q(0)}{\Delta t} = \lim_{\Delta t \to 0} \frac{1}{\Delta t} = \infty.$$

这就表明，在通常意义下的函数类中找不到一个函数能够用来表示上述电路的电流强度，为了确定这种电路上的电流强度，必须引进一个新的函数，这个函数称为狄拉克（Dirac）函数，简单地记成 δ 函数. 有了这种函数，对于许多集中于一点或一瞬时的量，例如点电荷、点热源、集中于一点的质量以及脉冲技术中的非常窄的脉冲等，就能够像处理连续分布的量那样，以统一的方式加以解决.

δ 函数是一个广义函数，它没有普通意义下的"函数值"，所以，它不能用通常意义下"值的对应关系"来定义. 在广义函数论中，δ 函数定义为某基本函数空间上的线性连续泛函. 为了方便起见，我们仅把 δ 函数看作弱收敛函数序列的弱极限.

定义 8.2   对于任何一个无穷次可微的函数 $f(t)$，如果满足

$$\int_{-\infty}^{+\infty} \delta(t) f(t) \mathrm{d}t = \lim_{\varepsilon \to 0} \int_{-\infty}^{+\infty} \delta_\varepsilon(t) f(t) \mathrm{d}t,$$

其中 $\delta_\varepsilon(t) = \begin{cases} 0, & t < 0, \\ \dfrac{1}{\varepsilon}, & 0 \leqslant t \leqslant \varepsilon, \\ 0, & t > \varepsilon, \end{cases}$ 则称 $\delta_\varepsilon(t)$ 的弱极限为 δ 函数，记为 $\delta(t)$，或简记为 $\lim_{\varepsilon \to 0} \delta_\varepsilon(t) = \delta(t)$.

这表明，δ 函数可以看成一个普通函数序列的弱极限.

$\delta_\varepsilon(t)$ 的图形如图 8.1 所示. 对任何 $\varepsilon > 0$，显然有 $\int_{-\infty}^{+\infty} \delta_\varepsilon(t) \mathrm{d}t = \int_0^\varepsilon \dfrac{1}{\varepsilon} \mathrm{d}t = 1$，从而有 $\int_{-\infty}^{+\infty} \delta(t) \mathrm{d}t = 1$.

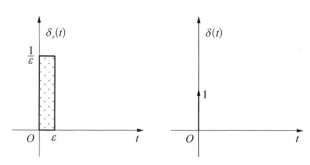

图 8.1 $\boldsymbol{\delta}_\varepsilon(t)$ 与 $\boldsymbol{\delta}(t)$

常将 δ 函数称为单位脉冲函数. 有一些工程书将 δ 函数用一个长度等于 1 的有向线段来表示(见图 8.1). 这个线段的长度表示 δ 函数的积分值, 称为 δ 函数的强度.

物理学家狄拉克给出的 δ 函数的定义如下:

定义 8.3　称 δ 为 δ 函数, 如果 $\delta(t)$ 满足下列两个条件, 则称其为 δ 函数:

(1) $\delta(t) = \begin{cases} 0, & t \neq 0, \\ \infty, & t = 0. \end{cases}$

(2) $\displaystyle\int_{-\infty}^{+\infty} \delta(t)\mathrm{d}t = 1.$

注: ① 上述条件(2)有时也可以写成另一种形式: $\displaystyle\int_{a}^{b} \delta(t)\mathrm{d}t = \begin{cases} 1, & 0 \in (a, b), \\ 0, & 0 \notin (a, b). \end{cases}$

② 由定义 8.3, 也可以得到如下结论: $\delta(t - t_0) = \begin{cases} 0, & t \neq t_0, \\ \infty, & t = t_0 \end{cases}$ 以及 $\displaystyle\int_{a}^{b} \delta(t - t_0)\mathrm{d}t = \begin{cases} 1, & t_0 \in (a, b), \\ 0, & t_0 \notin (a, b). \end{cases}$

8.2.2　单位脉冲函数的性质

1. 脉冲函数的筛选性质

若 $f(t)$ 为无穷次可微的函数, 则有筛选性质: $\displaystyle\int_{-\infty}^{+\infty} \delta(t)f(t)\mathrm{d}t = f(0).$

事实上, $\displaystyle\int_{-\infty}^{+\infty} \delta(t)f(t)\mathrm{d}t = \lim_{\varepsilon \to 0}\int_{-\infty}^{+\infty} \delta_{\varepsilon}(t)f(t)\mathrm{d}t = \lim_{\varepsilon \to 0}\int_{0}^{\varepsilon} \frac{1}{\varepsilon}f(t)\mathrm{d}t = \frac{1}{\varepsilon}\lim_{\varepsilon \to 0}\int_{0}^{\varepsilon} f(t)\mathrm{d}t.$
由于 $f(t)$ 是无穷次可微函数, 显然 $f(t)$ 是连续函数, 按积分中值定理, 有

$$\int_{-\infty}^{+\infty} \delta(t)f(t)\mathrm{d}t = \frac{1}{\varepsilon}\lim_{\varepsilon \to 0}\int_{0}^{\varepsilon} f(t)\mathrm{d}t = \lim_{\varepsilon \to 0} f(\theta\varepsilon) \ (0 < \theta < 1) = f(0).$$

更一般地, 还有 $\displaystyle\int_{-\infty}^{+\infty} \delta(t - t_0)f(t)\mathrm{d}t = f(t_0)$ 成立.

由 δ 函数的筛选性质可知, 对于任何一个无穷次可微函数 $f(t)$ 都对应着一个确定的数 $f(0)$ 或 $f(t_0)$, 这一性质使得 δ 函数在近代物理和工程技术中有着较广泛的应用.

δ 函数并不是通常意义下的函数, 无法用经典的方法对它进行代数分类和分析的运算. 然而 δ 函数确实能反映许多经典函数不能反映的客观现象. 例如只有一个电源和电容而无电阻的电路在开关断开到接通时, 电流就表现出一个 δ 函数的行为.

2. 脉冲函数的其他性质

δ 函数除了重要的筛选性质外, 如下性质也不难得到:

(1) δ 函数是偶函数, 即 $\delta(t) = \delta(-t)$.

(2) δ 函数是单位阶跃函数的导数, 即 $\displaystyle\int_{-\infty}^{t} \delta(\tau)\mathrm{d}\tau = u(t)$, $\dfrac{\mathrm{d}}{\mathrm{d}t}u(t) = \delta(t)$, 其中 $u(t) = \begin{cases} 0, & t < 0, \\ 1, & t > 0 \end{cases}$ 称为单位阶跃函数.

(3) 若 a 为非零实常数, 则 $\delta(at) = \dfrac{1}{|a|}\delta(t)$.

（4）若 $f(t)$ 为无穷次可微函数，则有

$$\int_{-\infty}^{+\infty}\delta'(t)f(t)\mathrm{d}t=-f'(0).$$

一般地，有 $\int_{-\infty}^{+\infty}\delta^{(n)}(t)f(t)\mathrm{d}t=(-1)^n f^{(n)}(0)$. 更一般地，有

$$\int_{-\infty}^{+\infty}\delta^{(n)}(t-t_0)f(t)\mathrm{d}t=(-1)^n f^{(n)}(t_0).$$

性质（4）可以作为 δ 函数的导数定义.

（5）δ 函数傅里叶变换（由傅里叶变换定义以及 δ 函数的筛选性质可得）如下：

$$F[\delta(t)]=\int_{-\infty}^{\infty}\delta(t)\mathrm{e}^{-\mathrm{i}\omega t}\mathrm{d}t=1.$$

因此，1 的傅里叶逆变换就是 δ 函数，$\delta(t)=\dfrac{1}{2\pi}\int_{-\infty}^{\infty}\mathrm{e}^{\mathrm{i}\omega t}\mathrm{d}\omega$.

上式表面 δ 函数可以表示成一种积分形式.上式更一般的形式为

$$\delta(t-t_0)=\dfrac{1}{2\pi}\int_{-\infty}^{\infty}\mathrm{e}^{\mathrm{i}\omega(t-t_0)}\mathrm{d}\omega.$$

令 $\omega=p_x/\hbar$，$\mathrm{d}\omega=\mathrm{d}p_x/\hbar$，由变量代换可得 $\delta(x-x_0)=\dfrac{1}{2\pi\hbar}\int_{-\infty}^{\infty}\mathrm{e}^{\frac{\mathrm{i}}{\hbar}p_x(x-x_0)}\mathrm{d}p_x$，进一步代换：$p_x\Leftrightarrow x$，$p_x'\Leftrightarrow x_0$，则 $\delta(p_x-p_x')=\dfrac{1}{2\pi\hbar}\int_{-\infty}^{\infty}\mathrm{e}^{\frac{\mathrm{i}}{\hbar}(p_x-p_x')x}\mathrm{d}x$.

以上两式在**量子力学**中具有重要应用.下面给出 δ 函数的另一种积分表示.

（6）δ 函数的积分表示：$\delta(\omega-\omega_0)=\int_{-\infty}^{\infty}\dfrac{1}{\omega'-\omega}\cdot\dfrac{1}{\omega'-\omega_0}\mathrm{d}\omega'$.

事实上，当 $\omega\neq\omega_0$ 时，$\int_{-\infty}^{\infty}\dfrac{1}{\omega'-\omega}\cdot\dfrac{1}{\omega'-\omega_0}\mathrm{d}\omega'=\dfrac{1}{\omega-\omega_0}\int_{-\infty}^{\infty}\left(\dfrac{1}{\omega'-\omega}-\dfrac{1}{\omega'-\omega_0}\right)\mathrm{d}\omega'$. 注意到 $\int_{-\infty}^{\infty}\dfrac{\mathrm{d}\omega'}{\omega'-\omega}=\int_{-\infty}^{\infty}\dfrac{\mathrm{d}\omega'}{\omega'-\omega_0}=0$，这是因为被积函数是奇函数，积分结果为零.

当 $\omega=\omega_0$ 时，$\int_{-\infty}^{\infty}\dfrac{\mathrm{d}\omega'}{(\omega'-\omega)^2}=\int_{-\infty}^{\infty}\dfrac{\mathrm{d}\omega'}{\omega'^2}=2\int_0^{\infty}\dfrac{\mathrm{d}\omega'}{\omega'^2}=\dfrac{2}{\omega'}\Big|_0^{\infty}=\infty$. 结合起来，有

$$\delta(\omega-\omega_0)=\int_{-\infty}^{\infty}\dfrac{1}{\omega'-\omega}\dfrac{1}{\omega'-\omega_0}\mathrm{d}\omega'.$$

上式在处理具体的物理问题时会用到.除了上述常用一些性质外，还有如下一些性质：

（7）$\int_{-\infty}^{\infty}\delta(t-a)\delta(t-b)\mathrm{d}t=\delta(a-b)$.

（8）$t\delta(t)=0$，$t\in\mathbf{R}$.

（9）设方程 $\varphi(x)=0$ 只有单根，分别记为 $x_i(i=1,2,3,\cdots)$，即 $\varphi(x_i)=0$，但 $\varphi'(x_i)\neq0$，则如下结论成立：$\delta[\varphi(x)]=\sum_i\dfrac{\delta(x-x_i)}{|\varphi'(x_i)|}=\sum_i\dfrac{\delta(x-x_i)}{|\varphi'(x)|}$.

(10) $\delta[(t-a)(t-b)] = \dfrac{1}{|a-b|}[\delta(t-a)+\delta(t-b)], \quad a \neq b.$

(11) $\delta(t^2-a^2) = \dfrac{1}{2|a|}[\delta(t-a)+\delta(t+a)] = \dfrac{1}{2|t|}[\delta(t-a)+\delta(t+a)].$

(12) $2|t|\delta(t^2-a^2) = \delta(t-a)+\delta(t+a).$

(13) $|t|\delta(t^2) = \delta(t).$

8.2.3　相关例题

例 8.7　证明单位阶跃函数 $u(t) = \begin{cases} 0, & t < 0, \\ 1, & t > 0, \end{cases}$ 的傅里叶变换为 $\dfrac{1}{j\omega}+\pi\delta(\omega).$

证明：事实上，若 $F(\omega) = \dfrac{1}{j\omega}+\pi\delta(\omega)$，则按傅里叶逆变换可得

$$
\begin{aligned}
f(t) = \mathcal{F}^{-1}[F(\omega)] &= \frac{1}{2\pi}\int_{-\infty}^{+\infty}\left[\frac{1}{j\omega}+\pi\delta(\omega)\right]e^{j\omega t}\,d\omega \\
&= \frac{1}{2\pi}\int_{-\infty}^{+\infty}\pi\delta(\omega)e^{j\omega t}\,d\omega + \frac{1}{2\pi}\int_{-\infty}^{+\infty}\frac{e^{j\omega t}}{j\omega}\,d\omega \\
&= \frac{1}{2}\int_{-\infty}^{+\infty}\delta(\omega)e^{j\omega t}\,d\omega + \frac{1}{2\pi}\int_{-\infty}^{+\infty}\frac{\sin\omega t}{\omega}\,d\omega = \frac{1}{2} + \frac{1}{\pi}\int_{0}^{+\infty}\frac{\sin\omega t}{\omega}\,d\omega.
\end{aligned}
$$

为了说明 $f(t) = u(t)$，就必须计算积分 $\displaystyle\int_{0}^{+\infty}\frac{\sin\omega t}{\omega}\,d\omega$. 这里借助狄利克雷积分 $\displaystyle\int_{0}^{+\infty}\frac{\sin\omega}{\omega}\,d\omega = \frac{\pi}{2}$. 因此，有

$$
\int_{0}^{+\infty}\frac{\sin\omega t}{\omega}\,d\omega = \begin{cases} -\dfrac{\pi}{2}, & t < 0, \\ 0, & t = 0, \\ \dfrac{\pi}{2}, & t > 0, \end{cases}
$$

当 $t = 0$ 时，结果是显然的；当 $t < 0$ 时，可令 $u = -t\omega$，则

$$
\int_{0}^{+\infty}\frac{\sin\omega t}{\omega}\,d\omega = \int_{0}^{+\infty}\frac{\sin(-u)}{u}\,du = -\int_{0}^{+\infty}\frac{\sin u}{u}\,du = -\frac{\pi}{2}.
$$

将此结果代入 $f(t)$ 的表达式中，当 $t \neq 0$ 时，可得

$$
f(t) = \frac{1}{2} + \frac{1}{\pi}\int_{0}^{+\infty}\frac{\sin\omega t}{\omega}\,d\omega = \begin{cases} \dfrac{1}{2}+\dfrac{1}{\pi}\left(-\dfrac{\pi}{2}\right)=0, & t < 0, \\ \dfrac{1}{2}+\dfrac{1}{\pi}\cdot\dfrac{\pi}{2}=1, & t > 0. \end{cases}
$$

这就表明 $\dfrac{1}{j\omega}+\pi\delta(\omega)$ 的傅里叶逆变换为 $f(t) = u(t)$ 因此，$u(t)$ 和 $\dfrac{1}{j\omega}+\pi\delta(\omega)$ 构成了一个傅里叶变换对，所以，单位阶跃函数 $u(t)$ 的积分表达式在 $t \neq 0$ 时，可写为

$$u(t) = \frac{1}{2} + \frac{1}{\pi} \int_0^{+\infty} \frac{\sin \omega t}{\omega} d\omega.$$

同样,若 $F(\omega) = 2\pi\delta(\omega)$ 时,由傅里叶逆变换可得

$$f(t) = \frac{1}{2\pi} \int_{-\infty}^{+\infty} F(\omega) e^{j\omega t} d\omega = \frac{1}{2\pi} \int_{-\infty}^{+\infty} 2\pi\delta(\omega) e^{j\omega t} d\omega = 1.$$

所以,1 和 $2\pi\delta(\omega)$ 也构成了一个傅里叶变换对. 同理,$e^{j\omega_0 t}$ 和 $2\pi\delta(\omega - \omega_0)$ 也构成了一个傅里叶变换对. 由此可得

$$\int_{-\infty}^{+\infty} e^{-j\omega t} dt = 2\pi\delta(\omega), \qquad \int_{-\infty}^{+\infty} e^{-j(\omega - \omega_0)t} dt = 2\pi\delta(\omega - \omega_0).$$

例 8.8 求正弦函数 $f(t) = \sin \omega_0 t$ 的傅里叶变换.

解: 根据傅里叶变换公式,有

$$F(\omega) = \mathcal{F}[f(t)] = \int_{-\infty}^{+\infty} e^{-j\omega t} \sin \omega_0 t \, dt$$

$$= \int_{-\infty}^{+\infty} \frac{e^{j\omega_0 t} - e^{-j\omega_0 t}}{2j} e^{-j\omega t} dt = \frac{1}{2j} \int_{-\infty}^{+\infty} [e^{-j(\omega - \omega_0)t} - e^{-j(\omega + \omega_0)t}] dt$$

$$= \frac{1}{2j} [2\pi\delta(\omega - \omega_0) - 2\pi\delta(\omega + \omega_0)] = j\pi[\delta(\omega + \omega_0) - \delta(\omega - \omega_0)].$$

类似地,有 $F(\cos \omega_0 t) = \int_{-\infty}^{+\infty} \cos \omega_0 t \cdot e^{-j\omega t} dt = \int_{-\infty}^{+\infty} \frac{e^{j\omega_0 t} + e^{-j\omega_0 t}}{2} \cdot e^{-j\omega t} dt$

$$= \pi[\delta(\omega + \omega_0) + \delta(\omega - \omega_0)].$$

由上述讨论可知,δ 函数使得在普通意义下的一些不存在的积分有了确定的数值. δ 函数为工程应用提供了一个有用的数学工具.

8.2.4 非周期函数的频谱

傅里叶变换和频谱概念有着非常密切的关系. 随着无线电技术、声学、振动学的蓬勃发展,频谱理论也相应地得到了发展,它的应用也越来越广泛. 我们这里将简单地介绍一下频谱的基本概念,至于它的进一步理论和应用,留待有关专业课程再作详细的讨论.

在傅里叶级数的理论中,我们已经知道,对于以 T 为周期的非正弦函数 $f_T(t)$,它的第 n 次谐波 $\left(\omega_n = n\omega = \frac{2n\pi}{T}\right) a_n \cos \omega_n t + b_n \sin \omega_n t = A_n \sin(\omega_n t + \varphi_n)$ 的振幅为 $A_n = \sqrt{a_n^2 + b_n^2}$. 而在复指数形式中,第 n 次谐波为 $c_n e^{j\omega_n t} + c_{-n} e^{-j\omega_n t}$,其中 $c_n = \frac{a_n - jb_n}{2}$,$c_{-n} = \frac{a_n + jb_n}{2}$,并且 $|c_n| = |c_{-n}| = \frac{1}{2}\sqrt{a_n^2 + b_n^2}$. 所以,以 T 为周期的非正弦函数 $f_T(t)$ 的第 n 次谐波的振幅为 $A_n = 2|c_n| \ (n = 0, 1, 2, \cdots)$. 它描述了各次谐波的振幅随频率变化的分布情况. 所谓频谱图,通常是指频率和振幅的关系图,所以 A_n 称为 $f_T(t)$ 的振幅频谱(简称为频谱). 由于 $n = 0, 1, 2, \cdots$,所以频谱 A_n 的图形是不连续的,称为离散频谱. 它清楚地表明了一个非正弦周期函数包含了哪些频率分量及各分量所占的比例(如振幅的大小). 因此

频谱图在工程技术中应用比较广泛. 例如,周期性矩形脉冲在一个周期 T 内的表达式为

$$f_T(t) = \begin{cases} 0, & -\dfrac{T}{2} \leqslant t < -\dfrac{\tau}{2}, \\ E, & -\dfrac{\tau}{2} \leqslant t < \dfrac{\tau}{2}, \\ 0, & \dfrac{\tau}{2} \leqslant t \leqslant \dfrac{T}{2}. \end{cases}$$

它的傅里叶级数的复指数形式为

$$f_T(t) = \frac{E\tau}{T} + \sum_{\substack{n=-\infty \\ (n \neq 0)}}^{+\infty} \frac{E}{n\pi} \sin \frac{n\pi\tau}{T} \mathrm{e}^{\mathrm{j}n\omega t},$$

可见 $f_T(t)$ 的傅里叶系数为

$$c_0 = \frac{E\tau}{T}, \quad c_n = \frac{E}{n\pi} \sin \frac{n\pi\tau}{T}, \quad n = \pm 1, \pm 2, \cdots.$$

它的频谱为

$$A_0 = 2 \mid c_0 \mid = \frac{2E\tau}{T}, \quad A_n = 2 \mid c_n \mid = \frac{2E}{n\pi} \left| \sin \frac{n\pi\tau}{T} \right|, \quad n = 1, 2, \cdots.$$

如 $T = 4\tau$ 时,有

$$A_0 = \frac{E}{2}, \quad A_n = \frac{2E}{n\pi} \left| \sin \frac{n\pi}{4} \right|, \quad \omega_n = n\omega = \frac{n\pi}{2\tau}, \quad n = 1, 2, \cdots.$$

这样,我们可计算各次谐波振幅的数值. 对于非周期函数 $f(t)$,当它满足傅里叶积分定理中的条件时,则在 $f(t)$ 的连续点处可表示为 $f(t) = \dfrac{1}{2\pi} \displaystyle\int_{-\infty}^{+\infty} F(\omega) \mathrm{e}^{\mathrm{j}\omega t} \mathrm{d}\omega$. 其中 $F(\omega) = \displaystyle\int_{-\infty}^{+\infty} f(t) \mathrm{e}^{-\mathrm{j}\omega t} \mathrm{d}t$ 为它的傅里叶变换. 在频谱分析中,傅里叶变换 $F(\omega)$ 又称为 $f(t)$ 的频谱函数,而频谱函数的模 $\mid F(\omega) \mid$ 称为 $f(t)$ 的振幅频谱(亦简称为频谱). 由于 ω 是连续变化的,我们称之为连续频谱. 对一个时间函数作傅里叶变换,就是求这个时间函数的频谱函数.

8.3　傅里叶变换的性质

傅里叶变换具有重要的应用,这里我们介绍傅里叶变换的性质,并假定所讨论的函数满足傅里叶积分定理中的条件.

8.3.1　线性性质

定理 8.3　设 $F_1(\omega) = \mathscr{F}[f_1(t)]$, $F_2(\omega) = \mathscr{F}[f_2(t)]$, α, β 是常数,则

$$\mathscr{F}[\alpha f_1(t) + \beta f_2(t)] = \alpha F_1(\omega) + \beta F_2(\omega).$$

这个性质的作用是很显然的,它表明了函数线性组合的傅里叶变换等于各函数傅里叶变换的线性组合. 它的证明只需根据定义就可推出. 同样,傅里叶逆变换亦具有类似的线性性质,即 $\mathcal{F}^{-1}[\alpha F_1(\omega) + \beta F_2(\omega)] = \alpha f_1(t) + \beta f_2(t)$.

8.3.2 位移性质与频移性质

1. 位移性质

定理 8.4 设 $F(\omega) = \mathcal{F}[f(t)]$,则 $\mathcal{F}[f(t + t_0)] = \mathrm{e}^{\pm \mathrm{j}\omega t_0} \mathcal{F}[f(t)]$.

证明: 由傅里叶变换的定义,可知

$$\mathcal{F}[f(t + t_0)] = \int_{-\infty}^{+\infty} f(t + t_0) \mathrm{e}^{-\mathrm{j}\omega t} \mathrm{d}t \underset{t \pm t_0 = u}{=\!=\!=} \int_{-\infty}^{+\infty} f(u) \mathrm{e}^{-\mathrm{j}\omega(u \mp t_0)} \mathrm{d}u$$

$$= \mathrm{e}^{\pm \mathrm{j}\omega t_0} \int_{-\infty}^{+\infty} f(u) \mathrm{e}^{-\mathrm{j}\omega u} \mathrm{d}u = \mathrm{e}^{\pm \mathrm{j}\omega t_0} \mathcal{F}[f(t)].$$

它表明时间函数 $f(t)$ 沿 t 轴向左或向右位移 t_0 的傅里叶变换等于 $f(t)$ 的傅里叶变换乘以因子 $\mathrm{e}^{\mathrm{j}\omega t_0}$ 或 $\mathrm{e}^{-\mathrm{j}\omega t_0}$ (各频率成分的大小不发生改变,但相位发生变化). 该性质也称为时域上的位移性质(时移性质).

2. 频移性质

定理 8.5 设 $F(\omega) = \mathcal{F}[f(t)]$,$\omega_0$ 为是实常数,则 $\mathcal{F}[f(t) \mathrm{e}^{\pm \mathrm{j}\omega_0 t}] = F(\omega \mp \omega_0)$.

证明: 由傅里叶变换的定义,可知

$$F[f(t) \cdot \mathrm{e}^{\mathrm{j}\omega_0 t}] = \int_{-\infty}^{\infty} f(t) \mathrm{e}^{\mathrm{j}\omega_0 t} \mathrm{e}^{-\mathrm{j}\omega t} \mathrm{d}t = \int_{-\infty}^{\infty} f(t) \mathrm{e}^{-\mathrm{j}(\omega - \omega_0)t} \mathrm{d}t = F[\mathrm{j}(\omega - \omega_0)].$$

它表明函数 $F(\omega)$ 沿 ω 轴向右或向左位移 ω_0 的傅里叶逆变换等于原来的函数 $f(t)$ 乘以因子 $\mathrm{e}^{\mathrm{j}\omega_0 t}$ 或 $\mathrm{e}^{-\mathrm{j}\omega_0 t}$. 该性质也称为频域上的位移性质(频移性质),频移性质被用来进行频谱搬移,这一技术在通信系统中得到了广泛应用.

3. 调制性质

定理 8.6 设 $F(\omega) = \mathcal{F}[f(t)]$,$\omega_0$ 为是实常数,则

$$\mathcal{F}[f(t)\cos(\omega_0 t)] = \frac{1}{2}[F(\omega + \omega_0) + F(\omega - \omega_0)],$$

$$\mathcal{F}[f(t)\sin(\omega_0 t)] = \frac{\mathrm{j}}{2}[F(\omega + \omega_0) - F(\omega - \omega_0)].$$

证明: 根据正弦与余弦的定义,以及傅里叶变换的线性性质与频移性质,可得

$$\mathcal{F}[f(t)\cos \omega_0 t] = \frac{1}{2}\mathcal{F}[f(t)\mathrm{e}^{\mathrm{j}\omega_0 t}] + \frac{1}{2}\mathcal{F}[f(t)\mathrm{e}^{-\mathrm{j}\omega_0 t}] = \frac{1}{2}F[\mathrm{j}(\omega - \omega_0)] + \frac{1}{2}F[\mathrm{j}(\omega + \omega_0)],$$

$$\mathcal{F}[f(t)\sin \omega_0 t] = \frac{1}{2\mathrm{j}}\mathcal{F}[f(t)\mathrm{e}^{\mathrm{j}\omega_0 t}] - \frac{1}{2\mathrm{j}}\mathcal{F}[f(t)\mathrm{e}^{-\mathrm{j}\omega_0 t}] = \frac{\mathrm{j}}{2}F[\mathrm{j}(\omega + \omega_0)] - \frac{\mathrm{j}}{2}F[\mathrm{j}(\omega - \omega_0)].$$

例 8.9 设 $\mathcal{F}[1] = 2\pi\delta(\omega)$,求 $\cos \omega_0 t$,$\sin \omega_0$ 的傅里叶变换.

解: 由调制性质,容易得

$$\mathcal{F}[\cos \omega_0 t] = \pi[\delta(\omega + \omega_0) + \delta(\omega - \omega_0)],$$

$$\mathcal{F}[\sin\omega_0 t] = j\pi[\delta(\omega+\omega_0) - \delta(\omega-\omega_0)].$$

8.3.3 相似性质

定理 8.7 设 $F(\omega) = \mathcal{F}[f(t)]$，$a$ 为非零常数，则 $\mathcal{F}[f(at)] = \dfrac{1}{|a|} F\left(\dfrac{\omega}{a}\right)$.

证明： 设 $a > 0$，有 $\mathcal{F}[af(t)] = \displaystyle\int_{-\infty}^{+\infty} f(at) e^{-j\omega t} dt = \int_{-\infty}^{+\infty} f(at) e^{-j\frac{\omega}{a}at} \dfrac{1}{a} d(at)$

$$= \dfrac{1}{a} \int_{-\infty}^{+\infty} f(u) e^{-j\frac{\omega}{a}u} du = \dfrac{1}{a} F\left(\dfrac{\omega}{a}\right).$$

当 $a < 0$ 时，同理可证 $\mathcal{F}[af(t)] = -\dfrac{1}{a} F\left(\dfrac{\omega}{a}\right)$. 综上，可得 $\mathcal{F}[af(t)] = \dfrac{1}{|a|} F\left(\dfrac{\omega}{a}\right)$.

相似性质表明：**若信号被压缩（$a > 1$），则其频谱被扩展；若信号被扩展（$a < 1$），则其频谱被压缩.**

例如对矩形脉冲函数进行频谱分析，可得到结论：**脉冲越窄，则其频谱（主瓣）越宽；脉冲越宽，则其频谱（主瓣）越窄. 相似性质正好体现了脉冲宽度与频带宽度之间的反比关系.**

在电信通讯中，为了迅速地传递信号，希望信号的脉冲宽度要小；为了有效地利用信道，希望信号的频带宽度要窄. 相似性质表明这两者是矛盾的，因为同时压缩脉冲宽度和频带宽度是不可能的.

8.3.4 对称性、翻转性与奇偶性

1. 对称性

定理 8.8 设 $F(\omega) = \mathcal{F}[f(t)]$，则 $\mathcal{F}[F(\mp t)] = 2\pi f(\pm\omega)$.

证明： 因 $f(t) = \dfrac{1}{2\pi} \displaystyle\int_{-\infty}^{+\infty} F(\omega) e^{j\omega t} d\omega$，令 $t = -t$，则有 $f(-t) = \dfrac{1}{2\pi} \int_{-\infty}^{+\infty} F(\omega) e^{-j\omega t} d\omega$.

令上式 $t = \omega$，则得 $f(-\omega) = \dfrac{1}{2\pi} \displaystyle\int_{-\infty}^{+\infty} F(t) e^{-j\omega t} dt = \dfrac{1}{2\pi} \mathcal{F}[F(t)]$，即 $\mathcal{F}[F(t)] = 2\pi f(-\omega)$. 再令 $-t = \omega$，亦有 $f(\omega) = \dfrac{1}{2\pi} \int_{-\infty}^{+\infty} F(-t) e^{j\omega t} d(-t) = \dfrac{1}{2\pi} \mathcal{F}[F(-t)]$，即 $\mathcal{F}[F(-t)] = 2\pi f(\omega)$.

特别地，当 $f(t)$ 为偶函数，则定理 8.6 的结论变为 $\mathcal{F}[F(t)] = 2\pi f(\omega)$.

从而当 $f(t)$ 与 $F(\omega)$ 构成一个傅里叶变换对，且 $f(t)$ 为偶函数时，$F(t)$ 的傅里叶变换为 $2\pi f(\omega)$，这反映了傅里叶变换的对称性. 即使 $f(t)$ 不是偶函数，定理 8.6 的结论仍然可反映傅里叶变换具有一定程度的对称性. 对称性说明信号波形与频谱函数的波形有着互换的置换关系，其幅度之比为常数 2π. 例如，$\mathcal{F}[\delta(t)] = 1$，由对称性，则有 $\mathcal{F}[1] = 2\pi\delta(\omega)$.

2. 翻转性

定理 8.9 设 $F(\omega) = \mathcal{F}[f(t)]$，则 $\mathcal{F}[f(-t)] = F(-\omega)$.

证明： 因 $F(\omega) = \displaystyle\int_{-\infty}^{+\infty} f(t) e^{-j\omega t} dt$，则 $F(-\omega) = \int_{-\infty}^{+\infty} f(t) e^{-j(-\omega)t} dt$

$$= \int_{-\infty}^{+\infty} f(-t) e^{-j(-\omega)(-t)} d(-t) = \int_{-\infty}^{+\infty} f(-t) e^{-j\omega t} dt = \mathcal{F}[f(-t)].$$

3. 奇偶虚实性

由傅里叶变换的定义,有 $F(\omega)=\int_{-\infty}^{\infty}f(t)\cdot\mathrm{e}^{-\mathrm{j}\omega t}\mathrm{d}t=\int_{-\infty}^{\infty}f(t)\cos\omega t\mathrm{d}t-\mathrm{j}\int_{-\infty}^{\infty}f(t)\sin\omega t\mathrm{d}t.$ 频谱函数的实部和虚部分别为 $\mathrm{Re}\,F(\omega)=\int_{-\infty}^{\infty}f(t)\cos\omega t\mathrm{d}t$ 和 $\mathrm{Im}\,F(\omega)=-\int_{-\infty}^{\infty}f(t)\sin\omega t\mathrm{d}t.$ 频谱函数的幅度和相位分别为 $\mid F(\omega)\mid=\sqrt{[\mathrm{Re}\,F(\omega)]^2+[\mathrm{Im}\,F(\omega)]^2}$ 和 $\varphi(\omega)=\arctan\left[\dfrac{\mathrm{Im}\,F(\omega)}{\mathrm{Re}\,F(\omega)}\right].$

(1) 当 $f(t)$ 为实函数时,由于 $\mathrm{Re}\,F(\omega)=\int_{-\infty}^{\infty}f(t)\cos\omega t\mathrm{d}t$, $\mathrm{Im}\,F(\omega)=-\int_{-\infty}^{\infty}f(t)\sin\omega t\mathrm{d}t$, 可知 $\mathrm{Re}\,F(-\omega)=\mathrm{Re}\,F(\omega)$, $\mathrm{Im}\,F(-\omega)=-\mathrm{Im}\,F(\omega)$. 因此,当 $f(t)$ 为实函数时,其频谱函数的实部为偶函数,其频谱函数的虚部为奇函数.

由于 $\mid F(\omega)\mid=\sqrt{[\mathrm{Re}\,F(\omega)]^2+[\mathrm{Im}\,F(\omega)]^2}$, $\varphi(\omega)=\arctan\left[\dfrac{\mathrm{Im}\,F(\omega)}{\mathrm{Re}\,F(\omega)}\right]$, 可知 $\mid F(-\omega)\mid=\mid F(\omega)\mid$, $\varphi(-\omega)=-\varphi(\omega)$. 因此,当 $f(t)$ 为实函数时,其频谱函数的幅度为偶函数,相位为奇函数.

(2) 若 $f(t)$ 为实偶函数,由于 $\mathrm{Re}\,F(\omega)=\int_{-\infty}^{\infty}f(t)\cos\omega t\mathrm{d}t$, $\mathrm{Im}\,F(\omega)=-\int_{-\infty}^{\infty}f(t)\sin\omega t\mathrm{d}t$, 可知 $\mathrm{Im}\,F(\omega)=0$, $F(\omega)=\mathrm{Re}\,F(\omega)$. 因此,当 $f(t)$ 为实偶函数时,其频谱函数为实函数. 加上前面关于实函数情况的结论,综合得到,当 $f(t)$ 为实偶函数时,其频谱函数为实偶函数. 例如 $f(t)=\mathrm{e}^{-\alpha|t|}$ $(-\infty<t<+\infty)$,其频谱函数为 $F(\omega)=\dfrac{2\alpha}{\alpha^2+\omega^2}$,其相位函数为 $\varphi(\omega)=0.$

(3) 若 $f(t)$ 为实奇函数,由于 $\mathrm{Re}\,F(\omega)=\int_{-\infty}^{\infty}f(t)\cos\omega t\mathrm{d}t$, $\mathrm{Im}\,F(\omega)=-\int_{-\infty}^{\infty}f(t)\sin\omega t\mathrm{d}t$, 可知 $\mathrm{Re}\,F(\omega)=0$, $F(\omega)=\mathrm{Im}\,F(\omega)$. 因此,当 $f(t)$ 为实奇函数时,其频谱函数为虚函数. 综合前面关于实函数情况的结论,当 $f(t)$ 为实奇函数时,其频谱函数为虚奇函数. 例如, $f(t)=\begin{cases}\mathrm{e}^{-at}, & t>0 \\ -\mathrm{e}^{-at}, & t<0\end{cases}$ 为实奇函数,其频谱函数 $F(\omega)=\dfrac{-2\mathrm{j}\omega}{\alpha^2+\omega^2}$ 为虚奇函数.

8.3.5 微分性质

定理 8.10 如果 $f(t)$ 在 $(-\infty,+\infty)$ 上连续或只有有限个可去间断点,且当 $\mid t\mid\to+\infty$ 时, $f(t)\to0$,则 $\mathcal{F}[f'(t)]=\mathrm{j}\omega\,\mathcal{F}[f(t)].$

证明: 由于 $\lim\limits_{|t|\to+\infty}f(t)=0$,则 $\lim\limits_{|t|\to+\infty}f(t)\mathrm{e}^{-\mathrm{j}\omega t}=0$. 由傅里叶变换的定义,由分部积分可得 $\mathcal{F}[f'(t)]=\int_{-\infty}^{+\infty}f'(t)\mathrm{e}^{-\mathrm{j}\omega t}\mathrm{d}t=f(t)\mathrm{e}^{-\mathrm{j}\omega t}\Big|_{t=-\infty}^{+\infty}+\mathrm{j}\omega\int_{-\infty}^{+\infty}f(t)\mathrm{e}^{-\mathrm{j}\omega t}\mathrm{d}t=\mathrm{j}\omega\,\mathcal{F}[f(t)].$

它表明一个函数的导数的傅里叶变换等于这个函数的傅里叶变换乘以因子 $\mathrm{j}\omega$.

推论 8.1 若 $f^{(k)}(t)$ 在 $(-\infty,+\infty)$ 上连续或只有有限个可去间断点,且 $\lim\limits_{|t|\to+\infty}f^{(k)}(t)=0$ $(k=0,1,2,\cdots,n-1)$,则有 $\mathcal{F}[f^{(n)}(t)]=(\mathrm{j}\omega)^n\,\mathcal{F}[f(t)].$

同样地,我们还能得到象函数的导数公式.

定理 8.11 设 $\mathcal{F}[f(t)]=F(\omega)$,则 $\dfrac{\mathrm{d}}{\mathrm{d}\omega}F(\omega)=\mathcal{F}[-\mathrm{j}tf(t)].$

例 8.10 设 $f(t)=t^2\cos t$，求 $\mathcal{F}[f(t)]$.

解： 令 $g(t)=\cos t$，则 $f(t)=t^2 g(t)$. 又已知 $G(\omega)=\mathcal{F}[\cos t]=\pi\delta(\omega-1)+\pi\delta(\omega+1)$. 根据微分性质，有 $\mathcal{F}^{-1}[G''(\omega)]=(-\mathrm{j}t)^2 g(t)$，即

$$\mathcal{F}[f(t)]=\mathcal{F}[t^2\cos t]=-G''(\omega)=-\pi\delta''(\omega-1)-\pi\delta''(\omega+1).$$

例 8.11 已知抽样信号 $f(t)=\dfrac{\sin 2t}{\pi t}$ 的频谱为 $F(\omega)=\begin{cases}1,&|\omega|\leqslant 2,\\0,&|\omega|>2.\end{cases}$ 求信号 $g(t)=f(2t)$ 的频谱 $G(\omega)$.

解： 根据相似性质有 $G(\omega)=\mathcal{F}[g(t)]=\mathcal{F}[f(2t)]=\dfrac{1}{2}F\left(\dfrac{\omega}{2}\right)=\begin{cases}1/2,&|\omega|\leqslant 4,\\0,&|\omega|>4.\end{cases}$

8.3.6 积分性质

定理 8.12 如果当 $t\to+\infty$ 时，$g(t)=\displaystyle\int_{-\infty}^{t}f(\tau)\mathrm{d}\tau\to0$，$\mathcal{F}\left[\displaystyle\int_{-\infty}^{t}f(t)\mathrm{d}t\right]=\dfrac{1}{\mathrm{j}\omega}\mathcal{F}[f(t)]$.

证明： 令 $g(t)=\displaystyle\int_{-\infty}^{t}f(t)\mathrm{d}t$，则 $\displaystyle\lim_{|t|\to+\infty}g(t)=0$. 又因为 $\dfrac{\mathrm{d}}{\mathrm{d}t}\displaystyle\int_{-\infty}^{t}f(t)\mathrm{d}t=f(t)$，所以利用微分性质，有 $\mathcal{F}\left[\dfrac{\mathrm{d}}{\mathrm{d}t}\displaystyle\int_{-\infty}^{t}f(t)\mathrm{d}t\right]=\mathcal{F}[f(t)]$，又根据上述微分性质有

$$\mathcal{F}\left[\dfrac{\mathrm{d}}{\mathrm{d}t}\int_{-\infty}^{t}f(t)\mathrm{d}t\right]=\mathrm{j}\omega\,\mathcal{F}\left[\int_{-\infty}^{t}f(t)\mathrm{d}t\right],$$

故

$$\mathcal{F}\left[\int_{-\infty}^{t}f(t)\mathrm{d}t\right]=\dfrac{1}{\mathrm{j}\omega}\mathcal{F}[f(t)].$$

它表明一个函数积分后的傅里叶变换等于这个函数的傅里叶变换除以因子 $\mathrm{j}\omega$.

运用傅里叶变换的线性性质、微分性质以及积分性质，可以将线性常系数微分方程（包括积分方程和微积分方程）转化为代数方程，通过解代数方程与求傅里叶逆变换，就可以得到相应的原方程的解.

8.3.7 乘积定理

定理 8.13 若 $F_1(\omega)=\mathcal{F}[f_1(t)]$，$F_2(\omega)=\mathcal{F}[f_2(t)]$，则

$$\int_{-\infty}^{+\infty}\overline{f_1(t)}f_2(t)\mathrm{d}t=\dfrac{1}{2\pi}\int_{-\infty}^{+\infty}\overline{F_1(\omega)}F_2(\omega)\mathrm{d}\omega,$$

$$\int_{-\infty}^{+\infty}f_1(t)\overline{f_2(t)}\mathrm{d}t=\dfrac{1}{2\pi}\int_{-\infty}^{+\infty}F_1(\omega)\overline{F_2(\omega)}\mathrm{d}\omega,$$

其中，$\overline{f_1(t)}$，$\overline{f_2(t)}$，$\overline{F_1(\omega)}$ 及 $\overline{F_2(\omega)}$ 分别为 $f_1(t)$，$f_2(t)$，$F_1(\omega)$ 及 $F_2(\omega)$ 的共轭函数.

证明： $\displaystyle\int_{-\infty}^{+\infty}\overline{f_1(t)}f_2(t)\mathrm{d}t=\int_{-\infty}^{+\infty}\overline{f_1(t)}\left[\dfrac{1}{2\pi}\int_{-\infty}^{+\infty}F_2(\omega)\mathrm{e}^{\mathrm{j}\omega t}\mathrm{d}\omega\right]\mathrm{d}t$

$$=\dfrac{1}{2\pi}\int_{-\infty}^{+\infty}F_2(\omega)\left[\int_{-\infty}^{+\infty}\overline{f_1(t)}\mathrm{e}^{\mathrm{j}\omega t}\mathrm{d}t\right]\mathrm{d}\omega$$

$$= \frac{1}{2\pi} \int_{-\infty}^{+\infty} F_2(\omega) \left[\int_{-\infty}^{+\infty} \overline{f_1(t) e^{-j\omega t}} \, dt \right] d\omega$$

$$= \frac{1}{2\pi} \int_{-\infty}^{+\infty} F_2(\omega) \left[\overline{\int_{-\infty}^{+\infty} f_1(t) e^{-j\omega t} \, dt} \right] d\omega$$

$$= \frac{1}{2\pi} \int_{-\infty}^{+\infty} \overline{F_1(\omega)} F_2(\omega) d\omega.$$

同理可得

$$\int_{-\infty}^{+\infty} f_1(t) \overline{f_2(t)} \, dt = \frac{1}{2\pi} \int_{-\infty}^{+\infty} F_1(\omega) \overline{F_2(\omega)} \, d\omega.$$

若 $f_1(t), f_2(t)$ 为实函数,则乘积定理的结论可写为

$$\int_{-\infty}^{+\infty} f_1(t) f_2(t) \, dt = \frac{1}{2\pi} \int_{-\infty}^{+\infty} \overline{F_1(\omega)} F_2(\omega) \, d\omega = \frac{1}{2\pi} \int_{-\infty}^{+\infty} F_1(\omega) \overline{F_2(\omega)} \, d\omega.$$

8.3.8 能量积分

定理 8.14 若 $F(\omega) = \mathcal{F}[f(t)]$,则有帕塞瓦尔等式:

$$\int_{-\infty}^{+\infty} [f(t)]^2 \, dt = \frac{1}{2\pi} \int_{-\infty}^{+\infty} |F(\omega)|^2 \, d\omega.$$

证明: 令 $f_1(t) = f_2(t) = f(t)$,根据乘积定理,有

$$\int_{-\infty}^{+\infty} f^2(t) \, dt = \frac{1}{2\pi} \int_{-\infty}^{+\infty} F(\omega) \overline{F(\omega)} \, d\omega = \frac{1}{2\pi} \int_{-\infty}^{+\infty} |F(\omega)|^2 \, d\omega = \frac{1}{2\pi} \int_{-\infty}^{+\infty} S(\omega) \, d\omega.$$

称 $S(\omega) = |F(\omega)|^2$ 为能量密度函数(或称能量谱密度).它可以决定函数 $f(t)$ 的能量分布规律.将它对所有频率积分就得到 $f(t)$ 的总能量 $\int_{-\infty}^{+\infty} [f(t)]^2 \, dt$,故帕塞瓦尔等式又称为能量积分.显然,能量密度函数 $S(\omega)$ 是 ω 的偶函数,即 $S(\omega) = S(-\omega)$.

例 8.12 计算 $\int_{-\infty}^{+\infty} \frac{\sin^2 x}{x^2} \, dx$.

解: 根据帕塞瓦尔等式 $\int_{-\infty}^{+\infty} [f(t)^2] \, dt = \frac{1}{2\pi} \int_{-\infty}^{+\infty} |F(\omega)|^2 \, d\omega$ 可知,若设 $f(t) = \frac{\sin t}{t}$,则它的傅里叶变换为 $F(\omega) = \begin{cases} \pi, & |t| < 1, \\ 0, & |t| \geqslant 1, \end{cases}$ 所以

$$\int_{-\infty}^{+\infty} \frac{\sin^2 t}{t^2} \, dt = \frac{1}{2\pi} \int_{-\infty}^{+\infty} |F(\omega)|^2 \, d\omega = \frac{1}{2\pi} \int_{-1}^{1} \pi^2 \, d\omega = \pi.$$

若设 $F(\omega) = \frac{\sin \omega}{\omega}$,则 $f(t) = \begin{cases} \frac{1}{2}, & |t| < 1, \\ 0, & |t| \geqslant 1, \end{cases}$ 所以

$$\int_{-\infty}^{+\infty} \frac{\sin^2 \omega}{\omega^2} \, d\omega = 2\pi \int_{-\infty}^{+\infty} [f(t)]^2 \, dt = 2\pi \int_{-1}^{1} \frac{1}{4} \, dt = \pi.$$

8.4 卷积与相关函数

卷积与相关函数都是频率分析的重要工具,这里介绍傅里叶变换的卷积定理.

8.4.1 卷积定理

1. 卷积的概念

定义 8.4　若已知函数 $f_1(t)$,$f_2(t)$,则积分 $\int_{-\infty}^{+\infty} f_1(\tau)f_2(t-\tau)\mathrm{d}\tau$ 称为函数 $f_1(t)$ 与

$f_2(t)$ 的卷积,记为 $f_1(t) * f_2(t)$,即 $f_1(t) * f_2(t) = \int_{-\infty}^{+\infty} f_1(\tau)f_2(t-\tau)\mathrm{d}\tau$.

2. 卷积的性质

(1) **交换律**: $f_1(t) * f_2(t) = f_2(t) * f_1(t)$.

(2) **结合律**: $f_1(t) * [f_2(t) * f_3(t)] = [f_1(t) * f_2(t)] * f_3(t)$.

(3) **对应加法的分配律**: $f_1(t) * [f_2(t) + f_3(t)] = f_1(t) * f_2(t) + f_1(t) * f_3(t)$.

(4) **卷积的数乘**: $a * [f_1(t) * f_2(t)] = [af_1(t)] * f_2(t) = f_1(t) * [af_2(t)]$,$a$ 为
常数.

(5) **卷积的微分**: $\dfrac{\mathrm{d}}{\mathrm{d}t}[f_1(t) * f_2(t)] = \dfrac{\mathrm{d}}{\mathrm{d}t}f_1(t) * f_2(t) = f_1(t) * \dfrac{\mathrm{d}}{\mathrm{d}t}f_2(t)$.

(6) **卷积的积分**: $\int_{-\infty}^{t}[f_1(\xi) * f_2(\xi)]\mathrm{d}\xi = f_1(t) * \int_{-\infty}^{t} f_2(\xi)\mathrm{d}\xi = \int_{-\infty}^{t} f_1(\xi)\mathrm{d}\xi * f_2(t)$.

(7) **常用不等式**: $|f_1(t) * f_2(t)| \leqslant |f_1(t)| * |f_2(t)|$,即函数卷积的绝对值小于
等于函数绝对值的卷积.

我们仅给出加法的分配律的证明,其余结论的证明留给读者自行完成.

根据卷积的定义,有

$$
\begin{aligned}
f_1(t) * [f_2(t) + f_3(t)] &= \int_{-\infty}^{+\infty} f_1(\tau)[f_2(t-\tau) + f_3(t-\tau)]\mathrm{d}\tau \\
&= \int_{-\infty}^{+\infty} f_1(\tau)f_2(t-\tau)\mathrm{d}\tau + \int_{-\infty}^{+\infty} f_1(\tau)f_3(t-\tau)\mathrm{d}\tau \\
&= f_1(t) * f_2(t) + f_1(t) * f_3(t),
\end{aligned}
$$

即卷积满足对加法的分配律.

例 8.13　求证: $f(t) * \delta(t) = f(t)$.

证明: 根据卷积的定义,利用 δ 函数为偶函数及筛选性质,有

$$
f(t) * \delta(t) = \int_{-\infty}^{+\infty} f(\tau)\delta(t-\tau)\mathrm{d}\tau = \int_{-\infty}^{+\infty} f(\tau)\delta(\tau-t)\mathrm{d}\tau = f(t)\big|_{\tau=t} = f(t).
$$

如果利用卷积的交换律会更方便,因为

$$
\delta(t) * f(t) = \int_{-\infty}^{+\infty} \delta(\tau)f(t-\tau)\mathrm{d}\tau = f(t-\tau)\Big|_{\tau=0} = f(t).
$$

例 8.14 设 $f_1(t) = \begin{cases} 0, & t < 0, \\ 1, & t \geqslant 0, \end{cases}$ $f_2(t) = \begin{cases} 0, & t < 0, \\ \mathrm{e}^{-t}, & t \geqslant 0, \end{cases}$ 求 $f_1(t)$ 与 $f_2(t)$ 的卷积.

解： 按卷积的定义，有 $f_1(t) * f_2(t) = \int_{-\infty}^{+\infty} f_1(\tau) f_2(t-\tau) \mathrm{d}\tau$.

当 $t < 0$ 时，$f_1(\tau) f_2(t-\tau) = 0$.

当 $t \geqslant 0$ 时，有

$$f_1(t) * f_2(t) = \int_{-\infty}^{+\infty} f_1(\tau) f_2(t-\tau) \mathrm{d}\tau = \begin{cases} 0, & t < 0, \\ \int_0^t 1 \cdot \mathrm{e}^{-(t-\tau)} \mathrm{d}\tau, & t \geqslant 0 \end{cases} = \begin{cases} 0, & t < 0, \\ 1 - \mathrm{e}^{-t}, & t \geqslant 0. \end{cases}$$

例 8.15 设 $f(t) = \mathrm{e}^{-\alpha t} u(t)$，$g(t) = \mathrm{e}^{-\beta t} u(t)$，其中 $\alpha > 0$，$\beta > 0$，且 $\alpha \neq \beta$，求函数 $f(t)$ 和 $g(t)$ 的卷积.

解： 按卷积的定义，有 $f(t) * g(t) = \int_{-\infty}^{+\infty} f(\tau) g(t-\tau) \mathrm{d}\tau$.

(1) 当 $t \leqslant 0$ 时，$f(t) * g(t) = 0$.

(2) 当 $t > 0$ 时，$f(t) * g(t) = \int_0^t f(\tau) g(t-\tau) \mathrm{d}\tau = \int_0^t \mathrm{e}^{-\alpha \tau} \mathrm{e}^{-\beta(t-\tau)} \mathrm{d}\tau = \dfrac{\mathrm{e}^{-\beta t} - \mathrm{e}^{-\alpha t}}{\alpha - \beta}$.

注：（1）在计算一些分段函数的卷积时，如何确定积分限是解题的关键.

（2）卷积由反褶、平移、相坐、积分四个部分组成. 即首先将函数 $g(\tau)$ 反褶并平移到 t，得到 $g(t-\tau) = g[-(\tau-t)]$，再与函数 $f(t)$ 相乘后求积分，得到卷积 $f(t) * g(t)$. 因此，卷积又称为**褶积**或**卷乘**.

3. 卷积定理

定理 8.15 假定 $f_1(t)$，$f_2(t)$ 都满足傅里叶积分定理中的条件，且 $\mathscr{F}[f_1(t)] = F_1(\omega)$，$\mathscr{F}[f_2(t)] = F_2(\omega)$，则 $\mathscr{F}[f_1(t) * f_2(t)] = F_1(\omega) \cdot F_2(\omega)$ 或 $\mathscr{F}^{-1}[F_1(\omega) \cdot F_2(\omega)] = f_1(t) * f_2(t)$.

证明： 按傅里叶变换的定义，有

$$\begin{aligned}
\mathscr{F}[f_1(t) * f_2(t)] &= \int_{-\infty}^{+\infty} [f_1(t) * f_2(t)] \mathrm{e}^{-\mathrm{j}\omega t} \mathrm{d}t = \int_{-\infty}^{+\infty} \left[\int_{-\infty}^{+\infty} f_1(\tau) f_2(t-\tau) \mathrm{d}\tau \right] \mathrm{e}^{-\mathrm{j}\omega t} \mathrm{d}t \\
&= \int_{-\infty}^{+\infty} \int_{-\infty}^{+\infty} f_1(\tau) \mathrm{e}^{-\mathrm{j}\omega \tau} f_2(t-\tau) \mathrm{e}^{-\mathrm{j}\omega(t-\tau)} \mathrm{d}\tau \mathrm{d}t \\
&= \int_{-\infty}^{+\infty} f_1(\tau) \mathrm{e}^{-\mathrm{j}\omega \tau} \left[\int_{-\infty}^{+\infty} f_2(t-\tau) \mathrm{e}^{-\mathrm{j}\omega(t-\tau)} \mathrm{d}t \right] \mathrm{d}\tau \\
&= F_1(\omega) \cdot F_2(\omega).
\end{aligned}$$

注： 说明两个函数卷积的傅里叶变换等于这两个函数傅里叶变换的乘积.

定理 8.15 称为时域卷积定理，下面给出频域卷积定理.

定理 8.16 设 $\mathscr{F}[f_1(t)] = F_1(\omega)$，$\mathscr{F}[f_2(t)] = F_2(\omega)$，则 $\mathscr{F}[f_1(t) \cdot f_2(t)] = \dfrac{1}{2\pi} F_1(\omega) * F_2(\omega)$.

证明： $\mathscr{F}^{-1}[F_1(\omega) * F_2(\omega)] = \mathscr{F}^{-1} \left[\int_{-\infty}^{+\infty} F_1(\mu) F_2(\omega-\mu) \mathrm{d}\mu \right]$

$$= \frac{1}{2\pi} \int_{-\infty}^{+\infty} \left[\int_{-\infty}^{+\infty} F_1(\mu) F_2(\omega-\mu) \mathrm{d}\mu \right] \mathrm{e}^{\mathrm{j}\omega t} \mathrm{d}\omega$$

$$= \frac{1}{2\pi} \int_{-\infty}^{+\infty} \left[\int_{-\infty}^{+\infty} F_1(\mu) F_2(\omega - \mu) e^{j\mu t} e^{j(\omega - \mu)t} d\omega \right] d\mu$$

$$= \frac{1}{2\pi} \int_{-\infty}^{+\infty} F_1(\mu) e^{j\mu t} \left[\int_{-\infty}^{+\infty} F_2(\omega - \mu) e^{j(\omega - \mu)t} d(\omega - \mu) \right] d\mu$$

$$= f_2(t) \int_{-\infty}^{+\infty} F_1(\mu) e^{j\mu t} d\mu = 2\pi f_1(t) f_2(t).$$

从而定理等式证毕.

注: 两个函数乘积的傅里叶变换等于这两个函数傅里叶变换的卷积除以 2π.

推论 8.2 若 $f_k(t)$ $(k = 1, 2, \cdots, n)$ 满足傅里叶积分定理中的条件,且 $\mathcal{F}[f_k(t)] = F_k(\omega)(k = 1, 2, \cdots, n)$,则有

$$\mathcal{F}[f_1(t) * f_2(t) * \cdots * f_n(t)] = F_1(\omega) \cdot F_2(\omega) \cdot \cdots \cdot F_n(\omega),$$

$$\mathcal{F}[f_1(t) \cdot f_2(t) \cdots f_n(t)] = \frac{1}{(2\pi)^{n-1}} F_1(\omega) * F_2(\omega) * \cdots * F_n(\omega).$$

从上面讨论我们可以看出,卷积并不总是很容易计算的,但卷积定理提供了卷积计算的简便方法,即化卷积运算为乘积运算. 这就使得卷积在线性系统分析中成为特别有用的方法.

背景问题: (1) 如何从收到的实际信号中分离出"想要"的某个频带内的信号?

(2) 如何从收到的实际信号中消除在传输过程中加入的高频干扰噪声?

设有某信号为 $f(t)$,试将该信号的低频成分完全保留,而高频成分完全去掉,即对其进行理想低通滤波. 常见的方法之一是在频率域中实现,具体步骤如下:

(1) 求出信号 $f(t)$ 的频谱函数 $F(\omega)$.

(2) 令 $H(\omega) = \begin{cases} 1, & |\omega| \leqslant a, \\ 0, & |\omega| > a. \end{cases}$

(3) 将 $F(\omega)$ 与 $H(\omega)$ 相乘,得到 $\overline{F}(\omega) = F(\omega) \cdot H(\omega)$.

(4) 对 $\overline{F}(\omega)$ 作傅里叶逆变换,得到 $\overline{f}(t) = \mathcal{F}^{-1}[\overline{F}(\omega)]$.

显然,新的信号 $\overline{f}(t)$ 中完全保留了原信号 $f(t)$ 的频率低于 a 的频率成分,而去掉了频率高于 a 的频率成分,这正是卷积的意义和价值.

8.4.2 相关函数

相关函数的概念和卷积的概念一样,也是频谱分析中的一个重要概念. 本节在引入相关函数的概念以后,主要将建立相关函数和能量谱密度之间的关系.

1. 相关函数的概念

定义 8.5 (1) 若已知函数 $f_1(t)$,$f_2(t)$,则积分 $\int_{-\infty}^{+\infty} f_1(t) f_2(t + \tau) dt$ 称为两个函数 $f_1(t)$ 和 $f_2(t)$ 的互相关函数,用记号 $R_{12}(\tau)$ 表示,即 $R_{12}(\tau) = \int_{-\infty}^{+\infty} f_1(t) f_2(t + \tau) dt$.

(2) 积分 $\int_{-\infty}^{+\infty} f_1(t + \tau) f_2(t) dt$ 称为 $f_2(t)$ 和 $f_1(t)$ 互相关函数,记为 $R_{21}(\tau)$,即 $R_{21}(\tau) = \int_{-\infty}^{+\infty} f_1(t + \tau) f_2(t) dt$.

（3）若 $f_1(t)=f_2(t)=f(t)$，则积分 $\int_{-\infty}^{+\infty}f(t)f(t+\tau)\mathrm{d}t$ 称为函数 $f(t)$ 的自相关函数（简称相关函数），记为 $R(\tau)$，即 $R(\tau)=\int_{-\infty}^{+\infty}f(t)f(t+\tau)\mathrm{d}t$.

根据 $R(\tau)$ 的定义，可知自相关函数是一个偶函数，即 $R(-\tau)=R(\tau)$.

事实上，$R(-\tau)=\int_{-\infty}^{+\infty}f(t)f(t-\tau)\mathrm{d}t$，令 $t=u+\tau$，可得 $R(-\tau)=\int_{-\infty}^{+\infty}f(u+\tau)f(u)\mathrm{d}u=R(\tau)$.

关于互相关函数，有 $R_{21}(\tau)=R_{12}(-\tau)$.

2. 相关函数和能量谱密度的关系

1）自相关函数和能量谱密度的关系

在乘积定理中，令 $f_1(t)=f(t)$，$f_2(t)=f(t+\tau)$ 且 $F(\omega)=\mathscr{F}[f(t)]$，再根据位移性质，可得
$$\int_{-\infty}^{+\infty}f(t)f(t+\tau)\mathrm{d}t=\frac{1}{2\pi}\int_{-\infty}^{+\infty}\overline{F(\omega)}F(\omega)\mathrm{e}^{\mathrm{j}\omega\tau}\mathrm{d}\omega$$
$$=\frac{1}{2\pi}\int_{-\infty}^{+\infty}|F(\omega)|^2\mathrm{e}^{\mathrm{j}\omega\tau}\mathrm{d}\omega=\frac{1}{2\pi}\int_{-\infty}^{+\infty}S(\omega)\mathrm{e}^{\mathrm{j}\omega\tau}\mathrm{d}\omega,$$

即 $R(\tau)=\frac{1}{2\pi}\int_{-\infty}^{+\infty}S(\omega)\mathrm{e}^{\mathrm{j}\omega\tau}\mathrm{d}\omega$.

由能量谱密度的定义可以推得 $S(\omega)=\int_{-\infty}^{+\infty}R(\tau)\mathrm{e}^{-\mathrm{j}\omega\tau}\mathrm{d}\tau$. 由此可见，自相关函数 $R(\tau)$ 和能量谱密度 $S(\omega)$ 构成了一个傅里叶变换对. 利用相关函数 $R(\tau)$ 及 $S(\omega)$ 的偶函数性质，可得

$$R(\tau)=\frac{1}{2\pi}\int_{-\infty}^{+\infty}S(\omega)\cos\omega\tau\mathrm{d}\omega,$$

$$S(\omega)=\int_{-\infty}^{+\infty}R(\tau)\cos\omega\tau\mathrm{d}\tau.$$

当 $\tau=0$ 时，$R(0)=\int_{-\infty}^{+\infty}[f(t)]^2\mathrm{d}t=\frac{1}{2\pi}\int_{-\infty}^{+\infty}S(\omega)\mathrm{d}\omega$，即帕塞瓦尔等式.

2）互相关函数和互能量谱密度的关系

若 $F_1(\omega)=\mathscr{F}[f_1(t)]$，$F_2(\omega)=\mathscr{F}[f_2(t)]$，根据乘积定理可得

$$R_{12}(\tau)=\int_{-\infty}^{+\infty}f_1(t)f_2(t+\tau)\mathrm{d}t=\frac{1}{2\pi}\int_{-\infty}^{+\infty}\overline{F_1(\omega)}F_2(\omega)\mathrm{e}^{\mathrm{j}\omega\tau}\mathrm{d}\omega.$$

我们称 $S_{12}(\omega)=\overline{F_1(\omega)}F_2(\omega)$ 为**互能量谱密度**. 同样可见，它和互相关函数亦构成一个傅里叶变换对：$R_{12}(\tau)=\frac{1}{2\pi}\int_{-\infty}^{+\infty}S_{12}(\omega)\mathrm{e}^{\mathrm{j}\omega\tau}\mathrm{d}\omega$，$S_{12}(\omega)=\int_{-\infty}^{+\infty}R_{12}(\tau)\mathrm{e}^{-\mathrm{j}\omega\tau}\mathrm{d}\tau$.

此外互能量谱密度有如下的性质：$S_{21}(\omega)=\overline{S_{12}(\omega)}$，这里，$S_{21}(\omega)=F_1(\omega)\overline{F_2(\omega)}$.

例 8.16 求指数衰减函数 $f(t)=\begin{cases}0,&t<0,\\\mathrm{e}^{-\beta t},&t\geqslant0\end{cases}$ $(\beta>0)$ 的自相关函数和能量谱密度.

解： 根据自相关函数的定义，有 $R(\tau)=\int_{-\infty}^{+\infty}f(t)f(t+\tau)\mathrm{d}t$. 当 $\tau\geqslant0$ 时，积分区间为

$[0,+\infty]$，所以

$$R(\tau)=\int_{-\infty}^{+\infty}f(t)f(t+\tau)\mathrm{d}t=\int_{0}^{+\infty}\mathrm{e}^{-\beta t}\,\mathrm{e}^{-\beta(t+\tau)}\,\mathrm{d}t=\frac{\mathrm{e}^{-\beta\tau}}{-2\beta}\mathrm{e}^{-2\beta t}\bigg|_{0}^{+\infty}=\frac{\mathrm{e}^{-\beta\tau}}{2\beta},$$

当 $\tau<0$ 时，积分区间为 $[-\tau,+\infty)$，所以

$$R(\tau)=\int_{-\infty}^{+\infty}f(t)f(t+\tau)\mathrm{d}t=\int_{-\tau}^{+\infty}\mathrm{e}^{-\beta t}\,\mathrm{e}^{-\beta(t+\tau)}\,\mathrm{d}t=\frac{\mathrm{e}^{-\beta\tau}}{-2\beta}\mathrm{e}^{-2\beta t}\bigg|_{-\tau}^{+\infty}=\frac{\mathrm{e}^{\beta\tau}}{2\beta}.$$

可见，当 $-\infty<\tau<+\infty$ 时，自相关函数可合写为 $R(\tau)=\dfrac{1}{2\beta}\mathrm{e}^{-\beta|\tau|}$.

由于自相关函数 $R(\tau)$ 和能量谱密度 $S(\omega)$ 构成了一个傅里叶变换对，即得能量谱密度为

$$S(\omega)=\int_{-\infty}^{+\infty}R(\tau)\mathrm{e}^{-\mathrm{j}\omega\tau}\mathrm{d}\tau=\int_{-\infty}^{+\infty}\frac{1}{2\beta}\mathrm{e}^{-\beta|\tau|}\,\mathrm{e}^{-\mathrm{j}\omega\tau}\mathrm{d}\tau$$

$$=\frac{1}{\beta}\int_{0}^{+\infty}\mathrm{e}^{-\beta\tau}\cos\omega\tau\mathrm{d}\tau=\frac{1}{\beta}\cdot\frac{\beta}{\beta^{2}+\omega^{2}}=\frac{1}{\beta^{2}+\omega^{2}}.$$

注：可通过解不等式组的方法确定 $f(t)f(t+\tau)\neq0$ 的区间. 由函数 $f(t)$ 求相关函数 $R(\tau)$，需要决定积分的上、下限，有时为了避免这种麻烦，可先求出 $f(t)$ 的傅里叶变换 $F(\omega)$，再根据 $S(\omega)=|F(\omega)|^{2}$，$R(\tau)=\dfrac{1}{2\pi}\int_{-\infty}^{+\infty}S(\omega)\mathrm{e}^{\mathrm{j}\omega\tau}\mathrm{d}\omega$ 计算结果.

例 8.17　利用傅里叶变换的性质，求 $\delta(t-t_0)$，$\mathrm{e}^{\mathrm{j}\omega_0 t}$ 以及 $tu(t)$ 的傅里叶变换.

解：因为 $\mathscr{F}[\delta(t)]=1$，按位移性质可知 $\mathscr{F}[\delta(t-t_0)]=\mathrm{e}^{-\mathrm{j}\omega t_0}\,\mathscr{F}[\delta(t)]=\mathrm{e}^{-\mathrm{j}\omega t_0}$. 又因为 $\mathscr{F}[1]=2\pi\delta(\omega)$，按象函数的位移（频移）性质可知 $\mathscr{F}[\mathrm{e}^{\mathrm{j}\omega_0 t}]=2\pi\delta(\omega-\omega_0)$. 可见，这和前面得到的结果是完全一致的.

由 $\mathscr{F}[u(t)]=\dfrac{1}{\mathrm{j}\omega}+\pi\delta(\omega)$，按象函数的微分性质 $\dfrac{\mathrm{d}}{\mathrm{d}\omega}F(\omega)=\mathscr{F}[-\mathrm{j}tf(t)]$ 可知

$$\mathscr{F}[tu(t)]=\mathrm{j}\frac{\mathrm{d}}{\mathrm{d}\omega}\mathscr{F}[u(t)]=\mathrm{j}\frac{\mathrm{d}}{\mathrm{d}\omega}\left[\frac{1}{\mathrm{j}\omega}+\pi\delta(\omega)\right]$$

$$=\mathrm{j}\left[\frac{-1}{\mathrm{j}\omega^{2}}+\pi\delta'(\omega)\right]=-\frac{1}{\omega}+\mathrm{j}\pi\delta'(\omega).$$

例 8.18　若 $F(\omega)=\mathscr{F}[f(t)]$，证明 $\mathscr{F}\left[\int_{-\infty}^{t}f(t)\mathrm{d}t\right]=\dfrac{F(\omega)}{\mathrm{j}\omega}+\pi F(0)\delta(\omega)$.

证明：由积分性质可知，当 $g(t)=\int_{-\infty}^{t}f(t)\mathrm{d}t$ 满足傅里叶积分定理的条件时，有

$$\mathscr{F}\left[\int_{-\infty}^{t}f(t)\mathrm{d}t\right]=\frac{F(\omega)}{\mathrm{j}\omega}.$$

当 $g(t)$ 为一般情况时，我们可以将 $g(t)$ 表示成 $f(t)$ 和 $u(t)$ 的卷积，即

$$f(u)*u(t)=\int_{-\infty}^{+\infty}f(\tau)u(t-\tau)\mathrm{d}\tau=\int_{-\infty}^{t}f(\tau)\mathrm{d}\tau.$$

利用卷积定理,有

$$\mathcal{F}[g(t)]=\mathcal{F}[f(t)*u(t)]=\mathcal{F}[f(t)]\cdot\mathcal{F}[u(t)]=F(\omega)\cdot\left[\frac{1}{j\omega}+\pi\delta(\omega)\right]$$

$$=\frac{F(\omega)}{j\omega}+\pi F(\omega)\delta(\omega)=\frac{F(\omega)}{j\omega}+\pi F(0)\delta(\omega).$$

最后一个等号的成立,是由无穷次可微函数 $f(t)$ 筛选性质得到的. 这就表明,当 $\lim\limits_{t\to+\infty}g(t)=0$ 的条件不满足时,它的傅里叶变换就应包括一个脉冲函数,即

$$\mathcal{F}\left[\int_{-\infty}^{t}f(t)\mathrm{d}t\right]=\frac{F(\omega)}{j\omega}+\pi F(0)\delta(\omega).$$

特别地,当 $\lim\limits_{t\to+\infty}g(t)=0$,即 $\int_{-\infty}^{+\infty}f(t)\mathrm{d}t=0$ 时,由于 $f(t)$ 是绝对可积的,所以 $F(0)=\lim\limits_{\omega\to0}F(\omega)=\lim\limits_{\omega\to0}\int_{-\infty}^{+\infty}f(t)\mathrm{e}^{-j\omega t}\mathrm{d}t=\int_{-\infty}^{+\infty}\lim\limits_{\omega\to0}[f(t)\mathrm{e}^{-j\omega t}]\mathrm{d}t=\int_{-\infty}^{+\infty}f(t)\mathrm{d}t=0.$ 由此可见,当 $\lim\limits_{t\to+\infty}g(t)=0$ 时,就有 $F(0)=0$,从而与前述的结果一致.

8.5   傅里叶变换在解微分方程中的应用

在数学领域以及工程领域中,数学模型可以用微分方程、积分方程,乃至于偏微分方程来描述. 方程的解一直是重要的研究课题,而积分变换能够将分析运算(如微分、积分)转化为代数运算. 正是由于积分变换这一特性,在微分方程、偏微分方程的求解中成为重要的方法之一. 这里通过具体实例展现傅里叶变换在解微分方程中的应用.

例 8.19   利用傅里叶变换求解微分方程 $x'(t)+x(t)=\delta(t)$.

解:首先对方程的两端做傅里叶变换,记 $X(\omega)=\mathcal{F}[x(t)]$,利用傅里叶变换微分性质,有 $X(\omega)=\dfrac{1}{1+j\omega}$. 从而,其逆变换为

$$x(t)=\begin{cases}0, & t<0 \\ \mathrm{e}^{-t}, & t\geqslant0.\end{cases}$$

例 8.20   求积分方程 $\int_{-\infty}^{+\infty}\dfrac{y(\tau)}{(t-\tau)^2+a^2}\mathrm{d}\tau=\dfrac{1}{t^2+b^2}\ (0<a<b).$

解:显然方程左端是未知函数 $y(t)$ 与 $\dfrac{1}{t^2+a^2}$ 的卷积,利用卷积定理,设 $\mathcal{F}[y(t)]=Y(\omega)$,对方程的两端做傅里叶变换

$$\mathcal{F}[y(t)]\cdot\mathcal{F}\left[\frac{1}{t^2+a^2}\right]=\mathcal{F}\left[\frac{1}{t^2+b^2}\right],$$

有

$$Y(\omega)\cdot\int_{-\infty}^{+\infty}\frac{1}{t^2+a^2}\mathrm{e}^{-j\omega t}\mathrm{d}t=\int_{-\infty}^{+\infty}\frac{1}{t^2+b^2}\mathrm{e}^{-j\omega t}\mathrm{d}t,$$

即

$$Y(\omega) \cdot 2\int_0^\infty \frac{\cos \omega t}{t^2 + a^2}\,\mathrm{d}t = 2\int_0^{+\infty} \frac{\cos \omega t}{t^2 + b^2}\,\mathrm{d}t.$$

利用结论

$$\mathscr{F}\left[\frac{1}{t^2 + \beta^2}\right] = 2\int_0^{+\infty} \frac{\cos \omega t}{t^2 + \beta^2}\,\mathrm{d}t = \frac{\pi}{\beta}\mathrm{e}^{-\beta|\omega|},$$

所以

$$Y(\omega) = \frac{\dfrac{\pi}{2b}\mathrm{e}^{-b|\omega|}}{\dfrac{\pi}{2a}\mathrm{e}^{-a|\omega|}} = \frac{a}{b}\mathrm{e}^{-(b-a)|\omega|},$$

从而

$$y(t) = \mathscr{F}^{-1}\left[\frac{a}{b}\mathrm{e}^{-(b-a)\cdot|\omega|}\right] = \frac{a}{b} \cdot \frac{b-a}{\pi} \cdot \mathscr{F}^{-1}\left[\frac{\pi}{b-a}\mathrm{e}^{-((b-a)|\omega|)}\right] = \frac{a(b-a)}{\pi b[t^2 + (b-a)^2]}$$

例 8.21　求解下列偏微分方程的定解问题：

$$\begin{cases} \dfrac{\partial^2 u}{\partial t^2} = \dfrac{\partial^2 u}{\partial x^2} + t\sin x, & -\infty < x < +\infty,\ t > 0, \\[2mm] u\Big|_{t=0} = 0, \\[2mm] \dfrac{\partial u}{\partial t}\Big|_{t=0} = \sin x. \end{cases}$$

解：利用傅里叶变换求解偏微分方程的定解问题,不仅需要考虑自变量的范围,而且需要考虑所给的定解条件.如果自变量的范围为 $(-\infty, +\infty)$,则关于该自变量可以取傅里叶变换;如自变量在其他范围内,可视情况采取傅里叶正弦变换、傅里叶余弦变换或者下章的拉普拉斯变换.

由于该方程自变量 $x \in (-\infty, +\infty)$,因此对方程及初始条件关于 x 取傅里叶变换.记

$$\mathscr{F}[u(x, t)] = U(\omega, t),$$

$$\mathscr{F}\left[\frac{\partial^2 u}{\partial x^2}\right] = (\mathrm{j}\omega)^2 U(\omega, t) = -\omega^2 U(\omega, t),$$

$$\mathscr{F}[\sin x] = \pi\mathrm{j}[\delta(\omega+1) - \delta(\omega-1)],$$

$$\mathscr{F}\left[\frac{\partial^2 u}{\partial t^2}\right] = \frac{\partial^2}{\partial t^2}\mathscr{F}[u(x, t)] = \frac{\mathrm{d}^2}{\mathrm{d}t^2}U(\omega, t),$$

傅里叶变换将偏微分方程的定解问题转化为含参数 ω 的常微分方程的初值问题：

$$\begin{cases} \dfrac{\mathrm{d}^2 U}{\mathrm{d}t^2} + \omega^2 U = \pi\mathrm{j}t[\delta(\omega+1) - \delta(\omega-1)], \\[2mm] U\Big|_{t=0} = 0, \\[2mm] \dfrac{\mathrm{d}U}{\mathrm{d}t}\Big|_{t=0} = \pi\mathrm{j}[\delta(\omega+1) - \delta(\omega-1)]. \end{cases}$$

该方程是 $U(\omega, t)$ 关于 t 的一个二阶常系数非齐次微分方程,它所对应的齐次方程为 $\dfrac{\mathrm{d}^2 U}{\mathrm{d} t^2} + \omega^2 U = 0$. 由于它的特征根是一对共轭虚根,其通解为 $\overline{U}(\omega, t) = c_1 \cos \omega t + c_2 \sin \omega t$. 而非齐次方程的一个特解,根据自由项可设为 $U^* = at + b$,将它代入非齐次方程,有 $\omega^2(at + b) = \pi \mathrm{j}[\delta(\omega + 1) - \delta(\omega - 1)]t$. 比较等式两边系数可得 $b = 0$, $a = \dfrac{\pi \mathrm{j}}{\omega^2}[\delta(\omega + 1) - \delta(\omega - 1)]$,从而非齐次方和的通解为

$$U(\omega, t) = \overline{U} + U^* = c_1 \cos \omega t + c_2 \sin \omega t + \frac{\pi \mathrm{j}}{\omega^2}[\delta(\omega + 1) - \delta(\omega - 1)]t.$$

由初始条件可得 $c_1 = 0$, $c_2 = \dfrac{\omega^2 - 1}{\omega^3} \pi \mathrm{j}[\delta(\omega + 1) - \delta(\omega) - 1]$.

因此,该常微分方程初值问题的解为

$$U(\omega, t) = \pi \mathrm{j}[\delta(\omega + 1) - \delta(\omega - 1)]\left(\frac{\omega^2 - 1}{\omega^3} \sin \omega t + \frac{t}{\omega^2}\right)$$
$$= \pi \mathrm{j}\left[\delta(\omega + 1)\left(\frac{\omega^2 - 1}{\omega^3} \sin \omega t + \frac{t}{\omega^2}\right) - \delta(\omega - 1)\left(\frac{\omega^2 - 1}{\omega^3} \sin \omega t + \frac{t}{\omega^2}\right)\right].$$

对上式取傅里叶逆变换,并借助于 δ 函数的筛选性质可得

$$u(x, t) = \mathscr{F}^{-1}[U(\omega, t)]$$
$$= \frac{1}{2\pi}\int_{-\infty}^{+\infty} \pi \mathrm{j}\left[\delta(\omega + 1)\left(\frac{\omega^2 - 1}{\omega^3} \sin \omega t + \frac{t}{\omega^2}\right) - \delta(\omega - 1)\left(\frac{\omega^2 - 1}{\omega^3} \sin \omega t + \frac{t}{\omega^2}\right)\right] \mathrm{e}^{\mathrm{j}\omega x}\,\mathrm{d}\omega$$
$$= \frac{\mathrm{j}}{2}\left[\int_{-\infty}^{+\infty} \delta(\omega + 1)\left(\frac{\omega^2 - 1}{\omega^3} \sin \omega t + \frac{t}{\omega^2}\right)\mathrm{e}^{\mathrm{j}\omega x}\,\mathrm{d}\omega\right.$$
$$\left. - \int_{-\infty}^{+\infty} \delta(\omega - 1)\left(\frac{\omega^2 - 1}{\omega^3} \sin \omega t + \frac{t}{\omega^2}\right)\mathrm{e}^{\mathrm{j}\omega x}\,\mathrm{d}\omega\right]$$
$$= \frac{\mathrm{j}}{2}\left[\left(\frac{\omega^2 - 1}{\omega^3} \sin \omega t + \frac{t}{\omega^2}\right)\mathrm{e}^{\mathrm{j}\omega x}\bigg|_{\omega = -1} - \left(\frac{\omega^2 - 1}{\omega^3} \sin \omega t + \frac{t}{\omega^2}\right)\mathrm{e}^{\mathrm{j}\omega x}\bigg|_{\omega = 1}\right]$$
$$= \frac{\mathrm{j}}{2}(t\mathrm{e}^{-\mathrm{j}x} - t\mathrm{e}^{\mathrm{j}x}) = t\sin x.$$

数学名人介绍

傅里叶

傅里叶(Fourier,1768—1830 年)生于法国中部欧塞尔的一个裁缝家庭,9 岁时沦为孤儿,被当地一位主教收养. 1780 年起就读于地方军校,1795 年任巴黎综合工科大学助教,1798 年随拿破仑军队远征埃及,受到拿破仑器重,回国后于 1801 年被任命为伊泽尔省格伦诺布尔地方长官.

傅里叶早在 1807 年就写成了关于热传导的基本论文《热的传播》,并向巴黎科学院呈交,但经拉格朗日、拉普拉斯和勒让德审阅后被科学院拒绝. 1811 年,他又提交了修改后的论文,该文获科学院大奖,却未正式发表. 傅里叶在论文中推导出了著名的热传导方程,并在求解该方程时发现解函数可以由三角函数构成的级数形式表示,从而提出任一函数都可以展成三角函数的无穷级数. 傅里叶级数(即三角级数)、傅里叶分析等理论均由此创始. 傅里叶由于对传热理论的贡献,于 1817 年当选为巴黎科学院院士.

1822 年,傅里叶出版了专著《热的解析理论》. 这部经典著作将欧拉、伯努利等人在一些特殊情形下应用的三角级数方法发展成内容丰富的一般理论,三角级数后来就以傅里叶的名字命名. 傅里叶应用三角级数求解热传导方程,为了处理无穷区域的热传导问题又导出了目前所称的"傅里叶积分",这一切都极大地推动了偏微分方程边值问题的研究. 然而傅里叶的工作意义远不止此,它促使人们修正、推广函数概念,特别是引起了对不连续函数的探讨;三角级数收敛性问题更刺激了集合论的诞生. 因此,《热的解析理论》推动了整个 19 世纪分析严格化的进程. 傅里叶于 1822 年成为科学院终身秘书.

傅里叶极度痴迷热学,他认为热能包治百病. 1830 年 5 月 16 日,他关上了巴黎家中的门窗,穿上厚厚的衣服,坐在火炉边,结果因一氧化碳中毒而不幸身亡.

习　题　8

1. 求下列函数的傅里叶变换:

(1) $f(t) = \cos t \sin t$;

(2) $f(t) = e^{-|t|} \cos t$;

(3) $f(t) = \sin^3 t$;

(4) $f(t) = \sin\left(5t + \dfrac{\pi}{3}\right)$;

(5) $\operatorname{sgn} t$;

(6) $f(t) = u(t)\cos \omega_0 t$.

2. 求下列函数的傅里叶变换:

(1) $f(t) = t \cdot e^{-t^2}$;

(2) $f(t) = \dfrac{\sin \pi t}{1 - t^2}$;

(3) $f(t) = \dfrac{1}{2}[\delta(t+a) + \delta(t-a)]$;

(4) $f(t) = e^{j\omega_0 t} t u(t)$

3. 若 $F(\omega) = \mathcal{F}[f(t)]$,利用傅里叶变换的性质求下列函数的傅里叶变换:

(1) $g(t) = tf(2t)$;

(2) $g(t) = (t-2)f(t)$;

(3) $g(t) = (t-2)f(-2t)$;

(4) $g(t) = t^3 f(2t)$;

(5) $g(t) = tf'(t)$;

(6) $g(t) = f(1-t)$.

4. 求证下列各式:

(1) $e^{at}[f_1(t) * f_2(t)] = [e^{at} f_1(t)] * [e^{at} f_2(t)]$,$a$ 为常数;

(2) $\dfrac{\mathrm{d}}{\mathrm{d}t}[f_1(t) * f_2(t)] = \dfrac{\mathrm{d}}{\mathrm{d}t} f_1(t) * f_2(t) = f_1(t) * \dfrac{\mathrm{d}}{\mathrm{d}t} f_2(t)$.

5. 求下列函数的傅里叶变换:

(1) $f(t) = \sin \omega_0 t \cdot u(t)$;

(2) $f(t) = e^{-\beta t} \sin \omega_0 t \cdot u(t)$,$\beta > 0$;

(3) $f(t) = e^{j\omega_0 t} u(t)$;

(4) $f(t) = e^{j\omega_0 t} u(t - t_0)$.

6. 记 $G(R)$ 为定义域为 R、值域为 $\mathbf{C}$ 的分段连续且绝对可积的函数族. 对任意的 $f \in G(R)$,求证:

（1）$F(\omega)$ 对所有 $\omega \in R$ 有定义；

（2）$F(\omega)$ 在 R 上连续；

（3）$\lim\limits_{\omega \to \pm\infty} F(\omega) = 0$.

7. 利用能量积分计算积分 $\displaystyle\int_{-\infty}^{+\infty} \frac{1-\cos x}{x^2} \mathrm{d}x$.

8. 解微分方程 $ax'(t)+b\displaystyle\int_{-\infty}^{+\infty} x(\tau)f(t-\tau)\mathrm{d}\tau = ch(t)$，其中 $f(t)$，$h(t)$ 为已知函数，a，b，c 均为已知常数.

第9章 拉普拉斯变换

拉普拉斯(Laplace)变换是工程数学中常用的一种积分变换,在许多工程技术和科学研究领域中有着广泛的应用. 例如,拉普拉斯变换是求解微分方程(包括偏微分方程)的一种简便方法,在工程上,拉普拉斯变换也是复频域分析的有力工具. 因此,拉普拉斯变换在力学系统、电学系统、自动控制系统、可靠性系统以及随机服务系统等系统科学中都起着重要作用.

9.1 拉普拉斯变换的概念

9.1.1 问题背景与拉普拉斯变换概念

满足狄利克雷条件以及在 $(-\infty, +\infty)$ 内绝对可积的函数存在古典意义下的傅里叶变换. 但绝对可积的条件是比较强的,有许多函数(即使是很简单的函数,如正弦、余弦函数以及线性函数等)不满足这个条件. 可进行傅里叶变换的函数须在 $(-\infty, +\infty)$ 上有定义,但在实际应用中,许多函数在 $t < 0$ 时是无意义的或者是不需要考虑的. 另外,在求时域响应时运用傅里叶逆变换 $f(t) = \dfrac{1}{2\pi} \displaystyle\int_{-\infty}^{\infty} F(\omega) e^{j\omega t} d\omega$ 对频率进行的无穷积分求解比较困难.

频域分析以虚指数信号 $e^{j\omega t}$ 为基本信号,信号分解为不同频率虚指数分量的加权和,系统响应的求解简化,物理意义清楚,但也有不足: ① 有些重要信号不存在傅里叶变换,如 $e^{2t}u(t)$; ② 对于给定初始状态的系统难于利用频域分析.

对于任意一个函数 $\varphi(t)$,能否经过适当改造使其进行傅里叶变换时克服上述两个缺点呢? 用单位阶跃函数 $u(t)$ 乘 $\varphi(t)$ 可使积分区间由 $(-\infty, +\infty)$ 换成 $[0, +\infty)$,用指数衰减函数 $e^{-\beta t} (\beta > 0)$ 乘 $\varphi(t)$ 可使 $\varphi(t)$ 变得绝对可积. 因此,为了克服傅里叶变换上述的两个缺点,用 $\varphi(t)u(t)e^{-\beta t} (\beta > 0)$ 替换 $\varphi(t)$,当 β 选取适当,$\varphi(t)u(t)e^{-\beta t}$ 的傅里叶变换总是存在的. $\varphi(t)u(t)e^{-\beta t}$ 的傅里叶变换实际上产生了拉普拉斯变换,即

$$G_\beta(\omega) = \int_{-\infty}^{+\infty} \varphi(t)u(t)e^{-\beta t} e^{-j\omega t} dt = \int_0^{+\infty} f(t)e^{-(\beta + j\omega)t} dt = \int_0^{+\infty} f(t)e^{-st} dt,$$

式中,$s = \beta + j\omega$,$f(t) = \varphi(t)u(t)$. 令 $F(s) \triangleq G_\beta(\omega) = \displaystyle\int_0^{+\infty} f(t)e^{-st} dt$,则 $F(s)$ 是由 $f(t)$ 通过一种新的变换得到的. 以复指数函数 e^{-st} 为基本信号,任意信号可分解为不同复频率的复指数分量之和. 这里系统分析的独立变量是复频率 s,故称为 s 域分析,这种变换我们称为拉普拉斯变换.

定义 9.1 设函数 $f(t)$ 在 $[0, +\infty)$ 上有定义,而且积分 $\displaystyle\int_0^{+\infty} f(t)e^{-st} dt$($s$ 是一个复参

量)在 s 的某一域内收敛,则积分 $F(s)=\int_0^{+\infty}f(t)\mathrm{e}^{-st}\,\mathrm{d}t$ 称为函数 $f(t)$ 的拉普拉斯变换,记为 $F(s)=\mathcal{L}[f(t)]$. $F(s)$ 称为 $f(t)$ 的拉普拉斯变换(或称为象函数).

若 $F(s)$ 是 $f(t)$ 的拉普拉斯变换,则称 $f(t)$ 为 $F(s)$ 的拉普拉斯逆变换(或称为象原函数),记为 $f(t)=\mathcal{L}^{-1}[F(s)]$.

注: 由拉普拉斯变定义可知,$f(t)$ $(t\geqslant0)$ 的拉普拉斯变换,实际上就是 $f(t)u(t)\mathrm{e}^{-\beta t}$ 的傅里叶变换.

例 9.1 求单位阶跃函数 $u(t)=\begin{cases}0, & t<0,\\1, & t>0\end{cases}$ 的拉普拉斯变换.

解: 根据拉普拉斯变换的定义,有 $\mathcal{L}[u(t)]=\int_0^{+\infty}\mathrm{e}^{-st}\,\mathrm{d}t$,这个积分在 $\mathrm{Re}(s)>0$ 时收敛,而且有 $\mathcal{L}[u(t)]=\int_0^{+\infty}\mathrm{e}^{-st}\,\mathrm{d}t=-\dfrac{1}{s}\mathrm{e}^{-st}\Big|_0^{+\infty}=\dfrac{1}{s}$,所以 $\mathcal{L}[u(t)]=\dfrac{1}{s}(\mathrm{Re}\,s>0)$.

9.1.2 拉普拉斯变换的存在定理

从上面的例题以及前面的讨论可知,拉普拉斯变换存在的条件比傅里叶变换存在的条件弱得多,但是一个函数究竟满足什么条件时,它的拉普拉斯变换一定存在呢?

定义 9.2 称函数 $f(t)$ 增长是不超过指数级的,如果存在常数 $M>0$ 及 $c\geqslant0$,使得 $|f(t)|\leqslant M\mathrm{e}^{ct}$,$0\leqslant t<+\infty$. 也称 c 为 $f(t)$ 的增长指数.

定理 9.1 (拉普拉斯变换的存在定理)若函数 $f(t)$ 满足下列条件:

(1) 在 $t\geqslant0$ 的任一有限区间上分段连续;

(2) 当 $t\to+\infty$ 时,$f(t)$ 的增长速度不超过某一指数函数.

则 $f(t)$ 的拉普拉斯变换 $F(s)=\int_0^{+\infty}f(t)\mathrm{e}^{-st}\,\mathrm{d}t$ 在半平面 $\mathrm{Re}\,s>c$ 上一定存在,右端的积分在 $\mathrm{Re}(s)\geqslant c_1>c$ 上绝对收敛而且一致收敛,并且在 $\mathrm{Re}\,s>c$ 的半平面内,$F(s)$ 为解析函数.

证明: 因 $f(t)$ 的增长速度不超过某一指数函数,所以存在常数 $M>0$ 及 $c\geqslant0$,使得 $|f(t)|\leqslant M\mathrm{e}^{ct}$,$0\leqslant t<+\infty$. 从而,当 $0\leqslant t<+\infty$ 时,有

$$|f(t)\mathrm{e}^{-st}|=|f(t)|\,\mathrm{e}^{-\beta t}\leqslant M\mathrm{e}^{-(\beta-c)t},\quad \mathrm{Re}\,s=\beta.$$

若令 $\beta-c\geqslant\varepsilon>0$ (即 $\beta\geqslant c+\varepsilon=c_1>c$),则 $|f(t)\mathrm{e}^{-st}|\leqslant M\mathrm{e}^{-\varepsilon t}$. 所以

$$\int_0^{+\infty}|f(t)\mathrm{e}^{-st}|\,\mathrm{d}t\leqslant\int_0^{+\infty}M\mathrm{e}^{-\varepsilon t}\,\mathrm{d}t=\frac{M}{\varepsilon}.$$

根据含参量广义积分的性质可知,在 $\mathrm{Re}\,s\geqslant c_1>c$ 上,$\int_0^{+\infty}f(t)\mathrm{e}^{-st}\,\mathrm{d}t$ 不仅绝对收敛,而且一致收敛. 因此 $\int_0^{+\infty}f(t)\mathrm{e}^{-st}\,\mathrm{d}t$ 可对 s 求导,可交换求导求积分顺序,有

$$\frac{\mathrm{d}}{\mathrm{d}s}\int_0^{+\infty}f(t)\mathrm{e}^{-st}\,\mathrm{d}t=\int_0^{+\infty}\frac{\mathrm{d}}{\mathrm{d}s}[f(t)\mathrm{e}^{-st}]\,\mathrm{d}t=\int_0^{+\infty}-tf(t)\mathrm{e}^{-st}\,\mathrm{d}t.$$

而 $|-tf(t)\mathrm{e}^{-st}|\leqslant Mt\mathrm{e}^{-(\beta-c)t}\leqslant Mt\mathrm{e}^{-\varepsilon t}$,所以 $\int_0^{+\infty}\left|\dfrac{\mathrm{d}}{\mathrm{d}s}[f(t)\mathrm{e}^{-st}]\right|\mathrm{d}t\leqslant\int_0^{+\infty}Mt\mathrm{e}^{-\varepsilon t}\,\mathrm{d}t=\dfrac{M}{\varepsilon^2}.$

由此可见，$\dfrac{\mathrm{d}}{\mathrm{d}s}\displaystyle\int_0^{+\infty} f(t)\mathrm{e}^{-st}\,\mathrm{d}t$ 在半平面 $\operatorname{Re}s \geqslant c_1 > c$ 内也是绝对收敛并且一致收敛，且

$$\frac{\mathrm{d}}{\mathrm{d}s}F(s) = \int_0^{+\infty} -tf(t)\mathrm{e}^{-st}\,\mathrm{d}t = \mathcal{L}[-tf(t)].$$

这表明，$F(s)$ 在 $\operatorname{Re}s > c$ 内是可微的. 根据复变函数的解析函数理论可知，$F(s)$ 在 $\operatorname{Re}s > c$ 内是解析的.

注：物理学和工程技术中常见的函数大都能满足拉普拉斯变换的存在定理的两个条件：① 一个函数的增大是不超过指数级的；② 函数要绝对可积. 这两个条件相比较，前者的条件弱得多. $u(t)$，$\cos kt$，t^m 等函数都不满足傅里叶积分定理中绝对可积的条件，但它们都满足定理 9.1 中的条件(2).

例 9.2　求正弦函数 $f(t) = \sin kt$（k 为实数）的拉普拉斯变换.

解：根据拉普拉斯变换的定义，有

$$\mathcal{L}[\sin kt] = \int_0^{+\infty} \sin kt\,\mathrm{e}^{-st}\,\mathrm{d}t = \frac{\mathrm{e}^{-st}}{s^2+k^2}(-s\sin kt - k\cos kt)\Big|_0^{+\infty} = \frac{k}{s^2+k^2}, \quad \operatorname{Re}s > 0.$$

同理可得余弦函数的拉普拉斯变换

$$\mathcal{L}[\cos kt] = \frac{s}{s^2+k^2}, \quad \operatorname{Re}s > 0.$$

例 9.3　求指数函数 $f(t) = \mathrm{e}^{kt}$ 的拉普拉斯变换（k 为实数）.

解：根据拉普拉斯变换的定义，有 $\mathcal{L}[f(t)] = \displaystyle\int_0^{+\infty} \mathrm{e}^{kt}\mathrm{e}^{-st}\,\mathrm{d}t = \int_0^{+\infty} \mathrm{e}^{-(s-k)t}\,\mathrm{d}t$. $\operatorname{Re}s > k$ 时收敛，而且有 $\displaystyle\int_0^{+\infty} \mathrm{e}^{-(s-k)t}\,\mathrm{d}t = \dfrac{1}{s-k}$，所以 $\mathcal{L}[\mathrm{e}^{kt}] = \dfrac{1}{s-k}$（$\operatorname{Re}s > k$）.

例 9.4　求单位脉冲函数 $\delta(t)$ 的拉普拉斯变换.

解：根据拉普拉斯变换的定义，并利用筛选性质，有

$$\mathcal{L}[\delta(t)] = \int_0^{+\infty} \delta(t)\mathrm{e}^{-st}\,\mathrm{d}t = \int_{0^-}^{+\infty} \delta(t)\mathrm{e}^{-st}\,\mathrm{d}t = \int_{-\infty}^{+\infty} \delta(t)\mathrm{e}^{-st}\,\mathrm{d}t = \mathrm{e}^{-st}\big|_{t=0} = 1.$$

例 9.5　求函数 $\mathrm{e}^{-\beta t}\delta(t) - \beta\mathrm{e}^{-\beta t}u(t)$（$\beta > 0$）的拉普拉斯变换.

解：根据拉普拉斯变换的定义，有

$$\mathcal{L}[f(t)] = \int_0^{+\infty} f(t)\mathrm{e}^{-st}\,\mathrm{d}t = \int_0^{+\infty} [\mathrm{e}^{-\beta t}\delta(t) - \beta\mathrm{e}^{-\beta t}u(t)]\mathrm{e}^{-st}\,\mathrm{d}t$$

$$= \int_0^{+\infty} \delta(t)\mathrm{e}^{-(s+\beta)t}\,\mathrm{d}t - \beta\int_0^{+\infty} \mathrm{e}^{-(s+\beta)t}\,\mathrm{d}t$$

$$= \mathrm{e}^{-(s+\beta)t}\big|_{t=0} + \frac{\beta\mathrm{e}^{-(s+\beta)t}}{s+\beta}\Big|_0^{+\infty} = 1 - \frac{\beta}{s+\beta} = \frac{s}{s+\beta}.$$

例 9.6　求函数 t^n（$n \in \mathbf{N}$）的拉普拉斯变换.

解：根据拉普拉斯变换的定义，有

$$\mathcal{L}[t] = \int_0^{+\infty} t\mathrm{e}^{-st}\,\mathrm{d}t = \frac{-t\mathrm{e}^{-st}}{s}\Big|_0^{+\infty} + \frac{1}{s}\int_0^{+\infty} \mathrm{e}^{-st}\,\mathrm{d}t = \frac{1}{s}\mathcal{L}[1] = \frac{1}{s^2}, \quad \operatorname{Re}s > 0.$$

利用分部积分法,我们类似可以得到 $\mathcal{L}[t^2]=\dfrac{2}{s^3}$ ($\mathrm{Re}\,s>0$),以此类推,可以归纳为 $\mathcal{L}[t^n]=\dfrac{n!}{s^{n+1}}$ ($\mathrm{Re}\,s>0$, $n=1,2,3,\cdots$).

9.2 拉普拉斯变换的性质

考虑到拉普拉斯变换在工程和科学领域中有着广泛的应用,有必要探究拉普拉斯变换的性质.假定都满足拉普拉斯变换存在定理中的条件,并且把这些函数的增长指数都统一地取为 c.

9.2.1 线性性质

定理 9.2 若 α, β 是常数,$\mathcal{L}[f_1(t)]=F_1(s)$,$\mathcal{L}[f_2(t)]=F_2(s)$,则有

$$\mathcal{L}[\alpha f_1(t)+\beta f_2(t)]=\alpha\,\mathcal{L}[f_1(t)]+\beta\,\mathcal{L}[f_2(t)],$$

$$\mathcal{L}^{-1}[\alpha F_1(s)+\beta F_2(s)]=\alpha\,\mathcal{L}^{-1}[F_1(s)]+\beta\,\mathcal{L}^{-1}[F_2(s)].$$

这个性质表明函数线性组合的拉普拉斯变换等于各函数拉普拉斯变换的线性组合.它的证明只需根据定义,利用积分性质就可推出.

例 9.7 求函数 $\cosh\omega t$ 的拉普拉斯变换.

解: 由于 $\cosh\omega t=\dfrac{\mathrm{e}^{\omega t}+\mathrm{e}^{-\omega t}}{2}$,利用线性性质可得

$$\mathcal{L}[\cosh\omega t]=\frac{1}{2}[\mathcal{L}(\mathrm{e}^{\omega t})+\mathcal{L}(\mathrm{e}^{-\omega t})]=\frac{1}{2}\left(\frac{1}{s-\omega}+\frac{1}{s+\omega}\right)=\frac{s}{s^2-\omega^2}.$$

类似地,有 $\mathcal{L}[\sinh\omega t]=\dfrac{\omega}{s^2-\omega^2}$.

9.2.2 微分性质

定理 9.3 若 $\mathcal{L}[f(t)]=F(s)$,则有 $\mathcal{L}[f'(t)]=sF(s)-f(0)$.

证明: 根据拉普拉斯变换的定义,有 $\mathcal{L}[f'(t)]=\displaystyle\int_0^{+\infty}f'(t)\mathrm{e}^{-st}\,\mathrm{d}t$,

对右端积分利用分部积分法,可得

$$\int_0^{+\infty}f'(t)\mathrm{e}^{-st}\,\mathrm{d}t=f(t)\mathrm{e}^{-st}\Big|_0^{+\infty}+s\int_0^{+\infty}f(t)\mathrm{e}^{-st}\,\mathrm{d}t=s\,\mathcal{L}[f(t)]-f(0),\quad \mathrm{Re}\,s>c.$$

所以 $\mathcal{L}[f'(t)]=sF(s)-f(0)$.

这个性质表明了一个函数求导后取拉普拉斯变换等于这个函数的拉普拉斯变换乘以参变数 s,再减去函数的初值.

推论 9.1 若 $\mathcal{L}[f(t)]=F(s)$,则有 $\mathcal{L}[f''(t)]=s^2F(s)-sf(0)-f'(0)$. 一般地,

$$\mathcal{L}[f^{(n)}(t)] = s^n F(s) - s^{n-1} f(0) - s^{n-2} f'(0) - \cdots - f^{n-1}(0)$$

$$= s^n F(s) - \sum_{i=0}^{n-1} s^{n-1-i} f^{(i)}(0), \quad \mathrm{Re}\, s > c.$$

特别地,当初值 $f(0) = f'(0) = \cdots = f^{(n-1)}(0) = 0$ 时,有

$$\mathcal{L}[f'(t)] = sF(s), \quad \mathcal{L}[f''(t)] = s^2 F(s), \quad \cdots, \quad \mathcal{L}[f^{(n)}(t)] = s^n F(s).$$

注:此性质使我们有可能将 $f(t)$ 的微分方程转化为 $F(s)$ 的代数方程,因此它对分析线性系统有着重要的作用,现在利用它推算一些函数的拉普拉斯变换.

例 9.8 求函数 $f(t) = \cos kt$ 的拉普拉斯变换.

解:由于 $f(0) = 1$, $f'(0) = 0$, $f''(t) = -k^2 \cos kt$,则由微分性质可得

$$\mathcal{L}[-k^2 \cos kt] = \mathcal{L}[f''(t)] = s^2 \mathcal{L}[f(t)] - sf(0) - f'(0),$$

即 $-k^2 \mathcal{L}[\cos kt] = s^2 \mathcal{L}[\cos kt] - s$,移项化简得 $\mathcal{L}[\cos kt] = \dfrac{s}{s^2 + k^2}$ ($\mathrm{Re}\, s > 0$).

此外,由拉普拉斯变换存在定理,还可以得到象函数的微分性质.

定理 9.4 若 $\mathcal{L}[f(t)] = F(s)$, $\mathrm{Re}\, s > c$,则 $F^{(n)}(s) = (-1)^n \mathcal{L}[t^n f(t)]$, $\mathrm{Re}\, s > c$.

证明:由拉普拉斯变换存在定理以及一致收敛的性质,则可交换积分与求导符号,即

$$\frac{\mathrm{d}}{\mathrm{d}s} F(s) = \frac{\mathrm{d}}{\mathrm{d}s} \int_0^{+\infty} f(t) e^{-st} \mathrm{d}t = \frac{1}{s} \int_0^{+\infty} \frac{\partial}{\partial s} e^{-st} f(t) \mathrm{d}t = \int_0^{+\infty} -t e^{-st} f(t) \mathrm{d}t = \mathcal{L}[-tf(t)].$$

不断重复上述微分等式,可以归纳为 $F^{(n)}(s) = (-1)^n \mathcal{L}[t^n f(t)]$.

例 9.9 求函数 $t \cos \omega t$ 的拉普拉斯变换.

解:由象函数的微分性质得,$\mathcal{L}[t \cos \omega t] = -\dfrac{\mathrm{d}}{\mathrm{d}s} \mathcal{L}[\omega t] = -\dfrac{\mathrm{d}}{\mathrm{d}s} \left(\dfrac{s}{s^2 + \omega^2} \right) = \dfrac{s^2 - \omega^2}{(s^2 + \omega^2)^2}$.

类似地,我们有 $\mathcal{L}[t \sin \omega t] = \dfrac{2\omega s}{(s^2 + \omega^2)^2}$.

9.2.3 积分性质

定理 9.5 若 $\mathcal{L}[f(t)] = F(s)$,则 $\mathcal{L}\left[\displaystyle\int_0^t f(t) \mathrm{d}t \right] = \dfrac{1}{s} F(s)$.

证明:设 $h(t) = \displaystyle\int_0^t f(t) \mathrm{d}t$,则 $h'(t) = f(t)$, $h(0) = 0$. 由微分性质,有

$$\mathcal{L}[h'(t)] = s \mathcal{L}[h(t)] - h(0) = s \mathcal{L}[h(t)],$$

即 $\mathcal{L}\left[\displaystyle\int_0^t f(t) \mathrm{d}t \right] = \mathcal{L}[f(t)] = \dfrac{1}{s} F(s)$.

这个性质表明了一个函数积分后再取拉普拉斯变换等于这个函数的拉普拉斯变换除以复参数 s.

重复应用积分性质,就可得到

$$\mathcal{L}\left[\int_0^t \mathrm{d}t \int_0^t \mathrm{d}t \cdots \int_0^t f(t)\mathrm{d}t\right] = \frac{1}{s^n}F(s).$$

此外,由拉普拉斯变换存在定理,还可以得到象函数的积分性质.

定理 9.6 若 $\mathcal{L}[f(t)] = F(s)$,则 $\mathcal{L}\left[\dfrac{f(t)}{t}\right] = \int_s^\infty F(s)\mathrm{d}s$ 或 $f(t) = t\,\mathcal{L}^{-1}\left[\int_s^\infty F(s)\mathrm{d}s\right]$.

一般地,$\mathcal{L}\left[\dfrac{f(t)}{t^n}\right] = \underbrace{\int_s^\infty \mathrm{d}s \int_s^\infty \mathrm{d}s \cdots \int_s^\infty F(s)\mathrm{d}s}_{n}$.

证明: 因为 $F(s) = \int_0^{+\infty} f(t)\mathrm{e}^{-st}\,\mathrm{d}t$ 一致收敛,由一致收敛的性质,可得

$$\int_s^\infty F(s)\mathrm{d}s = \lim_{w\to\infty} \int_0^\infty \int_s^w f(t)\mathrm{e}^{-st}\,\mathrm{d}s\,\mathrm{d}t = \lim_{w\to\infty}\left[\frac{\mathrm{e}^{-st}}{-t}f(t)\right]\Big|_s^w \mathrm{d}t$$

$$= \int_0^\infty \frac{\mathrm{e}^{-st}}{t}f(t)\mathrm{d}t - \lim_{w\to\infty}\int_0^\infty \mathrm{e}^{-wt}\,\frac{f(t)}{t}\mathrm{d}t = \int_0^\infty \frac{\mathrm{e}^{-st}}{t}f(t)\mathrm{d}t = \mathcal{L}\left[\frac{f(t)}{t}\right].$$

类似地,可归纳出定理中的一般性结论.

例 9.10 求下列函数的拉普拉斯变换:

(1) $f(t) = \dfrac{\sin t}{t}$,   (2) $f(t) = \dfrac{\sinh t}{t}$.

解: (1) 因 $\mathcal{L}[\sin t] = \dfrac{1}{s^2+1}$,根据象函数的积分性质可知

$$\mathcal{L}\left[\frac{\sin t}{t}\right] = \int_s^{+\infty} \frac{1}{z^2+1}\mathrm{d}z = \arctan z\,\Big|_{z=s}^\infty = \frac{\pi}{2} - \arctan s.$$

(2) 因为 $\mathcal{L}[\sin t] = \dfrac{1}{s^2-1}$,根据象函数的积分性质可知

$$\mathcal{L}\left[\frac{\sinh t}{t}\right] = \int_s^\infty \mathcal{L}[\sinh t]\mathrm{d}z = \int_s^\infty \frac{1}{z^2-1}\mathrm{d}z = \frac{1}{2}\ln\frac{z-1}{z+1}\,\Big|_{z=s}^\infty = \frac{1}{2}\ln\frac{s+1}{s-1}.$$

注: 如果积分 $\int_0^{+\infty} \dfrac{f(t)}{t}\mathrm{d}t$ 存在,据定理 9.6,取 $s=0$,则有 $\int_0^{+\infty} \dfrac{f(t)}{t}\mathrm{d}t = \int_0^\infty F(s)\mathrm{d}s$,

其中 $F(s) = \mathcal{L}[f(t)]$. 常用此公式计算某些积分. 例如利用 $\mathcal{L}[\sin t] = \dfrac{1}{s^2+1}$,则易求得

$$\int_0^{+\infty} \frac{\sin t}{t}\mathrm{d}t = \int_0^{+\infty} \frac{1}{s^2+1}\mathrm{d}s = \arctan s\,\Big|_0^\infty = \frac{\pi}{2}.$$

例 9.11 计算下列积分:

(1) $\displaystyle\int_0^\infty \frac{\mathrm{e}^{-t} - \mathrm{e}^{-2t}}{t}\mathrm{d}t$,   (2) $\displaystyle\int_0^{+\infty} \mathrm{e}^{-3t}t\sin 2t\,\mathrm{d}t$.

解: (1) 因 $\mathcal{L}[1-\mathrm{e}^{-t}] = \dfrac{1}{s} - \dfrac{1}{s+1}$ ($\operatorname{Re} s > 0$),所以

$$\mathcal{L}\left[\frac{1-\mathrm{e}^{-t}}{t}\right] = \int_0^\infty \left[\frac{1}{s} - \frac{1}{s+1}\right]\mathrm{d}s = -\ln\frac{s}{s+1}.$$

进而 $\displaystyle\int_0^{\infty}\frac{\mathrm{e}^{-t}-\mathrm{e}^{-2t}}{t}\mathrm{d}t=\int_0^{\infty}\frac{1-\mathrm{e}^{-t}}{t}\mathrm{e}^{-t}\mathrm{d}t=-\ln\frac{1}{2}=\ln 2.$

(2) 因 $\mathcal{L}[\sin 2t]=\dfrac{2}{s^2+4}$（Re $s>0$），从而 $\mathcal{L}[t\sin 2t]=-\dfrac{\mathrm{d}}{\mathrm{d}s}\mathcal{L}[\sin t]=\dfrac{2\cdot 2s}{(s^2+4)^2}$，

因此，$\displaystyle\int_0^{+\infty}\mathrm{e}^{-3t}t\sin 2t\,\mathrm{d}t=\frac{2\cdot 2s}{(s^2+4)^2}\bigg|_{s=3}=\frac{12}{169}.$

9.2.4 位移性质

定理 9.7 若 $\mathcal{L}[f(t)]=F(s)$，则有 $\mathcal{L}[\mathrm{e}^{at}f(t)]=F(s-a)\ [\mathrm{Re}(s-a)>c].$

证明：根据拉普拉斯变换定义，有

$$\mathcal{L}[\mathrm{e}^{at}f(t)]=\int_0^{+\infty}\mathrm{e}^{at}f(t)\mathrm{e}^{-st}\mathrm{d}t=\int_0^{+\infty}f(t)\mathrm{e}^{-(s-a)t}\mathrm{d}t.$$

由此可知上式右方仅是在 $F(s)$ 中把 s 换成 $s-a$，所以 $\mathcal{L}[\mathrm{e}^{at}f(t)]=F(s-a)[\mathrm{Re}(s-a)>c].$

注：此性质表明象原函数乘以指数函数 e^{at} 的拉普拉斯变换等于对其象函数做位移 a.

例 9.12 求 $\mathcal{L}[\mathrm{e}^{at}t^m].$

解：已知 $\mathcal{L}[t^m]=\dfrac{\Gamma(m+1)}{s^{m+1}}$，利用位移性质，可得 $\mathcal{L}[\mathrm{e}^{at}t^m]=\dfrac{\Gamma(m+1)}{(s-a)^{m+1}}.$

9.2.5 延迟性质

定理 9.8 若 $\mathcal{L}[f(t)]=F(s)$，又 $t<0$ 时 $f(t)=0$，则对于任一非负实数 τ，有

$$\mathcal{L}[f(t-\tau)]=\mathrm{e}^{-s\tau}F(s),\quad \mathcal{L}^{-1}[\mathrm{e}^{-s\tau}F(s)]=f(t-\tau).$$

证明：根据拉普拉斯变换定义，有

$$\mathcal{L}[f(t-\tau)]=\int_0^{+\infty}f(t-\tau)\mathrm{e}^{-st}\mathrm{d}t=\int_0^{\tau}f(t-\tau)\mathrm{e}^{-st}\mathrm{d}t+\int_{\tau}^{+\infty}f(t-\tau)\mathrm{e}^{-st}\mathrm{d}t.$$

由条件可知，当 $t<\tau$ 时，$f(t-\tau)=0$，所以上式右端第一个积分为零. 对于第二个积分，令 $t-\tau=u$，则

$$\mathcal{L}[f(t-\tau)]=\int_0^{+\infty}f(u)\mathrm{e}^{-s(u+\tau)}\mathrm{d}u=\mathrm{e}^{-s\tau}\int_0^{+\infty}f(u)\mathrm{e}^{-su}\mathrm{d}u=\mathrm{e}^{-s\tau}F(s),\quad \mathrm{Re}\,s>c.$$

注：与函数 $f(t-\tau)$ 相比，$f(t)$ 从 $t=0$ 开始有非零数值，而 $f(t-\tau)$ 从 $t=\tau$ 开始才有非零数值，即延迟了一个时间 τ.

即表明，时间函数延迟 τ 的拉普拉斯变换等于它的象函数乘以指数因子 $\mathrm{e}^{-s\tau}$. 因此，该性质也可以叙述如下：对任意的正数 τ，有

$$\mathcal{L}[f(t-\tau)u(t-\tau)]=\mathrm{e}^{-s\tau}F(s)$$

或

$$\mathcal{L}^{-1}[\mathrm{e}^{-s\tau}F(s)]=f(t-\tau)u(t-\tau).$$

例 9.13 求 $u(t-\tau)=\begin{cases}0, & t<\tau \\ 1, & t>\tau\end{cases}$ 的拉普拉斯变换.

解： 已知 $\mathcal{L}[u(t)]=\dfrac{1}{s}$，利用延迟性质，有 $\mathcal{L}[u(t-\tau)]=\dfrac{1}{s}\mathrm{e}^{-s\tau}$.

9.2.6 时间尺度变换性质

定理 9.9 设 $\mathcal{L}[f(t)]=F(s)$，且 $a\neq 0$，则 $\mathcal{L}\left[f\left(\dfrac{t}{a}\right)\right]=aF(as)$.

证明： 根据拉普拉斯变换定义，有 $\mathcal{L}\left[f\left(\dfrac{t}{a}\right)\right]=\displaystyle\int_0^\infty f\left(\dfrac{t}{a}\right)\mathrm{e}^{-st}\mathrm{d}t$. 令 $\dfrac{t}{a}=\tau$，则

$$\mathcal{L}\left[f\left(\dfrac{t}{a}\right)\right]=\int_0^\infty f(\tau)\mathrm{e}^{-sa\tau}a\,\mathrm{d}\tau=aF(as).$$

例 9.14 假设已知 $L(\mathrm{e}^{-t})=\dfrac{1}{s+1}$，且 $k\neq 0$，求 $\mathcal{L}[\mathrm{e}^{-kt}]$.

解： 据时间尺度变换公式，有

$$\mathcal{L}[\mathrm{e}^{-kt}]=\mathcal{L}[\mathrm{e}^{-\frac{t}{1/k}}]=\dfrac{1}{k}\cdot\dfrac{1}{\dfrac{1}{k}s+1}=\dfrac{1}{s+k}.$$

9.2.7 周期函数的拉普拉斯变换

定理 9.10 设 $f(t)$ 是 $[0,+\infty)$ 内以 T 为周期的函数，且 $f(t)$ 在一个周期内逐段光滑，则 $\mathcal{L}[f(t)]=\dfrac{1}{1-\mathrm{e}^{-sT}}\displaystyle\int_0^T f(t)\mathrm{e}^{-st}\mathrm{d}t$ $(\mathrm{Re}\,s>0)$.

证明： 根据拉普拉斯变换定义，有

$$\mathcal{L}[f(t)]=\int_0^{+\infty}f(t)\mathrm{e}^{-st}\mathrm{d}t=\int_0^T f(t)\mathrm{e}^{-st}\mathrm{d}t+\int_T^{+\infty}f(t)\mathrm{e}^{-st}\mathrm{d}t.$$

对上式右端第二个积分做变量代换 $t_1=t-T$，且由 $f(t)$ 的周期性，可得

$$\mathcal{L}[f(t)]=\int_0^T f(t)\mathrm{e}^{-st}\mathrm{d}t+\int_0^{+\infty}f(t_1)\mathrm{e}^{-st_1}\mathrm{e}^{-sT}\mathrm{d}t_1=\int_0^T f(t)\mathrm{e}^{-st}\mathrm{d}t+\mathrm{e}^{-sT}\mathcal{L}[f(t)].$$

从而，$\mathcal{L}[f(t)]=\dfrac{1}{1-\mathrm{e}^{-sT}}\displaystyle\int_0^T f(t)\mathrm{e}^{-st}\mathrm{d}t$ $(\mathrm{Re}\,s>0)$.

例 9.15 求全波整流函数 $f(t)=|\sin t|$ 的拉普拉斯变换.

解： 由于 $f(t)=|\sin t|$ 的周期 $T=\pi$，所以由周期函数的拉普拉斯变换公式有

$$\mathcal{L}[f(t)]=\dfrac{1}{1-\mathrm{e}^{-s\pi}}\int_0^\pi\mathrm{e}^{-st}\sin t\,\mathrm{d}t=\dfrac{1}{1-\mathrm{e}^{-\pi s}}\left[\dfrac{\mathrm{e}^{-st}}{s^2+1}(-\sin t-\cos t)\right]\Big|_0^\pi$$

$$=\dfrac{1}{1-\mathrm{e}^{-\pi s}}\cdot\dfrac{1+\mathrm{e}^{-\pi s}}{s^2+1}=\dfrac{1}{s^2+1}\coth\dfrac{\pi s}{2}.$$

9.2.8 初值定理与终值定理

定理 9.11 （初值定理）若 $\mathcal{L}[f(t)]=F(s)$ 且 $\lim\limits_{s\to+\infty}sF(s)$ 存在，则 $\lim\limits_{t\to 0}f(t)=$

$$\lim_{s \to \infty} sF(s).$$

证明：据拉普拉斯变换的微分性质，有 $\mathscr{L}[f'(t)] = s\,\mathscr{L}[f(t)] - f(0) = sF(s) - f(0)$. 由于 $\lim\limits_{s \to +\infty} sF(s)$ 必存在，则 $\lim\limits_{\mathrm{Re}\,s \to +\infty} sF(s)$ 亦存在，且两者相等，即 $\lim\limits_{s \to +\infty} sF(s) = \lim\limits_{\mathrm{Re}\,s \to +\infty} sF(s)$. 当 $\mathrm{Re}\,s \to +\infty$ 时，在微分关系两端取极限，得

$$\lim_{\mathrm{Re}\,s \to +\infty} \mathscr{L}[f'(t)] = \lim_{\mathrm{Re}\,s \to +\infty} [sF(s) - f(0)] = \lim_{s \to \infty} sF(s) - f(0).$$

由拉普拉斯变换存在定理知 $\displaystyle\int_0^{+\infty} f(t)\mathrm{e}^{-st}\,\mathrm{d}t$ 一致收敛，易知 $\displaystyle\int_0^{+\infty} f'(t)\mathrm{e}^{-st}\,\mathrm{d}t$ 也一致收敛. 从而可交换积分与极限的运算次序，可得

$$\lim_{\mathrm{Re}\,s \to +\infty} \mathscr{L}[f'(t)] = \lim_{\mathrm{Re}\,s \to +\infty} \int_0^{+\infty} f'(t)\mathrm{e}^{-st}\,\mathrm{d}t = \int_0^{+\infty} \lim_{\mathrm{Re}\,s \to +\infty} f'(t)\mathrm{e}^{-st}\,\mathrm{d}t = 0.$$

从而，$\lim\limits_{s \to \infty} sF(s) - f(0) = 0$，即 $\lim\limits_{t \to 0} f(t) = f(0) = \lim\limits_{s \to \infty} sF(s)$.

注：初值定理表明函数 $f(t)$ 在 $t = 0$ 时的函数值可通过 $f(t)$ 的拉普拉斯变换 $F(s)$ 乘以 s 取 $s \to \infty$ 时的极限值得到，它建立了 $f(t)$ 在原点处的值与函数 $sF(s)$ 的无限远点处的值之间的关系.

定理 9.12　（终值定理）若 $\mathscr{L}[f(t)] = F(s)$，且 $sF(s)$ 的所有奇点全在 s 平面的左半部，则 $\lim\limits_{t \to +\infty} f(t) = \lim\limits_{s \to 0} sF(s)$.

证明：根据微分性质，$\mathscr{L}[f'(t)] = sF(s) - f(0)$. 两边取 $s \to 0$ 的极限，得

$$\lim_{s \to 0} \mathscr{L}[f'(t)] = \lim_{s \to 0} [sF(s) - f(0)] = \lim_{s \to 0} sF(s) - f(0).$$

另外，利用 $\displaystyle\int_0^{+\infty} f'(t)\mathrm{e}^{-st}\,\mathrm{d}t$ 的一致收敛性，可交换积分与极限的运算次序，即

$$\lim_{s \to 0} \mathscr{L}[f'(t)] = \lim_{s \to 0} \int_0^{+\infty} f'(t)\mathrm{e}^{-st}\,\mathrm{d}t = \int_0^{+\infty} \lim_{s \to 0} \mathrm{e}^{-st} f'(t)\,\mathrm{d}t$$
$$= \int_0^{+\infty} f'(t)\,\mathrm{d}t = f(t)\Big|_0^{+\infty} = \lim_{t \to +\infty} f(t) - f(0).$$

所以 $\lim\limits_{t \to +\infty} f(t) - f(0) = \lim\limits_{s \to 0} sF(s) - f(0)$，即 $\lim\limits_{t \to +\infty} f(t) = f(+\infty) = \lim\limits_{s \to 0} sF(s)$.

注：（1）终值定理表明函数 $f(t)$ 在 $t \to +\infty$ 时的数值（即稳定值）可通过 $f(t)$ 的拉普拉斯变换乘以 s 取 $s \to 0$ 时的极限值得到，它建立了 $f(t)$ 在无限远的值与函数 $sF(s)$ 在原点的值之间的关系.

（2）只有 $\lim\limits_{t \to \infty} f(t)$ 存在时，才可使用终值定理. $\lim\limits_{t \to \infty} f(t)$ 是否存在可以从 s 域做出判断，仅当 $F(s)$ 在 s 平面的虚轴上及其右半平面解析时（原点除外），终值定理才可使用. 只有 s 的极点全部在左半 s 平面，或者在 $s = 0$ 处只有一阶极点时，可使用终值定理.

例 9.16　已知 $F(s) = \dfrac{1}{s(s+2)}$，求 $f(t)$ 的初值 $f(0)$.

解：根据初值定理，可得

$$f(0) = \lim_{s \to \infty} sF(s) = \lim_{s \to \infty} s\,\frac{1}{s(s+2)} = 0$$

例 9.17 已知 $F(s)=\dfrac{2s+1}{s^2+s}$，求 $\lim\limits_{t\to\infty}f(t)$.

解： 因 $F(s)=\dfrac{2s+1}{s^2+s}$ 的极点 $s_1=0$，$s_2=-1$，其中一个极点在左半平面，另一个极点在原点（单极点），满足终值定理条件，则 $\lim\limits_{t\to\infty}f(t)=\lim\limits_{s\to0}s\dfrac{2s+1}{s^2+s}=1$.

例 9.18 已知 $F(s)=\dfrac{2s+1}{s(s^2+1)}$，讨论 $\lim\limits_{t\to\infty}f(t)$.

解： 由于 $\dfrac{2s+1}{s(s^2+1)}$ 的极点 $s_1=0$，$s_2=\mathrm{j}$，$s_3=-\mathrm{j}$，其中有两个极点在虚轴上，不满足终值定理条件，故 $\lim\limits_{t\to\infty}f(t)$ 不存在.

9.2.9 卷积定理

第 8 章已经介绍了卷积的定义以及傅里叶变换的卷积性质.

定义 9.3 当 $t<0$ 时，给定的两个函数 $f_1(t)=f_2(t)=0$，则积分 $\int_0^t f_1(\tau)f_2(t-\tau)\mathrm{d}\tau$ 称为 $f_1(t)$ 与 $f_2(t)$ 的卷积，记为 $f_1(t)*f_2(t)$，即 $f_1(t)*f_2(t)=\int_0^t f_1(\tau)f_2(t-\tau)\mathrm{d}\tau$.

注： 这里的卷积定义与第 8 章介绍的卷积定义是一致的. 因此，第 8 章介绍的卷积性质在定义 9.3 中也满足，这里不再赘述. 今后如不特别声明，都假定这些函数在 $t<0$ 时恒为零.

例 9.19 计算下列卷积：

(1) $\cos t * \sin t$，　　　　(2) $t * \mathrm{e}^t$，　　　　(3) $t * \sin t$.

解：（1）由卷积定义以及三角函数的积化和差公式，有

$$\cos t * \sin t = \int_0^t \cos\tau\sin(t-\tau)\mathrm{d}\tau = \frac{1}{2}\int_0^t[\sin t+\sin(t-2\tau)]\mathrm{d}\tau$$

$$=\frac{1}{2}\sin t(\tau)\Big|_{\tau=0}^t+\frac{1}{4}\cos(t-2\tau)\Big|_{\tau=0}^t$$

$$=\frac{1}{2}t\sin t+\frac{1}{4}[\cos(-t)-\cos t]=\frac{1}{2}t\sin t.$$

（2）由卷积定义以及分部积分法，有

$$t * \mathrm{e}^t = \int_0^t \mathrm{e}^\tau(t-\tau)\mathrm{d}\tau = t\mathrm{e}^\tau\Big|_0^t-(\tau\mathrm{e}^\tau-\mathrm{e}^\tau)\Big|_0^t=\mathrm{e}^t-t-1.$$

（3）由卷积定义以及分部积分法，有

$$t * \sin t = \int_0^t \tau\sin(t-\tau)\mathrm{d}\tau = \tau\cos(t-\tau)\Big|_{\tau=0}^t-\int_0^t\cos(t-\tau)\mathrm{d}\tau=t-\sin t.$$

定理 9.13 （卷积定理）若 $\mathcal{L}[f_1(t)]=F_1(s)$，$\mathcal{L}[f_2(t)]=F_2(s)$，则 $\mathcal{L}[f_1(t)*f_2(t)]=F_1(s)\cdot F_2(s)$ 或 $\mathcal{L}^{-1}[F_1(s)\cdot F_2(s)]=f_1(t)*f_2(t)$.

证明： 因为 $t<0$ 时，$f_1(t)=f_2(t)=0$，所以

$$f_1(t) * f_2(t) = \int_0^t f_1(\tau) f_2(t-\tau) dt$$
$$= \int_0^t f_1(\tau) f_2(t-\tau) d\tau + \int_t^{+\infty} f_1(\tau) f_2(t-\tau) d\tau$$
$$= \int_0^{+\infty} f_1(\tau) f_2(t-\tau) d\tau.$$

因此，$\mathcal{L}[f_1(t) * f_2(t)] = \int_0^{+\infty} \left[\int_0^{+\infty} f_1(\tau) f_2(t-\tau) d\tau \right] e^{-st} dt$
$$= \int_0^{+\infty} f_1(\tau) \left[\int_0^{+\infty} f_2(t-\tau) e^{-st} dt \right] d\tau$$
$$= \int_0^{+\infty} f_1(\tau) \left[\int_\tau^{+\infty} f_2(t-\tau) e^{-st} dt \right] d\tau$$
$$= \int_0^{+\infty} f_1(\tau) e^{-s\tau} \left[\int_\tau^{+\infty} f_2(t-\tau) e^{-s(t-\tau)} d(t-\tau) \right] d\tau$$
$$= \int_0^{+\infty} F_2(s) f_1(\tau) e^{-s\tau} d\tau$$
$$= F_1(s) F_2(s)$$

注：（1）两个函数卷积的拉普拉斯变换等于这两个函数拉普拉斯变换的乘积.

（2）若 $\mathcal{L}[f_k(t)] = F_k(s)$ $(k=1, 2, \cdots, n)$，则有

$$\mathcal{L}[f_1(t) * f_2(t) * \cdots * f_n(t)] = F_1(s) \cdot F_2(s) \cdot \cdots \cdot F_n(s).$$

例 9.20　利用卷积定理计算下列函数的拉普拉斯逆变换：

（1）$\dfrac{1}{s^2(1+s^2)}$；　　　　　　　　（2）$\dfrac{1}{s^2(s-1)}$.

解：（1）由于 $\dfrac{1}{s^2(1+s^2)} = \dfrac{1}{s^2} \cdot \dfrac{1}{s^2+1}$，根据卷积定理以及例 9.19，有

$$\mathcal{L}^{-1}\left[\frac{1}{s^2(1+s^2)}\right] = \mathcal{L}^{-1}\left[\frac{1}{s^2} \cdot \frac{1}{s^2+1}\right] = \mathcal{L}^{-1}\left[\frac{1}{s^2}\right] * \mathcal{L}^{-1}\left[\frac{1}{s^2+1}\right] = t * \sin t = t - \sin t.$$

（2）$\mathcal{L}^{-1}\left[\dfrac{1}{s^2(s-1)}\right] = \mathcal{L}^{-1}\left[\dfrac{1}{s^2} \cdot \dfrac{1}{s-1}\right] = \mathcal{L}^{-1}\left[\dfrac{1}{s^2}\right] * \mathcal{L}^{-1}\left[\dfrac{1}{s-1}\right] = t * e^t = e^t - t - 1.$

9.2.10　展开定理

定理 9.14　（展开定理）设 $F(s)$ 满足如下两个条件：

（1）$\lim\limits_{s \to \infty} F(s) = 0$；

（2）$F(s)$ 可展开成幂级数为 $F(s) = \sum\limits_{k=1}^{\infty} \dfrac{c_k}{s^k}$，$|s| > 1/R$.

则 $F(s)$ 的拉普拉斯逆变换为 $f(t) = \sum\limits_{k=1}^{\infty} \dfrac{c_k}{(k-1)!} t^{k-1}$，$t > 0$.

证明：因 $F(s) = \sum\limits_{k=1}^{\infty} \dfrac{c_k}{s^k} = \sum\limits_{k=1}^{\infty} \dfrac{c_k}{(k-1)!} \cdot \dfrac{(k-1)!}{s^k}$

$$= \sum\limits_{k=1}^{\infty} \dfrac{c_k}{(k-1)!} \int_0^{\infty} e^{-st} t^{k-1} dt = \int_0^{\infty} e^{-st} f(t) dt,$$

从而 $f(t) = \sum\limits_{k=1}^{\infty} \dfrac{c_k}{(k-1)!} t^{k-1}$, $t > 0$.

例 9.21 利用展开定理求 $\dfrac{1}{s^{n+1}} \mathrm{e}^{-1/s}$ 的拉普拉斯逆变换.

解：由于 $\dfrac{1}{s^{n+1}} \mathrm{e}^{-1/s} = \sum\limits_{k=0}^{\infty} \dfrac{(-1)^k}{k!} \cdot \dfrac{1}{s^{k+n+1}} = \mathcal{L}\left[\sum\limits_{k=0}^{\infty} \dfrac{(-1)^k}{k!} \cdot \dfrac{t^{k+n}}{(k+n)!}\right]$.

此外，贝塞尔函数 $\mathrm{J}_n(z) \triangleq \sum\limits_{k=0}^{\infty} \dfrac{(-1)^k}{k!} \cdot \dfrac{\left(\frac{z}{2}\right)^{2k+n}}{(k+n)!}$，从而有

$$t^{n/2} \mathrm{J}_n(2\sqrt{t}) = \sum\limits_{k=0}^{\infty} \dfrac{(-1)^k}{k!} \cdot \dfrac{(t^{1/2})^{2k+2n}}{(k+n)!} = \sum\limits_{k=0}^{\infty} \dfrac{(-1)^k}{k!} \cdot \dfrac{t^{k+n}}{(k+n)!}.$$

因此，$\mathcal{L}^{-1}\left[\dfrac{1}{s^{n+1}} \mathrm{e}^{-1/s}\right] = t^{n/2} \mathrm{J}_n(2\sqrt{t})$.

9.3   拉普拉斯逆变换

前面我主要讨论了拉普拉斯变换的性质，但在实际应用中，例如求方程的解时，经常须求象原函数. 因此，本节我们探讨拉普拉斯逆变换.

9.3.1   Heaviside 定理

我们知道 $f(t)$ 的拉普拉斯变换可看作 $f(t) u(t) \mathrm{e}^{-\beta t}$ 的傅里叶变换. 当 $f(t) u(t) \mathrm{e}^{-\beta t}$ 满足傅里叶积分定理的条件时，在连续点处有

$$
\begin{aligned}
f(t) u(t) \mathrm{e}^{-\beta t} &= \dfrac{1}{2\pi} \int_{-\infty}^{+\infty} \left[\int_{-\infty}^{+\infty} f(\tau) u(\tau) \mathrm{e}^{-\beta t} \mathrm{e}^{-\mathrm{j}\omega\tau} \mathrm{d}\tau\right] \mathrm{e}^{\mathrm{j}\omega t} \mathrm{d}\omega \\
&= \dfrac{1}{2\pi} \int_{-\infty}^{+\infty} \mathrm{e}^{\mathrm{j}\omega t} \mathrm{d}\omega \left[\int_{0}^{+\infty} f(\tau) \mathrm{e}^{-(\beta+\mathrm{j}\omega)\tau} \mathrm{d}\tau\right] = \dfrac{1}{2\pi} \int_{-\infty}^{+\infty} F(\beta+\mathrm{j}\omega) \mathrm{e}^{\mathrm{j}\omega t} \mathrm{d}\omega, \quad t > 0
\end{aligned}
$$

等式两边同乘以 $\mathrm{e}^{\beta t}$，则 $f(t) = \dfrac{1}{2\pi} \int_{-\infty}^{+\infty} F(\beta+\mathrm{j}\omega) \mathrm{e}^{(\beta+\mathrm{j}\omega)t} \mathrm{d}\omega$，$t > 0$. 令 $\beta + \mathrm{j}\omega = s$，有

$$f(t) = \dfrac{1}{2\pi\mathrm{j}} \int_{\beta-\mathrm{j}\infty}^{\beta+\mathrm{j}\infty} F(s) \mathrm{e}^{st} \mathrm{d}s, \quad t > 0.$$

这就是从象函数 $F(s)$ 求它的象原函数 $f(t)$ 的一般公式.

定义 9.4   设 $\mathcal{L}[f(t)] = F(s)$，积分 $\dfrac{1}{2\pi\mathrm{j}} \int_{\beta-\mathrm{j}\infty}^{\beta+\mathrm{j}\infty} F(s) \mathrm{e}^{st} \mathrm{d}s$ $(t > 0)$ 称为 $F(s)$ 的拉普拉斯逆变换或拉普拉斯反演积分，即 $f(t) = \mathcal{L}^{-1}[F(s)] = \dfrac{1}{2\pi\mathrm{j}} \int_{\beta-\mathrm{j}\infty}^{\beta+\mathrm{j}\infty} F(s) \mathrm{e}^{st} \mathrm{d}s$.

注：$F(s) = \int_{0}^{+\infty} f(t) \mathrm{e}^{-st} \mathrm{d}t$ 与 $f(t) = \dfrac{1}{2\pi\mathrm{j}} \int_{\beta-\mathrm{j}\infty}^{\beta+\mathrm{j}\infty} F(s) \mathrm{e}^{st} \mathrm{d}s$ 为一对互逆的积分变换公式，称 $f(t)$ 和 $F(s)$ 构成了一个拉普拉斯变换对.

然而 $\dfrac{1}{2\pi \mathrm{j}}\displaystyle\int_{\beta-\mathrm{j}\infty}^{\beta+\mathrm{j}\infty} F(s)\mathrm{e}^{st}\mathrm{d}s$ 是一个复变函数的积分,计算复变函数的积分通常比较困难,下面的定理将提供计算这种反演积分的方法.

定理 9.15 若 s_1, s_2, $\cdots$, s_n 是函数 $F(s)$ 的所有奇点(适当选取 β 使这些奇点全在 $\mathrm{Re}\,s < \beta$ 的范围内),且当 $s \to \infty$ 时,$F(s) \to 0$,则有

$$f(t) = \mathcal{L}^{-1}[F(s)] = \frac{1}{2\pi \mathrm{j}}\int_{\beta-\mathrm{j}\infty}^{\beta+\mathrm{j}\infty} F(s)\mathrm{e}^{st}\mathrm{d}s = \sum_{k=1}^{n}\mathrm{Re}\,s[F(s)\mathrm{e}^{st},\ s_k].$$

证明: 如图 9.1 所示取封闭曲线 $C = L + C_R$,C_R 在 $\mathrm{Re}\,s < \beta$ 的区域内是半径为 R 的圆弧,当 R 充分大后,可以使 $F(s)$ 的所有奇点包含在闭曲线 C 围成的区域内.同时 e^{st} 在全平面上解析,所以 $F(s)\mathrm{e}^{st}$ 的奇点就是 $F(s)$ 的奇点.根据留数定理可得

$$\oint_C F(s)\mathrm{e}^{st}\mathrm{d}s = 2\pi \mathrm{j}\sum_{k=1}^{n}\mathrm{Res}[F(s)\mathrm{e}^{st},\ s_k],$$

即
$$\frac{1}{2\pi \mathrm{j}}\left[\int_{\beta-\mathrm{j}R}^{\beta+\mathrm{j}R} F(s)\mathrm{e}^{st}\mathrm{d}s + \int_{C_R} F(s)\mathrm{e}^{st}\mathrm{d}s\right] = \sum_{k=1}^{n}\mathrm{Res}[F(s)\mathrm{e}^{st},\ s_k].$$

取 $R \to +\infty$ 的极限,则 $s \to \infty$,据条件有 $F(s) \to 0$,再由引理 6.2 可知 $\displaystyle\lim_{R \to +\infty}\int_{C_R} F(s)\mathrm{e}^{st}\mathrm{d}s = 0$,从而

$$f(t) = \mathcal{L}^{-1}[F(s)] = \frac{1}{2\pi \mathrm{j}}\int_{\beta-\mathrm{j}\infty}^{\beta+\mathrm{j}\infty} F(s)\mathrm{e}^{st}\mathrm{d}s = \sum_{k=1}^{n}\mathrm{Res}[F(s)\mathrm{e}^{st},\ s_k].$$

注: 若函数 $F(s)$ 是有理函数 $F(s) = \dfrac{A(s)}{B(s)}$,其中 $A(s)$,$B(s)$ 是不可约的多项式,$B(s)$ 的次数是 n,而且 $A(s)$ 的次数小于 $B(s)$ 的次数,在这种情况下它满足定理 9.15 的条件.

(1) 若 $B(s)$ 有 n 个单级零点 s_1, s_2, $\cdots$, s_n,则这些点就是 $\dfrac{A(s)}{B(s)}\mathrm{e}^{st}$ 的单极点,根据留数的计算方法,有

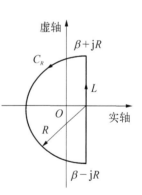

$$\mathrm{Res}\left[\frac{A(s)}{B(s)}\mathrm{e}^{st},\ s_k\right] = \lim_{s \to s_k}\left[(s-s_k)\frac{A(s)}{B(s)}\mathrm{e}^{st}\right] = \frac{A(s_k)}{B'(s_k)}\mathrm{e}^{s_k t},$$

从而有

图 9.1 定理 9.13 示意图

$$f(t) = \sum_{k=1}^{n}\frac{A(s_k)}{B'(s_k)}\mathrm{e}^{s_k t}, \quad t > 0.$$

(2) 若 s_1 是 $B(s)$ 的一个 m 级零点,s_{m+1}, s_{m+2}, $\cdots$, s_n 是 $B(s)$ 的单级零点,即 s_1 是 $\dfrac{A(s)}{B(s)}\mathrm{e}^{st}$ 的 m 级极点,$s_i (i = m+1, m+2, \cdots, n)$ 是 $\dfrac{A(s)}{B(s)}\mathrm{e}^{st}$ 的单极点.根据留数的计算方法,有

$$\mathrm{Res}\left[\frac{A(s)}{B(s)}\mathrm{e}^{st},\ s_1\right] = \frac{1}{(m-1)!}\lim_{s \to s_1}\frac{\mathrm{d}^{m-1}}{\mathrm{d}s^{m-1}}\left[(s-s_1)^m \frac{A(s)}{B(s)}\mathrm{e}^{st}\right],$$

所以有

$$f(t) = \sum_{i=m+1}^{n} \frac{A(s_i)}{B'(s_i)} e^{s_i t} + \frac{1}{(m-1)!} \lim_{s \to s_1} \frac{d^{m-1}}{ds^{m-1}} \left[(s-s_1)^m \frac{A(s)}{B(s)} e^{st} \right], \quad t < 0.$$

9.3.2 拉普拉斯逆变换的计算

例 9.22 利用留数方法求 $F(s) = \dfrac{s}{s^2+1}$ 的拉普拉斯逆变换.

解: 因 s^2+1 有两个单零点 $s_1 = j$, $s_2 = -j$, 从而

$$f(t) = \mathcal{L}^{-1} \left[\frac{s}{s^2+1} \right] = \frac{s}{2s} e^{st} \Big|_{s=j} + \frac{s}{2s} e^{st} \Big|_{s=-j} = \frac{1}{2} (e^{jt} + e^{-jt}) = \cos t, \quad t > 0.$$

此与熟知结果相合.

例 9.23 利用部分分式方法求 $F(s) = \dfrac{1}{s^2(s+1)}$ 的拉普拉斯逆变换.

解: 因为 $F(s)$ 为一有理分式,可以利用部分分式的方法将 $F(s)$ 化成

$$F(s) = \frac{-1}{s} + \frac{1}{s^2} + \frac{1}{s+1},$$

所以 $f(t) = -1 + t + e^{-t}$.

例 9.24 利用拉普拉斯变换的性质求 $F(s) = \ln \dfrac{s+1}{s-1}$ 的拉普拉斯逆变换.

解: 这里利用象函数的微分性质有 $\mathcal{L}^{-1}[F'(s)] = -tf(t)$, 而 $F'(s) = \dfrac{-2}{s^2-1}$, 所以

$$f(t) = -\frac{1}{t} \mathcal{L}^{-1} \left[\frac{-2}{s^2-1} \right] = \frac{2}{t} \mathcal{L}^{-1} \left[\frac{1}{s^2-1} \right] = \frac{2}{t} \sinh t.$$

例 9.25 求 $F(s) = \dfrac{2s+3}{s^2-2s+5}$ 的拉普拉斯逆变换.

解:
$$
\begin{aligned}
f(t) &= \mathcal{L}^{-1} \left[\frac{2s+3}{s^2-2s+5} \right] = \mathcal{L}^{-1} \left[\frac{2(s-1)+5}{(s-1)^2+4} \right] \\
&= 2\mathcal{L}^{-1} \left[\frac{s-1}{(s-1)^2+4} \right] + \frac{5}{2} \mathcal{L}^{-1} \left[\frac{2}{(s-1)^2+4} \right] \\
&= 2e^t \mathcal{L}^{-1} \left[\frac{s}{s^2+4} \right] + \frac{5}{2} e^t \mathcal{L}^{-1} \left[\frac{2}{s^2+4} \right] \\
&= 2e^t \cos 2t + \frac{5}{2} e^t \sin 2t = e^t \left[2\cos 2t + \frac{5}{2} \sin 2t \right].
\end{aligned}
$$

例 9.26 求 $X(s) = \dfrac{s+3}{s^3+3s^2+7s+5}$ 的拉普拉斯逆变换, $\operatorname{Re} s > -1$.

解: 由于 $X(s) = \dfrac{s+3}{(s+1)(s^2+2s+5)} = \dfrac{c_1}{s+1} + \dfrac{c_2 s + c_3}{(s+1)^2+4}$, 容易得 $c_1 = \dfrac{1}{2}$,

$c_2 = -\dfrac{1}{2}$，$c_3 = \dfrac{1}{2}$，从而

$$X(s) = \frac{\dfrac{1}{2}}{s+1} + \frac{-\dfrac{1}{2}s + \dfrac{1}{2}}{(s+1)^2 + 2^2} = \frac{\dfrac{1}{2}}{s+1} - \frac{1}{2} \cdot \frac{s+1}{(s+1)^2 + 2^2} + \frac{1}{2} \cdot \frac{2}{2(s+1)^2 + 2^2},$$

故 $x(t) = \dfrac{1}{2}\mathrm{e}^{-t} - \dfrac{1}{2}\mathrm{e}^{-t}\cos 2t + \dfrac{1}{2}\mathrm{e}^{-t}\sin 2t$，　$t > 0$.

例 9.27　求 $F(s) = \dfrac{1}{(s^2+4)^2}$ 的拉普拉斯逆变换.

解：用留数计算法求解，由于 $s_1 = 2\mathrm{j}$，$s_2 = -2\mathrm{j}$ 均为 $F(s)$ 的二级极点，所以

$$f(t) = \mathcal{L}^{-1}\big[F(s)\big] = \mathcal{L}^{-1}\left[\frac{1}{(s-2\mathrm{j})^2(s+2\mathrm{j})^2}\right] = \sum_{k=1}^{2}\mathrm{Res}\big[F(s)\mathrm{e}^{st},\, s_k\big]$$

$$= \lim_{s \to 2\mathrm{j}}\frac{\mathrm{d}}{\mathrm{d}s}\left[\frac{\mathrm{e}^{st}}{(s+2\mathrm{j})^2}\right] + \lim_{s \to -2\mathrm{j}}\frac{\mathrm{d}}{\mathrm{d}s}\left[\frac{\mathrm{e}^{st}}{(s-2\mathrm{j})^2}\right]$$

$$= \lim_{s \to 2\mathrm{j}}\left[\frac{t\,\mathrm{e}^{st}}{(s+2\mathrm{j})^2} - \frac{2(s+2\mathrm{j})}{(s+2\mathrm{j})^4}\mathrm{e}^{st}\right] + \lim_{s \to -2\mathrm{j}}\left[\frac{t\,\mathrm{e}^{st}}{(s-2\mathrm{j})^2} - \frac{2(s-2\mathrm{j})}{(s-2\mathrm{j})^4}\mathrm{e}^{st}\right]$$

$$= -\frac{t}{16}\mathrm{e}^{2\mathrm{j}t} - \frac{8\mathrm{j}}{256}\mathrm{e}^{2\mathrm{j}t} - \frac{t}{16}\mathrm{e}^{-2\mathrm{j}t} + \frac{8\mathrm{j}}{256}\mathrm{e}^{-2\mathrm{j}t}$$

$$= -\frac{t}{8} \cdot \frac{\mathrm{e}^{2\mathrm{j}t} + \mathrm{e}^{-2\mathrm{j}t}}{2} + \frac{1}{16} \cdot \frac{\mathrm{e}^{2\mathrm{j}t} - \mathrm{e}^{-2\mathrm{j}t}}{2\mathrm{j}} = \frac{\sin 2t}{16} - \frac{t\cos 2t}{8}.$$

9.4　利用拉普拉斯变换求解微分方程

拉普拉斯变换将函数的微积分运算转化为代数运算，这样可以大大简化微分方程的计算量，求解步骤与傅里叶变换方法求解微分方程类似，下面通过具体实例展现拉普拉斯变换求解微分方程的方法.

9.4.1　微分、积分方程的拉普拉斯变换解法

例 9.28　求方程 $y'' + 2y' - 3y = \mathrm{e}^{-t}$ 满足初值条件 $y\,|_{t=0} = 0$，$y'\,|_{t=0} = 1$ 的解.

解：设方程的解 $y = y(t)$，$t \geqslant 0$ 且设 $\mathcal{L}[y(t)] = Y(s)$. 对方程的两边作拉普拉斯变换，并考虑到初始条件，则得

$$s^2 Y(s) - 1 + 2sY(s) - 3Y(s) = \frac{1}{s+1}.$$

这是含未知量 $Y(s)$ 的代数方程，整理后解出 $Y(s)$，得

$$Y(s) = \frac{s+2}{(s+1)(s-1)(s+3)},$$

这就是所求函数的拉普拉斯变换，取它的逆变换便可以得出所求函数 $y(t)$. 为了求 $Y(s)$ 的

逆变换,将它化为部分分式的形式

$$Y(s) = \frac{s+2}{(s+1)(s-1)(s+3)} = \frac{-\dfrac{1}{4}}{s+1} + \frac{\dfrac{3}{8}}{s-1} + \frac{-\dfrac{1}{8}}{s+3},$$

取逆变换,最后得 $y(t) = -\dfrac{1}{4}\mathrm{e}^{-t} + \dfrac{3}{8}\mathrm{e}^{t} - \dfrac{1}{8}\mathrm{e}^{-3t} = \dfrac{1}{8}(3\mathrm{e}^{t} - 2\mathrm{e}^{-t} - \mathrm{e}^{-3t})$.

例 9.29　求方程 $y'' - y' - 2y = \mathrm{e}^{-t}$ 满足初始条件 $y(0) = 0$, $y'(0) = 0$ 的解.

解: 设方程的解 $y = y(t)$, $t \geqslant 0$ 且设 $\mathcal{L}[y(t)] = Y(s)$. 对方程的两边作拉普拉斯变换,并考虑到初始条件,则得 $s^2 Y(s) - sY(s) - 2Y(s) = \dfrac{1}{s+1}$, 整理解出 $Y(s) =$ $\dfrac{1}{(s-2)(s+1)^2}$. 将 $Y(s)$ 化成部分分式的形式为 $Y(s) = \dfrac{A}{s+1} + \dfrac{B}{(s+1)^2} + \dfrac{C}{s-2}$. 上式两边同乘以 $(s-2)(s+1)^2$, 可得 $1 = A(s-2)(s+1) + B(s-2) + C(s+1)^2$.

令 $s = -1$, 得 $B = -\dfrac{1}{3}$; 令 $s = 2$, 得 $C = \dfrac{1}{9}$; 令 $s = 1$, 得 $A = -\dfrac{1}{9}$. 从而可得

$$Y(s) = \frac{-\dfrac{1}{9}}{s+1} + \frac{-\dfrac{1}{3}}{(s+1)^2} + \frac{\dfrac{1}{9}}{s-2},$$

利用公式 $\mathcal{L}[t^m \mathrm{e}^{at}] = \dfrac{m!}{(s-a)^{m+1}}$, 可得 $Y(s)$ 的拉普拉斯逆变换为

$$y(t) = -\frac{1}{9}\mathrm{e}^{-t} - \frac{1}{3}t\mathrm{e}^{-t} + \frac{1}{9}\mathrm{e}^{2t}.$$

例 9.30　求方程 $y'' - 2y' + y = 0$ 满足边界条件 $y(0) = 0$, $y(l) = 4$ 的解,其中 l 为已知常数.

解: 设方程的解 $y = y(x)$, $0 \leqslant x \leqslant l$ 且设 $\mathcal{L}[y(x)] = Y(s)$. 对方程的两边作拉普拉斯变换,并考虑到边界条件,则得 $s^2 Y(s) - sy(0) - y'(0) - 2[sY(s) - y(0)] + Y(s) = 0$. 整理后可得 $Y(s) = \dfrac{y'(0)}{(s-1)^2}$. 取其逆变换,可得 $y(x) = y'(0)x\mathrm{e}^x$. 令 $x = l$, 代入上式,由第二个边界条件可得 $4 = y(l) = y'(0)l\mathrm{e}^l$. 从而 $y'(0) = \dfrac{4}{l}\mathrm{e}^{-l}$, 于是 $y(x) = \dfrac{4}{l}x\mathrm{e}^{x-l}$.

通过求解过程可以发现,常系数线性微分方程的边值问题可以先当作它的初值问题来求解.

例 9.31　求方程 $\dfrac{\mathrm{d}^2 x}{\mathrm{d}t^2} + 6\dfrac{\mathrm{d}x}{\mathrm{d}t} + 9x = \sin t$ $(t \geqslant 0)$ 满足初始条件 $x(0) = 0$, $x'(0) = 0$ 的解.

解: 设 $\mathcal{L}[x(t)] = X(s)$, 对方程的两边作拉普拉斯变换,并考虑 $\mathcal{L}[\sin(t)] = \dfrac{1}{s^2+1}$, 有

$$s^2 X(s) - sx(0) - x'(0) + 6sX(s) - 6x(0) + 9X(s) = \frac{1}{s^2+1}.$$

整理后可得 $X(s) = \dfrac{1}{s^2+1} \cdot \dfrac{1}{(s+3)^2}$. 由于 $\mathcal{L}[\sin t] = \dfrac{1}{s^2+1}$，$\mathcal{L}[t\mathrm{e}^{-3t}] = \dfrac{1}{(s+3)^2}$，因此，利用卷积得 $\mathcal{L}^{-1}\left[\dfrac{1}{(s^2+1)(s+3)^2}\right] = \displaystyle\int_0^t \tau\mathrm{e}^{-3\tau}\sin(t-\tau)\mathrm{d}\tau$. 再利用分部积分法，有

$$\int_0^t \tau\mathrm{e}^{-3\tau}\sin(t-\tau)\mathrm{d}\tau = -\frac{1}{10}\int_0^t \mathrm{e}^{-3\tau}\cos(t-\tau)\mathrm{d}\tau + \frac{3}{10}\int_0^t \mathrm{e}^{-3\tau}\sin(t-\tau)\mathrm{d}\tau + \frac{1}{10}t\mathrm{e}^{-3t}$$

$$= \frac{\mathrm{e}^{-3t}}{50}(5t+3) - \frac{3}{50}\cos t + \frac{2}{25}\sin t.$$

因此，原方程的解为 $x(t) = \mathcal{L}^{-1}\left[\dfrac{1}{(s^2+1)(s+3)^2}\right] = \dfrac{\mathrm{e}^{-3t}}{50}(5t+3) - \dfrac{3}{50}\cos t + \dfrac{2}{25}\sin t.$

例 9.32　求变系数微分方程 $ty'' + 2(t-1)y' + (t-2)y = 0$ 满足初始条件 $y(0) = 0$ 的解.

解： 对方程两边同时作拉普拉斯变换，利用拉普拉斯变换的微分性质有

$$-[s^2 Y(s) - sy(0) - y'(0)]' - 2[sY(s) - y(0)]' - 2[sY(s)] - [Y(s)]' - 2Y(s) = 0.$$

结合初始条件 $y(0) = 0$，化简得

$$(s^2 + 2s + 1)Y'(s) + 4(s+1)Y(s) = 0.$$

解得 $Y(s) = \dfrac{C}{(s+1)^4}$，$C$ 为任意常数，所以，$y(t) = \mathcal{L}^{-1}[Y(s)] = Ct^3\mathrm{e}^{-t}$.

例 9.33　求方程组 $\begin{cases} x' + x - y = \mathrm{e}^t, \\ y' + 3x - 2y = 2\mathrm{e}^t, \end{cases}$　$x(0) = y(0) = 1.$

解： 设 $\mathcal{L}[x] = X(s)$，$\mathcal{L}[y] = Y(s)$. 对方程组的每个方程两边分别作拉普拉斯变换，并考虑到初始条件，得

$$\begin{cases} (s+1)X(s) - Y(s) = \dfrac{s}{s-1}, \\[2mm] 3X(s) + (s-2)Y(s) = \dfrac{s+1}{s-1}. \end{cases}$$

求解该方程组，得 $X(s) = \dfrac{1}{s-1}$，$Y(s) = \dfrac{1}{s-1}$. 作拉普拉斯逆变换，得原方程组的解为

$$\begin{cases} x = \mathcal{L}^{-1}[X(s)] = \mathrm{e}^t, \\ y = \mathcal{L}^{-1}[Y(s)] = \mathrm{e}^t. \end{cases}$$

例 9.34　求解积分方程 $f(t) = at + \displaystyle\int_0^t \sin(t-\tau)f(\tau)\mathrm{d}\tau.$

解： 令 $F(s) = \mathcal{L}[f(t)]$，由卷积定理 $\mathcal{L}[f_1 * f_2] = \mathcal{L}[f_1] \cdot \mathcal{L}[f_2]$ 知

$$\mathcal{L}[\sin t * f(t)] = \mathcal{L}[\sin t] \cdot \mathcal{L}[f(t)] = \frac{1}{s^2+1}F(s).$$

将拉普拉斯变换作用于原方程两端,得

$$F(s) = \frac{a}{s} + \frac{1}{s^2+1} F(s)$$

即 $F(s) = \frac{a}{s} + \frac{a}{s^3}$. 作拉普拉斯逆变换得原方程的解为

$$f(t) = \mathcal{L}^{-1}[F(s)] = a\left(t + \frac{t^3}{6}\right).$$

9.4.2   偏微分方程的拉普拉斯变换解法

拉普拉斯变换也是求解某些偏微分方程的方法之一,下面我们来看例题.

例 9.35   利用拉普拉斯变换求解定解问题

$$\begin{cases} \dfrac{\partial u}{\partial t} = a^2 \dfrac{\partial^2 u}{\partial x^2}, & 0 < x < l, \ t > 0, \\ u\big|_{x=0} = 0, \ u\big|_{x=l} = 0, \\ u\big|_{t=0} = 6\sin\dfrac{\pi x}{2}. \end{cases}$$

解: 实际上,这是一个有界杆热传导方程的混合问题. 由于 x 的变化范围是 $(0, l)$,而 t 的变化范围是 $(0, +\infty)$. 因此该定解问题应当关于 t 作拉普拉斯变换. 记

$$\mathcal{L}[u(x, t)] = U(x, s), \ \mathcal{L}\left[\frac{\partial u}{\partial t}\right] = sU(x, s) - u\big|_{t=0} = sU - 6\sin\frac{\pi x}{2},$$

$$\mathcal{L}\left[\frac{\partial^2 u}{\partial x^2}\right] = \frac{\mathrm{d}^2}{\mathrm{d}x^2} U(x, s).$$

这样,原定解问题转化为含有参数 s 的二阶常系数线性微分方程的边值问题

$$\begin{cases} a^2 \dfrac{\mathrm{d}^2 u}{\mathrm{d}x^2} - sU = -6\sin\dfrac{\pi x}{2}, \\ U\big|_{x=0} = 0, \ U\big|_{x=l} = 0. \end{cases}$$

由二阶常系数线性微分方程的一般解法可得其通解为

$$U(x, s) = c_1 \mathrm{e}^{\frac{\sqrt{s}}{a}x} + c_2 \mathrm{e}^{-\frac{\sqrt{s}}{a}x} + \frac{6}{s + \frac{a^2\pi^2}{4}} \sin\frac{\pi x}{2}.$$

由边界条件可知 $c_1 = c_2 = 0$,从而 $U(x, s) = \dfrac{6}{s + \dfrac{a^2\pi^2}{4}} \sin\dfrac{\pi x}{2}$. 取其逆变换,则原定解问题

的解为 $u(x, t) = 6\mathrm{e}^{-\frac{a^2\pi^2}{4}t} \sin\dfrac{\pi x}{2}$.

例 9.36   利用拉普拉斯变换求解定解问题

$$\begin{cases} \dfrac{\partial^2 u}{\partial x \partial y} = 1, & x > 0,\ y > 0, \\ u\big|_{x=0} = y+1,\ u\big|_{y=0} = 1. \end{cases}$$

解： 设二元函数 $u = u(x, y)$，这里 x, y 的变化范围都是 $(0, +\infty)$，现在将定解问题关于 x 作拉普拉斯变换，记 $\mathcal{L}[u(x, y)] = U(s, y)$，由微分性质及已知条件 $u\big|_{x=0} = y+1$ 可以推出 $\dfrac{\partial u}{\partial y}\Big|_{x=0} = 1$，从而 $\mathcal{L}\left[\dfrac{\partial^2 u}{\partial x \partial y}\right] = \mathcal{L}\left[\dfrac{\partial}{\partial x}\left(\dfrac{\partial u}{\partial y}\right)\right] = s\mathcal{L}\left[\dfrac{\partial u}{\partial y}\right] - \dfrac{\partial u}{\partial y}\Big|_{x=0} = s\dfrac{\mathrm{d}}{\mathrm{d}y}U(s, y) - 1$.

这样，原定解问题转化为含有参数 s 的一阶常系数线性微分方程的初值问题

$$\begin{cases} \dfrac{\mathrm{d}U}{\mathrm{d}y} = \dfrac{1}{s^2} + \dfrac{1}{s}, \\ U\big|_{y=0} = \dfrac{1}{s}. \end{cases}$$

该方程满足初始条件的解很容易得到，即 $U(s, y) = \dfrac{1}{s^2}y + \dfrac{1}{s}y + \dfrac{1}{s}$. 取其逆变换，可得原定解问题的解为 $u(x, y) = xy + y + 1$.

例 9.37　假设 y 方向的变化比 x 方向的变化小得多，求线性罗斯贝波动方程 $\nabla^2 \psi_t + \beta\psi_x = 0$ 的解.

解： 关于 t 作拉普拉斯变换，并设 $\mathcal{L}[\psi] = \bar{\psi}(s)$. 由微分性质可得

$$\mathcal{L}[\psi_t] = s\bar{\psi}(s) - \psi(x, 0).$$

因此，对方程两边作拉普拉斯变换后，可得 $s\nabla^2\bar{\psi} + \beta\bar{\psi}_x = \nabla^2\psi(x, 0)$.

我们假设流函数为常数 $\psi(x, 0) = \psi_0$，则上述方程变为 $s\left(\dfrac{\partial^2\bar{\psi}}{\partial x^2} + \dfrac{\partial^2\bar{\psi}}{\partial y^2}\right) + \beta\dfrac{\partial\bar{\psi}}{\partial x} = 0$.

这里我们尝试如下形式的解：$\bar{\psi} = q(x)\mathrm{e}^{\mathrm{i}ky}$，因此，$\dfrac{\partial^2\bar{\psi}}{\partial y^2} = -k^2\bar{\psi}$. 于是，我们有 $s\left(\dfrac{\partial^2\bar{\psi}}{\partial x^2} - k^2\bar{\psi}\right) + \beta\dfrac{\partial\bar{\psi}}{\partial x} = 0$，它特征方程为 $s\lambda^2 + \beta\lambda - sk^2 = 0$，特征根为

$$\lambda = \dfrac{-\beta \pm \sqrt{\beta^2 + 4s^2k^2}}{2s}.$$

由于罗斯贝波动方程来自考虑印度洋上季风问题，因此海洋的初始反应不如长时间的反应重要. 因此 λ 关于 s 的两个幂级数展开式中，考虑 s 的取值较小(对应大时间)的情形. 因此，$q \sim \mathrm{e}^{-\beta x/s}$ 且 $q \sim \mathrm{e}^{-sxk^2/\beta}$. 考虑到初始条件 $\psi(x, 0) = \psi_0$，其对应拉普拉斯变换 $\bar{\psi}(x, 0) = \psi_0/s$，从而有 $\bar{\psi}(x, s) = \dfrac{1}{s}\mathrm{e}^{-\beta x/s}$. 取拉普拉斯逆变换，则 $\psi(x, t) = \psi_0 \mathrm{J}_0(2\sqrt{\beta xt})$，其中 J_0 为贝塞尔函数 J_n 在 $n = 0$ 的情形.

把时间原点从 0 改为 t_0，则容易得到模拟索马里(Somalia)海流爆发的问题

$$\psi(x\,,\,t)=\psi_0\{1-\mathrm{J}_0[2\sqrt{\beta x(t-t_0)}\,]\}.$$

对于求解线性偏微分方程的定解问题,一般来说,需根据自变量的变化范围和方程及其定解条件的具体情况来决定选取变换方法.

首先,如果自变量的变化范围为 $(-\infty,+\infty)$,应选取傅里叶变换方法;如果自变量的变化范围为 $(0,+\infty)$,则应选取拉普拉斯变换方法,亦可选取傅里叶正弦变换或余弦变换方法.

其次,要考虑定解条件的形式,如果对未知函数 $u(x\,,\,t)$ 形成的定解问题关于自变量 t 作拉普拉斯变换,根据拉普拉斯变换的微分性质,必须在定解条件中给出该自变量为零时的未知函数值及直到低于方程阶数的各阶导数值;对于某自变量作傅里叶正弦变换时,则要求定解条件中应给出该自变量为零时的未知函数值;对于某自变量作傅里叶余弦变换时,则要求定解条件中应给出该自变量为零时的未知函数的导数值.

再次,对方程取某种变换时没有用到的定解条件都要取相应的变换,使它成为象函数方程的定解条件.

最后,将变换成的常微分方程的定解问题求出其象函数,再通过取其逆变换而求得原定解问题的解. 当然,求逆变换有一定的技巧,可以查积分变换表,也可以利用有关的性质和定理获得结果.

9.5　传递函数

在分析线性系统时,我们并不关心系统内部的各种不同的结构情况,而是要研究激励和响应同系统本身特性之间的联系,为了描述这种联系,需要引进传递函数的概念.

9.5.1　传递函数概念

在零初始条件下,将线性定常系统输出量的拉普拉斯变换 $C(s)$ 与输入量的拉普拉斯变换 $R(s)$ 之比定义为线性定常系统的**传递函数**,即 $H(s)\triangleq\dfrac{C(s)}{R(s)}$.

若已知线性定常系统的微分方程为

$$a_0\,\frac{\mathrm{d}^n c(t)}{\mathrm{d}t^n}+a_1\,\frac{\mathrm{d}^{n-1}c(t)}{\mathrm{d}t^{n-1}}+\cdots+a_{n-1}\,\frac{\mathrm{d}c(t)}{\mathrm{d}t}+a_n c(t)$$

$$=b_0\,\frac{\mathrm{d}^m r(t)}{\mathrm{d}t^m}+b_1\,\frac{\mathrm{d}^{m-1}r(t)}{\mathrm{d}t^{m-1}}+\cdots+b_{m-1}\,\frac{\mathrm{d}r(t)}{\mathrm{d}t}+b_m r(t),$$

式中,$c(t)$ 为输出量,$r(t)$ 为输入量. 设 $c(t)$ 和 $r(t)$ 及其各阶导数初始值均为零,对上式作拉普拉斯变换,得

$$(a_0 s^n+a_1 s^{n-1}+\cdots+a_{n-1}s+a_n)C(s)=(b_0 s^m+b_1 s^{m-1}+\cdots+b_{m-1}s+b_m)R(s).$$

则系统的传递函数为

$$H(s) = \frac{C(s)}{R(s)} = \frac{b_0 s^m + b_1 s^{m-1} + \cdots + b_{m-1} s + b_m}{a_0 s^n + a_1 s^{n-1} + \cdots + a_{n-1} s + a_n}.$$

传递函数与输入、输出之间的关系如图 9.2 所示.

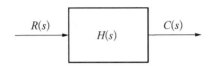

图 9.2　传递函数示意图

例 9.38　设电路输出响应函数为 $y(t) = 2\mathrm{e}^{-t}\sin(10t)$，输入函数为 $x(t) = 3u(t)$，求电路频域传递函数.

解：根据传递函数的定义，有

$$H(s) = \frac{\mathcal{L}[y(t)]}{\mathcal{L}[x(t)]} = \frac{\mathcal{L}[2\mathrm{e}^{-t}\sin(10t)]}{\mathcal{L}[3u(t)]} = \frac{\dfrac{20}{(s+1)^2+100}}{\dfrac{3}{s}} = \frac{\dfrac{20}{3}s}{(s+1)^2+100}.$$

例 9.39　设电路系统的传递函数为 $H(s) = \dfrac{1}{s+5}$，系统输入为 $x(t) = 5u(t)$，求电路系统输出响应.

解：根据传递函数的定义，容易得 $Y(s) = X(s)H(s)$.

由于 $X(s) = \mathcal{L}[5u(t)]$，从而 $Y(s) = \dfrac{5}{s} \cdot \dfrac{1}{(s+5)} = \dfrac{1}{s} - \dfrac{1}{s+5}$，进而在时域上，输出为

$$y(t) = 5u(t) * \mathrm{e}^{-5t} = u(t) - \mathrm{e}^{-5t}, \quad t > 0.$$

例 9.40　设一阶系统的方程为 $\dfrac{\mathrm{d}y}{\mathrm{d}t} + 2y = \sin 3t$，$y(0) = 0$，求传递函数 $H(s)$ 以及输出响应 $y(t)$.

解：根据传递函数的定义，容易得到 $H(s) = \dfrac{1}{s+2}$.

由于 $Y(s) = H(s)R(s) = \dfrac{1}{s+2} \cdot \dfrac{3}{s^2+9} = \dfrac{3}{13}\left[\dfrac{1}{s+2} - \dfrac{s-2}{s^2+9}\right]$

$$= \frac{3}{13}\left[\frac{1}{s+2} - \frac{s}{s^2+9} + \frac{2}{3}\frac{3}{s^2+9}\right],$$

从而　　　　$y(t) = \mathcal{L}^{-1}[Y(s)] = \dfrac{3}{13}\left(\mathrm{e}^{-2t} - \cos 3t + \dfrac{2}{3}\sin 3t\right), \quad t \geqslant 0.$

例 9.41　设系统的传递函数为 $H(s) = \dfrac{s^2 + 3s + 1}{(s+1)(s+3)(s+5)}$.

(1) 在初始状态为零输入零输出的情况下，求系统的方程模型.

(2) 如果输入为 $r(t) = t$，$t \geqslant 0$，求输出响应 $y(t)$.

解：(1) 根据传递函数的定义及其与方程模型的关系，有

$$H(s) = \frac{Y(s)}{R(s)} = \frac{s^2 + 3s + 1}{(s+1)(s+3)(s+5)} = \frac{s^2 + 3s + 1}{s^3 + 9s^2 + 23s + 15}.$$

从而 $(s^3 + 9s^2 + 23s + 15)Y(s) = (s^2 + 3s + 1)R(s)$，进而有

$$s^3 Y(s) + 9s^2 Y(s) + 23sY(s) + 15Y(s) = s^2 R(s) + 3sR(s) + R(s).$$

取拉普拉斯逆变换，并考虑初始状态为零输入零输出的情况，可得系统方程模型为

$$\frac{\mathrm{d}^3}{\mathrm{d}t^3} y(t) + 9 \frac{\mathrm{d}^2}{\mathrm{d}t^2} y(t) + 23 \frac{\mathrm{d}}{\mathrm{d}t} y(t) + 15 y(t) = \frac{\mathrm{d}^2}{\mathrm{d}t^2} r(t) + 3 \frac{\mathrm{d}}{\mathrm{d}t} r(t) + r(t).$$

（2）因 $r(t) = t$，$t \geq 0$，则 $R(s) = \dfrac{1}{s^2}$。传递函数的定义，可得 $Y(s) = H(s)R(s)$，进而有 $Y(s) = \dfrac{s^2 + 3s + 1}{(s+1)(s+3)(s+5)} \cdot \dfrac{1}{s^2}$。化成部分分式之和的形式

$$Y(s) = \frac{1}{15}\left(\frac{1}{s^2}\right) + \frac{22}{225}\left(\frac{1}{s}\right) - \frac{1}{8}\left(\frac{1}{s+1}\right) - \frac{1}{36}\left(\frac{1}{s+3}\right) + \frac{11}{200}\left(\frac{1}{s+5}\right).$$

取拉普拉斯逆变换，可得输出响应

$$y(t) = \frac{1}{15}t + \frac{22}{225} - \frac{1}{8}\mathrm{e}^{-t} - \frac{1}{36}\mathrm{e}^{-3t} + \frac{11}{200}\mathrm{e}^{-5t}, \quad t \geq 0.$$

说明：（1）作为一种数学模型，传递函数只适用于线性定常系统，这是由于传递函数是经拉普拉斯变换导出的，而拉普拉斯变换是一种线性积分运算。

（2）传递函数是以系统本身的参数描述的线性定常系统输入量与输出量的关系式，它表达了系统内在的固有特性，只与系统的结构、参数有关，而与输入量或输入函数的形式无关。

（3）传递函数可以是无量纲的，也可以是有量纲的，视系统的输入、输出量而定，它包含着联系输入量与输出量所必需的单位，它不能表明系统的物理特性和物理结构。

（4）传递函数只表示单输入和单输出（single input single output，SISO）之间的关系，对多输入和多输出（multiple input multiple output，MIMO）系统，可用传递函数阵表示。

（5）传递函数分母多项式的阶次总是大于或等于分子多项式的阶次，即 $n \geq m$。这是由于实际系统的惯性所造成的，传递函数的系数为实数。

（6）传递函数与微分方程有相通性。把微分方程中的微分算子 $\dfrac{\mathrm{d}}{\mathrm{d}t}$ 用 s 代替就可以得到对应的传递函数。

（7）传递函数 $H(s)$ 的拉普拉斯逆变换是脉冲响应 $h(t)$。

（8）传递函数分母多项式称为特征多项式，记为 $D(s) = a_0 s^n + a_1 s^{n-1} + \cdots + a_{n-1} s + a_n$，而 $D(s) = 0$ 称为特征方程。

（9）传递函数式可表示成 $H(s) = K \dfrac{(s-z_1)(s-z_2)\cdots(s-z_m)}{(s-p_1)(s-p_2)\cdots(s-p_n)}$，式中 p_1，p_2，$\cdots$，p_n 为分母多项式的根，称为传递函数的极点。z_1，z_2，$\cdots$，z_n 为分子多项式的根，称为传递函数的零点，K 称为传递系数或增益。

在系统的传递函数中，$s = \mathrm{j}\omega$，则称 $H(\mathrm{j}\omega) = \dfrac{C(\mathrm{j}\omega)}{R(\mathrm{j}\omega)}$ 为系统的**频率特性函数**，简称为**频**

率响应.

注:(1)零点、极点和根轨迹增益决定了系统的动态性能及稳定性能.

(2)传递函数的极点就是微分方程的特征根,是系统自身固有参数,这些特征根决定的运动模式称为运动基本模态.

(3)当极点具有负实部或为负实数时,传递函数对应的模态一定是收敛的.当所有极点都具有这一特性时,所有自由运动模态都会收敛,最终趋于零.因此,当全部极点都在复平面的左半平面时,系统即为稳定.在模态收敛时,收敛速度还取决于极点是否远离虚轴,如果极点离虚轴越远,相应的模态收敛越快,即系统会快速趋于稳定.例 9.41 的传递函数的零极点分布图及其脉冲响应函数 $h(t)$ 如图 9.3 所示,从图中可知其极点均位于复平面的左半平面,其脉冲响应函数也快速趋于稳定.

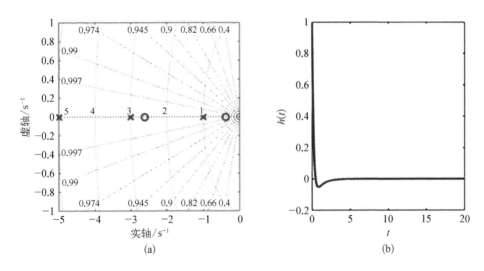

(a)　　　　　　　　　　　　　　　(b)

图 9.3　传递函数零极点分布与其脉冲响应函数

(a)传递函数零极点分布图;(b)传递函数的脉冲响应函数图

9.5.2　常见传递函数

控制系统由许多元件组合而成,这些元件的物理结构和作用原理是多种多样的,但抛开具体结构和物理特点,从传递函数的数学模型来看,可以划分成几种典型环节,常用的典型环节有比例环节、惯性环节、积分环节、微分环节、振荡环节、延迟环节等.

1. 比例环节

环节输出量与输入量成正比,不失真也无时间滞后的环节称为比例环节,也称无惯性环节.输入量与输出量之间的关系为 $c(t)=Kr(t)$,比例环节的传递函数为 $H(s) \triangleq \dfrac{C(s)}{R(s)} = K$,式中 K 为常数,称为比例环节的放大系数或增益.

2. 惯性环节(非周期环节)

惯性环节的动态方程是一个一阶微分方程 $\dfrac{\mathrm{d}c(t)}{\mathrm{d}t}+c(t)=Kr(t)$,其传递函数为 $H(s) = \dfrac{C(s)}{R(s)} = \dfrac{K}{Ts+1}$,式中 T 为惯性环节的时间常数,K 为惯性环节的增益或放大系数.

当输入为单位阶跃函数时,其单位阶跃响应为

$$c(t) = \mathcal{L}^{-1}[C(s)] = \mathcal{L}^{-1}[H(s)R(s)] = \mathcal{L}^{-1}\left[\frac{K}{Ts+1} \cdot \frac{1}{s}\right] = K(1 - \mathrm{e}^{-\frac{t}{T}}).$$

3. 积分环节

输出量正比于输入量的积分的环节,其动态特性方程为 $c(t) = \frac{1}{T_i}\int_0^t r(t)\mathrm{d}t$,其传递函数为 $H(s) = \frac{C(s)}{R(s)} = \frac{1}{T_i s}$,式中, T_i 为积分时间常数. 积分环节的单位阶跃响应为 $c(t) = \frac{1}{T_i}t$,它随时间直线增长,当输入突然消失,积分停止,输出维持不变,故积分环节具有记忆功能.

4. 微分环节

理想微分环节的特征输出量正比于输入量的微分,其动态方程为 $c(t) = T_d\frac{\mathrm{d}r(t)}{\mathrm{d}t}$,其传递函数为 $H(s) = \frac{C(s)}{R(s)} = T_d s$,式中, T_d 为微分时间常数. 它的单位阶跃响应为 $c(t) = T_d\delta(t)$.

理想微分环节实际上难以实现,因此我们常采用带有惯性的微分环节,其传递函数为 $G(s) = \frac{KT_d s}{T_d s + 1}$,其单位阶跃响应为 $c(t) = K\mathrm{e}^{-\frac{t}{T_d}}$.

5. 二阶振荡环节(二阶惯性环节)

二阶振荡环节的动态方程为 $T^2\frac{\mathrm{d}^2 c(t)}{\mathrm{d}t^2} + 2\zeta T\frac{\mathrm{d}c(t)}{\mathrm{d}t} + c(t) = Kr(t)$,其传递函数为

$$H(s) = \frac{C(s)}{R(s)} = \frac{K}{T^2 s^2 + 2\zeta Ts + 1},$$

或

$$G(s) = \frac{K\omega_n^2}{s^2 + 2\zeta\omega_n s + \omega_n^2},$$

式中, $\omega_n = \frac{1}{T}$ 为无阻尼自然振荡角频率, ζ 为阻尼比.

6. 延迟环节(时滞环节)

延迟环节是输入信号加入后,输出信号延迟一段时间 τ 后才重现输入信号,其动态方程为 $c(t) = r(t-\tau)$,其传递函数是一个超越函数 $H(s) = \frac{C(s)}{R(s)} = \mathrm{e}^{-\tau s}$,式中 τ 称纯延迟时间.

例 9.42 设初始时刻电流 $j(0) = 0$,且载荷 $q(0) = 0$. 根据图 9.4 求系统的方程及其解.

解: 设电流为 j,载荷为 q,根据电路图,分别得的 3 个元器件两端的电压关系为

$$2\frac{\mathrm{d}j}{\mathrm{d}t} = 2\frac{\mathrm{d}^2 q}{\mathrm{d}t^2}, \quad 16j = 16\frac{\mathrm{d}q}{\mathrm{d}t}, \quad \frac{q}{0.002} = 50q.$$

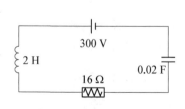

图 9.4 例 9.42 电路图

显然, 3 个电压之和为 300 V, 可得

$$2\frac{\mathrm{d}^2 q}{\mathrm{d}t^2} + 16\frac{\mathrm{d}q}{\mathrm{d}t} + 50q = 300.$$

作拉普拉斯变换, 得

$$s^2\bar{q}(s) - sq(0) - q'(0) + 8s\bar{q}(s) - 8q(0) + 25\bar{q}(s) = \frac{150}{s}.$$

考虑零初始条件, 则有

$$\bar{q}(s) = \frac{150}{s(s^2 + 8s + 25)} = \frac{150}{s[(s+4)^2 + 9]}.$$

再分解成部分分式之和的形式

$$\bar{q}(s) = \frac{6}{s} - \frac{6(s+4)}{[(s+4)^2 + 9]} - \frac{24}{[(s+4)^2 + 9]}.$$

再做拉普拉斯逆变换, 则有

$$q(t) = 6 - 6\mathrm{e}^{-4t}\cos(3t) - 8\mathrm{e}^{-4t}\sin(3t).$$

进而得到电流表达式为 $j = \dfrac{\mathrm{d}q}{\mathrm{d}t} = 50\mathrm{e}^{-4t}\sin(3t)$. 载荷与电流关于时间演化的时序如图 9.5 所示, 据图中观察可知时间适当加长后, 电路中的载荷与电流趋于稳定.

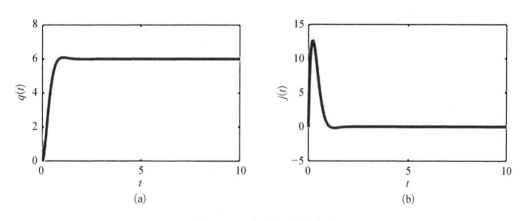

图 9.5　载荷与电流的时序

(a) 载荷时序图; (b) 电流时序图

例 9.43　设某电路图如图 9.6 所示, 请根据电路图求出所有传递函数.

解: 从图 9.4 可知电路中存在两个环路电流 i_1, i_2, 输入电压均为 V_{in}. 因此, 所求传递函数为 $H_1(s) = \dfrac{I_1(s)}{V_{\mathrm{in}}(s)}$, $H_2(s) = \dfrac{I_2(s)}{V_{\mathrm{in}}(s)}$. 显然需要求 $I_1(s)$, $I_2(s)$, 其结果为

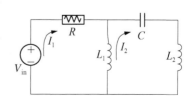

图 9.6　例 9.43 电路图

$$I_1(s) = \frac{C(L_1 + L_2)s^2 + 1}{CL_1L_2s^3 + RC(L_1 + L_2)s^2 + L_1s + R} V_{\text{in}}(s),$$

$$I_2(s) = \frac{CL_1s^2}{CL_1L_2s^3 + RC(L_1 + L_2)s^2 + L_1s + R} V_{\text{in}}(s),$$

从而可得两个传递函数分别为

$$H_1(s) = \frac{I_1(s)}{V_{\text{in}}(s)} = \frac{C(L_1 + L_2)s^2 + 1}{CL_1L_2s^3 + RC(L_1 + L_2)s^2 + L_1s + R},$$

$$H_2(s) = \frac{I_2(s)}{V_{\text{in}}(s)} = \frac{CL_1s^2}{CL_1L_2s^3 + RC(L_1 + L_2)s^2 + L_1s + R}.$$

数学名人介绍

拉普拉斯

拉普拉斯(Laplace,1749—1827 年)1749 年 3 月 23 日生于法国西北部卡尔瓦多斯的博蒙昂诺日,法国数学家、天文学家,法国科学院院士.他从青年时期就显示出卓越的数学才能,18 岁时带着一封推荐信去找当时法国著名学者达朗贝尔,决定从事数学工作,但被后者拒绝接见.拉普拉斯就寄去一篇力学方面的论文给达朗贝尔.这篇论文出色至极,以至达朗贝尔高兴得要当他的教父,并推荐拉普拉斯到军事学校教书.

此外,他是天体力学的主要奠基人、天体演化学的创立者之一,还是分析概率论的创始人,可以说他是应用数学的先驱.1773 年,他解决了一个当时著名的难题:解释木星轨道为什么在不断地收缩,而同时土星的轨道又在不断地膨胀.拉普拉斯用数学方法证明了行星平均运动的不变性,即行星的轨道大小只有周期性变化,并证明为偏心率和倾角的 3 次幂.此后他开始了对太阳系稳定性问题的研究.同年,他成为法国科学院副院士.

他同拉瓦锡在一起工作了一段时期,他们测定了许多物质的比热容.1780 年,他们两人证明了将一种化合物分解为其组成元素所需的热量就等于这些元素形成该化合物时所放出的热量.这可以看作热化学的开端,而且,它也是继布拉克关于潜热的研究工作之后向能量守恒定律迈进的又一个里程碑.

1784—1785 年,拉普拉斯求得天体对其外任一质点的引力分量可以用一个势函数来表示,这个势函数满足一个偏微分方程,即著名的拉普拉斯方程.1785 年,他被选为科学院院士.1786 年,他证明了行星轨道的偏心率和倾角总保持很小和恒定,能自动调整,即摄动效应是守恒和周期性的,不会积累也不会消解.1787 年,他发现月球的加速度同地球轨道的偏心率有关,从理论上解决了太阳系动态中观测到的最后一个反常问题.

1795 年,拉普拉斯出任巴黎综合工科学校教授,后又在高等师范学校任教授.1796 年,他的著作《宇宙体系论》问世,书中提出了对后来有重大影响的关于行星起源的星云假说.1799 年,他担任法国经度局局长,并在拿破仑政府中任 6 个星期的内政部长.1816 年被选为法兰西学院院士,1817 年任该院院长.1827 年 3 月 5 日卒于巴黎.拉普拉斯在研究天体问题的过程中,创造和发展了许多数学的方法,以他的名字命名的拉普拉斯变换、拉普拉斯定理和拉普拉斯方程在科学技术的各个领域有着广泛的应用.

习　题　9

1. 求下列函数的拉普拉斯变换:

(1) $f(t) = \begin{cases} 3, & 0 \leqslant t < 2, \\ -1, & 2 \leqslant t < 4, \\ 0, & t \geqslant 4; \end{cases}$
(2) $f(t) = \begin{cases} 3, & t < \dfrac{\pi}{2}, \\ \cos t, & t > \dfrac{\pi}{2}; \end{cases}$

(3) $f(t) = e^{2t} + 5\delta(t)$;
(4) $f(t) = \cos t \cdot \delta(t) - \sin t \cdot u(t)$;

(5) $f(t) = \cos^2 t$;
(6) $f(t) = e^{-2t} \cdot \sin 5t$;

(7) $f(t) = 1 - t \cdot e^t$;
(8) $f(t) = t^2 + 3t + 2$;

(9) $f(t) = t^2 + 3t + 2$;
(10) $t\displaystyle\int_0^t e^{-3t} \sin 2t \, dt$.

2. 求下列函数的拉普拉斯逆变换:

(1) $F(s) = \dfrac{1}{s^2 + 4}$;
(2) $F(s) = \dfrac{1}{s^4}$;

(3) $F(s) = \dfrac{1}{(s+1)^4}$;
(4) $F(s) = \dfrac{1}{s+3}$;

(5) $F(s) = \dfrac{2s+5}{s^2 + 4s + 13}$;
(6) $F(s) = \dfrac{1}{s(s+1)(s+2)}$;

(7) $F(s) = \dfrac{s^2 + 2s - 1}{s(s-1)^2}$;
(8) $F(s) = \dfrac{2s^2 + 3s + 3}{(s+1)(s+3)^2}$.

3. 计算下列积分:

(1) $\displaystyle\int_0^{+\infty} \dfrac{1 - \cos t}{t} e^{-t} \, dt$;
(2) $\displaystyle\int_0^{+\infty} e^{-3t} \cos 2t \, dt$;

(3) $\displaystyle\int_0^{+\infty} t e^{-2t} \, dt$;
(4) $\displaystyle\int_0^{+\infty} \dfrac{\sin^2 t}{t} e^{-t} \, dt$.

4. 求下列卷积:

(1) $1 * 1$;　(2) $t * t$;　(3) $t * e^t$;　(4) $\sin t * \cos t$;

(5) $\delta(t-a) * f(t)$, $a \geqslant 0$.

5. 求下列微分方程的解:

(1) $y' - y = e^{2t}$, $y(0) = 0$;

(2) $y'' + 4y' + 3y = e^{-t}$, $y(0) = y'(0) = 1$;

(3) $y'' + 3y' + 2y = u(t-1)$, $y(0) = 0$, $y'(0) = 1$;

(4) $t''y + y' + 4ty = 0$, $y(0) = 3$, $y'(0) = 0$;

(5) $ty'' + 2(t-1)y' + (t-2)y = 0$, $y(0) = 2$.

习题参考答案

第 1 章

1. 解: (1) $|z| = 1$, $\text{Arg } z = -\dfrac{\pi}{3} + 2k\pi$, $k \in \mathbf{Z}$; (2) $\dfrac{3+5i}{7i+1} = \dfrac{(3+5i)(1-7i)}{(1+7i)(1-7i)} = -\dfrac{16}{25} + \dfrac{13}{25}i$;

(3) 由于 $\left(\dfrac{-1+i\sqrt{3}}{2}\right)^3 = \dfrac{(-1+i\sqrt{3})^3}{8} = \dfrac{1}{8}\{[-1 - 3 \cdot (-1) \cdot (\sqrt{3})^2] + [3 \cdot (-1)^2 \cdot \sqrt{3} -$

$(\sqrt{3})^3]\} = \dfrac{1}{8}(8 + 0i) = 1$, 因此 $\text{Re}\left(\dfrac{-1+i\sqrt{3}}{2}\right) = 1$, $\text{Im}\left(\dfrac{-1+i\sqrt{3}}{2}\right) = 0$.

(4) $z = -i^8 + 4i^{21} - i = -1 + 4i - i = -1 + 3i$, 因此, $\text{Re } z = -1$, $\text{Im } z = 3$,

$|z| = \sqrt{10}$, $\arg z = \pi - \arctan 3$, $\bar{z} = -1 - 3i$.

2. 解: $z_1 z_2 = 2e^{\frac{\pi}{12}i}$, $\dfrac{z_1}{z_2} = \dfrac{1}{2}e^{\frac{5\pi}{12}i}$.

3. 解: 由 $\sqrt[3]{i} = \cos\dfrac{\frac{\pi}{2} + 2k\pi}{3} + i\sin\dfrac{\frac{\pi}{2} + 2k\pi}{3}$, 可得 $z_1 = \cos\dfrac{\pi}{6} + i\sin\dfrac{\pi}{6} = \dfrac{\sqrt{3}}{2} + \dfrac{1}{2}i$, $z_2 = \cos\dfrac{5\pi}{6} +$

$i\sin\dfrac{5\pi}{6} = -\dfrac{\sqrt{3}}{2} + \dfrac{1}{2}i$, $z_3 = \cos\dfrac{9\pi}{6} + i\sin\dfrac{9\pi}{6} = -i$.

4. 证明: 方程两端取共轭,注意到系数皆为实数,并且根据复数的乘法运算规则 $\overline{z^n} = (\bar{z})^n$, 由此得到 $a_0(\bar{z})^n + a_1(\bar{z})^{n-1} + \cdots + a_{n-1}\bar{z} + a_n = 0$.

5. 证明: 由题设 $|z_1| = |z_2| = |z_3| = 1$, 可设 $z_k = e^{i\theta_k}$, $k = 1, 2, 3$, 再由题设 $z_1 + z_2 + z_3 = 0$, 可得 $e^{i\theta_1} + e^{i\theta_2} + e^{i\theta_3} = 0$, 从而 $\cos\theta_1 + \cos\theta_2 + \cos\theta_3 = 0$, $\sin\theta_1 + \sin\theta_2 + \sin\theta_3 = 0$. 所以 $(\cos\theta_1 + \cos\theta_2)^2 + (\sin\theta_1 + \sin\theta_2)^2 = (-\cos\theta_3)^2 + (-\sin\theta_3)^2$, 即 $2 + 2\cos\theta_1\cos\theta_2 + 2\sin\theta_1\sin\theta_2 = 1$. 从而 $\cos(\theta_2 - \theta_1) = -\dfrac{1}{2}$. 因此 $\theta_2 - \theta_1 = \dfrac{2\pi}{3}$, 同理可证 $\theta_1 - \theta_3 = \dfrac{2}{3}\pi$. 所以 z_1, z_2, z_3 为内接于单位圆周的正三角形的顶点.

6. 解: (1) 由于 $|-8\pi(1+\sqrt{3}i)| = 16\pi$, $\theta = \arg[-8\pi(1+\sqrt{3}i)] = -\dfrac{2}{3}\pi$, 从而 $-8\pi(1+\sqrt{3}i)$ 的指数形式为 $16\pi e^{-\frac{2}{3}\pi i}$, 三角形式为 $16\pi\left[\cos\left(-\dfrac{2}{3}\pi\right) + i\sin\left(-\dfrac{2}{3}\pi\right)\right]$.

(2) 指数形式: $e^{19\varphi i}$. 三角形式: $\cos 19\varphi + i\sin 19\varphi$

7. 解: 解法1 因为 $z^3 + 8 = z^3 + 2^3 = (z+2)(z^2 - 2z + 4) = (z+2)[(z^2 - 2z + 1) + 3] = (z+2)[(z-1)^2 + (i\sqrt{3})^2] = (z+2)(z-1+i\sqrt{3})(z-1-i\sqrt{3})$, 所以由 $z^3 + 8 = 0$, 得 $(z+2)(z-1+i\sqrt{3})(z-1-i\sqrt{3}) = 0$, 解得原方程的所有根为 $z_1 = -2$, $z_2 = 1 + i\sqrt{3}$, $z_3 = 1 + i\sqrt{3}$.

解法2 由 $z^3 + 8 = 0$, 得 $z^3 = -8$, 即 z 是 -8 的三次方根, 而 $-8 = 8(\cos\pi + i\sin\pi)$, 所以 $z_k =$

$$\sqrt[3]{-8} = \sqrt[3]{8}\left[\cos\frac{\pi+2k\pi}{3} + i\sin\frac{\pi+2k\pi}{3}\right] = 2\left[\cos\frac{\pi+2k\pi}{3} + i\sin\frac{\pi+2k\pi}{3}\right],\ 其中\ k = 0,1,2,\cdots,$$

故原方程的所有根为 $z_1 = -2$, $z_2 = 1+i\sqrt{3}$, $z_3 = 1+i\sqrt{3}$.

8. 证明: 利用本书中"三点 z_1, z_2, z_3 共线的充要条件是 $\mathrm{Im}\left(\frac{z_3-z_1}{z_2-z_1}\right) = 0$"的结论,因此,只需说明

$\frac{z_3-z_1}{z_2-z_1}$ 为实数. 从而令 $z_1 = 0$, $z_2 = \frac{1}{-a+bi}$, $z_3 = a+bi$, 则 $\frac{z_3-z_1}{z_2-z_1} = \frac{a+bi}{\frac{1}{-a+bi}} = (a+bi)(-a+$

$bi) = -(a^2+b^2)$ 为实数.

因此, $a+bi$, 0, $\frac{1}{-a+bi}$ 共线.

9. 证明: 由于 $\varphi(z) = z$ 在 z 平面上连续,由连续函数的四则运算性质知 $f(z) = z^n$ 在 z 平面上处处连续,再由四则运算性质知 $P(z) = a_0 z^n + a_1 z^{n-1} + \cdots + a_n (a_0 \neq 0)$ 在 z 平面上连续.

10. 证明: 当动点 z 沿直线 $y = kx$ 趋向于原点时,函数值 $f(z) = \frac{xy}{x^2+y^2} = \frac{k}{1+k^2}$ 趋向于

$\frac{k}{1+k^2}$. 这个极限值随 k 的不同而变化,从而 $f(z)$ 在 $z = 0$ 不连续.

11. 证明: 证法 1 由连续函数定义即得.

证法 2 由连续函数的充要条件可知 $(z) = z$ 连续$\Leftrightarrow$实部 x 与虚部 y 连续. 从而 x, $-y$ 连续,故 $f(z) = \bar{z}$ 连续.

12. 解: 连续但非一致连续.

13. 证明: 设 $z_n = x_n + iy_n$, 且 $\{z_n\}$ 有界, 即 $\exists M > 0$ 使得 $|z_n| \leqslant M$, $n = 1,2,\cdots$. 又因为 $|x_n| \leqslant |z_n|$, $|y_n| \leqslant |z_n|$, 从而实数列 $\{x_n\}$, $\{y_n\}$ 都有界. 根据实数列的致密性定理,存在子列 $\{x_{n_k}\} \subseteq \{x_n\}$, 使得 $\{x_{n_k}\}$ 收敛于某常数,记为 a. 相应地,复数列 $\{z_{n_k} = x_{n_k} + iy_{n_k}\}$ 也有界,从而存在子列 $\{y_{n_{k_j}}\} \subseteq \{y_{n_k}\}$ 收敛于某常数,记为 b. 同时子列 $\{x_{n_{k_j}}\} \subseteq \{x_{n_k}\}$ 仍收敛于常数 a. 从而所设 $\{z_n\}$ 中有一子数列 $\{z_{n_{k_j}} = x_{n_{k_j}} + iy_{n_{k_j}}\}$ 收敛于 $a+ib$.

14. 证明略,当 $z_0 = \infty$ 时,本题结论不一定成立.

15. 解: (1) $\lim\limits_{z \to i} \frac{z-i}{z(1+z^2)} = \lim\limits_{z \to i} \frac{z-i}{z(i+z)(z-i)} = \lim\limits_{z \to i} \frac{1}{z(i+z)} = -\frac{1}{2}$.

(2) 令 $z = \frac{1}{t}$, $z \to \infty$, $t \to 0$, 则 $\lim\limits_{z \to \infty} \frac{1}{1+z^2} = \lim\limits_{t \to 0} \frac{t^2}{1+t^2} = 0$.

(3) $\lim\limits_{z \to 1} \frac{z\bar{z}+2z-\bar{z}-2}{z^2-1} = \lim\limits_{z \to 1} \frac{(\bar{z}+2)(z-1)}{(z+1)(z-1)} = \lim\limits_{z \to 1} \frac{\bar{z}+2}{z+1} = \frac{3}{2}$.

16. 证明: 由于 $(1-i\sqrt{3})^n = (2e^{-\frac{\pi}{3}i})^n = 2^n\left(\cos\frac{n\pi}{3} - i\sin\frac{n\pi}{3}\right)$, 从而 $x_n = 2^n\cos\frac{n\pi}{3}$, $y_n = -2^n i\sin\frac{n\pi}{3}$, 将 x_n, y_n 代入 $x_n y_{n-1} - x_{n-1}y_n$ 化简即得.

17. 证明: 显然 $|z| = |x+iy| \leqslant |x|+|y|$, 故只需证 $|x|+|y| \leqslant \sqrt{2}|z|$. 事实上,因为 $(|x|-|y|)^2 \geqslant 0$, $|x|^2+|y|^2 \geqslant 2|xy|$, 所以 $|x|^2+|y|^2+2|x||y| \leqslant 2(|x|^2+|y|^2)$, 即 $(|x|-|y|)^2 \leqslant 2(|x|^2+|y|^2)$. 故有 $|x|+|y| \leqslant \sqrt{2}\sqrt{|x|^2+|y|^2} = \sqrt{2}|z|$.

18. 证明: 利用公式 $|z_1-z_2|^2 = |z_1|^2 + |z_2|^2 - 2\mathrm{Re}(z_1\bar{z_2})$ 及 $\mathrm{Re}(z_1\bar{z_2}) \leqslant |z_1\bar{z_2}| = |z_1||z_2|$, 可推得 $|z_1-z_2|^2 \leqslant |z_1|^2+|z_2|^2 - 2|z_1||z_2| = (|z_1|-|z_2|)^2 = \big||z_1|-|z_2|\big|^2$, 从而 $|z_1-z_2| \leqslant \big||z_1|-|z_2|\big|$.

19. 证明： 应用公式 $|z|^2 = z\bar{z}$ 以及 $z + \bar{z} = 2\,\mathrm{Re}\,z$，化简左端平方即得证.

20. 证明：必要性 如果可被分解成两块不相交的开集 A 和 B，由连通的定义，不妨假设 $A \cap B' \neq \varnothing$ 成立，记 $A \cap B' \ni a$，$a \in A$，存在一个 $r > 0$，$B_r(a)$ 都包含于 A，又 $A \cup B = E$，故存在 $\delta > 0$，使得 $B_\delta(a)$ 不包含 B 中的点，这与 a 是 B 的凝聚点矛盾.

充分性 反证法，假如 E 不连通，那么存在不相交非空集合 A，B，使得 A 不包含 B 的凝聚点，B 不包含 A 的凝聚点. 任取 $a \in A$，那么存在一个 $\delta > 0$，使得 $B_\delta(a)$ 不包含 B 的点，但是 E 是开集，即 $B_\delta(a) \subseteq E$，故 $B_\delta(a) \subseteq A$，即 A 是开集. 同理，B 也是开集.

21. 解： (1) $\arg z = \pi$，表示负实轴；(2) $|z-1| = |z|$ 表示直线 $z = \dfrac{1}{2}$；(3) $1 < |z+\mathrm{i}| < 2$ 表示以 $-\mathrm{i}$ 为圆心，以 1 和 2 为半径的周圆所组成的圆环域；(4) $\mathrm{Re}\,z > \mathrm{Im}\,z$ 表示直线 $y = x$ 的右下半平面.

22. 解： 设 $z = x + \mathrm{i}y$，$w = u + \mathrm{i}v$，则 $u + \mathrm{i}v = x + \mathrm{i}y + \dfrac{1}{x + \mathrm{i}y} = x + \mathrm{i}y + \dfrac{x - \mathrm{i}y}{x^2 + y^2} = x + \dfrac{x}{x^2 + y^2} + \mathrm{i}\left(y - \dfrac{y}{x^2 + y^2}\right)$. 因为 $x^2 + y^2 = 4$，所以 $u + \mathrm{i}v = \dfrac{5}{4}x + \dfrac{3}{4}y\mathrm{i}$，所以 $u = \dfrac{5}{4}x$，$v = +\dfrac{3}{4}y$，$x = \dfrac{u}{\frac{5}{4}}$，$y = \dfrac{v}{\frac{3}{4}}$，因此 $\dfrac{u^2}{\left(\frac{5}{2}\right)^2} + \dfrac{v^2}{\left(\frac{3}{2}\right)^2} = 1$ 表示椭圆.

第 2 章

1. 解： (1) $(z-1)^5$ 处处解析，$\left[(z-1)^5\right]' = 5(z-1)^4$.

(2) $z^3 + 2\mathrm{i}z$ 处处解析，$(z^3 + 2\mathrm{i}z)' = 3z^2 + 2\mathrm{i}$.

(3) $\dfrac{1}{z^2 + 1}$ 的奇点为 $z = \pm\mathrm{i}$，$\left(\dfrac{1}{z^2 + 1}\right)' = \dfrac{-2z}{(z^2 + 1)^2}$ $(z \neq \pm\mathrm{i})$.

(4) $z + \dfrac{1}{z + 3}$ 的奇点为 $z = -3$，$\left(z + \dfrac{1}{z + 3}\right)' = 1 - \dfrac{1}{(z + 3)^2}$ $(z \neq -3)$.

2. 证明： 因为 $f(z)$ 及 $g(z)$ 在 z_0 点解析，则 $f'(z_0)$ 及 $g'(z_0)$ 存在. 所以

$$\lim_{z \to z_0} \frac{f(z)}{g(z)} = \lim_{z \to z_0} \frac{f(z) - f(z_0)}{g(z) - g(z_0)} = \lim_{z \to z_0} \frac{\dfrac{f(z) - f(z_0)}{z - z_0}}{\dfrac{g(z) - g(z_0)}{z - z_0}} = \frac{f'(z_0)}{g'(z_0)}.$$

3. 证明： 设 $z = x + \mathrm{i}y$，则 $f(z) = \sqrt{|\mathrm{Im}(z^2)|} = \sqrt{|2xy|}$，即 $u(x, y) = \sqrt{|2xy|}$，$v(x, y) = 0$. 在点 $(0, 0)$，有 $\dfrac{\partial u}{\partial x} = \lim\limits_{\Delta x \to 0} \dfrac{u(\Delta x, 0) - u(0, 0)}{\Delta x} = \lim\limits_{\Delta x \to 0} \dfrac{0}{\Delta x} = 0$，$\dfrac{\partial u}{\partial y} = \lim\limits_{\Delta y \to 0} \dfrac{u(0, \Delta y) - u(0, 0)}{\Delta y} = \lim\limits_{\Delta y \to 0} \dfrac{0}{\Delta y} = 0$，同时，由 $v(x, y) = 0$，得 $\dfrac{\partial v}{\partial x} = \dfrac{\partial v}{\partial y} = 0$. 所以，在点 $(0, 0)$，$f(x)$ 满足柯西-黎曼方程，但在点 $z = 0$ 处，有 $\dfrac{\Delta f}{\Delta z} = \dfrac{f(\Delta z) - f(0)}{\Delta z} = \dfrac{\sqrt{|2\Delta x \Delta y|}}{\Delta x + \mathrm{i}\Delta y}$，$\lim\limits_{\Delta x = \Delta y \to 0^+} \dfrac{\Delta f}{\Delta z} = \lim\limits_{\Delta x \to 0^+} \dfrac{\sqrt{2|\Delta x|^2}}{\Delta x(1 + \mathrm{i})} = \dfrac{\sqrt{2}}{1 + \mathrm{i}}$，$\lim\limits_{\substack{\Delta x \to 0 \\ \Delta y = 0}} \dfrac{\Delta f}{\Delta z} = 0 \neq \dfrac{\sqrt{2}}{1 + \mathrm{i}}$. 从而，$f(z) = \sqrt{|\mathrm{Im}(z^2)|}$ 在 $z = 0$ 处不可微.

4. 证明： (1) 当 $z \neq 0$ 时，即 x，y 至少有一个不等于 0 时，或有 $u_x \neq u_y$，或有 $u_y \neq -v_x$，故 $|z|$ 至多在原点可微.

(2) 在 C 上处处不满足柯西-黎曼方程.

(3) 同(2).

(4) $\dfrac{1}{\bar{z}} = \dfrac{z}{\bar{z}z} = \dfrac{x+\mathrm{i}y}{x^2+y^2}$ 除原点外,柯西-黎曼方程处处不成立.

5. 解: (1) $u(x,y) = xy^2$, $v(x,y) = x^2y$, 此时仅当 $x = y = 0$ 时,有 $u_x = y^2 = v_y = x^2$, $u_y = 2xy = -v_x = -2xy$, 且这四个偏导数在原点连续,故 $f(x)$ 只在原点可微. 并且 $f'(0) = (u_x + \mathrm{i}v_x)\Big|_{(0,0)} = (x^2 + \mathrm{i}2xy)\Big|_{(0,0)} = 0$.

(2) $u(x,y) = x^2$, $v(x,y) = y^2$, 此时仅在直线 $y = x$ 上有 $u_x = 2x = v_y = 2y$, $u_y = 0 = -v_x = 0$, 且这四个偏导数在直线 $y = x$ 上连续,故 $f(z)$ 只在直线 $y = x$ 上可微,但不解析.

(3) $u(x,y) = 2x^3$, $v(x,y) = 3y^3$, $u_x = 6x^2 = v_y = 9y^2$, $u_y = 0 = -v_x = 0$, 故只在曲线 $\dfrac{y^2}{\frac{1}{3}} - \dfrac{x^2}{\frac{1}{2}} = 0$ 上可微,但不解析.

(4) $u(x,y) = x^3 - 3xy^2$, $v(x,y) = 3x^2y - y^3$, 在全平面上有 $u_x = 3x^2 - 3y^2 = v_y = 3x^2 - 3y^2$, $u_y = -6xy = -v_x = -6xy$, 且这四个偏导数在全平面上连续,故 $f(z)$ 复平面上可微且解析.

6. 证明: 设 $f(z) = u(x,y) + \mathrm{i}u(x,y)$.

(1) $\forall z = x + \mathrm{i}y \in D$, $0 = f'(z) = u_x + \mathrm{i}v = v_y - \mathrm{i}u_y$ 可得 $u_x = u_y = v_x = v_y = 0$, 最后由数学分析中二元实函数的结论可得证.

(2) 若 $\overline{f(z)} = u(x,y) - \mathrm{i}v(x,y)$ 解析,由柯西-黎曼方程很容易得到 $u_x = u_y = v_x = v_y = 0$, 从而 $u(x,y)$, $v(x,y)$ 在 D 内为常数,故 $f(z)$ 亦为常数.

(3) 若 $|f(z)| \equiv C = 0$, 则显然 $f(z) \equiv 0$. 若 $|f(z)| \equiv C \neq 0$, 有 $f(z) \neq 0$.

证法 1　$\overline{f(z)} \cdot f(z) \equiv C^2$, 可推得 $\overline{f(z)} \equiv \dfrac{C^2}{f(z)}$ 也是解析函数,则利用(2)可知 $f(z)$ 在 D 内为常数.

证法 2　$u^2 + v^2 = C^2 \neq 0$, 分别对 x, y 微分,再利用柯西-黎曼方程,讨论解二元一次方程,即得在 D 内 $u_x = v_y = u_y = v_x = 0$, 进而易知 $f(z)$ 在 D 内为常数.

(4) 若 $u(x,y) \equiv C$, 则 $u_x = u_y \equiv 0$, 由柯西-黎曼方程,得 $v_x = -u_y \equiv 0$, $u_x = v_y \equiv 0$, 因此 $u(x,y) \equiv C_1$, $v(x,y) \equiv C_2$, $f(z) = C_1 + \mathrm{i}C_2$ 为常数. 若 $\operatorname{Im} f(z)$ 在 D 内为常数,同上可得.

7. 证明: 设 $f(z) = u(x,y) + \mathrm{i}v(x,y)$, 则 $\overline{\mathrm{i}f(z)} = \overline{\mathrm{i}[u(x,y) - \mathrm{i}v(x,y)]} = v(x,y) - \mathrm{i}u(x,y)$. 又因为 $f(z)$ 解析,故 $u_x = v_y$, $u_y = -v_x$. 若要使 $\overline{\mathrm{i}f(z)}$ 解析,只需 $v_x = (-u)_y = -u_y$, $v_y = -(-u)_x = u_x$. 这显然可以成立,因此 $\overline{\mathrm{i}f(z)}$ 在区域 D 内解析.

8. 证明: (1) 由 $u(x,y) = x^3 - 3xy^2$, $v(x,y) = 3x^2y - y^3$, 则 $u_x = 3x^2 - 3y^2$, $u_y = -6xy$, $v_x = 6xy$, $v_y = 3x^2 - 3y^2$, 故 u_x, u_y, v_x, v_y 在 z 平面上连续,且满足柯西-黎曼方程 $u_x = v_y$, $u_y = -v_x$. 所以 $f(z)$ 在 z 平面上解析,且

$$f(z) = u_x + \mathrm{i}v_x = (3x^2 - 3y^2) + \mathrm{i}6xy = 3z^2.$$

(2) 因为 $u(x,y) = \mathrm{e}^x(x\cos y - y\sin y)$, $v(x,y) = \mathrm{e}^x(y\cos y + x\sin y)$, 则

$$u_x = \mathrm{e}^x(x\cos y - y\sin y + \cos y), \quad u_y = \mathrm{e}^x(-x\sin y - y\cos y - \sin y),$$

$$v_x = \mathrm{e}^x(y\cos y + x\sin y + \sin y), \quad v_y = \mathrm{e}^x(\cos y - y\sin y + x\cos y),$$

故 u_x, u_y, v_x, v_y 在 z 平面上连续,且满足柯西-黎曼方程 $u_x = v_y$, $u_y = -v_x$. $f(z)$ 在 z 平面上解析,且

$$f'(z) = u_x + iv_x = e^x(x\cos y - y\sin y + \cos y) + ie^x(y\cos y + x\sin y + \sin y)$$

$$= e^x[x(\cos y + i\sin y) + iy(\cos y + i\sin y) + (\cos y + i\sin y)]$$

$$= e^x \cdot e^{iy}(x + iy + 1) = e^x(z + 1).$$

(3) 因为 $u(x, y) = \sin y \cosh y$，$v(x, y) = \cos x \sinh y$，则 $u_x = \cos x \cosh y$，$v_x = -\sin x \sinh y$，$u_y = \sin x \sinh y$，$v_y = \cos x \cosh y$，故 u_x，u_y，v_x，v_y 在 z 平面上连续，且满足柯西-黎曼方程 $u_x = v_y$，$u_y = -v_x$. 所以 $f(z)$ 在 z 平面上解析，且

$$f'(z) = u_x + iv_x = \cos x \cosh y - i\sin x \sinh y = \cos x \cdot \frac{e^y + e^{-y}}{2} - i\sin x \frac{e^y - e^{-y}}{2}$$

$$= \frac{1}{2}[e^y(\cos x - i\sin x) + e^{-y}(\cos x + i\sin x)] = \frac{1}{2}(e^{y-ix} + e^{ix-y}) = \frac{1}{2}(e^{-iz} + e^{iz}) = \cos z.$$

(4) 因为 $u(x, y) = \cos x \cosh y$，$v(x, y) = -\sin x \sinh y$，则 $u_x = -\sin x \cosh y$，$u_y = \cos x \sinh y$，$v_x = -\cos x \sinh y$，$v_y = -\sin x \cosh y$，故 u_x，u_y，v_x，v_y 在 z 平面上连续，且满足柯西-黎曼方程. 所以 $f(z)$ 在 z 平面上解析，且

$$f'(z) = u_x + iv_x = -\sin x \cosh y - i\cos x \sinh y = -i\left[-i\sin x \cdot \frac{e^y + e^{-y}}{2} + \cos x \cdot \frac{e^y - e^{-y}}{2}\right]$$

$$= \frac{1}{2i}[e^{-ix+y} - e^{ix-y}] = \frac{1}{2i}(e^{-iz} - e^{iz}) = \sin z.$$

9. 解：设 $u = x + y + ay^3 + bx^2y$，$v = cx + my + x^3 + nxy^2$，则 $\dfrac{\partial u}{\partial x} = 1 + 2bxy$，$\dfrac{\partial u}{\partial y} = 1 + 3ay^2 + bx^2$，$\dfrac{\partial v}{\partial x} = c + 3x^2 + ny^2$，$\dfrac{\partial v}{\partial y} = m + 2nxy$. 因 $f(z)$ 解析，满足柯西-黎曼方程，则 $\dfrac{\partial u}{\partial x} = \dfrac{\partial v}{\partial y}$，$\dfrac{\partial u}{\partial y} = -\dfrac{\partial v}{\partial x}$，且 $1 + 2bxy = m + 2nxy$，$1 + 3ay^2 + bx^2 = -(c + 3x^2 + ny^2)$.

比较系数，得 $m = 1$，$b = n$，$c = -1$，$b = -3$，$3a = -n$，故 $a = 1$，$b = -3$，$c = -1$，$m = 1$，$n = -3$，故

$$f(z) = x + y + y^3 - 3x^2y + (-x - y + x^3 - 3xy^2)i,$$

$$f'(z) = \frac{\partial u}{\partial x} + \frac{\partial v}{\partial x}i = 1 - 6xy + (-1 + 3x^2 - 3y^2)i.$$

10. 证明：由题设条件可知：① 二元函数 $u(x, y)$，$v(x, y)$ 在点 (x, y) 可微；② $u(x, y)$，$v(x, y)$ 在点 (x, y) 满足柯西-黎曼方程 $u_x = v_y$，$u_y = -v_x$. 又因为 $\begin{cases} x = r\cos\theta, \\ y = r\sin\theta, \end{cases}$ 从而在点 (r, θ) 附近有一阶连续偏导数，且 $\dfrac{\partial(x, y)}{\partial(r, \theta)}\bigg|_{(r, \theta)} = \begin{vmatrix} \cos\theta & -r\sin\theta \\ \sin\theta & r\cos\theta \end{vmatrix} = r \neq 0$. 故由数学分析中的反函数存在定理知，在相应点 (x, y) 附近，函数组 $\begin{cases} x = r\cos\theta \\ y = r\sin\theta \end{cases}$ 存在唯一具有一阶连续偏导的反函数组 $\begin{cases} r = r(x, y), \\ \theta = \theta(x, y), \end{cases}$ 所以，$r(x, y)$，$\theta(x, y)$ 在点 (x, y) 可微. 由复合函数反函数求导法则极坐标的柯西-黎曼方程知

$$\frac{\partial u}{\partial x} = \frac{\partial u}{\partial r} \cdot \frac{\partial r}{\partial x} + \frac{\partial u}{\partial \theta} \cdot \frac{\partial \theta}{\partial x} = \frac{1}{r} \cdot \frac{\partial v}{\partial \theta} \cdot \frac{\partial v}{\partial x} - r \cdot \frac{\partial v}{\partial r} \cdot \frac{\partial \theta}{\partial x}$$

$$= \frac{1}{r}\left(\frac{\partial v}{\partial x} \cdot \frac{\partial x}{\partial \theta} + \frac{\partial v}{\partial y} \cdot \frac{\partial y}{\partial \theta}\right) \cdot \frac{\dfrac{\partial y}{\partial \theta}}{\dfrac{\partial(x, y)}{\partial(r, \theta)}} - r\left(\frac{\partial v}{\partial x} \cdot \frac{\partial x}{\partial r} + \frac{\partial v}{\partial y} \cdot \frac{\partial y}{\partial r}\right) \cdot \frac{\partial y}{\partial \theta} \cdot$$

$$\frac{\overline{\dfrac{-\partial y}{\partial \theta}}}{\dfrac{\partial(x,\,y)}{\partial(r,\,\theta)}} \cdot \frac{1}{r}\left[\frac{\partial v}{\partial x}(-r\sin\theta)+\frac{\partial v}{\partial y}\cdot r\cos\theta\right]\cos\theta$$

$$=-r\left[\frac{\partial v}{\partial x}\cdot\cos\theta+\frac{\partial v}{\partial y}\cdot\sin\theta\right]\left(-\frac{\sin\theta}{r}\right)$$

$$=-\frac{\partial v}{\partial x}\sin\theta\cos\theta+\frac{\partial v}{\partial y}\cos^2\theta+\frac{\partial v}{\partial x}\cdot\sin\theta\cos\theta+\frac{\partial v}{\partial y}\sin^2\theta=\frac{\partial v}{\partial y}.$$

同理可证 $\dfrac{\partial u}{\partial y}=-\dfrac{\partial v}{\partial x}$. 所以 $f(z)$ 在点 $z=x+\mathrm{i}y$ 可微. 因 $z=r\mathrm{e}^{\mathrm{i}\theta}$, 则

$$f(z)=f(r\mathrm{e}^{\mathrm{i}\theta})=u(x,\,y)+\mathrm{i}v(x,\,y),\ f'(z)\cdot\mathrm{e}^{\mathrm{i}\theta}=\frac{\partial u}{\partial r}+\mathrm{i}\frac{\partial v}{\partial r},$$

得
$$f'(z)=\frac{1}{\mathrm{e}^{\mathrm{i}\theta}}\left(\frac{\partial u}{\partial r}+\mathrm{i}\frac{\partial v}{\partial r}\right)=\frac{r}{z}\left(\frac{\partial u}{\partial r}+\mathrm{i}\frac{\partial v}{\partial r}\right).$$

11. 解: (1) $\mathrm{e}^{1-2z}=\mathrm{e}^{-2x+\mathrm{i}(1-2y)}$, $|\,\mathrm{e}^{1-2z}\,|=\mathrm{e}^{-2x}$, $\mathrm{Arg}(\mathrm{e}^{1-2z})=1-2y+2k\pi$.

(2) $\mathrm{e}^{z^2}=\mathrm{e}^{x^2-y^2+2xy\mathrm{i}}$, $|\,\mathrm{e}^{z^2}\,|=\mathrm{e}^{x^2-y^2}$, $\mathrm{Arg}(\mathrm{e}^{z^2})=2xy+2k\pi$.

12. 证明: (1) 因为 $\mathrm{e}^z=\mathrm{e}^x(\cos y+\mathrm{i}\sin y)$, 所以 $\overline{\mathrm{e}^z}=\mathrm{e}^x(\cos y-\mathrm{i}\sin y)$, $\mathrm{e}^{\bar z}=\mathrm{e}^{x-\mathrm{i}y}=\mathrm{e}^x(\cos y-\mathrm{i}\sin y)$, 从而得证.

(2) 因为 $\sin z=\dfrac{\mathrm{e}^{\mathrm{i}z}-\mathrm{e}^{-\mathrm{i}z}}{2\mathrm{i}}$, 所以 $\sin\bar z=\dfrac{\mathrm{e}^{\mathrm{i}\bar z}-\mathrm{e}^{-\mathrm{i}\bar z}}{2\mathrm{i}}=\dfrac{\overline{\mathrm{e}^{-\mathrm{i}z}}-\overline{\mathrm{e}^{\mathrm{i}z}}}{2\mathrm{i}}=\overline{\left(\dfrac{-\mathrm{e}^{-\mathrm{i}z}+\mathrm{e}^{\mathrm{i}z}}{2\mathrm{i}}\right)}=\overline{\sin z}$.

(3) 因为 $\cos z=\dfrac{\mathrm{e}^{-\mathrm{i}z}+\mathrm{e}^{\mathrm{i}z}}{2}$, 所以 $\cos\bar z=\dfrac{\mathrm{e}^{\mathrm{i}\bar z}+\mathrm{e}^{\mathrm{i}z}}{2}=\overline{\left(\dfrac{\mathrm{e}^{-\mathrm{i}z}+\mathrm{e}^{\mathrm{i}z}}{2}\right)}=\overline{\cos z}$.

13. 证明: 分别就 m 为正整数、零、负整数的情形证明, 仅以正整数为例(数学归纳法).

当 $m=1$ 时,等号显然成立. 假设 $m=k-1$ 时成立,即有 $(\mathrm{e}^z)^{k-1}=\mathrm{e}^{(k-1)z}$. 那么当 $m=k$ 时, $(\mathrm{e}^z)^k=(\mathrm{e}^z)^{k-1}\cdot\mathrm{e}^z=\mathrm{e}^{(k-1)z}\cdot\mathrm{e}^z=\mathrm{e}^{kz}$, 则等式成立. 故 $(\mathrm{e}^z)^m=\mathrm{e}^{mz}(m\in\mathbf{Z}_+)$.

14. 解: (1) $\mathrm{e}^{3+\mathrm{i}}=\mathrm{e}^3\cdot\mathrm{e}^{\mathrm{i}}=\mathrm{e}^3(\cos 1+\mathrm{i}\sin 1)$.

(2) $\sin\mathrm{i}=\dfrac{\mathrm{e}^{\mathrm{i}\cdot\mathrm{i}}-\mathrm{e}^{-\mathrm{i}\cdot\mathrm{i}}}{2\mathrm{i}}=\dfrac{\mathrm{e}-\mathrm{e}^{-1}}{2}\mathrm{i}$.

(3) $\mathrm{Ln}(-\mathrm{i})=\ln|-\mathrm{i}|+\arg(-\mathrm{i})+2k\pi\mathrm{i}=\left(-\dfrac{1}{2}+2k\right)\pi\mathrm{i}$, $k\in\mathbf{Z}$, 主值为 $\ln(-\mathrm{i})=-\dfrac{1}{2}\pi\mathrm{i}$.

(4) $\mathrm{Ln}(-3+4\mathrm{i})=\ln|-3+4\mathrm{i}|+\arg(-3+4\mathrm{i})+2k\pi\mathrm{i}=\ln 5+\left(\pi-\arctan\dfrac{4}{3}+2k\pi\right)\mathrm{i}$, $k\in\mathbf{Z}$, 主值为 $\ln(-3+4\mathrm{i})=\ln 5+\left(\pi-\arctan\dfrac{4}{3}\right)\mathrm{i}.$.

(5) $(1+\mathrm{i})^{\mathrm{i}}=\mathrm{e}^{\mathrm{i}\mathrm{Ln}(1+\mathrm{i})}=\mathrm{e}^{\mathrm{i}\left(\ln\sqrt{2}+\frac{\pi}{4}+2k\pi\mathrm{i}\right)}=\mathrm{e}^{\mathrm{i}\ln\sqrt{2}-\frac{\pi}{4}-2k\pi}=\mathrm{e}^{-\frac{\pi}{4}-2k\pi}(\cos\ln\sqrt{2}+\mathrm{i}\sin\ln\sqrt{2})$, $k\in\mathbf{Z}$.

(6) $27^{\frac{2}{3}}=\mathrm{e}^{\frac{2}{3}\mathrm{Ln}27}=\mathrm{e}^{\frac{2}{3}(\ln 27+2k\pi\mathrm{i})}=\mathrm{e}^{\frac{2}{3}\ln 27}\mathrm{e}^{\frac{4}{3}k\pi\mathrm{i}}=9\mathrm{e}^{\frac{4}{3}k\pi\mathrm{i}}$, $k=0,\,1,\,2$. 即 3 个取值分别为 $9, -\dfrac{9}{2}(1+\sqrt{3}\,\mathrm{i})$, $\dfrac{9}{2}(-1+\sqrt{3}\,\mathrm{i})$.

(7) $\cosh\left(\dfrac{\pi}{4}\mathrm{i}\right)=\dfrac{1}{2}(\mathrm{e}^{\frac{\pi}{4}\mathrm{i}}+\mathrm{e}^{-\frac{\pi}{4}\mathrm{i}})=\cos\dfrac{\pi}{4}=\dfrac{\sqrt{2}}{2}$.

(8) $\cos(\mathrm{i}\ln 5)=\dfrac{1}{2}(\mathrm{e}^{\mathrm{i}\cdot\mathrm{i}\ln 5}+\mathrm{e}^{-\mathrm{i}\cdot\mathrm{i}\ln 5})=\dfrac{1}{2}(\mathrm{e}^{\ln 5}+\mathrm{e}^{-\ln 5})=\dfrac{1}{2}\left(5+\dfrac{1}{5}\right)=\dfrac{13}{5}$.

(9) $(-3)^{\sqrt{3}}=\mathrm{e}^{\sqrt{3}\mathrm{Ln}(-3)}=\mathrm{e}^{\sqrt{3}[\ln 3+\mathrm{i}(2k+1)\pi]}$

$$= e^{\sqrt{5}}\left[\cos\sqrt{5}(2k+1)\pi + i\sin\sqrt{5}(2k+1)\pi\right], \quad k \in \mathbf{Z}.$$

(10) $\text{Arctan}(2+3i) = \dfrac{1}{2i}\text{Ln}\dfrac{1+i(2+3i)}{1-i(2+3i)} = \dfrac{1}{2i}\text{Ln}\dfrac{-3+i}{5} = \dfrac{1}{2i}\left[\ln\sqrt{\dfrac{2}{5}} + i\left(\pi - \arctan\dfrac{1}{3} + \right.\right.$

$\left.\left. 2k\pi\right)\right] = \left[\left(k+\dfrac{1}{2}\right)\pi - \dfrac{1}{2}\arctan\dfrac{1}{3}\right] - \dfrac{i}{4}\ln\dfrac{2}{5}, \quad k \in \mathbf{Z}.$

15. 证明: (1) 由于 $f(z) = \sin z$ 及 $g(z) = z$ 在点 $z=0$ 解析,且 $f(0) = g(0) = 0$, $g'(0) = 1 \neq 0$,

因此 $\lim\limits_{z\to 0}\dfrac{\sin z}{z} = \dfrac{(\sin z)'}{(z')}\Big|_{z=0} = \cos z\Big|_{z=0} = 1.$

(2) 因为 $f(z) = e^z - 1$ 及 $g(z) = z$ 在点 $z=0$ 解析,且 $f(0) = g(0) = 0$, $g'(0) = 1 \neq 0$. 故

$\lim\limits_{z\to 0}\dfrac{e^z-1}{z} = \dfrac{(e^z-1)'}{z'}\Big|_{z=0} = e^z\Big|_{z=0} = 1.$

(3) 因为 $f(z) = z - z\cos z$ 及 $g(z) = z - \sin z$ 在点 $z=0$ 解析,且 $f(0) = g(0) = 0$, $f'(0) = g'(0) = 0$, $f''(0) = g''(0) = 0$, $f'''(0) = 1 \neq 0$. 故 $\lim\limits_{z\to 0}\dfrac{z-z\cos z}{z-\sin z} = \lim\limits_{z\to 0}\dfrac{1-\cos z + z\sin z}{1-\cos z} = $

$\lim\limits_{z\to 0}\dfrac{\sin z + \sin z + z\cos z}{\sin z} = \lim\limits_{z\to 0}\dfrac{2\cos z + \cos z + z\sin z}{\cos z} = 3.$

16. 证明: (1) $\sin(iz) = \dfrac{e^{i(iz)} - e^{-i(iz)}}{2i} = \dfrac{e^{-z} - e^z}{2i} = i\dfrac{e^z - e^{-z}}{2} = i\sinh z.$

(2) $\cos(iz) = \dfrac{e^{i(iz)} + e^{-i(iz)}}{2i} = \dfrac{e^{-z} + e^z}{2i} = i\cosh z.$

(3) $\sinh(iz) = \dfrac{e^{iz} - e^{-iz}}{2} = i\dfrac{e^{iz} - e^{-iz}}{2i} = i\sin z.$

(4) $\cosh(iz) = \cos(i \cdot iz) = \cos(-z) = i\cos z.$

(5) $\tan(iz) = \dfrac{\sin(iz)}{\cos(iz)} = \dfrac{i\sinh z}{\cosh z} = i\tanh z.$

(6) $\tanh(iz) = \dfrac{\sinh(iz)}{\cosh(iz)} = \dfrac{i\sin z}{\cos z} = i\tan z.$

17. 证明: (1) $\cosh^2 z - \sinh^2 z = \cosh^2 z + (i\sinh z)^2 = \cos^2(iz) + \sin^2(iz) = 1.$

(2) $\text{sech}^2 z + \tanh^2 z = \dfrac{1}{\cosh^2 z} + \dfrac{\sinh^2 z}{\cosh^2 z} = \dfrac{\cosh^2}{\cosh^2} = 1.$

(3) $\cosh(z_1 + z_2) = \cos(iz_1 + iz_2) = \cos(iz_1)\cos(iz_2) - \sin(iz_1)\sin(iz_2) = \coth z_1 \cosh z_2 - i^2\sinh z_1 \sinh z_2 = \coth z_1 \cosh z_2 + \sinh z_1 \sinh z_2.$

18. 证明: (1) $\sin z = \sin(x+iy) = \sin x\cos(iy) + \cos x\sin(iy) = \sin x \cdot \cosh y + i\cos x \cdot \sinh y.$

(2) $\cos z = \cos(x+iy) = \cos x\cosh(iy) - \sin x\sinh(iy) = \cos x\cosh y - i\sin x\sinh y.$

(3) $|\sin z|^2 = |\sin x\cosh y + i\cos x\sinh y|^2 = \sin^2 x\cosh^2 y + \cos^2 x\sinh^2 y = \sin^2 x(\cosh^2 y - \sinh^2 y) + (\cos^2 x + \sin^2 x)\sinh^2 y = \sin^2 x + \sinh^2 y.$

(4) $|\cos z|^2 = |\cos x\cosh y - i\sin x\sinh y|^2 = \cos^2 x\cosh^2 y + \sin^2 x\sinh^2 y = \cos^2 x(\sinh^2 y + 1) + \sin^2 x\sinh^2 y = \cos^2 x + \cos^2 x\sinh^2 y + \sin^2 x\sinh^2 y = \cos^2 x + (\cos^2 x + \sin^2 x)\sinh^2 y = \cos^2 x + \sinh^2 y.$

19. 证明: $(\sinh z)' = \left(\dfrac{e^z - e^{-z}}{2}\right)' = \dfrac{e^z + e^{-z}}{2} = \cosh z$, $(\cosh z)' = \left(\dfrac{e^z + e^{-z}}{2}\right)' = \dfrac{e^z - e^{-z}}{2} = \sinh z.$

20. 解: (1) $z = \ln(1+\sqrt{3}i) = \ln|1+\sqrt{3}i| + i\text{Arg}(1+\sqrt{3}i) = \ln 2 + i[\arg(1+\sqrt{3}i) + 2k\pi] = \ln 2 + i\left(\dfrac{\pi}{3} + 2k\pi\right), \quad k \in \mathbf{Z}.$

(2) 由 $\ln z = \dfrac{\pi i}{2}$，$z = e^{\frac{\pi i}{2}} = i$.

(3) 由 $e^z = -1$，$z = \ln(-1) = i(\pi + 2k\pi)$，$k \in \mathbf{Z}$.

(4) $\cos z = -\sin z$，$\tan z = -1$，所以 $z = \dfrac{1}{2i} \ln \dfrac{1-i}{1+i} = \dfrac{1}{2i}\Big[\ln\sqrt{2} - \dfrac{\pi}{4}i - \Big(\ln\sqrt{2} + \dfrac{\pi}{4}i\Big) + 2k\pi i\Big] = -\dfrac{\pi}{4} + k\pi$，$k \in \mathbf{Z}$.

(5) $z = \operatorname{Arctan}(1+2i) = \dfrac{1}{2i}\ln\dfrac{1+i(1+2i)}{1-i(1+2i)} = \dfrac{1}{2i}\ln\dfrac{-1+i}{3-i} = \dfrac{1}{2}\Big[(2k+1) - \arctan\dfrac{1}{2}\Big] - \dfrac{i}{2}\ln\dfrac{\sqrt{5}}{5}$，$k \in \mathbf{Z}$.

第 3 章

1. 解：(1) 从 0 到 1 的线段 c_1 方程为 $z = x + iy = x$，$x: 0 \to 1$，从 1 到 $1+i$ 的线段 c_2 方程为 $z = x + iy = 1 + iy$，$y: 0 \to 1$. 代入积分表达式中，得

$$\int_c e^z dz = \int_{c_1} e^z dz + \int_{c_2} e^z dz = \int_0^1 e^x dx + \int_0^1 e^{1+yi}(1+yi)' dy$$

$$= e^x \Big|_0^1 + ei\int_0^1 (\cos y + i\sin y) dy = e - 1 + ei(\sin y - i\cos y)\Big|_0^1$$

$$= e - 1 + ei(\sin 1 - i\cos 1 + i) = e(\cos 1 + i\sin 1) - 1 = e^{1+i} - 1.$$

(2) 从 0 到 $1+i$ 的线段 c 的方程 $z = x + iy = t + ti$，$t: 0 \to 1$. 代入积分表达式中，得

$$\int_c e^z dz = \int_0^1 e^{t+ti}(t+ti)' dt = (1+i)\int_0^1 e^t(\cos t + i\sin t) dt$$

对上述积分应用分部积分法，得

$$\int_c e^z dz = (1+i)\Big[\frac{e^t(\sin t + \cos t)}{2} + \frac{e^t i(\sin t - \cos t)}{2}\Big]\Big|_0^1$$

$$= \frac{(1+i)e^t}{2}(\cos t + i\sin t + \sin t - i\cos t)\Big|_0^1 = \frac{(1+i)e^t}{2}(e^{it} - ie^{it})\Big|_0^1$$

$$= e^{(1+i)t}\Big|_0^1 = e^{1+i} - e^0 = e^{1+i} - 1.$$

2. 解：(1) C：$z = t$，$-1 \leqslant t \leqslant 1$，因此 $\int_C |z| dz = \int_{-1}^1 |t| dt = 1$.

(2) C：$z = e^{i\theta}$，θ 从 π 变到 0，因此

$$\int_C |z| dz = \int_\pi^0 de^{i\theta} = i\int_\pi^0 e^{i\theta} d\theta = i\int_\pi^0 (\cos\theta + i\sin\theta) d\theta = 2.$$

(3) 下半圆周方程为 $z = z = e^{i\theta}$，$\pi \leqslant \theta \leqslant 2\pi$，则

$$\int_{-1}^1 |z| dz = \int_0^{2\pi} ie^{i\theta} d\theta = e^{i\theta}\Big|_\pi^{2\pi} = 2.$$

3. 证明：(1) C：$z = it$，$-1 \leqslant t \leqslant 1$，因为 $|f(z)| = |x^2 + iy^2| = |it^2| = t^2 \leqslant 1$，而积分路径长为 $|i - (-i)| = 2$，故 $\Big|\int_C (x^2 + iy^2) dz\Big| \leqslant 1 \times 2 = 2$.

(2) C：$z = \mathrm{e}^{\mathrm{i}\theta}$，$-\dfrac{\pi}{2} \leqslant \theta \leqslant \dfrac{\pi}{2}$，而 $|f(z)| = |x^2 + \mathrm{i}y^2| = \sqrt{x^4 + y^4} \leqslant x^2 + y^2 = 1$，右半圆周长为 π，所以 $\left| \displaystyle\int_C (x^2 + \mathrm{i}y^2)\,\mathrm{d}z \right| \leqslant 1 \times \pi = \pi$。

4. 解： （1）因为距离原点最近的奇点 $z = \pm\dfrac{\pi}{2}$ 在单位圆 $|z| = 1$ 外部，所以 $\dfrac{1}{\cos z}$ 在 $|z| \leqslant 1$ 上处处解析，由柯西积分定理知 $\displaystyle\int_C \dfrac{\mathrm{d}z}{\cos z} = 0$。

（2）$\dfrac{1}{z^2 + 2z + 2} = \dfrac{1}{(z+1)^2 + 1}$，因奇点 $z = -1 + \mathrm{i}$ 在单位圆 $|z| = 1$ 外部，所以 $\dfrac{1}{z^2 + 2z + 2}$ 在 $|z| \leqslant 1$ 处处解析，由柯西积分定理知 $\displaystyle\int_C \dfrac{\mathrm{d}z}{z^2 + 2z + 2} = 0$。

（3）$\dfrac{\mathrm{e}^z}{z^2 + 5z + 6} = \dfrac{\mathrm{e}^z}{(z+2)(z+3)}$，因奇点 $z = -2, -3$ 在单位圆 $|z| = 1$ 外部，所以 $\dfrac{1}{z^2 + 2z + 2}$ 在 $|z| \leqslant 1$ 处处解析，由柯西积分定理知 $\displaystyle\int_C \dfrac{\mathrm{e}^z\,\mathrm{d}z}{z^2 + 5z + 6} = 0$。

（4）因 $z\cos z^2$ 在 $|z| \leqslant 1$ 处处解析，由柯西积分定理知 $\displaystyle\int_C z\cos z^2\,\mathrm{d}z = 0$。

5. 解：（1）因 $f(z) = (z+2)^2$ 在 z 平面上解析，且 $\dfrac{(z+2)^3}{3}$ 是 $(z+2)^2$ 的一个原函数，所以

$$\int_{-2}^{-2+\mathrm{i}} (z+2)^2\,\mathrm{d}z = \left. \frac{(z+2)^3}{3} \right|_{-2}^{-2+\mathrm{i}} = -\frac{\mathrm{i}}{3}.$$

（2）因 $f(z) = \cos\dfrac{z}{2}$ 在 z 平面上解析，且 $2\sin\dfrac{z}{2}$ 是 $\cos\dfrac{z}{2}$ 的一个原函数，所以 $\displaystyle\int_0^{\pi+2\mathrm{i}} \cos\dfrac{z}{2}\,\mathrm{d}z =$

$\left. 2\sin\dfrac{z}{2} \right|_0^{\pi+2\mathrm{i}} = 2\sin\dfrac{\pi+2\mathrm{i}}{2} = 2 \cdot \dfrac{\mathrm{e}^{\mathrm{i}\frac{\pi+2\mathrm{i}}{2}} - \mathrm{e}^{-\mathrm{i}\frac{\pi+2\mathrm{i}}{2}}}{2\mathrm{i}} = \dfrac{\mathrm{i}\mathrm{e}^{-1} + \mathrm{i}\mathrm{e}}{\mathrm{i}} = \mathrm{e}^{-1} + \mathrm{e}.$

（3）$\displaystyle\int_0^{\frac{\pi}{4}\mathrm{i}} \mathrm{e}^{2z}\,\mathrm{d}z = \left. \dfrac{1}{2}\mathrm{e}^{2z} \right|_0^{\frac{\pi}{4}\mathrm{i}} = \dfrac{1}{2}(\mathrm{e}^{\frac{\pi}{2}\mathrm{i}} - \mathrm{e}^0) = \dfrac{1}{2}(\mathrm{i} - 1).$

（4）$\displaystyle\int_{-\pi\mathrm{i}}^{\pi\mathrm{i}} \sin^2 z\,\mathrm{d}z = \int_{-\pi\mathrm{i}}^{\pi\mathrm{i}} \dfrac{1-\cos 2z}{2}\,\mathrm{d}z = \left[\dfrac{z}{2} - \dfrac{\sin 2z}{4} \right]\Big|_{-\pi\mathrm{i}}^{\pi\mathrm{i}} = \pi\mathrm{i} - \dfrac{1}{2}\sin 2\pi\mathrm{i} = \pi\mathrm{i} - \dfrac{1}{4\mathrm{i}}(\mathrm{e}^{-2\pi} - \mathrm{e}^{2\pi}) = \left(\pi - \dfrac{1}{2}\mathrm{sh}\,2\pi\right)\mathrm{i}.$

（5）$\displaystyle\int_0^1 z\sin z\,\mathrm{d}z = -\int_0^1 z\,\mathrm{d}\cos z = -z\cos z\Big|_0^1 + \int_0^1 \cos z\,\mathrm{d}z = -\cos 1 + \sin z\Big|_0^1 = \sin 1 - \cos 1.$

6. 解： 由于 $f(z) = z^2 + 8z + 1$ 在 z 平面上解析，所以在 z 平面内积分与路径无关。因此，选择最简单的路径为连接 0 与 $2\pi a$ 的直线段 $[0, 2\pi a]$，则

$$\int_0^{2\pi a} (z^2 + 8z + 1)\,\mathrm{d}z = \left. \left(\frac{2}{3}z^3 + 4z^2 + z\right) \right|_0^{2\pi a} = \frac{16}{3}\pi^3 a^3 + 16\pi^2 a^2 + 2\pi a.$$

7. 证明： 记 $|f(z)| \leqslant M$，则由积分估计式得

$$0 \leqslant \left| \int_{c_R} \frac{f(z)}{z^n}\,\mathrm{d}z \right| \leqslant \int_{c_R} \left| \frac{f(z)}{z^n} \right|\,\mathrm{d}s \leqslant \frac{M}{R^n} \int_{c_R} \mathrm{d}s = \frac{M}{R^n} 2\pi R = \frac{2\pi M}{R^{n-1}},$$

因 $n > 1$，因此上式两端令 $R \to +\infty$ 取极限，由夹逼定理，得 $\displaystyle\lim_{R \to +\infty} \int_{c_R} \frac{f(z)}{z^n}\,\mathrm{d}z = 0$。

8. 证明： 一方面通过 C 的参数方程 $z = e^{i\theta}$，$0 \leqslant \theta \leqslant 2\pi$，计算积分 $\int_C \dfrac{\mathrm{d}z}{z+2}$，得

$$\int_C \frac{\mathrm{d}z}{z+2} = \int_0^{2\pi} \frac{\mathrm{d}e^{i\theta}}{e^{i\theta}+2} = \int_0^{2\pi} \frac{-\sin\theta + i\cos\theta}{\cos\theta + i\sin\theta + 2}\mathrm{d}\theta = \int_0^{2\pi} \frac{-2\sin\theta + (2\cos\theta + 1)i}{4\cos\theta + 5}\mathrm{d}\theta.$$

另一方面由柯西积分定理知 $\int_C \dfrac{\mathrm{d}z}{z+2} = 0$，故 $\int_0^\pi \dfrac{1 + 2\cos\theta}{5 + 4\cos\theta}\mathrm{d}\theta = 0$. 再应用变量代换，$\theta = 2\pi - \varphi$，即可证明.

9. 解：（1）因为 $f(z) = 2z^2 - z + 1$ 在 $|z| \leqslant 2$ 解析，且 $z = 1$ 落在 $|z| \leqslant 2$ 内部，根据柯西积分公式得 $\displaystyle\int_{|z|=2} \frac{2z^2 - z + 1}{z - 1}\mathrm{d}z = 2\pi i(2z^2 - z + 1)\Big|_{z=1} = 4\pi i$.

（2）可令 $f(z) = 2z^2 - z + 1$，则由导函数的积分表达式得

$$\int_{|z|=2} \frac{2z^2 - z + 1}{(z-1)^2}\mathrm{d}z = 2\pi i f'(z)\Big|_{z=1} = 6\pi i.$$

（3）因被积函数的奇点 $z = \pm i$ 在 C 的内部，$z = \pm 2i$ 在 C 的外部，故由复合闭路定理及柯西积分公式有

$$\oint_C \frac{\mathrm{d}z}{(z^2+1)(z^2+4)} = \oint_{|z-i|=\frac{1}{3}} \frac{\mathrm{d}z}{(z^2+1)(z^2+4)} + \oint_{|z+1|=\frac{1}{3}} \frac{\mathrm{d}z}{(z^2+1)(z^2+4)}$$

$$= \oint_{|z-i|=\frac{1}{3}} \frac{\dfrac{1}{(z+i)(z^2+4)}}{z - i}\mathrm{d}z + \oint_{|z+1|=\frac{1}{3}} \frac{\dfrac{1}{(z+i)(z^2+4)}}{z + i}\mathrm{d}z$$

$$= 2\pi i \frac{1}{(z+i)(z^2+4)}\Big|_{z=i} + 2\pi i \frac{1}{(z-i)(z^2+4)}\Big|_{z=-i}$$

$$= \frac{\pi}{3} - \frac{\pi}{3} = 0.$$

（4）因被积函数 $\dfrac{3z^2 + 7z + 1}{(z+1)^3}$ 的奇点 $z = -1$ 在 C：$|z+i| = 1$ 的外部，从而它在 $|z+i| \leqslant 1$ 上解析，故由柯西积分定理，有 $\oint_C \dfrac{3z^2 + 7z + 1}{(z+1)^3}\mathrm{d}z = 0$.

（5）在积分曲线内被积函数只有一个奇点 i，故

$$\int_{|z-2i|=\frac{3}{2}} \frac{e^{iz}}{z^2+1}\mathrm{d}z = \int_{|z-2i|=\frac{3}{2}} \frac{\dfrac{e^{iz}}{z+i}}{z-i}\mathrm{d}z = 2\pi i \frac{e^{iz}}{z+i}\Big|_{z=i} = \frac{\pi}{e}.$$

（6）在积分曲线内被积函数只有一个奇点 1，故

$$\int_{|z-2|=2} \frac{z}{z^4-1}\mathrm{d}z = \int_{|z-2|=2} \frac{\dfrac{1}{(z^2+1)(z+1)}}{z-1}\mathrm{d}z = 2\pi i \frac{1}{(z^2+1)(z+1)}\Big|_{z=1} = \frac{\pi}{2}i.$$

（7）在积分曲线内被积函数有两个奇点 ± 1，围绕 1，-1 分别作两条相互外离的小闭合曲线 C_1，C_2，则由复合闭路原理得

$$\int_{|z|=2} \frac{1}{z^2-1}\sin\frac{\pi}{4}z\,\mathrm{d}z = \int_{C_1} \frac{1}{z^2-1}\sin\frac{\pi}{4}z\,\mathrm{d}z + \int_{C_2} \frac{1}{z^2-1}\sin\frac{\pi}{4}z\,\mathrm{d}z$$

$$= 2\pi i\left[\frac{1}{z+1}\sin\frac{\pi z}{4}\Big|_{z=1} + \frac{1}{z-1}\sin\frac{\pi z}{4}\Big|_{z=1}\right] = \sqrt{2}\,\pi i.$$

10. 解: (1) $\displaystyle\int_{C_1} \frac{\sin\frac{\pi}{4}z}{z^2-1}dz = \int_{C_1} \frac{\sin\frac{\pi}{4}z\big/(z-1)}{z+1}dz = 2\pi i \cdot \frac{\sin\frac{\pi}{4}z}{z-1}\bigg|_{z=-1} = \frac{\sqrt{2}}{2}\pi i.$

(2) $\displaystyle\int_{C_2} \frac{\sin\frac{\pi}{4}z}{z^2-1}dz = \int_{C_2} \frac{\sin\frac{\pi}{4}z\big/(z-1)}{z+1}dz = 2\pi i \cdot \frac{\sin\frac{\pi}{4}z}{z+1}\bigg|_{z=1} = \frac{\sqrt{2}}{2}\pi i.$

(3) 由复闭路的柯西积分定理得

$$\int_{C_3} \frac{\sin\frac{\pi}{4}z}{z^2-1}dz = \int_{C_1} \frac{\sin\frac{\pi}{4}z}{z^2-1}dz + \int_{C_1} \frac{\sin\frac{\pi}{4}z}{z^2-1}dz = \frac{\sqrt{2}}{2}\pi i + \frac{\sqrt{2}}{2}\pi i = \sqrt{2}\pi i.$$

11. 证明: $z = e^{i\theta}$, $0 \leqslant \theta \leqslant 2\pi$, 则

$$\int_C \frac{e^z}{z}dz = \int_0^{2\pi} \frac{e^{\cos\theta+i\sin\theta}}{\cos\theta+i\sin\theta}d(\cos\theta+i\sin\theta)$$

$$= \int_0^{2\pi} (e^{\cos\theta} - e^{i\sin\theta})id\theta = \int_0^{2\pi} e^{\cos\theta}\cdot[\cos(\sin\theta)+i\sin(\sin\theta)]id\theta$$

$$= \int_0^{2\pi} -e^{\cos\theta}\sin(\sin\theta) + ie^{\cos\theta}\cdot\cos(\sin\theta)d\theta,$$

再利用柯西积分公式得

$$\int_C \frac{e^z}{z}dz = 2\pi i \cdot e^0 = 2\pi i,$$

则

$$\int_0^{2\pi} e^{\cos\theta}\cos(\sin\theta)d\theta = 2\pi,$$

由于 $e^{\cos\theta}\cos(\sin\theta)$ 关于 $\theta = \pi$ 对称,因此

$$\int_0^{\pi} e^{\cos\theta}\cos(\sin\theta)d\theta = \pi.$$

12. 解: $\varphi(\xi) = 3\xi^2+7\xi+1$, 则 $f(z) = \displaystyle\int_C \frac{\varphi(\xi)}{\xi-z}d\xi = 2\pi i\varphi(z) = 2\pi i\cdot(3z^2+7z+1)$, 从而 $f'(z) = 2\pi i(6z+7)$. 因此 $f'(1+i) = 2\pi i(6+6i+7) = 2\pi(-6+13i)$.

13. 证明: 本题需要用到第 6 章知识. $f(z)$ 在 D 内单叶解析 $\Rightarrow f'(z) \neq 0$ $(z \in D)$. 利用光滑曲线的定义. 由题知, $C: z = z(t)$ $(\alpha \leqslant t \leqslant \beta)$, 为 D 内光滑曲线. 由光滑曲线的定义有

(1) C 为若尔当曲线, 即 $t_1 \neq t_2$ 时, $z(t_1) \neq z(t_2)$.

(2) $z'(t) \neq 0$, 且连续于 $[\alpha, \beta]$.

要证 Γ 为光滑曲线, 只需验证以上两条即可. 而 $\omega = f(z)$ 的变换下, C 的象曲线下的参数方程为 Γ: $\omega = \omega(t) = f[z(t)]$, $\alpha \leqslant t \leqslant \beta$.

(1) 因 $t_1 \neq t_2$ 时, $z(t_1) \neq z(t_2)$, 又因 $f(z)$ 为单叶函数, 所以当 $t_1 \neq t_2$ 时, $f(z_1) \neq f(z_2)$. 因此, 当 $t_1 \neq t_2$ 时, 有 $\omega(t_1) \neq \omega(t_2)$.

(2) 因为 $z(t) \neq 0$ 且在 $\alpha \leqslant t \leqslant \beta$ 内连续, 又因 $f'(z) \neq 0$, 则由解析函数的无穷可微性知 $f''(z)$ 在 D 内亦存在, 所以 $f'(z)$ 在 D 内连续, 则由复合函数求导法则得 $\omega'(z) = f'(z)z'(t) \neq 0$, 且在 $\alpha \leqslant t \leqslant \beta$ 内连续.

14. 证明: 由上题知 C 与 Γ 均为光滑曲线, 因 $\Phi(\omega)$ 沿 Γ 连续以及 $f(z)$、$f''(z)$ 在包含 C 的区域 D 内解析, 因此 $\Phi(\omega)f'(z)$ 也连续, 故公式中的两端积分存在. 从而

$$\int_C \Phi[f(z)]f'(z)dz = \int_\alpha^\beta \Phi\{f[z(t)]\}f'[z(t)]z'(t)dt = \int_\alpha^\beta \Phi[\omega(t)]\omega'(t)dt = \int_\Gamma \Phi(\omega)d\omega.$$

15. 解： $\dfrac{\cos \pi z}{z^3(z-1)^2}$ 奇点为 0，1，在 $|z|=4$ 内作 C_1 和 C_2 互不相交、互不包含、分别包围奇点 $z=0$ 和 $z=1$，且全在 $|z|=4$ 内，则依照复合闭路定理，有

$$I = \oint_{C_1} \frac{\cos \pi z}{z^3(z-1)^2}\mathrm{d}z + \oint_{C_2} \frac{\cos \pi z}{z^3(z-1)^2}\mathrm{d}z = \oint_{C_1} \frac{\cos \pi z}{(z-1)^2}\cdot \frac{\mathrm{d}z}{z^3} + \oint_{C_2} \frac{\cos z}{z^3}\cdot \frac{\mathrm{d}z}{(z-1)^2}$$

$$= \frac{2\pi\mathrm{i}}{2!}\left[\frac{\pi\cos z}{(z-1)^2}\right]''_{z=0} + 2\pi\mathrm{i}\left[\frac{\cos \pi z}{z^2}\right]'_{z=1}$$

$$= \pi\mathrm{i}\left[\frac{-\pi^2\cos \pi z}{(z-1)^2} + \frac{4\pi\sin \pi z}{(z-1)^3} + \frac{6\cos \pi z}{(z-1)^4}\right]_{z=0} + 2\pi\mathrm{i}\cdot 3 = (6-\pi)\pi\mathrm{i} + 6\pi\mathrm{i} = (12-\pi)\pi\mathrm{i}.$$

16. 证明： 因 $|f(z)|$ 恒大于一正的常数，则 $\dfrac{1}{|f(z)|}$ 必小于一正的常数，则应用刘维尔定理，$\dfrac{1}{f(z)}$ 为常数，故 $f(z)$ 为常数.

17. 解： $\dfrac{\partial u}{\partial x} = \dfrac{2x}{x^2+y^2}+1$，$\dfrac{\partial u}{\partial y} = \dfrac{2y}{x^2+y^2}-2$，$\dfrac{\partial^2 u}{\partial x^2} = \dfrac{2(y^2-x^2)}{(x^2+y^2)^2}$，$\dfrac{\partial^2 u}{\partial y^2} = \dfrac{2(x^2-y^2)}{(x^2+y^2)^2}$.

因此，满足拉普拉斯方程，所以 $u(x,y)$ 是调和函数.

18. 解： (1) 因为 $\dfrac{\partial u}{\partial x} = 1$，$\dfrac{\partial v}{\partial y} = -1$，不满柯西-黎曼方程，所以 v 不是 u 的共轭调和函数.

(2) 因为 $\dfrac{\partial u}{\partial x} = \mathrm{e}^x\cos y$，$\dfrac{\partial u}{\partial y} = -\mathrm{e}^x\sin y$，$\dfrac{\partial v}{\partial x} = \mathrm{e}^x\sin y$，$\dfrac{\partial v}{\partial y} = \mathrm{e}^x\cos y$，满足柯西-黎曼方程，所以 v 是 u 的共轭调和函数.

19. 解： (1) 由柯西-黎曼方程，$v_y = u_x = 2x+y$，则 $v = \int(2x+y)\mathrm{d}y = 2xy+\dfrac{y^2}{2}+\varPhi(x)$. 又因 $u_y = -v_x$，从而 $x-2y = -[2y+\varPhi'(x)]$，则 $\varPhi'(x) = x$，即 $\varPhi(x)\dfrac{x^2}{2}+C$，故

$$f(z) = u+\mathrm{i}v = (x^2+xy-y^2)+\mathrm{i}\left(2xy+\frac{y^2}{2}+\frac{x^2}{2}+C\right).$$

又因 $f(\mathrm{i}) = -1+\mathrm{i}$，即

$$f(\mathrm{i}) = -(1)^2+\mathrm{i}\left(\frac{1^2}{2}+C\right) = -1+\mathrm{i},$$

所以 $C = \dfrac{1}{2}$. 故

$$f(z) = (x^2+xy-y^2)+\mathrm{i}\left(2xy+\frac{y^2}{2}+\frac{x^2}{2}+\frac{1}{2}\right).$$

(2) 由柯西-黎曼方程

$$v_y = u_x = \mathrm{e}^x(x\cos y-y\sin y)+\mathrm{e}^x\cdot\cos y,$$

则

$$v = \int(x\mathrm{e}^x\cos y-\mathrm{e}^x y\sin y+\mathrm{e}^x\cos y)\mathrm{d}y = x\mathrm{e}^x\sin y+\mathrm{e}^x\sin y-\int \mathrm{e}^x y\sin y\mathrm{d}y$$

$$= x\mathrm{e}^x\sin y+\mathrm{e}^x\sin y-\mathrm{e}^x\left(-y\cos y+\int\cos y\mathrm{d}y\right)$$

$$= x\mathrm{e}^x\sin y+\mathrm{e}^x\sin y+\mathrm{e}^x\cos y-\mathrm{e}^x\sin y+\varphi(x)$$

$$= x\mathrm{e}^x\sin y+\mathrm{e}^x\sin y+\varphi(x).$$

又因 $u_y = -v_x$，故

$$-\mathrm{e}^x \sin y - \mathrm{e}^x \sin y - \mathrm{e}^x y \cos y = -[\mathrm{e}^x \sin y + \mathrm{e}^x \sin y + \mathrm{e}^x y \cos y + \Phi(x)]$$

即 $\Phi'(x) = 0$，$\Phi(x) = C$. 故

$$f(z) = \mathrm{e}^x(x \cos y - y \sin y) + \mathrm{i}(x \mathrm{e}^x \sin y + \mathrm{e}^x y \cos y + C).$$

又因 $f(0) = 0$，故 $f(0) = \mathrm{i}C = 0 \Rightarrow C = 0$，故

$$f(z) = \mathrm{e}^x(x \cos y - y \sin y) + \mathrm{i}\mathrm{e}^x(x \sin y + y \cos y + C).$$

20. 证明：因为 $u(x, y)$ 是调和函数，所以 $\dfrac{\partial^2 u}{\partial x^2} + \dfrac{\partial^2 u}{\partial y^2} = 0$. 又

$$\frac{\partial u^2}{\partial x} = 2u \frac{\partial u}{\partial x}, \quad \frac{\partial^2 (u^2)}{\partial x^2} = 2\left(\frac{\partial u}{\partial x}\right)^2 + 2u \frac{\partial^2 u}{\partial x^2},$$

同理

$$\frac{\partial^2 (u^2)}{\partial y^2} = 2\left(\frac{\partial u}{\partial y}\right)^2 + 2u \frac{\partial^2 u}{\partial y^2}.$$

故

$$\frac{\partial^2 (u^2)}{\partial x^2} + \frac{\partial^2 (u^2)}{\partial y^2} = 2\left[\left(\frac{\partial u}{\partial x}\right)^2 + \left(\frac{\partial u}{\partial y}\right)^2 + u\left(\frac{\partial^2 u}{\partial x^2} + \frac{\partial^2 u}{\partial y}\right)\right]$$

$$= 2\left[\left(\frac{\partial u}{\partial x}\right)^2 + \left(\frac{\partial u}{\partial y}\right)^2\right] \neq 0.$$

事实上，因为 $u(x, y)$ 不为常数，所以 $\dfrac{\partial u}{\partial x}$ 和 $\dfrac{\partial u}{\partial y}$ 不同时为零，所以上式不同时为零. 即 $[u(x, y)]^2$ 不是调和函数.

第 4 章

1. 解：(1) $1 + \mathrm{i} + \mathrm{i}^2 + \cdots + \mathrm{i}^n + \cdots = 1 + \mathrm{i} - 1 - \mathrm{i} + \cdots$，因为 $\displaystyle\sum_{n=1}^{\infty} (-1)^n$ 发散，所以 $\displaystyle\sum_{n=0}^{\infty} a_n = \sum_{n=1}^{\infty} (-1)^n + \mathrm{i}\sum_{n=1}^{\infty} (-1)^n$ 发散.

(2) $\displaystyle\sum_{n=1}^{\infty} \frac{1}{n}(1 + \mathrm{i}^{2n+1}) = \sum_{n=1}^{\infty} \frac{1}{n} + \mathrm{i}\sum_{n=1}^{\infty} (-1)^n \frac{1}{n}$，虽然 $\displaystyle\sum_{n=1}^{\infty} (-1)^n \frac{1}{n}$ 收敛，但 $\displaystyle\sum_{n=1}^{\infty} \frac{1}{n}$ 发散，故原级数发散.

(3) 因 $\displaystyle\sum_{n=1}^{\infty} \left|\frac{(3+5\mathrm{i})^n}{n!}\right| \leqslant \sum_{n=1}^{\infty} \frac{6n}{n!}$，可知原级数绝对收敛.

(4) 因 $\displaystyle\lim_{n\to\infty} \sqrt[n]{\left|\frac{1+5\mathrm{i}}{2}\right|^n} = \left|\frac{1+5\mathrm{i}}{2}\right| = \frac{\sqrt{26}}{2} > 1$，故可知原级数发散.

(5) 因 $\displaystyle\sum_{n=1}^{\infty} \left|\frac{\mathrm{i}^n}{\ln n}\right| = \sum_{n=1}^{\infty} \frac{1}{\ln n}$，所以 $\displaystyle\sum_{n=1}^{\infty} \left|\frac{\mathrm{i}^n}{\ln n}\right|$ 发散. 由于 $\displaystyle\sum_{n=1}^{\infty} \frac{\mathrm{i}^n}{\ln n} = \sum_{k=1}^{\infty} \frac{(-1)^k}{\ln 2k} + \mathrm{i}\sum_{k=1}^{\infty} \frac{(-1)^k}{\ln(2k+1)}$，且 $\displaystyle\sum_{k=1}^{\infty} \frac{(-1)^k}{\ln 2k}$ 与 $\displaystyle\sum_{k=1}^{\infty} \frac{(-1)^k}{\ln(2k+1)}$ 均为收敛的交错级数，所以原级数条件收敛.

2. 解：(1) 因

$$\lim_{n\to\infty} \left|\frac{1}{(n+1)^p} \middle/ \frac{1}{(n+1)^p} \cdot \frac{1}{n^p} - \frac{1}{n^p}\right| = \lim_{n\to\infty} \left(\frac{n}{n+1}\right)^p = \lim_{n\to\infty} \left(1 - \frac{1}{n+1}\right)^p = 1,$$

所以收敛半径为 $R=1$，收敛圆周为 $|z-\mathrm{i}|=1$.

(2) 因 $\lim\limits_{n\to\infty}\left|\dfrac{(n+1)^p}{n^p}\right|=1$，所以收敛半径为 $R=1$，收敛圆周为 $|z|=1$.

(3) 记 $f_n(z)=(-\mathrm{i})^{n-1}\cdot\dfrac{2n-1}{2^n}\cdot z^{2n-1}$，由比值法，有

$$\lim_{n\to\infty}\left|\frac{f_{n+1}(z)}{f_n(z)}\right|=\lim_{n\to\infty}\frac{(2n+1)\cdot 2^n\cdot|z|^{2n+1}}{(2n-1)\cdot 2^{2n+1}\cdot|z|^{2n-1}}=\frac{1}{2}|z|^2,$$

当 $|z|<\sqrt{2}$ 时，原级数绝对收敛，收敛半径为 $R=\sqrt{2}$，所以收敛圆周为 $|z|=\sqrt{2}$.

(4) 记 $f_n(z)=\left(\dfrac{\mathrm{i}}{n}\right)^n\cdot(z-1)^{n(n+1)}$. 因

$$\lim_{n\to\infty}\sqrt[n]{|f_n(z)|}=\lim_{n\to\infty}\sqrt[n]{\left|\frac{(z-1)^{n(n+1)}}{n^n}\right|}=\lim_{n\to\infty}\frac{|z-1|^{n+1}}{n}=\begin{cases}0,&|z-1|\leqslant 1,\\\infty,&|z-1|>1\end{cases}$$

当 $|z-1|\leqslant 1$ 时绝对收敛，收敛半径 $R=1$，所以收敛圆周为 $|z-1|=1$

3. 解： (1) $\lim\limits_{n\to\infty}\left|\dfrac{c_{n+1}}{c_n}\right|=\lim\limits_{n\to\infty}\dfrac{n+2}{n+1}=1$，故收敛半径 $R=1$，由逐项积分性质，得

$$\int_0^x\sum_{n=0}^{\infty}(n+1)z^n\mathrm{d}z=\sum_{n=0}^{\infty}z^{n+1}=\frac{z}{1-z},$$

所以

$$\sum_{n=0}^{\infty}(n+1)z^n=\left(\frac{z}{1-z}\right)'=\frac{1}{(1-z)^2},\qquad|z|<1.$$

(2) $\lim\limits_{n\to\infty}\left|\dfrac{c_{n+1}}{c_n}\right|=\lim\limits_{n\to\infty}\left|\dfrac{2^{n+1}-1}{2^n-1}\right|=2$，故收敛半径 $R=\dfrac{1}{2}$，所以

$$\sum_{n=1}^{\infty}(2^n-1)z^n=2\sum_{n=1}^{\infty}(2z)^{n-1}-\sum_{n=1}^{\infty}z^n=\frac{2}{1-2z}-\frac{1}{1-z}=\frac{1}{(1-2z)(1-z)},\qquad|z|<\frac{1}{2}.$$

4. 解： (1) $\sum\limits_{n=0}^{\infty}(-1)^n\dfrac{a^n}{b^{n+1}}z^n,\qquad|z|<\left|\dfrac{b}{a}\right|$.

(2) $\sum\limits_{n=0}^{\infty}\dfrac{z^{2n+1}}{(2n+1)n!},\qquad|z|<+\infty$.

(3) $\sum\limits_{n=0}^{\infty}(-1)^n\dfrac{z^{2n+1}}{(2n+1)(2n+1)!},\qquad|z|<+\infty$.

(4) $-\dfrac{1}{2}\sum\limits_{n=1}^{\infty}\dfrac{(2z)^{2n}}{(2n)!},\qquad|z|<+\infty$.

5. 解： 由题设可知 $\ln(1+z)$ 是主值支. 由于

$$\ln(1+z)=z-\frac{z^2}{2}+\frac{z^3}{3}+\cdots+(-1)^{n-1}\frac{z^n}{n}+\cdots,\qquad|z|<1,$$

$$\mathrm{e}^z=1+z+\frac{z^2}{2!}+\cdots+\frac{z^n}{n!}+\cdots,\qquad|z|<+\infty,$$

则在它们的公共收敛域 $|z|<1$ 内作柯西乘积，得

$$\mathrm{e}^z\ln(1+z)=z+\frac{z^2}{2}+\frac{z^3}{3}+\frac{3z^5}{40}+\cdots,\qquad|z|<1.$$

6. 解: (1) $\dfrac{z-1}{z+1} = 1 - \dfrac{2}{z+1} = 1 - \dfrac{2}{(z-1)+2} = 1 - \dfrac{1}{1+\dfrac{z-1}{2}} = 1 - \sum_{n=0}^{\infty}\left(-\dfrac{z-1}{2}\right)^n =$

$\sum_{n=1}^{\infty} \dfrac{(-1)^{n-1}}{2^n}(z-1)^n, \quad |z-1|<2.$

(2) 因为 $\dfrac{z}{(z+1)(z+2)} = \dfrac{2}{z+2} - \dfrac{1}{z+1}$,而

$\dfrac{2}{z+2} = \dfrac{2}{(z-2)+4} = \dfrac{1}{2}\cdot\dfrac{1}{1+\dfrac{z-2}{4}} = \dfrac{1}{2}\sum_{n=0}^{\infty}\left(-\dfrac{z-2}{4}\right)^n = \sum_{n=0}^{\infty}\dfrac{(-1)^n}{2^{2n+1}}(z-2)^n,$

$\left|\dfrac{z-2}{4}\right|<1,$

$\dfrac{1}{z+1} = \dfrac{1}{(z-2)+3} = \dfrac{1}{3}\cdot\dfrac{1}{1+\dfrac{z-2}{3}} = \dfrac{1}{3}\sum_{n=0}^{\infty}\left(-\dfrac{z-2}{3}\right)^n = \sum_{n=0}^{\infty}\dfrac{(-1)^n}{3^{n+1}}(z-2)^n, \quad \left|\dfrac{z-2}{3}\right|<1,$

所以 $\dfrac{z}{(z+1)(z+2)} = \dfrac{2}{z+2} - \dfrac{1}{z+1} = \sum_{n=0}^{\infty}\dfrac{(-1)^n}{2^{2n+1}}(z-2)^n - \sum_{n=0}^{\infty}\dfrac{(-1)^n}{3^{n+1}}(z-2)^n$

$= \sum_{n=0}^{\infty}(-1)^n\left[\dfrac{1}{2^{2n+1}} - \dfrac{1}{3^{n+1}}\right](z-2)^n, \quad |z-2|<3.$

(3) 因为 $\dfrac{1}{z^2} = -\left(\dfrac{1}{z}\right)'$,而

$\dfrac{1}{z} = \dfrac{1}{(z+1)-1} = -\dfrac{1}{1-(z+1)} = -\sum_{n=0}^{\infty}(z+1)^n, \quad |z+1|<1,$

所以 $\dfrac{1}{z^2} = -\left(\dfrac{1}{z}\right)' = -\left[-\sum_{n=0}^{\infty}(z+1)^n\right]' = \sum_{n=0}^{\infty}\left[(z+1)^n\right]' = \sum_{n=1}^{\infty}n(z+1)^{n-1}, \quad |z+1|<1.$

(4) $\dfrac{1}{4-3z} = \dfrac{1}{(1-3i)-3[z-(1+i)]} = \dfrac{1}{1-3i}\cdot\dfrac{1}{1-\dfrac{3}{1-3i}[z-(1+i)]}$

$= \dfrac{1}{1-3i}\sum_{n=0}^{\infty}\left\{\dfrac{3}{1-3i}[z-(1+i)]\right\}^n = \sum_{n=1}^{\infty}\dfrac{3^n}{(1-3i)^{n+1}}[z-(1+i)]^n,$

$\left(\left|\dfrac{3[z-(1+i)]}{1-3i}\right|<1, 即\ |z-(1+i)|<\dfrac{\sqrt{10}}{3}\right).$

7. 证明: 因为 $\sum_{n=0}^{\infty}a_n z^n$ 收敛半径为 R,而 $|[\mathrm{Re}(a_n)]z^n| = |\mathrm{Re}(a_n)||z^n| \leqslant |c_n||z^n|$,所以由比较判别法知,$\sum_{n=0}^{\infty}[\mathrm{Re}(a_n)]z^n$ 收敛. 设 $\sum_{n=0}^{\infty}[\mathrm{Re}(a_n)]z^n$ 的收敛半径为 R_1,则 $\dfrac{1}{R_1} = \lim_{n\to\infty}\sqrt[n]{\mathrm{Re}(a_n)}$,

$\lim_{n\to\infty}\sqrt[n]{|a_n|} = \dfrac{1}{R}$,即 $\sum_{n=0}^{\infty}[\mathrm{Re}(a_n)]z^n$ 的收敛半径不小于 R.

8. 证明: 因为 $|z|>1$,所以 $\left|\dfrac{1}{z}\right|<1$,有 $\sum_{n=1}^{\infty}z^{-n} = \sum_{n=0}^{\infty}\left(\dfrac{1}{z}\right)^n - 1 = \dfrac{1}{1-1/z} - 1 = \dfrac{1}{z-1}$,即当 $|z|>1$ 时,$\sum_{n=1}^{\infty}z^{-n}$ 的和函数为 $S(z) = \dfrac{1}{z-1}$. 显然 $\dfrac{1}{z-1}$ 在 $|z|>1$ 上没有奇点,从而 $\dfrac{1}{z-1}$ 在 $|z|>1$ 上是解析的.

9. 解: 因为 $z = \dfrac{4}{3}$ 是 $f(z)$ 的奇点,到 $z_0 = 1+i$ 的距离为 $\dfrac{\sqrt{10}}{3}$,所以 $R = \dfrac{\sqrt{10}}{3}$.

$$\frac{1}{4-3z}=\frac{1}{4-3[z-(1+\mathrm{i})]-3-3\mathrm{i}}=\frac{1}{1-3\mathrm{i}-3[z-(1+\mathrm{i})]}=\frac{1}{1-3\mathrm{i}}\cdot\frac{1}{1-3[z-(1+\mathrm{i})]/(1-3\mathrm{i})}$$

$$=\frac{1}{1-3\mathrm{i}}\sum_{n=0}^{\infty}\left\{\frac{3[z-(1+\mathrm{i})]}{1-3\mathrm{i}}\right\}^{n}=\sum_{n=0}^{\infty}\frac{3^{n}[z-(1+\mathrm{i})]^{n}}{(1-3\mathrm{i})^{n+1}}$$

10. 解：（1）$z^{2}(\mathrm{e}^{z^{2}}-1)=z^{2}\left[\sum_{n=0}^{\infty}\frac{(z^{2})^{n}}{n!}-1\right]=z^{2}\sum_{n=1}^{\infty}\frac{z^{2n}}{n!}=z^{4}\cdot\sum_{n=1}^{\infty}\frac{z^{2(n-1)}}{n!}$，故 $z=0$ 为 4

级零点.

（2）$6\sin z^{3}+z^{3}(z^{6}-6)=6\sum_{n=1}^{\infty}(-1)^{n}\cdot\frac{z^{2n+1}}{(2n+1)^{n}}+z^{3}(z^{6}-6)=6z^{15}\left(\frac{1}{5!}-\frac{z^{6}}{7!}+\frac{z^{12}}{9!}+\cdots\right)$，

故 $z=0$ 为 15 级零点.

11. 证明：（1）因为 z_{0} 为 $f(z)$ 的 m 阶零点，所以

$$f(z)=a_{m}(z-z_{0})^{m}+a_{m+1}(z-z_{0})^{m+1}+\cdots,$$

其中 $a_{m}\neq 0$. 又 z_{0} 为 $g(z)$ 的 n 阶零点，

$$g(z)=b_{n}(z-z_{0})^{n}+b_{n+1}(z-z_{0})^{n+1}+\cdots,$$

其中 $b_{n}\neq 0$. 如果 $m>n$，则

$$f(z)+g(z)=(z-z_{0})^{n}[b_{n}+b_{n+1}(z-z_{0})+\cdots+(b_{m}+a_{m})(z-z_{0})^{m-n}+\cdots],$$

z_{0} 为 $f(z)+g(z)$ 的 n 阶零点.

① 如果 $n>m$，同理可得 z_{0} 为 $f(z)+g(z)$ 的 m 阶零点.

② 如果 $m=n$，当 $a_{m}+b_{m}\neq 0$ 时，z_{0} 为 $f(z)+g(z)$ 的 m 阶零点；当 $a_{m}+b_{m}=0$ 时，零点 z_{0} 的阶

数大于 n.

（2）$f(z)\cdot g(z)=a_{m}b_{n}(z-z_{0})^{m+n}+(a_{m+1}b_{n}+a_{m}b_{n+1})(z-z_{0})^{m+n+1}+\cdots$，故 z_{0} 为 $f(z)\cdot g(z)$ 的

$m+n$ 阶零点.

（3）因 $\frac{g(z)}{f(z)}=(z-z_{0})^{n-m}\frac{b_{n}+b_{n+1}(z-z_{0})+\cdots}{a_{m}+a_{m+1}(z-z_{0})+\cdots}$，由此可见：

① 如果 $m<n$，则 z_{0} 为 $g(z)/f(z)$ 的 $n-m$ 阶零点；

② 如果 $m>n$，则 z_{0} 为 $g(z)/f(z)$ 的 $m-n$ 阶零点；

③ 如果 $m=n$，则 z_{0} 为 $g(z)/f(z)$ 的可去奇点.

12. 解：（1）不存在.事实上，若存在函数 $f(z)$ 在点 $z=0$ 解析且满足 $f\left(\frac{1}{2k}\right)=\frac{1}{2k}$ $(k\in\mathbf{N}_{+})$，由于

点列 $\left\{\frac{1}{2k}\right\}$ 以 $z=0$ 为极限点，故由唯一性定理知，在 $z=0$ 的邻域内 $f(z)\equiv z$，这与题设 $f\left(\frac{1}{2k-1}\right)=$

$\frac{1}{2k}$ 矛盾.

（2）由于函数的值点列为 $\frac{n}{n+1}=\frac{1}{1+\frac{1}{n}}$ $(n\in\mathbf{N}_{+})$，故可作函数 $f(z)=\frac{1}{1+z}$，它在原点 $z=0$

解析，$z=\frac{1}{n}$ 取值 $f\left(\frac{1}{n}\right)=\frac{1}{1+\frac{1}{n}}=\frac{n}{n+1}$ $(n\in\mathbf{N}_{+})$，故所求符合题设条件要求，即 $f(z)=\frac{1}{1+z}$.

13. 证明：因为 $f(z)$ 在点 z_{0} 解析，由泰勒定理

$$f(z)=\sum_{n=0}^{\infty}\frac{f^{n}(z_{0})}{n!}(z-z_{0})^{n},\quad z\in K: |z-z_{0}|<R, K\subset D,$$

再由题设 $f^{(n)}(z_0)=0$, $n=1,2,\cdots$, 则 $f(z)=f(z_0)$, $z\in K\subset D$,

由唯一性定理得 $f(z)\equiv f(z_0)$, $z\in D$.

14. 证明:(反证法)设 $f(z)$ 在 D 内处处不为零,则由最小、最大模原理,在 D 内 $|f(z)|$ 既不能达到最小值,也不能达到最大值.

由题设 $|f(z)|$ 在闭域 $\overline{D}$ 上连续,故 $|f(z)|$ 在 $\overline{D}$ 上有最大值 M 和最小值 m,而由上所述,这些都只能在边界 C 上达到,但题设 $|f(z)|$ 在 C 上为常数.故 $M=|f(z)|=m$ $(z\in C)$

再由最小、最大模原理,$M<|f(z)|<M=m$ $(z\in D)$ 即 $|f(z)|=m$ $(z\in D)$,从而 $|f(z)|$ 在 $\overline{D}$ 上恒为常数 m,故 $f(z)$ 在 D 内必为常数,矛盾.

15. 证明:由于级数 $\sum\limits_{n=1}^{\infty}f_n(z)$ 收敛于 $f(z)$,故 $\forall\varepsilon>0$,$\exists N=N(\varepsilon)$,对 $n>N$ 及一切 $z\in E$,有 $|s_n(z)-f(z)|<\dfrac{\varepsilon}{M}$. 由题设 $|g(z)|<M$ $(M<+\infty)$ 推得 $|s_n(z)g(z)-f(z)g(z)|<\varepsilon$,故得证.

16. 证明:(1) 当 $z=0$ 时,显然 $\sum\limits_{n=0}^{\infty}\dfrac{z}{(1+z^2)^n}$ 收敛于零. 当 $0<z\leqslant 1$ 时,有

$$\sum_{n=0}^{\infty}\left|\frac{z}{(1+z^2)^n}\right|=z\sum_{n=0}^{\infty}\left(\frac{1}{1+z^2}\right)^n=\frac{z}{1-1/(1+z^2)}=z+\frac{1}{z},$$

故级数 $\sum\limits_{n=0}^{\infty}\dfrac{z}{(1+z^2)^n}$ 绝对收敛,于是

$$\sum_{n=0}^{\infty}\frac{z}{(1+z^2)^n}=\begin{cases}0, & z=0,\\ z+\dfrac{1}{z}, & 0<z\leqslant 1.\end{cases}$$

由 $\lim\limits_{n\to 0^+}z+\dfrac{1}{z}=+\infty$ 可知和函数不连续,所以级数 $\sum\limits_{n=0}^{\infty}\dfrac{z}{(1+z^2)^n}$ 在 $0\leqslant z\leqslant 1$ 不一致收敛.

(2) 当 $0\leqslant z\leqslant 1$ 时,因为

$$\left|\sum_{k=N}^{\infty}\frac{(-1)^{k-1}}{z+k}\right|=\frac{1}{z+N}-\frac{1}{z+N+1}+\frac{1}{z+N+2}+\cdots<\frac{1}{z+N}\leqslant\frac{1}{N},$$

所以级数 $\sum\limits_{n=1}^{\infty}\dfrac{(-1)^{n-1}}{z+n}$ 一致收敛. 但是 $\left|\dfrac{(-1)^{n-1}}{z+n}\right|=\dfrac{1}{z+n}\geqslant\dfrac{1}{2n}$,所以级数 $\sum\limits_{n=0}^{\infty}\dfrac{(-1)^{n-1}}{z+n}$ 在 $0\leqslant z\leqslant 1$ 不绝对收敛.

17. 证明:由柯西不等式 $|a_n|\leqslant\dfrac{M}{\rho^n}$ $(n=0,1,2,\cdots)$ 不难推知当 $|z|<\rho$ 时,有

$$|f(z)-a_0|\leqslant|a_1||z|+|a_2||z|^2+\cdots+|a_n||z|^n+\cdots$$
$$\leqslant M\left(\frac{|z|}{\rho}+\frac{|z|^2}{\rho^2}+\cdots+\frac{|z|^n}{\rho^n}+\cdots\right)=M\frac{|z|}{\rho-|z|}.$$

因此,在圆 $|z|<\dfrac{|a_0|}{|a_0|+M}\rho(<\rho)$ 内,就有 $|f(z)-a_0|<M\dfrac{\dfrac{|a_0|}{|a_0|+M}\rho}{\rho-\dfrac{|a_0|}{|a_0|+M}\rho}=|a_0|$.

再由 $|a_0|-|f(z)|\leqslant|f(z)-a_0|$ (三角不等式),即知 $|a_0|-|f(z)|<|a_0|\Rightarrow|f(z)|>0$. 这就证明了在圆 $|z|<\dfrac{|a_0|}{|a_0|+M}\rho$ 内 $f(z)$ 无零点.

第 5 章

1. 解：（1）因为在圆环域 $1<|z|<2$ 内有 $\left|\dfrac{1}{z}\right|<1$，$\left|\dfrac{z}{2}\right|<1$，所以

$$
\begin{aligned}
\frac{1}{(z^2+1)(z-2)} &= \frac{1}{5}\left(\frac{1}{z-2}-\frac{z}{z^2+1}-\frac{2}{z^2+1}\right) \\
&= \frac{1}{5}\left(-\frac{1}{2}\cdot\frac{1}{1-\frac{z}{2}}-\frac{1}{z}\cdot\frac{1}{1+\frac{1}{z^2}}-\frac{2}{z^2}\cdot\frac{1}{1+\frac{1}{z^2}}\right) \\
&= \frac{1}{5}\left[-\frac{1}{2}\cdot\sum_{n=0}^{\infty}\left(\frac{z}{2}\right)^n-\frac{1}{z}\cdot\sum_{n=0}^{\infty}\left(-\frac{1}{z^2}\right)^n-\frac{2}{z^2}\cdot\sum_{n=0}^{\infty}\left(-\frac{1}{z^2}\right)^n\right] \\
&= \frac{1}{5}\left[\sum_{n=0}^{\infty}\frac{(-1)^{n+1}}{z^{2n+1}}+\sum_{n=0}^{\infty}\frac{2(-1)^{n+1}}{z^{2n+2}}-\sum_{n=0}^{\infty}\frac{z^n}{2^{n+1}}\right],\quad 1<|z|<2
\end{aligned}
$$

（2）① 在圆环域 $0<|z|<1$ 内，有

$$
\begin{aligned}
\frac{1}{z(1-z)^2} &= \frac{1}{z}\cdot\left(\frac{1}{1-z}\right)'=\frac{1}{z}\cdot\left(\sum_{n=0}^{\infty}z^n\right)'=\frac{1}{z}\cdot\sum_{n=1}^{\infty}(z^n)' \\
&= \frac{1}{z}\cdot\sum_{n=1}^{\infty}nz^{n-1}=\sum_{n=1}^{\infty}nz^{n-2}\xrightarrow[n=k+2]{n-2=k}\sum_{k=-1}^{\infty}(k+2)z^k\xlongequal{k=n}\sum_{n=-1}^{\infty}(n+2)z^n.
\end{aligned}
$$

② 在圆环域 $0<|z-1|<1$ 内，有

$$
\begin{aligned}
\frac{1}{z(1-z)^2} &= \frac{1}{(z-1)^2}\cdot\frac{1}{1+(z-1)}=\frac{1}{(z-1)^2}\cdot\sum_{n=0}^{\infty}\left[-(z-1)\right]^n=\sum_{n=0}^{\infty}(-1)^n(z-1)^{n-2} \\
&\xrightarrow[n=k+2]{n-2=k}\sum_{k=-2}^{\infty}(-1)^{k+2}(z-1)^k\xlongequal{k=n}\sum_{n=-2}^{\infty}(-1)^n(z-1)^n.
\end{aligned}
$$

（3）① $0<|z|<1$，$\dfrac{z+1}{z^2(z-1)}=\dfrac{z+1}{z^2}\cdot\dfrac{1}{z-1}=-\left(\dfrac{1}{z}+\dfrac{1}{z^2}\right)\sum_{n=0}^{\infty}z^n=-\dfrac{1}{z^2}-\dfrac{2}{z}-2\sum_{n=0}^{\infty}z^n.$

② 由 $1<|z|<+\infty$ 得 $\left|\dfrac{1}{z}\right|<1$，从而

$$
\frac{z+1}{z^2(z-1)}=\frac{z+1}{z^3\left(1-\frac{1}{z}\right)}=\frac{z+1}{z^3}\cdot\frac{1}{1-\frac{1}{z}}=\left(\frac{1}{z^3}+\frac{1}{z^2}\right)\sum_{n=0}^{\infty}\frac{1}{z^n}=\frac{1}{z^2}+2\sum_{n=0}^{\infty}\frac{1}{z^{n+3}}.
$$

（4）① 在圆环域 $0<|z-\mathrm{i}|<1$ 内，

$$
\begin{aligned}
\frac{1}{z^2(z-\mathrm{i})} &= -\frac{1}{z-\mathrm{i}}\left(\frac{1}{z}\right)'=-\frac{1}{z-\mathrm{i}}\left[\frac{1}{\mathrm{i}+(z-\mathrm{i})}\right]'=-\frac{1}{z-\mathrm{i}}\left(\frac{1}{\mathrm{i}}\cdot\frac{1}{1+\frac{z-\mathrm{i}}{\mathrm{i}}}\right)' \\
&= -\frac{1}{z-\mathrm{i}}\left[\frac{1}{\mathrm{i}}\cdot\sum_{n=0}^{\infty}\left(-\frac{z-\mathrm{i}}{\mathrm{i}}\right)^n\right]'=-\frac{1}{z-\mathrm{i}}\cdot\frac{1}{\mathrm{i}}\sum_{n=1}^{\infty}\left[\left(-\frac{z-\mathrm{i}}{\mathrm{i}}\right)^n\right]' \\
&= -\frac{1}{z-\mathrm{i}}\cdot\frac{1}{\mathrm{i}}\sum_{n=1}^{\infty}\frac{(-1)^n n(z-\mathrm{i})^{n-1}}{\mathrm{i}^n}=\sum_{n=1}^{\infty}\frac{(-1)^{n-1}n(z-\mathrm{i})^{n-2}}{\mathrm{i}^{n+1}}.
\end{aligned}
$$

② 在圆环域 $1<|z-\mathrm{i}|<+\infty$ 内，

$$\frac{1}{z^2(z-\mathrm{i})} = -\frac{1}{z-\mathrm{i}}\left(\frac{1}{z}\right)' = -\frac{1}{z-\mathrm{i}}\left[\frac{1}{\mathrm{i}+(z-\mathrm{i})}\right]' = -\frac{1}{z-\mathrm{i}}\left(\frac{1}{z-\mathrm{i}}\cdot\frac{1}{1+\dfrac{\mathrm{i}}{z-\mathrm{i}}}\right)'$$

$$= -\frac{1}{z-\mathrm{i}}\left[\frac{1}{z-\mathrm{i}}\cdot\sum_{n=0}^{\infty}\left(-\frac{\mathrm{i}}{z-\mathrm{i}}\right)^n\right]' = -\frac{1}{z-\mathrm{i}}\sum_{n=0}^{\infty}\left[\frac{(-1)^n\mathrm{i}^n}{(z-\mathrm{i})^{n+1}}\right]'$$

$$= -\frac{1}{z-\mathrm{i}}\sum_{n=0}^{\infty}\frac{(-1)^{n+1}(n+1)\mathrm{i}^n}{(z-\mathrm{i})^{n+2}} = \sum_{n=0}^{\infty}\frac{(-1)^n(n+1)\mathrm{i}^n}{(z-\mathrm{i})^{n+3}}.$$

2. 解：（1）① $\dfrac{1}{2z-3} = -\dfrac{1}{3-2z} = -\dfrac{1}{3}\cdot\dfrac{1}{1-\dfrac{2}{3}z} = -\dfrac{1}{3}\cdot\sum_{n=0}^{\infty}\left(\dfrac{2}{3}z\right)^n,\quad |z|<\dfrac{3}{2}.$

② $\dfrac{1}{2z-3} = \dfrac{1}{2z-2-1} = \dfrac{1}{2(z-1)-1} = -\dfrac{1}{1-2(z-1)} = -\sum_{n=0}^{\infty}2^n(z-1)^n,\quad |z-1|<\dfrac{1}{2}.$

（2）因 $\arctan z = \displaystyle\int_0^z\dfrac{1}{1+z^2}\mathrm{d}z$，故 $z=\pm\mathrm{i}$ 为奇点，收敛半径 $R=1$.

$$\arctan z = \int_0^z\frac{1}{1+z^2}\mathrm{d}z = \int_0^z\sum_{n=0}^{\infty}(-1)^nz^{2n}\mathrm{d}z = \sum_{n=0}^{\infty}(-1)^n\cdot\frac{1}{2n+1}\cdot z^{2n+1},\quad |z|<1.$$

（3）函数 $\dfrac{1}{z^2-3z+2} = \dfrac{1}{(z-1)(z-2)}$ 的解析区域中以 $z=1$ 为中心的圆环域有 $0<|z-1|<1$ 和 $1<|z-1|<+\infty$.

① 收敛环域 $0<|z-1|<1$ 时，

$$\frac{1}{z^2-3z+2} = \frac{1}{(z-1)(z-2)} = -\frac{1}{z-1}\cdot\frac{1}{1-(z-1)} = -\frac{1}{z-1}\sum_{n=0}^{\infty}(z-1)^n = -\sum_{n=0}^{\infty}(z-1)^{n-1}.$$

② 收敛环域 $1<|z-1|<+\infty$ 时，

$$\frac{1}{z^2-3z+2} = \frac{1}{(z-1)(z-2)} = \frac{1}{(z-1)^2}\cdot\frac{1}{1-\dfrac{1}{z-1}} = \frac{1}{(z-1)^2}\sum_{n=0}^{\infty}\left(\frac{1}{z-1}\right)^n = \sum_{n=0}^{\infty}\frac{1}{(z-1)^{n+2}}.$$

（4）① $\displaystyle\sum_{n=0}^{\infty}\dfrac{(-1)^n}{n!}\cdot\dfrac{1}{(z-1)^n}$ （$0<|z-1|<+\infty$，$0<|z-1|<+\infty$ 既是 $z=1$ 的去心邻域，又是以 $z=1$ 为中心的 ∞ 的去心邻域）.

② $1-\dfrac{1}{z}-\dfrac{1}{2}\cdot\dfrac{1}{z^2}-\dfrac{1}{6}\cdot\dfrac{1}{z^3}-\cdots$ （$0<|z|<+\infty$，$0<|z|<+\infty$ 是 $z=0$ 为中心的 $z=0$ 去心邻域）.

3. 解：（1）因为 $\dfrac{1}{z(z^2+1)^2} = \dfrac{1}{z(z+\mathrm{i})^2(z-\mathrm{i})^2}$ 的奇点为 $z=0,\pm\mathrm{i}$，故 $z=0$ 是函数 $z(z^2+1)$ 的一级极点，$z=\pm\mathrm{i}$ 是函数 $\dfrac{1}{z(z^2+1)^2}$ 的二级极点.

（2）因为 $\dfrac{\sin z}{z^3}$ 奇点为 $z=0$，又 $z=0$ 是 z^3 的三级零点，而由 $\sin 0 = 0$，$(\sin z)'\big|_{z=0} = \cos 0 = 1 \neq 0$ 知 $z=0$ 是 $\sin z$ 的一级零点，从而 $z=0$ 是 $\dfrac{\sin z}{z^3}$ 的二级极点.

（3）因为 $\dfrac{1}{z^3-z^2-z+1} = \dfrac{1}{(z+1)(z-1)^2}$ 的奇点为 $z=\pm 1$，易知 $z=-1$ 是函数 $\dfrac{1}{z^3-z^2-z+1}$ 的一级极点，$z=1$ 是函数 $\dfrac{1}{z^3-z^2-z+1}$ 的二级极点.

(4) 因为函数 $\dfrac{\ln(z+1)}{z}$ 在 $|z|<1$ 内只有唯一的奇点 $z=0$，$\lim\limits_{z\to0}\dfrac{\ln(z+1)}{z}=1$，所以 $z=0$ 是函数 $\dfrac{\ln(z+1)}{z}$ 的可去奇点.

(5) 因为 $\dfrac{z}{(1+z^2)(1+e^{\pi z})}=\dfrac{z}{(z+i)(z-i)(1+e^{\pi z})}$ 的奇点为 $z=\pm i$ 与

$$z_k=\frac{1}{\pi}\mathrm{Ln}(-1)=\frac{1}{\pi}\{\ln|-1|+i[\arg(-1)+2k\pi]\}=(2k+1)i,\quad k\in\mathbf{Z},$$

所以 $z=\pm i$ 是函数 $\dfrac{z}{(1+z^2)(1+e^{\pi z})}$ 的二级极点，$z_k=(2k+1)i$ $(k\in\mathbf{Z}$，且 $k\neq0,k\neq-1)$ 是函数 $\dfrac{z}{(1+z^2)(1+e^{\pi z})}$ 的一级极点.

(6) 因为 $$e^z=1+z+\frac{z^2}{2!}+\frac{z^3}{3!}+\cdots+\frac{z^n}{n!}+\cdots,\quad|z|<+\infty,$$

则在 $z=1$ 去心邻域 $0<|z-1|<+\infty$ 内，有

$$e^{\frac{1}{z-1}}=1+\frac{1}{z-1}+\frac{1}{2!(z-1)^2}+\frac{1}{3!(z-1)^3}+\cdots+\frac{1}{n!(z-1)^n}+\cdots,$$

所以 $z=1$ 是函数 $e^{\frac{1}{z-1}}$ 的本性奇点.

(7) 因为函数 $\dfrac{1}{z^2(e^z-1)}$ 的奇点为

$$z=0 \text{ 与 } z_k=\mathrm{Ln}\,1=\ln|1|+i[\arg(1)+2k\pi]=2k\pi i,\quad k\in\mathbf{Z},$$

而 $$(e^z-1)'|_{z=2k\pi i}=e^z|_{z=2k\pi i}=1\neq0,$$

所以 $z=0$ 是函数 $\dfrac{1}{z^2(e^z-1)}$ 的三级极点. $z_k=2k\pi i$ $(k\in\mathbf{Z},k\neq0)$ 是函数 $\dfrac{1}{z^2(e^z-1)}$ 的一级极点.

(8) 因为函数 $\dfrac{z^{2n}}{1+z^n}$ 的奇点为

$$z_k=\sqrt[n]{-1}=\cos\frac{\pi+2k\pi}{n}+i\sin\frac{\pi+2k\pi}{n}=e^{\frac{2k+1}{n}\pi i},\quad k=0,1,2,3,\cdots,n-1.$$

而 $$z^{2n}\big|_{z=z_k}=1\neq0,(1+z^n)'\big|_{z=z_k}=nz^{n-1}\big|_{z=z_k}\neq0,$$

所以 $z_k=e^{\frac{2k+1}{n}\pi i}$ $(k=0,1,2,3,\cdots,n-1)$ 是函数 $\dfrac{z^{2n}}{1+z^n}$ 的一级极点.

(9) 函数 $\dfrac{1}{\sin z^2}$ 的奇点为 $\sin z^2=0$，即 $z=\pm\sqrt{k\pi}$ $(0\leqslant k,k\in\mathbf{Z}_+)$ 与 $z=\pm i\sqrt{k\pi}$.

① 当 $k=0$，即 $z=0$，因为

$$(\sin z^2)'\big|_{z=0}=2z\cos z^2\big|_{z=0}=0,(\sin z^2)''\big|_{z=0}=(2z\cos z^2)'\big|_{z=0}=(2\cos z^2-4z^2\sin z^2)\big|_{z=0}=2\neq0,$$

所以 $z=0$ 是函数 $\dfrac{1}{\sin z^2}$ 的二级零点.

② 当 $k\neq0$ 时，因为

$$(\sin z^2)'\big|_{z=\pm\sqrt{k\pi}}=2z\cos z^2\big|_{z=\pm\sqrt{k\pi}}\neq0,$$

$$(\sin z^2)'\Big|_{z=\pm i\sqrt{k\pi}} = 2z\cos z^2\Big|_{z=\pm i\sqrt{k\pi}} \neq 0,$$

所以 $z = \pm\sqrt{k\pi}\ (k\in \mathbf{Z}_+)$ 与 $z = \pm i\sqrt{k\pi}\ (k\in \mathbf{Z}_+)$ 是函数 $\sin z^2$ 的一级零点,从而 $z = \pm\sqrt{k\pi}\ (k\in \mathbf{Z}_+)$ 与 $z = \pm i\sqrt{k\pi}\ (k\in \mathbf{Z}_+)$ 是函数 $\dfrac{1}{\sin z^2}$ 的一级极点.

4. 证明: 由于 $z = a$ 是 $f(z)$ 与 $g(z)$ 的 m 级与 n 级极点,所以

$$f(z) = \frac{f_1(z)}{(z-a)^m}, \quad g(z) = \frac{g_1(z)}{(z-a)^n},$$

其中 $f_1(z)$ 与 $g_1(z)$ 在 $z = a$ 解析,且 $f_1(a)\neq 0$ 与 $g_1(a)\neq 0$,于是

$$f(z) + g(z) = \begin{cases} \dfrac{f_1(z) + (z-a)^{m-n}g_1(z)}{(z-a)^m}, & m > n, \\[3mm] \dfrac{(z-a)^{n-m}f_1(z) + g_1(z)}{(z-a)^n}, & n > m, \\[3mm] \dfrac{f_1(z) + g_1(z)}{(z-a)^n}, & m = n. \end{cases}$$

式中,当 $m > n$ 时,将 $z = a$ 代入分子得 $f_1(a)\neq 0$;当 $m > n$ 时,将 $z = a$ 代入分子得 $g_1(a)\neq 0$;当 $m = n$ 时,将 $z = a$ 代入分子得 $f_1(a) + g_1(a)$. 又显然各个分子在 $z = a$ 时是解析的,所以结论如下:

当 $m \neq n$ 时,$z = a$ 是 $f(z) + g(z)$ 的 $\max\{m,n\}$ 级极点. 当 $m = n$ 时,若 $f_1(a) + g(a)\neq 0$,$z = a$ 是 $f(z) + g(z)$ 的 n 级极点;若 $f_1(a) + g(a) = 0$,点 $z = a$ 是阶数小于 n 的极点或可去奇点.

由于 $f(z)\cdot g(z) = \dfrac{f_1(z)g_1(z)}{(z-a)^{m+n}}$,$f_1(z)g_1(z)$ 在 $z = a$ 解析,且 $f_1(a)g_1(a)\neq 0$,所以 $z = a$ 是 $f(z)g(z)$ 的 $m+n$ 级极点.

由于
$$\frac{f(z)}{g(z)} = \begin{cases} \dfrac{1}{(z-a)^{n-m}}\cdot\dfrac{f_1(z)}{g_1(z)}\ (m < n), & a \text{ 是 } n-m \text{ 级极点,} \\[3mm] (z-a)^{m-n}\cdot\dfrac{f_1(z)}{g_1(z)}\ (m > n), & a \text{ 是 } m-n \text{ 级极点,} \\[3mm] \dfrac{f_1(z)}{g_1(z)}\ (m = n), & a \text{ 是可去奇点,} \end{cases}$$

故当 $m = n$ 时,$z = a$ 是 $\dfrac{f(z)}{g(z)}$ 的可去奇点;当 $m < n$ 时,$z = a$ 是 $\dfrac{f(z)}{g(z)}$ 的 $n-m$ 级极点;当 $m > n$ 时,$z = a$ 是 $\dfrac{f(z)}{g(z)}$ 的 $m-n$ 级极点.

5. 证明: 因 $f(z)$ 在 z 平面上解析,则必为整函数,整函数只以 ∞ 为孤立奇点,而 $f(z)$ 在 ∞ 点处解析,因此 ∞ 点只能是 $f(z)$ 的孤立奇点,因此,$f(z) = $ 常数.

6. 证明: 如果 z_0 是 $f(z)$ 的 $m\ (m > 1)$ 级零点,则有 $f(z) = (z-z_0)^m g(z)$,其中 $g(z)$ 在 z_0 处解析,且 $g(z_0)\neq 0$. 由 $f(z) = (z-z_0)^m g(z)$,则

$$f'(z) = m(z-z_0)^{m-1}g(z) + (z-z_0)^m g'(z) = (z-z_0)^{m-1}[mg(z) + (z-z_0)g'(z)],$$

式中,$[mg(z) + (z-z_0)g'(z)]\Big|_{z=z_0} = mg(z_0)\neq 0$,且 $[mg(z) + (z-z_0)g'(z)]$ 在 z_0 处解析,从而根据零点的定义可知,z_0 是 $f'(z)$ 的 $m-1$ 级零点.

7. 解: (1) 在 $0 < |z| < \delta < 2\pi$ 内,有 $\dfrac{1}{\mathrm{e}^z - 1} = \dfrac{1}{z + \dfrac{z^2}{2!} + \cdots + \dfrac{z^n}{n!} + \cdots} = \dfrac{1}{z} - \dfrac{1}{2} + \dfrac{z}{n} + \cdots$,则

$\lim\limits_{z\to 0}\left(\dfrac{1}{e^z-1}-\dfrac{1}{z}\right)=-\dfrac{1}{2}$，故 $z=0$ 为 $\dfrac{1}{e^z-1}-\dfrac{1}{z}$ 的可去奇点.

令 $e^z-1=0$，得 $z=2k\pi i\,(k\in\mathbf{Z})$ 是 e^z-1 的一级零点，从而是 $\dfrac{1}{e^z-1}$ 的一级极点.

当 $k=0$ 时，得 $z=0$ 为函数 $\dfrac{1}{e^z-1}-\dfrac{1}{z}$ 的可去奇点，而 $z=2k\pi i\,(k\in\mathbf{Z})$ 为 $\dfrac{1}{z}$ 的解析点，故 $z=2k\pi i\,(k\in\mathbf{Z})$ 为函数 $\dfrac{1}{e^z-1}-\dfrac{1}{z}$ 的一级极点.

又因 $z=2k\pi i\to\infty$，$k\to\infty$，因此 $z=\infty$ 为函数 $\dfrac{1}{e^z-1}-\dfrac{1}{z}$ 的非孤立奇点.

(2) ① 因 $e^{z-\frac{1}{z}}=e^z\cdot e^{-\frac{1}{z}}$，而 $e^{\frac{1}{z}}=\sum\limits_{n=0}^{\infty}\dfrac{\left(\frac{1}{z}\right)^n}{n!}=1+\dfrac{1}{z}+\dfrac{1}{2!z^2}+\cdots\,(0<|z|<+\infty)$ 含无穷多个负幂项，所以 $z=0$ 是 $e^{\frac{1}{z}}$ 的本性奇点. 又因在 0 点的邻域内 $e^{\frac{1}{z}}$ 不为零，故 $z=0$ 也为 $\dfrac{1}{e^{\frac{1}{z}}}=e^{-\frac{1}{z}}$ 的本性奇点，而 $z=0$ 为 e^z 的解析点，故 $z=0$ 为 $e^{z-\frac{1}{z}}=e^z\cdot e^{-\frac{1}{z}}$ 的本性奇点.

② 对 $z=\infty$，令 $\xi=\dfrac{1}{z}$，则 $e^{z-\frac{1}{z}}=e^{\frac{1}{\xi}-\xi}$ 由①可知，$\xi=0$ 为 $e^{\frac{1}{\xi}-\xi}$ 的本性奇点，故 $\xi=0$ 为 $e^{-\left(\xi-\frac{1}{\xi}\right)}$ 的本性奇点，即 $z=\infty$ 为 $e^{z-\frac{1}{z}}$ 的本性奇点.

(3) 因为 $\lim\limits_{z\to\infty}\left(\sin\dfrac{1}{z}+\dfrac{1}{z^2}\right)=0$，所以 $z=\infty$ 是可去奇点. 故 $z=0$ 为本性奇点.

(4) 因 $z=1$ 是 $e^{\frac{1}{z-1}}$ 的本性奇点，且是 e^z-1 的解析点，且 e^z-1 不恒为零，故 $z=1$ 是 $\dfrac{e^{\frac{1}{z-1}}}{e^z-1}$ 的本性奇点.

因当 $z=2k\pi i\,(k\in\mathbf{Z})$ 时，分母 $e^z-1=0$，而此时分子不等于 0，且 $(e^z-1)'\big|_{z=2k\pi i}=1\neq 0$，所以 $z=2k\pi i\,(k\in\mathbf{Z})$ 为函数 $\dfrac{e^{\frac{1}{z-1}}}{e^z-1}$ 的一级极点.

又由于 $k\to\infty$ 时，$z=2k\pi i\to\infty$ 所以 $z=\infty$ 为非孤立奇点.

8. 解：(1) $\cot z=\dfrac{\sin z}{\cos z}$，$z_k=\dfrac{\pi}{2}+k\pi\,(k\in\mathbf{Z})$ 是 $\cot z$ 的一级极点. 当 $k\to\infty$ 时，$z_k\to\infty$，所以 ∞ 是 $\cot z$ 极点 z_k 的极限点，不是孤立奇点.

(2) 函数 $\ln\dfrac{z-1}{z-2}$ 在复平面除去 $z=1$，$z=2$ 和连接它们的线段外单值解析. 又 $\lim\limits_{z\to\infty}\left(\ln\dfrac{z-1}{z-2}\right)=0$，所以 ∞ 是 $\ln\dfrac{z-1}{z-2}$ 的可去奇点.

(3) $z=\infty$ 是 e^z 的本性奇点，又是 $\ln\dfrac{z-a}{z-b}$ 的可去奇点，所以是 $e^z\ln\dfrac{z-a}{z-b}$ 的本性奇点.

9. 证明：(1) 充分性　显然，$\lim\limits_{z\to\infty}f(z)=$ 常数.

必要性　因为 $\lim\limits_{z\to\infty}f(z)=A$（存在），所以 $f(z)$ 在全平面有界. 由刘维尔定理，$f(z)=A$（常数）.

(2) 充分性　显然，$\lim\limits_{z\to\infty}f(z)=\infty$.

必要性　$z=\infty$ 是 $f(z)$ 的 m 级极点，则其洛朗展开式正幂部分为 m 次多项式 $P_m(z)$. 而 $\lim\limits_{z\to\infty}[f(z)-P_m(z)]$ 存在，从而 $f(z)-P_m(z)=$ 常数，即 $f(z)$ 为一个 m 次多项式.

（3）**充分性**　若 $z=\infty$ 不是本性奇点，则为可去奇点或极点. 于是，洛朗展开式有至多有限个正幂项，推出矛盾. 故 $z=\infty$ 为本性奇点.

必要性　若只有有限个正幂项，则 $z=\infty$ 为可去奇点或极点，推出矛盾. 若有负幂项，则令 $t=\dfrac{1}{z}$，$t=0$ 为可去奇点或极点. 推出矛盾，所以命题成立.

第 6 章

1. 解：（1）函数 $\dfrac{z+1}{z^2-2z}$ 的有限孤立奇点是 $z=0$，$z=2$，且 $z=0$，$z=2$ 均是其单级极点. 因此

$$\mathrm{Res}[f(z),0]=\lim_{z\to0}zf(z)=\lim_{z\to0}\frac{z+1}{z+2}=-\frac{1}{2},$$

$$\mathrm{Res}[f(z),2]=\lim_{z\to0}(z-2)\,f(z)=\lim_{z\to0}\frac{z+1}{z}=\frac{3}{2}.$$

（2）函数 $\dfrac{1+z^4}{(z^2+1)^3}$ 的有限孤立奇点是 $z=\pm\mathrm{i}$，且 $z=\pm\mathrm{i}$ 是函数的三级极点，因此

$$\mathrm{Res}[f(z),\mathrm{i}]=\frac{1}{2!}\lim_{z\to\mathrm{i}}[(z-\mathrm{i})^3\,f(z)]''=\frac{1}{2}\lim_{z\to\mathrm{i}}\left[\frac{1+z^4}{(z+\mathrm{i})^3}\right]''=\frac{1}{2}\lim_{z\to\mathrm{i}}\frac{12-12z^2}{(z+\mathrm{i})^5}=-\frac{3}{8}\mathrm{i},$$

$$\mathrm{Res}[f(z),-\mathrm{i}]=\frac{1}{2!}\lim_{z\to-\mathrm{i}}[(z+\mathrm{i})^3\,f(z)]''=\frac{1}{2}\lim_{z\to-\mathrm{i}}\left[\frac{1+z^4}{(z-\mathrm{i})^3}\right]''=\frac{1}{2}\lim_{z\to-\mathrm{i}}\frac{12+12z^2}{(z-\mathrm{i})^5}=\frac{3}{8}\mathrm{i}.$$

（3）函数 $\dfrac{1-\mathrm{e}^{2z}}{z^4}$ 的有限孤立奇点是 $z=0$，因

$$\frac{1-\mathrm{e}^{2z}}{z^4}=\frac{1}{z^4}\left(-2z-\frac{(2z)^2}{2!}-\cdots-\frac{(2z)^n}{n!}-\cdots\right)=-\frac{2}{z^3}-\frac{2^2}{2!z^2}-\frac{2^3}{3!z}-\cdots-\frac{2^nz^{n-4}}{n!}-\cdots,$$

所以 $\mathrm{Res}\left[\dfrac{1-\mathrm{e}^{2z}}{z^4},0\right]=-\dfrac{4}{3}$

（4）函数 $\dfrac{z^2}{(1+z^2)^2}=\dfrac{z^2}{(z+\mathrm{i})^2(z-\mathrm{i})^2}$ 的有限孤立奇点是 $z=\pm\mathrm{i}$，且为其二级极点. 则

$$\mathrm{Res}\left[\frac{z^2}{(1+z^2)^2},\mathrm{i}\right]=\lim_{z\to\mathrm{i}}\frac{\mathrm{d}}{\mathrm{d}z}(z-\mathrm{i})^2\frac{z^2}{(z+\mathrm{i})^2(z-\mathrm{i})^2}=\lim_{z\to\mathrm{i}}\frac{2z(z+\mathrm{i})^2-2(z+\mathrm{i})z^2}{(z+\mathrm{i})^4}=-\frac{\mathrm{i}}{4},$$

$$\mathrm{Res}\left[\frac{z^2}{(1+z^2)^2},-\mathrm{i}\right]=\lim_{z\to-\mathrm{i}}\frac{\mathrm{d}}{\mathrm{d}z}\left[(z+\mathrm{i})^2\frac{z^2}{(z-\mathrm{i})^2(z+\mathrm{i})^2}\right]=\lim_{z\to-\mathrm{i}}\frac{2z(z-\mathrm{i})^2-2(z-\mathrm{i})z^2}{(z-\mathrm{i})^4}=\frac{\mathrm{i}}{4}.$$

（5）函数 $z^2\sin\dfrac{1}{z}$ 的有限孤立奇点是 $z=0$，因

$$z^2\sin\frac{1}{z}=z^2\left[\frac{1}{z}-\frac{1}{3!z^3}+\cdots+\frac{(-1)^n}{(2n+1)!z^{2n+1}}+\cdots\right]=z-\frac{1}{3!z}+\cdots+\frac{(-1)^n}{(2n+1)!z^{2n-1}}+\cdots,$$

所以 $\mathrm{Res}\left[z^2\sin\dfrac{1}{z},0\right]=-\dfrac{1}{6}$

（6）$z_k=\sqrt[n]{-1}=\mathrm{e}^{\frac{(2k+1)\pi}{n}\mathrm{i}}$　$(k=0,1,2,\cdots,n-1)$ 为函数 $\dfrac{z^{2n}}{1+z^n}$ 一级极点. 考虑到 $(z_k)^n=-1$，因此

$$\text{Res}[f(z), z_k] = \frac{z^{2n}}{(1+z^n)'}\Big|_{z=z_k} = \frac{z^{2n}}{nz^{n-1}}\Big|_{z=z_k} = \frac{z^{n+1}}{n}\Big|_{z=z_k} = -\frac{z_k}{n} = -\frac{1}{n}\mathrm{e}^{\frac{(2k+1)\pi}{n}\mathrm{i}}.$$

(7) $z_k = \left(k+\dfrac{1}{2}\right)\pi\mathrm{i}\ (k\in\mathbf{Z})$ 为函数 $\dfrac{\sinh z}{\cosh z}$ 的一级极点. 考虑到 $(\cosh z)' = \sinh z$，因此

$$\text{Res}\left[\frac{\sinh z}{\cosh z}, z_k\right] = \frac{\sinh z}{(\cosh z)'}\Big|_{z=x_k} = 1.$$

2. 解：(1) $z=0, z=1, z=\infty$ 是 $\dfrac{5z-2}{z(z-1)}$ 的一级极点.

$$\text{Res}\left[\frac{5z-2}{z(z-1)}, 0\right] = \lim_{x\to 0} z\cdot\frac{5z-2}{z(z-1)} = 2,$$

$$\text{Res}\left[\frac{5z-2}{z(z-1)}, 1\right] = \lim_{z\to 1}(z-1)\frac{5z-2}{z(z-1)} = 3.$$

由总留数定理知

$$\text{Res}\left[\frac{5z-2}{z(z-1)}, \infty\right] = -\left\{\text{Res}\left[\frac{5z-2}{z(z-1)}, 0\right] + \text{Res}\left[\frac{5z-2}{z(z-1)}, 1\right]\right\} = -5.$$

(2) $z=0$ 是 e^z-1 的一阶零点，$z=0$ 也是 z^5 的 5 阶零点，因此，$z=0$ 是 $\dfrac{\mathrm{e}^z-1}{z^5}$ 的 4 阶极点. 在 $0<|z|<+\infty$ 内将 $\dfrac{\mathrm{e}^z-1}{z^5}$ 展成洛朗级数，有

$$\frac{\mathrm{e}^z-1}{z^5} = \frac{1}{z^5}\left(1+z+\frac{z^2}{2!}+\frac{z^3}{3!}+\cdots-1\right) = \frac{1}{z^4}+\frac{1}{2!z^3}+\frac{1}{3!z^2}+\frac{1}{4!z}+\frac{1}{5!}+\cdots,$$

由此得 $\text{Res}\left[\dfrac{\mathrm{e}^z-1}{z^5}, 0\right] = \dfrac{1}{4!} = \dfrac{1}{24}$. 同时，$z=\infty$ 为函数的孤立奇点，从而 $\text{Res}\left[\dfrac{\mathrm{e}^z-1}{z^5}, \infty\right] = -\dfrac{1}{24}$.

(3) $\dfrac{1}{\sin\dfrac{1}{z}}$ 的奇点为 $0, \infty, \dfrac{1}{k\pi}\ (k\in\mathbf{Z})$. 显然 0 为非孤立奇点，$\dfrac{1}{k\pi}$ 为 $\sin\dfrac{1}{z}$ 的一阶零点，所以 $\dfrac{1}{k\pi}$ 为 $\dfrac{1}{\sin\dfrac{1}{z}}$ 的一阶极点，从而

$$\text{Res}\left[f(z), \frac{1}{k\pi}\right] = \frac{1}{\left(\sin\dfrac{1}{z}\right)'}\Big|_{z=\frac{1}{k\pi}} = \frac{(-1)^{k+1}}{k^2\pi^2}, \quad k\in\mathbf{Z}.$$

由 $\text{Res}[f(z), \infty] = -\text{Res}\left[\dfrac{1}{t^2}f\left(\dfrac{1}{t}\right), 0\right] = -\text{Res}\left[\dfrac{1}{t^2\sin t}, 0\right]$ 易知 $t=0$ 为 $\dfrac{1}{t^2\sin t}$ 的三阶极点，所以

$$\text{Res}[f(z), \infty] = -\text{Res}\left[\frac{1}{t^2\sin t}, 0\right] = -\frac{1}{2}\lim_{t\to 0}\left(\frac{1}{t^2\sin t}\cdot t^3\right)''$$

$$= -\frac{1}{2}\lim_{t\to 0}\frac{t\sin^2 t+2\cos t(\sin t-t\cos t)}{\sin^3 t} = -\frac{1}{6}.$$

(4) $z=\pm\sqrt{3}\,\mathrm{i}$ 是 $\dfrac{2z}{3+z^2}$ 的一级极点.

$$\mathrm{Res}\left[\frac{2z}{3+z^2}, \sqrt{3}\,\mathrm{i}\right] = \lim_{z \to \sqrt{3}\mathrm{i}} \frac{2z}{z+\sqrt{3}\,\mathrm{i}} = 1,$$

$$\mathrm{Res}\left[\frac{2z}{3+z^2}, -\sqrt{3}\,\mathrm{i}\right] = \lim_{z \to -\sqrt{3}\mathrm{i}} \frac{2z}{z-\sqrt{3}\,\mathrm{i}} = 1.$$

因 $\lim\limits_{z \to \infty} \dfrac{2z}{3+z^2} = 0$，则 $z = \infty$ 是 $\dfrac{2z}{3+z^2}$ 的可去奇点.

$$\mathrm{Res}\left[\frac{2z}{3+z^2}, \infty\right] = -\lim_{z \to \infty}\left(z \cdot \frac{2z}{3+z^2}\right) = -2\ (\text{或者利用总留数定理,可求得}).$$

3. 解：(1) $z = 1$ 是 $\dfrac{\mathrm{e}^{2z}}{(z-1)^2}$ 的二级极点. 由于

$$\mathrm{Res}\left[\frac{\mathrm{e}^{2z}}{(z-1)^2}, 1\right] = \lim_{z \to 1}\left[(z-1)^2 \frac{\mathrm{e}^{2z}}{(z-1)^2}\right]' = \lim_{z \to 1} 2\mathrm{e}^{2z} = 2\mathrm{e}^2,$$

故

$$\oint_{|z|=2} \frac{\mathrm{e}^{2z}}{(z-1)^2}\mathrm{d}z = 2\pi\mathrm{i}\,\mathrm{Res}\left[\frac{\mathrm{e}^{2z}}{(z-1)^2}, 1\right] = 4\pi\mathrm{e}^2\mathrm{i}.$$

(2) 因 $\lim\limits_{z \to 0} \dfrac{\sin z}{z} = 1$，则 $z = 0$ 是 $\dfrac{\sin z}{z}$ 的可去奇点. 据留数定义，有

$$\mathrm{Res}\left[\frac{\sin z}{z}, 0\right] = c_{-1} = 0.$$

从而

$$\oint_{|z|=2} \frac{\sin z}{z}\mathrm{d}z = 2\pi\mathrm{i}\,\mathrm{Res}\left[\frac{\sin z}{z}, 0\right] = 0.$$

(3) $z = 0$ 是被积函数 $\dfrac{\sin z}{z(1-\mathrm{e}^z)}$ 在 $|z| < 1$ 内的唯一单极点，由于

$$\mathrm{Res}\left[\frac{\sin z}{z(1-\mathrm{e}^z)}, 0\right] = \lim_{z \to 0}\left[z \cdot \frac{\sin z}{z(1-\mathrm{e}^z)}\right] = \lim_{z \to 0}\frac{\sin z}{1-\mathrm{e}^z} = \lim_{z \to 0}\frac{\cos z}{-\mathrm{e}^z} = -1.$$

从而

$$\oint_{|z|=1} \frac{\sin z}{z(1-\mathrm{e}^z)}\mathrm{d}z = 2\pi\mathrm{i}\,\mathrm{Res}\left[\frac{\sin z}{z(1-\mathrm{e}^z)}, 0\right] = -2\pi\mathrm{i}.$$

(4) $z = 1$ 是被积函数在 $|z| < 2$ 内部唯一奇点，由于

$$\mathrm{Res}\left[\frac{\mathrm{e}^z}{(z-1)(z+3)^2}, 1\right] = \lim_{z \to 1}\left[(z-1) \cdot \frac{\mathrm{e}^z}{(z-1)(z+3)^2}\right] = \frac{\mathrm{e}}{16}.$$

因此

$$\oint_{|z|=2} \frac{\mathrm{e}^z}{(z-1)(z+3)^2}\mathrm{d}z = 2\pi\mathrm{i}\,\mathrm{Res}\left[\frac{\mathrm{e}^z}{(z-1)(z+3)^2}, 1\right] = \frac{\pi\mathrm{e}\mathrm{i}}{8}.$$

(5) 在 $|z| < 1$ 内，函数 $\dfrac{\tan \pi z}{z^3}$ 有一阶极点 $\dfrac{1}{2}$、$-\dfrac{1}{2}$ 及三阶极点 0.

$$\mathrm{Res}\left[\frac{\tan \pi z}{z^3}, \frac{1}{2}\right] = \lim_{z \to \frac{1}{2}}\left(z - \frac{1}{2}\right)\frac{\tan \pi z}{z^3} = -\frac{8}{\pi}\lim_{z \to \frac{1}{2}}\frac{\pi\left(z-\frac{1}{2}\right)}{\sin\left(\pi z - \frac{1}{2}\pi\right)} = -\frac{8}{\pi}.$$

同理

$$\operatorname{Res}\left[\frac{\tan \pi z}{z^3}, -\frac{1}{2}\right] = \lim_{z \to -\frac{1}{2}}\left(z + \frac{1}{2}\right)\frac{\tan \pi z}{z^3} = \frac{8}{\pi}\lim_{z \to -\frac{1}{2}}\frac{\pi\left(z + \frac{1}{2}\right)}{\sin\left(\pi z - \frac{1}{2}\pi\right)} = \frac{8}{\pi}.$$

而 $\dfrac{\tan \pi z}{z^3}$ 在 $0 < |z| < 1$ 内的洛朗展式为

$$\frac{\tan \pi z}{z^3} = \frac{1}{z^3}\left(z + \frac{1}{3}z^3 + \frac{2}{15}z^5 + \cdots\right),$$

故 $\operatorname{Res}\left[\dfrac{\tan \pi z}{z^3}, 0\right] = 0.$ 因此

$$\oint_{|z|=1}\frac{\tan \pi z}{z^3}\mathrm{d}z = 2\pi\mathrm{i}\left(\operatorname{Res}\left[\frac{\tan \pi z}{z^3}, -\frac{1}{2}\right] + \operatorname{Res}\left[\frac{\tan \pi z}{z^3}, \frac{1}{2}\right] + \operatorname{Res}\left[\frac{\tan \pi z}{z^3}, 0\right]\right) = 2\pi\mathrm{i}\left(\frac{8}{\pi} - \frac{8}{\pi} + 0\right) = 0.$$

(6) 在 $|z| < \dfrac{5}{2}$ 内, 函数 $\dfrac{1}{(z-3)(z^5-1)}$ 奇点只有使 $z^5 - 1 = 0$ 的 5 个根 $z_k(k = 0, 1, 2, 3, 4)$,

据总留数定理, 有 $\displaystyle\sum_{k=0}^{4}\operatorname{Res}[f(z), z_k] = -\{\operatorname{Res}[f(z), 3] + \operatorname{Res}[f(z), \infty]\}$ 而 $z = 3$ 为 $f(z)$ 的一阶极

点, 且 $\operatorname{Res}[f(z), 3] = \lim_{z \to 3}(z - 3)\cdot\dfrac{1}{(z-3)(z^5-1)} = \dfrac{1}{242}.$ 因 $\lim_{z \to \infty}\dfrac{1}{(z-3)(z^5-1)} = 0$, 知 $z = \infty$

是 $\dfrac{1}{(z-3)(z^5-1)}$ 的可去奇点, 故 $\operatorname{Res}[f(z), \infty] = -\lim_{z \to \infty}\dfrac{z}{(z-3)(z^5-1)} = 0.$ 从而

$$\oint_{|z|=\frac{5}{2}}\frac{1}{(z-3)(z^5-1)}\mathrm{d}z = -2\pi\mathrm{i}\left(\frac{1}{242} + 0\right) = -\frac{\pi\mathrm{i}}{121}.$$

4. 解: (1) 设 $z = \mathrm{e}^{\mathrm{i}\theta}$, 则 $\sin\theta = \dfrac{z^2 - 1}{2\mathrm{i}z}$, $\mathrm{d}\theta = \dfrac{1}{\mathrm{i}z}\mathrm{d}z$, 则

$$\int_0^{2\pi}\frac{1}{5 + 3\sin\theta}\mathrm{d}\theta = \oint_{|z|=1}\frac{1}{5 + 3\dfrac{z^2-1}{2\mathrm{i}z}}\cdot\frac{1}{\mathrm{i}z}\mathrm{d}z = \oint_{|z|=1}\frac{2}{10\mathrm{i}z + 3z^2 - 3}\mathrm{d}z$$

$$= \frac{2}{3}\oint_{|z|=1}\frac{1}{\left(z + \dfrac{\mathrm{i}}{3}\right)(z + 3\mathrm{i})}\mathrm{d}z = \frac{2}{3}\cdot 2\pi\mathrm{i}\frac{1}{(z + 3\mathrm{i})}\bigg|_{z=-\frac{\mathrm{i}}{3}} = \frac{\pi}{2}.$$

(2) $\displaystyle\int_0^{2\pi}\frac{\mathrm{d}x}{(2 + \sqrt{3}\cos x)^2} = \oint_{|z|=1}\frac{1}{\left(2 + \sqrt{3}\dfrac{z + \dfrac{1}{z}}{2}\right)^2}\cdot\frac{1}{\mathrm{i}z}\mathrm{d}z = \frac{4}{\mathrm{i}}\oint_{|z|=1}\frac{1}{(4z + \sqrt{3}z^2 + \sqrt{3})^2}\mathrm{d}z$

$$= \frac{4}{3\mathrm{i}}\int_{|z|=1}\frac{z\,\mathrm{d}z}{\left(z^2 + \dfrac{4}{\sqrt{3}}z + 1\right)^2}$$

$$= \frac{4}{3\mathrm{i}}\cdot 2\pi\mathrm{i}\operatorname{Res}\left[\frac{z}{\left(z^2 + \dfrac{4}{\sqrt{3}}z + 1\right)^2}, -\frac{1}{\sqrt{3}}\right] = 4\pi.$$

(3) 设 $z = \mathrm{e}^{\mathrm{i}\theta}$, 则 $\quad I = \oint_{|z|=1}\left(\dfrac{z^4 + z^{-4}}{2}\right)^4\dfrac{\mathrm{d}z}{\mathrm{i}z} = \dfrac{1}{\mathrm{i}}\oint_{|z|=1}\dfrac{(z^8 + 1)^4}{16z^{17}}\mathrm{d}z.$

在 $|z| = 1$ 内, 有一个 17 级极点. 展开洛朗级数, 有

$$\frac{(z^8+1)^4}{16z^{17}} = \frac{z^{15}}{16}\left(1+\frac{1}{z^8}\right)^4 = \frac{z^{15}}{16}\left(1-\frac{4}{z^8}+\frac{6}{z^{16}}-\frac{15}{z^{24}}+\cdots\right) = \frac{1}{16}\left(z^{15}-4z^7+\frac{6}{z}-\frac{15}{z^9}+\cdots\right).$$

故 $$\int_0^{2\pi}(\cos 4\theta)^4 \mathrm{d}\theta = \frac{1}{\mathrm{i}}\oint_{|z|=1}\frac{(z^8+1)^4}{16z^{17}}\mathrm{d}z = \frac{1}{\mathrm{i}}\cdot 2\pi\mathrm{i}\cdot\frac{6}{16} = \frac{3}{4}\pi.$$

(4) 由于 $$\sin^{2n}x = \left[\frac{1}{2\mathrm{i}}(\mathrm{e}^{\mathrm{i}x}-\mathrm{e}^{-\mathrm{i}x})\right]^{2n} = (-1)^n 2^{-2n}\mathrm{e}^{\mathrm{i}2nx}(1-\mathrm{e}^{-2\mathrm{i}x})^{2n}$$

及 $$\int_0^{2\pi}\sin^{2n}x\,\mathrm{d}x = 2\int_0^{\pi}\sin^{2n}x\,\mathrm{d}x.$$

设 $z=\mathrm{e}^{\mathrm{i}2x}$，则 $|\mathrm{e}^{2\mathrm{i}x}|=|z|=1$，$\mathrm{d}x=\dfrac{\mathrm{d}z}{2\mathrm{i}z}$. 所以

$$I = \int_0^{2\pi}\sin^{2n}x\,\mathrm{d}x = 2\int_0^{\pi}\sin^{2n}x\,\mathrm{d}x = \frac{(-1)^n}{2^{2n}}\cdot 2\int_{|z|=1}z^n(1-z^{-1})^{2n}\cdot\frac{1}{2\mathrm{i}z}\mathrm{d}z$$

$$= \frac{(-1)^n}{2^{2n}\mathrm{i}}\int_{|z|=1}z^{n-1}\left(1-\frac{1}{z}\right)^{2n}\mathrm{d}z = \frac{(-1)^n}{2^{2n}\mathrm{i}}\int_{|z|=1}\frac{(z-1)^{2n}}{z^{n+1}}\mathrm{d}z.$$

显然，只有 $z=0$ 为 $\dfrac{(z-1)^{2n}}{z^{n+1}}$ 在 $|z|<1$ 内的 $n+1$ 阶极点，因此，

$$I = \frac{(-1)^n}{2^{2n}\mathrm{i}}\cdot 2\pi\mathrm{i}\cdot\mathrm{Res}[f(z),0] = \frac{(-1)^n}{2^{2n-1}}\cdot\frac{\pi}{n!}\left[(z-1)^{2n}\right]^{(n)}\Big|_{z=0} = \frac{2\pi\cdot 2n(n-1)\cdots(n+1)}{2^{2n}n!}.$$

5. 解：(1) $R(z)=\dfrac{z^2}{(z^2+1)(z^2+4)}$ 分母次数比分子次数高 2 次，且在实轴上没有奇点，在上半平面仅有两个一级极点 $z=\mathrm{i}$ 和 $z=2\mathrm{i}$. 且

$$\mathrm{Res}[R(z),\mathrm{i}] = \frac{z^2}{(z+\mathrm{i})(z^2+4)}\Big|_{z=\mathrm{i}} = -\frac{1}{6\mathrm{i}}, \quad \mathrm{Res}[R(z),2\mathrm{i}] = \frac{z^2}{(z^2+1)(z+2\mathrm{i})}\Big|_{z=2\mathrm{i}} = -\frac{1}{3\mathrm{i}}.$$

从而 $$\int_0^{+\infty}\frac{x^2}{(x^2+1)(x^2+4)}\mathrm{d}x = \frac{1}{2}\int_{-\infty}^{+\infty}\frac{x^2\mathrm{d}x}{(x^2+1)(x^2+4)} = \frac{1}{2}\cdot 2\pi\mathrm{i}\cdot\left(-\frac{1}{6\mathrm{i}}+\frac{1}{3\mathrm{i}}\right) = \frac{\pi}{6}.$$

(2) 显然，$R(z)=\dfrac{z^2}{1+z^4}$ 满足分母的次数至少比分子的次数高 2 次，且在实轴上没有奇点. $R(z)$ 在上半平面内只有 $\dfrac{\sqrt{2}}{2}+\dfrac{\sqrt{2}}{2}\mathrm{i}$ 和 $-\dfrac{\sqrt{2}}{2}+\dfrac{\sqrt{2}}{2}\mathrm{i}$ 两个奇点，且都为单极点. 于是

$$\mathrm{Res}\left[R(z),\frac{\sqrt{2}}{2}+\frac{\sqrt{2}}{2}\mathrm{i}\right] = \left(\frac{z^2}{4z^3}\right)_{z=\frac{\sqrt{2}}{2}+\frac{\sqrt{2}}{2}\mathrm{i}} = \frac{1}{4}\left(\frac{\sqrt{2}}{2}-\frac{\sqrt{2}}{2}\mathrm{i}\right),$$

$$\mathrm{Res}\left[R(z),-\frac{\sqrt{2}}{2}+\frac{\sqrt{2}}{2}\mathrm{i}\right] = \left(\frac{z^2}{4z^3}\right)_{z=-\frac{\sqrt{2}}{2}+\frac{\sqrt{2}}{2}\mathrm{i}} = \frac{1}{4}\left(-\frac{\sqrt{2}}{2}-\frac{\sqrt{2}}{2}\mathrm{i}\right),$$

所以

$$\int_0^{+\infty}\frac{x^2}{1+x^4}\mathrm{d}x = \frac{1}{2}\int_{-\infty}^{+\infty}\frac{x^2}{1+x^4}\mathrm{d}x = \frac{1}{2}\cdot 2\pi\mathrm{i}\left[\frac{1}{4}\left(\frac{\sqrt{2}}{2}-\frac{\sqrt{2}}{2}\mathrm{i}\right)+\frac{1}{4}\left(-\frac{\sqrt{2}}{2}-\frac{\sqrt{2}}{2}\mathrm{i}\right)\right] = \frac{\pi}{2\sqrt{2}}.$$

(3) $R(z)=\dfrac{z}{(1+z^2)(z^2+2z+2)}$ 分母的次数至少比分子的次数高 2 次，且在实轴上没有奇点，在上半平面内只有 $z_1=\mathrm{i}$，与 $z_2=-1+\mathrm{i}$ 为其一级极点，故有

$$\mathrm{Res}[R(z),\mathrm{i}] = \lim_{z\to\mathrm{i}}\frac{z}{(z+\mathrm{i})(z^2+2z+2)} = \frac{\mathrm{i}}{2\mathrm{i}\cdot(1+2\mathrm{i})} = \frac{\mathrm{i}}{2\mathrm{i}-4},$$

$$\operatorname{Res}[R(z), -1+\mathrm{i}] = \lim_{z \to -1+\mathrm{i}} \frac{z}{(1+z^2)(z+1+\mathrm{i})} = \frac{-1+\mathrm{i}}{2\mathrm{i} \cdot (1-2\mathrm{i})} = \frac{-1+\mathrm{i}}{2\mathrm{i}+4},$$

因此
$$I = 2\pi\mathrm{i}\left[\frac{\mathrm{i}}{2\mathrm{i}-4} + \frac{-1+\mathrm{i}}{2\mathrm{i}+4}\right] = -\frac{\pi}{5}.$$

(4) 由于 $\dfrac{1}{(z^2+1)(z^2+9)} \to 0 \; (z \to \infty)$，且分母在上半平面只有两个孤立奇点 $z = \mathrm{i}, 3\mathrm{i}$.

$$\int_{-\infty}^{+\infty} \frac{\cos x \, \mathrm{d}x}{(x^2+1)(x^2+9)} = \operatorname{Re}\left\{2\pi\mathrm{i}\left(\operatorname{Res}\left[\frac{\mathrm{e}^{\mathrm{i}z}}{(z^2+1)(z^2+9)}, \mathrm{i}\right] + \operatorname{Res}\left[\frac{\mathrm{e}^{\mathrm{i}z}}{(z^2+1)(z^2+9)}, 3\mathrm{i}\right]\right)\right\}$$

$$= \operatorname{Re}\left\{2\pi\mathrm{i}\left[\frac{\mathrm{e}^{\mathrm{i}z}}{(z^2+1)'(z^2+9)}\bigg|_{z=\mathrm{i}} + \frac{\mathrm{e}^{\mathrm{i}z}}{(z^2+1)(z^2+9)'}\bigg|_{z=3\mathrm{i}}\right]\right\}$$

$$= \operatorname{Re}2\pi\mathrm{i}\left(\frac{\mathrm{e}^{-1}}{16\mathrm{i}} + \frac{\mathrm{e}^{-3}}{-48\mathrm{i}}\right) = \frac{\pi}{24\mathrm{e}^3}(3\mathrm{e}^2-1).$$

(5) $z = \mathrm{i}$ 是 $R(z) = \dfrac{z}{1+z^2}$ 为 $\operatorname{Im} z > 0$ 内的唯一单极点. 利用奇偶性，有

$$\int_0^\infty \frac{x \sin x}{1+x^2} \, \mathrm{d}x = \frac{1}{2}\int_{-\infty}^\infty \frac{x \sin x}{1+x^2} \, \mathrm{d}x = \frac{1}{2}\operatorname{Im}\left[\int_{-\infty}^\infty \frac{x \, \mathrm{e}^{\mathrm{i}x}}{1+x^2} \, \mathrm{d}x\right] = \frac{1}{2}\operatorname{Im}\{2\pi\mathrm{i}\operatorname{Res}[R(z)\mathrm{e}^{\mathrm{i}z}, \mathrm{i}]\}$$

$$= \frac{1}{2}\operatorname{Im}\left[2\pi\mathrm{i}\lim_{z\to\mathrm{i}}(z-\mathrm{i})\frac{z\mathrm{e}^{\mathrm{i}z}}{(z-\mathrm{i})(z+\mathrm{i})}\right] = \frac{1}{2}\operatorname{Im}[\pi\mathrm{e}^{-1}\mathrm{i}] = \frac{1}{2}\pi\mathrm{e}^{-1}.$$

(6) $f(z) = \dfrac{z}{(z^2+a^2)^2}\mathrm{e}^{\mathrm{i}mz}$ 在上半平面内只有一个二阶极点 $z = a\mathrm{i}$，且

$$\operatorname{Res}[f(z), a\mathrm{i}] = \left[\frac{z}{(z^2+a^2)^2}\mathrm{e}^{\mathrm{i}mz}\right]'\bigg|_{z=a\mathrm{i}} = \frac{m}{4a}\mathrm{e}^{-ma}, \text{ 所以}$$

$$I = \frac{1}{2}\int_{-\infty}^{+\infty} \frac{x \sin mx}{(x^2+a^2)^2} \, \mathrm{d}x = \frac{1}{2}\operatorname{Im}[2\pi\mathrm{i}\cdot\operatorname{Res}f(z)] = \operatorname{Im}\left[\pi\mathrm{i}\cdot\frac{m}{4a}\mathrm{e}^{-ma}\right] = \frac{m\pi}{4a}\mathrm{e}^{-ma}.$$

6. 解： (1) $\displaystyle\int_0^{+\infty} \frac{\sin x}{x(x^2+1)^2} \, \mathrm{d}x = \frac{1}{2}\int_{-\infty}^{+\infty} \frac{\sin x}{x(x^2+1)^2} \, \mathrm{d}x = \frac{1}{2}\operatorname{Im}\left\{2\pi\mathrm{i}\cdot\left(\operatorname{Res}\left[\frac{1}{z(z^2+1)^2}\mathrm{e}^{\mathrm{i}z}, \mathrm{i}\right] + \right.\right.$

$\left.\left.\dfrac{1}{2}\operatorname{Res}\left[\dfrac{1}{z(z^2+1)^2}\mathrm{e}^{\mathrm{i}z}, 0\right]\right)\right\} = \operatorname{Im}\left[\pi\mathrm{i}\cdot\left(-\dfrac{3}{4\mathrm{e}}+\dfrac{1}{2}\right)\right] = \dfrac{\pi}{2}\left(1-\dfrac{3}{2\mathrm{e}}\right).$

(2) 当 $\operatorname{Im} z \geqslant 0$，$z \to \infty$ 时，$R(z) = \dfrac{z^2-1}{(z^2+1)\cdot z} \to 0$. 且在上半平面内有以 $z = \mathrm{i}$ 为 $R(z)$ 的单极点，在实轴上有以 $z = 0$ 为 $R(z)$ 的单极点. 因此

$$\int_0^\infty \frac{x^2-1}{x^2+1}\cdot\frac{\sin x}{x} \, \mathrm{d}x = \frac{1}{2}\int_{-\infty}^\infty \frac{x^2-1}{x^2+1}\frac{\sin x}{x} \, \mathrm{d}x$$

$$= \frac{1}{2}\operatorname{Im}\left[2\pi\mathrm{i}\left(\operatorname{Res}[R(z)\mathrm{e}^{\mathrm{i}z}, \mathrm{i}] + \frac{1}{2}\operatorname{Res}[R(z)\mathrm{e}^{\mathrm{i}z}, 0]\right)\right]$$

$$= \operatorname{Im}\left[\pi\mathrm{i}\left(\mathrm{e}^{-1}-\frac{1}{2}\right)\right] = \pi\left(\mathrm{e}^{-1}-\frac{1}{2}\right).$$

7. 解： (1) 因 z^2-1 在 $|z|=3$ 内的零点数 $N = 2$，z^2-1 在 $|z|=3$ 内的极点数 $P = 0$，则

$$\oint_{|z|=3} \frac{z}{z^2-1} \, \mathrm{d}z = \frac{1}{2}\oint_{|z|=3} \frac{(z^2-1)'}{z^2-1} \, \mathrm{d}z = \frac{1}{2}\cdot 2\pi\mathrm{i}(N-P) = \pi\mathrm{i}(2-0) = 2\pi i.$$

(2) 由于 $\cos z$ 在 $|z|=3$ 内的零点数 $N = 2$，$\cos z$ 在 $|z|=3$ 内的极点数 $P = 0$，因此，

$$\oint_{|z|=3} \tan z \, \mathrm{d}z = -\oint_{|z|=3} \frac{(\cos z)'}{\cos z} \, \mathrm{d}z = -2\pi\mathrm{i}(N-P) = -2\pi\mathrm{i}(2-0) = -4\pi\mathrm{i}.$$

8. 证明： 由柯西积分定理，

$$\int_C \frac{\mathrm{e}^{\mathrm{i}z}}{\sqrt{z}}\,\mathrm{d}z = \int_r^R \frac{\mathrm{e}^{\mathrm{i}x}}{\sqrt{x}}\,\mathrm{d}x + \int_{C_r^-} \frac{\mathrm{e}^{\mathrm{i}z}}{\sqrt{z}}\,\mathrm{d}z + \int_{C_R} \frac{\mathrm{e}^{\mathrm{i}z}}{\sqrt{z}}\,\mathrm{d}z + \mathrm{i}, \quad ①$$

式中，$\sqrt{y\mathrm{i}} = \sqrt{y}\,\mathrm{e}^{\frac{\pi}{4}\mathrm{i}}$ 为所取合条件的分支，在 $[r,\,R]$ 上 $\sqrt{z} = \sqrt{x}$ $(x>0)$.

(1) 利用小圆弧引理，有
$$\lim_{r\to 0}\int_{C_r} \frac{\mathrm{e}^{\mathrm{i}z}}{\sqrt{z}}\,\mathrm{d}z = 0,$$

(2) 在 C_R 上，$z = R\mathrm{e}^{\mathrm{i}\theta}\left(0 \leqslant \theta \leqslant \dfrac{\pi}{2}\right)$，应用若尔当不等式，得

$$\left|\int_{C_R} \frac{\mathrm{e}^{\mathrm{i}z}}{\sqrt{z}}\,\mathrm{d}z\right| \leqslant \frac{\pi}{2\sqrt{R}}(1 - \mathrm{e}^{-R}) \to 0, \quad R\to +\infty$$

(3) 取 $r\to 0$，$R\to +\infty$，$\mathrm{i}\int_{+\infty}^0 \frac{\mathrm{e}^{-y}}{\sqrt{y\mathrm{i}}}\,\mathrm{d}y = -\int_0^{+\infty} \frac{\mathrm{i}\mathrm{e}^{-y}\,\mathrm{d}y}{\sqrt{y}\,\mathrm{e}^{\frac{\pi}{4}\mathrm{i}}} = -\frac{\mathrm{i}2\sqrt{2}}{1+\mathrm{i}}\int_0^{+\infty} \mathrm{e}^{-t^2}\,\mathrm{d}t = -\left(\sqrt{\frac{\pi}{2}} + \mathrm{i}\sqrt{\frac{\pi}{2}}\right).$

因此，令 $r\to 0$，$R\to +\infty$，对①式两端取极限，化简即得.

9. 证明： 在 C 的内部 $f(z)$ 只有奇点 $z = -1$（二级极点），得

$$\mathrm{Res}[f(z),\,-1] = \frac{\pi}{2} - \mathrm{i},$$

由留数定理，有

$$2\pi\mathrm{i}\left(\frac{\pi}{2} - \mathrm{i}\right) = \int_C \frac{\sqrt{z}\,\ln z}{(1+z)^2}\,\mathrm{d}z$$

$$= \int_r^R \frac{\sqrt{x}\,\ln x}{(1+x)^2}\,\mathrm{d}x + \int_{C_R} \frac{\sqrt{z}\,\ln z}{(1+z)^2}\,\mathrm{d}z + \int_R^r \frac{\sqrt{x}\,\mathrm{e}^{\pi\mathrm{i}}(\ln x + 2\pi\mathrm{i})}{(1+x)^2}\,\mathrm{d}x + \int_{C_r} \frac{\sqrt{z}\,\ln z}{(1+z)^2}\,\mathrm{d}z.$$

应用大圆弧引理与小圆弧引理，分别估计上式右端第二、四两个积分，当 $r\to 0$，$R\to +\infty$ 时，值均为零，于是比较上式两端虚部即可得证.

10. 证明： 设 $f(z) = kz^4$，$g(z) = -\sin z$，显然 $f(z)$，$g(z)$ 在 $|z|\leqslant 1$ 上解析，且在 $|z|=1$ 上，$|f(z)| = |kz^4| = k > 2$，$|g(z)| = |-\sin z| \leqslant \cosh 1 = \dfrac{1}{2}\left(\dfrac{1}{\mathrm{e}} + \mathrm{e}\right) < \dfrac{1}{2}(1+3) = 2$，即在 $|z|=1$ 上，$|f(z)| > |g(z)|$. 由儒歇定理，方程 $kz^4 - \sin z = 0$ $(k>2)$ 在 $|z|<1$ 内有 4 个根.

11. 证明： 设 $f(z) - a$ 在 C 的内部的零点个数为 N，下面证明 $N = 1$.

由于 $f(z)$ 在 C 的内部只有一个极点，故 $f(z) - a$ 在 C 内的极点个数为 1. 依辐角原理有

$$N - 1 = \frac{1}{2\pi}\Delta\arg[g(z) - a],$$

而
$$\Delta_C\arg[g(z) - a] = \Delta_C\arg\left[a\left(\frac{g(z)}{a} - 1\right)\right] = \Delta_C\arg a + \Delta_C\arg\left[\frac{g(z)}{a} - 1\right],$$

因为 $\Delta_C\arg a = 0$，再令 $w = \dfrac{g(z)}{a} - 1$，因 $|a| > 1$，$|g(z)| = 1$，则在 C 上有 $|w+1| = \left|\dfrac{g(z)}{a}\right| < 1$，于是 C 的像位于 $|w+1| < 1$ 内，所以 $\Delta_C\arg w = \Delta_C\arg\left[\dfrac{g(z)}{a} - 1\right] = 0$. 从而 $\Delta_C\arg[f(z) - a] = 0$. 因此，可得 $N = 1$.

12. 证明： 由题设满足辐角原理条件，故

$$N(f,\,C)-P(f,\,C)=\frac{\Delta_C\arg f(z)}{2\pi} \qquad \text{①}$$

$$N(f(z)-1,\,C)-P(f(z)-1,\,C)=\frac{1}{2\pi}\big[\Delta_C\arg f(z)-1\big] \qquad \text{②}$$

(1) 当 $z\in C$，$|f(z)|<1$ 时. 由式②得

$$N(f(z)-1,\,C)=P(f(z)-1,\,C)=P(f(z),\,C) \qquad \text{③}$$

(2) 当　　　　　 $z\in C$，$|f(z)|>1$ 时，$\Delta_C\arg[f(z)-1]=\Delta_C\arg f(z)$.

由式①、式②得　$N(f(z)-1,\,C)-P(f(z)-1,\,C)=N(f(z),\,C)-P(f(z),\,C)$.

因　　　　　　　　　　$P(f(z)-1,\,C)=P(f(z),\,C)$,

从而　　　　　　　　　$N(f(z)-1,\,C)=N(f(z),\,C)$.

或令 $g(z)=\dfrac{1}{f(z)}$，则亦满足式①，所以

$$N(f(z)-1,\,C)=N(g(z)-1,\,C)=P(f(z),\,C)=N(f(z),\,C).$$

13. 证明： 当 $|z|<1$ 时，函数 $f(\zeta)\left(\dfrac{1-\bar{z}\zeta}{\zeta-z}\right)$ 在 C：$|\zeta|=1$ 的内部只有 $\zeta=z$ 一个一级极点，则利用留数定理即得.

14. 证明： 考察积分 $\displaystyle\int_\Gamma F(z)\mathrm{d}z=\int_\Gamma \mathrm{e}^{\mathrm{i}mz}f(z)\mathrm{d}z$，取如图所示积分线路 Γ，闭路 Γ 是由 $|z|=R$ 的上半圆周 C_R 与 $|z-x_k|=r$ $(k=1,2,\cdots,l)$ 的上半圆周 C_{r_k} 及实轴上线段 $[-R,R]$ 除去这些小圆周的直径 $(x_k-r,\,x_k+r)$ 后的余线段所组成. 取 R 足够大，而 r 足够小，Γ 包含 α_k，$|z-x_j|=r$ 互不相交. 设 $x_1<x_2<\cdots<x_l$，于是

$$\int_\Gamma F(z)\mathrm{d}z=\int_{-R}^{x_1-r}F(x)\mathrm{d}x+\cdots+\int_{x_l-r}^{R}R(x)\mathrm{d}x+\int_{C_R}F(z)\mathrm{d}z+\sum_{k=1}^{l}\int_{C_{r_k}}F(z)\mathrm{d}z,$$

由大圆弧引理证明过程，易知 $\displaystyle\lim_{R\to\infty}\int_{C_R}F(z)\mathrm{d}z=0$.

因为 x_k 是一级极点，所以 $\displaystyle\lim_{z\to x_k}(z-x_k)F(z)=\mathrm{Res}[F(z),\,x_k]$
$\triangleq R_k$，即

$$|(z-x_k)F(z)-R_k|<\varepsilon\ (|z-x_k|=r<\delta).$$

于是

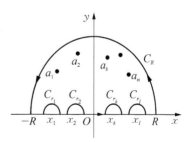

习题 14 示意图

$$\left|\int_{C_{r_k}}F(z)\mathrm{d}z-R_k\int_{C_{r_k}}\frac{\mathrm{d}z}{z-x_k}\right|=\left|\int_{C_{r_k}}\big[(z-x_k)F(z)-R_k\big]\frac{\mathrm{d}z}{z-x_k}\right|$$

$$<\varepsilon\int_{C_{r_k}}\frac{|\mathrm{d}z|}{|z-x_k|}=\pi\varepsilon.$$

又　　　　　　　　　$\displaystyle\int_{C_{r_k}}\frac{\mathrm{d}z}{z-x_k}=\int_{\pi}^{0}\mathrm{i}\,\mathrm{d}\theta=-\pi\mathrm{i}\ (z-x_k=r\mathrm{e}^{\mathrm{i}\theta})$,

所以

$$\lim_{r \to 0} \int_{C_{r_k}} F(z)\mathrm{d}z = R_k \int_{C_{r_k}} \frac{\mathrm{d}z}{z - x_k} = -R_k \pi \mathrm{i}.$$

此外,据留数定理

$$\int_{\Gamma} F(z)\mathrm{d}z = 2\pi\mathrm{i}\sum_{k=1}^{n}\mathrm{Res}[F(z),\, a_k],$$

令 $R \to \infty$, $r \to 0$, 则可得

$$2\pi\mathrm{i}\sum_{k=1}^{n}\mathrm{Res}[F(z),\, a_k] = \int_{-\infty}^{+\infty}F(x)\mathrm{d}x + \sum_{k=1}^{l}-R_k\pi\mathrm{i}.$$

即

$$\int_{-\infty}^{+\infty}F(z)\mathrm{d}z = 2\pi\mathrm{i}\left\{\sum_{k=1}^{n}\mathrm{Res}[F(z),\, a_k] + \frac{1}{2}\sum_{k=1}^{l}\mathrm{Res}[F(z),\, x_k]\right\}.$$

第 7 章

1. 解: 由 $f(z) = z^2$ 得 $f'(z) = 2z$, $f'(\mathrm{i}) = 2\mathrm{i}$, 故 $w = z^2$ 在 $z = \mathrm{i}$ 处的伸缩率为 $|f'(\mathrm{i})| = 2$, 旋转角为 $\arg f'(\mathrm{i}) = \dfrac{\pi}{2}$. 又 $f(\mathrm{i}) = -1$ 由导数 $f'(\mathrm{i})$ 的辐角(旋转角)的几何意义可知,过 $z = \mathrm{i}$ 且平行于实轴正向的曲线的切线方向经过映射 $w = z^2$ 后变为过 $w = -1$ 且平行于虚轴(v 轴)正向的曲线的切线方向 $\left(\text{辐角增加 } \dfrac{\pi}{2}\right)$.

2. 解: (1) $z = 1$ 是一点,代入知,映射为点 $w = 0$.

(2) $z = -1$ 是一点,代入知,映射为点 $w = \infty$.

(3) $\mathrm{Re}(z) = 0$ 是虚轴,即 $z = \mathrm{i}y$. 代入得

$$w = \frac{\mathrm{i}y - 1}{\mathrm{i}y + 1} = \frac{-(1 - \mathrm{i}y)^2}{1 + y^2} = \frac{-1 + y^2}{1 + y^2} + \mathrm{i}\frac{2y}{1 + y^2}, \quad -\infty < y < +\infty,$$

写成参数方程 $\qquad u = \dfrac{-1 + y^2}{1 + y^2}, \ v = \dfrac{2y}{1 + y^2}, \quad -\infty < y < +\infty.$

去 y 得像曲线方程为一单位圆,即 $u^2 + v^2 = 1$ $\left(\text{也可由 } |w| = \left|\dfrac{\mathrm{i}y - 1}{\mathrm{i}y + 1}\right| = 1 \text{ 得出}\right)$.

(4) $|z| = 2$ 是一圆周,令 $z = 2\mathrm{e}^{\mathrm{i}\theta}$, $0 \leqslant \theta \leqslant 2\pi$. 代入得 $w = \dfrac{2\mathrm{e}^{\mathrm{i}\theta} - 1}{2\mathrm{e}^{\mathrm{i}\theta} + 1}$, 化为参数方程

$$u = \frac{3}{5 + 4\cos\theta}, \ v = \frac{4\sin\theta}{5 + 4\cos\theta}, \quad 0 \leqslant \theta \leqslant 2\pi,$$

消去 θ 得像曲线方程为一阿波罗尼斯圆,即 $\left(u - \dfrac{5}{3}\right)^2 + v^2 = \left(\dfrac{4}{3}\right)^2$ $\Big($也可由 $w = \dfrac{z-1}{z+1} \Rightarrow \dfrac{w+1}{w-1} = -$ z 得 $\left|\dfrac{w+1}{w-1}\right| = |-z| = 2\Big)$.

3. 解: 因为 $w' = [(z+1)^2]' = 2(z+1)$, 所以等伸缩率的轨迹方程 $|z+1| = C$ $(C > 0)$ 是以 -1 为圆心、C 为半径的圆周方程. 等旋转角的方程为 $\arg 2(z+1) = C_1$ 或 $\arg(z+1) = C_2$, 是一条从 -1 出发的射线.

4. 解：因为 $w' = 2z$，所以 $w'(\mathrm{i}) = 2\mathrm{i}$，$|w'| = 2$，旋转角 $\arg w' = \dfrac{\pi}{2}$. 于是，经过点 i 且平行于实轴正向的向量映射为 w 平面上过点 -1 且方向垂直向上的向量.

5. 解：(1) 因映射 $w = \mathrm{i}z = z\mathrm{e}^{\frac{\pi}{2}\mathrm{i}}$ 为一旋转变换 $\left(\text{旋转角为 } \dfrac{\pi}{2} \text{ 这一结论也可由 } \dfrac{\mathrm{d}w}{\mathrm{d}z} = \mathrm{i} \text{ 得到}\right)$，所以它将以 $z_1 = \mathrm{i}$，$z_2 = -1$，$z_3 = 1$ 为顶点的三角形映射为以 $w_1 = -1$，$w_2 = -\mathrm{i}$，$w_3 = \mathrm{i}$ 为顶点的三角形 $\left(\text{即原图形绕原点旋转 } \dfrac{\pi}{2} \text{ 即可}\right)$.

(2) 将闭圆域 $|z-1| \leqslant 1$ 映射为闭圆域 $|w-\mathrm{i}| \leqslant 1$ $\left(\text{原图形绕原点旋转 } \dfrac{\pi}{2} \text{ 即可}\right)$.

6. 解：$f'(z) = 2z + 2$，在点 $z_0 = -1 + 2\mathrm{i}$ 处有

$$f'(-1+2\mathrm{i}) = 4\mathrm{i}, \ \arg f'(z_0) = \frac{\pi}{2}, \ |f'(z)| = 2\sqrt{(x+1)^2 + y^2} \ (z = x + \mathrm{i}y).$$

当 $|f'(z)| < 1$ 时，即在区域 $(x+1)^2 + y^2 < \dfrac{1}{4}$ 时图形缩小，在区域 $(x+1)^2 + y^2 > \dfrac{1}{4}$ 时图形放大.

7. 解：(1) 所求线性变换为 $(1, \mathrm{i}, -\mathrm{i}, z) = (1, 0, -1, w)$，即 $w = \dfrac{-z+\mathrm{i}}{\mathrm{i}z - 1} = \mathrm{i}\dfrac{z-\mathrm{i}}{z+\mathrm{i}}$.

(2) 因 $1 \leftrightarrow \infty$，$-1 \leftrightarrow 0$，故可设线性变换 $w = k \cdot \dfrac{z+1}{z-1}$. 又因 $\mathrm{i} \leftrightarrow -1$，故 $-1 = k \cdot \dfrac{\mathrm{i}+1}{\mathrm{i}-1} \Rightarrow k = -\mathrm{i}$，故 $w = \dfrac{\mathrm{i}(z+1)}{1-z}$.

(3) 因 $\infty \leftrightarrow 0$，$0 \leftrightarrow \infty$，故可设线性变换 $w = k \cdot \dfrac{1}{z}$；又 $\mathrm{i} \leftrightarrow \mathrm{i}$，故 $\mathrm{i} = k \cdot \dfrac{1}{\mathrm{i}} \Rightarrow k = -1$，故 $w = -\dfrac{1}{z}$.

(4) 因 $\infty \leftrightarrow 0$，$1 \leftrightarrow \infty$，故可设线性变换 $w = \dfrac{k}{z-1}$. 又因 $0 \leftrightarrow 1$，故 $1 = \dfrac{k}{0-1} \Rightarrow k = -1$，故 $w = \dfrac{1}{1-z}$.

8. 解：为使分式线性函数 $w = \dfrac{az+b}{cz+d}$ 不为常数，应有 $ad - bc \neq 0$.

此外，若使 z 平面上的圆周 $|z| = 1$ 变成 w 平面上的直线，必使 w 平面上的圆周通过无穷远点 ∞，即直线过无穷远点，因而在 w 平面上对应点 z 必过点 $\dfrac{d}{c}$，且 $|z| = \left|-\dfrac{d}{c}\right| = 1$，所以 $ad - bc \neq 0$，$|c| = |d|$ 是系数应满足的条件.

9. 证明：证法 1　因为 $w = \bar{z}$，即 $u + \mathrm{i}v = x - \mathrm{i}y$，所以 $\dfrac{\partial u}{\partial x} = 1$，$\dfrac{\partial u}{\partial y} = 0$，$\dfrac{\partial v}{\partial x} = 0$，$\dfrac{\partial v}{\partial y} = -1$，不满足柯西-黎曼方程，即 $w = \bar{z}$ 不解析. 但分式线性映射是解析的. 故 $w = \bar{z}$ 不是分式线性映射.

证法 2　设 $w = \bar{z}$ 是分式线性映射 $w = \dfrac{az+b}{cz+d}$，则 $z = 0$ 时，$\bar{z} = 0 = \dfrac{a \cdot 0 + b}{c \cdot 0 + d} = \dfrac{b}{d}$；$z = 1$ 时，$\bar{z} = 1 = \dfrac{a+b}{c+d}$；$z = -1$ 时，$\bar{z} = -1 = \dfrac{-a+b}{-c+d}$. 解得 $b = c = 0$，$d = a$，即 $w = \dfrac{az}{a} = z$，与 $w = \bar{z}$ 矛盾.

10. 证明：圆周方程可以化为 $|z - z_0| = R$，其中 $z_0 = -\dfrac{B}{A}$，$R = \sqrt{\left|\dfrac{B}{A}\right|^2 - \dfrac{D}{A}} > 0 \ (A > 0$，$D$ 是实数). 若 z_1 和 z_2 关于圆周对称，应有 $(z_1 - z_0)(\overline{z_2 - z_0}) = R^2$，即

$$\left(z_1 + \frac{B}{A}\right)\left(\bar{z}_2 + \frac{\overline{B}}{A}\right) = \frac{B\overline{B}}{A^2} - \frac{D}{A}.$$

化为
$$A^2 z_1 \bar{z}_2 + AB\bar{z}_2 + ABz_1 + B\overline{B} = B\overline{B} - AD,$$

即

$$Az_1\bar{z}_2 + B\bar{z}_2 + Bz_1 + D = 0.$$

反之,也成立(读者自证).

11. 证明: 设第一个圆周半径为 R_1, 第二个圆周半径为 R_2, 且 $k = R_1^2 / R_2^2$, 则对任意点 z, 作关于 $|z| = R_1$ 的对称映射, 得 $w = R_1^2 / \bar{z}$; 再作关于 $|z| = R_2$ 的对称映射, 得 $w_1 = R_2^2 / \bar{z}$.

因此连续实施两次对称映射后即可得到

$$w = \frac{R_1^2}{(R_2^2 / \bar{z})} = \frac{R_1^2}{R_2^2 / z} = \frac{R_1^2}{R_2^2} z = kz.$$

12. 证明: 由交比不变性, 设 $(z_1, z_2, z_3, z_4) = (1, -1, k, -k) \triangleq A$, 显然 A 随点 z_k 而定. 由

$$\frac{k-1}{k+1} : \frac{-k-1}{-k+1} = A \Rightarrow k_{1,2} = \frac{1+A}{1-A} \pm \frac{2\sqrt{A}}{1-A},$$

可见 k 值由 A 而定, 而且有两个解, 满足

$$k_1 \cdot k_2 = \left(\frac{1+A}{1-A}\right)^2 - \left(\frac{2\sqrt{A}}{1-A}\right)^2 = 1,$$

即 k_1 与 k_2 互为倒数关系.

13. 解: 可设 $a = \mathrm{i}$, 故 $\bar{a} = \mathrm{i} = -\mathrm{i}$, 所以可设所求将上半 z 平面保形变换成单位圆, 使 $\mathrm{i} \to 0$ 的线性变换为 $L(z) = k \cdot \dfrac{z-\mathrm{i}}{z+\mathrm{i}}$.

(1) $L'(\mathrm{i}) = L'(z)\big|_{z=\mathrm{i}} = k\left(\dfrac{z-\mathrm{i}}{z+\mathrm{i}}\right)'\big|_{z=\mathrm{i}} = -k \cdot \dfrac{\mathrm{i}}{2} > 0$, 故 $k = \mathrm{i}$, 从而 $w = \mathrm{i} \cdot \dfrac{z-\mathrm{i}}{z+\mathrm{i}}$.

(2) 设 $k = \mathrm{e}^{\mathrm{i}\theta}$, 则 $L'(\mathrm{i}) = \mathrm{e}^{-\mathrm{i}\theta} \cdot \dfrac{\mathrm{i}}{2} = \mathrm{e}^{\mathrm{i}\left(\theta + \frac{3}{2}\pi\right)} \cdot \dfrac{1}{2}$, 故由 $\theta + \dfrac{3}{2}\pi = \dfrac{\pi}{2}$, $\theta = -\pi$ 得 $w = -\dfrac{z-\mathrm{i}}{z+\mathrm{i}} = \dfrac{\mathrm{i}-z}{\mathrm{i}+z}$.

14. 解: 设 z_0 为圆周 $|z-4\mathrm{i}| = 2$ 上的一点, 且 $L(z_0) = \infty$, 于是所求变换可设为 $w = k\dfrac{z-2\mathrm{i}}{z-z_0}$. 由题设条件 $L(4\mathrm{i}) = -4$ 可得 $k\dfrac{4\mathrm{i}-2\mathrm{i}}{4\mathrm{i}-z_0} = -4$. 而由保对称点性 $L(\infty) = -4\mathrm{i}$ 可得 $\lim\limits_{z \to \infty}\left(k\dfrac{z-2\mathrm{i}}{z-z_0}\right) = -4\mathrm{i}$. 从而可解得 $k = -4\mathrm{i}$, $z_0 = 2(1+2\mathrm{i})$. 所以 $w = -4\mathrm{i} \cdot \dfrac{z-2\mathrm{i}}{z-2(1+2\mathrm{i})}$.

15. 解: 由线性变换的保对称点性及保交比性有 $(0, \infty, R\mathrm{e}^{\theta\mathrm{i}}, w) = (\mathrm{i}, -\mathrm{i}, 0, z)$. 由此可得所求线性变换为 $w = R\mathrm{e}^{\mathrm{i}\theta} \cdot \dfrac{z-\mathrm{i}}{z+\mathrm{i}}$. 因需要 $L'(\mathrm{i}) = 1$, 而 $L'(\mathrm{i}) = L'(z)\big|_{z=\mathrm{i}} = \left(R\mathrm{e}^{\mathrm{i}\theta} \cdot \dfrac{z-\mathrm{i}}{z+\mathrm{i}}\right)'\big|_{z=\mathrm{i}} = -\dfrac{\mathrm{i}}{2}\mathrm{e}^{\mathrm{i}\theta} = \dfrac{1}{2}R\mathrm{e}^{\mathrm{i}\left(\theta+\frac{3}{2}\pi\right)} = 1$, 所以 $\theta + \dfrac{3}{2}\pi = 0$, $R = 2$, 即 $\theta = -\dfrac{3}{2}\pi$, $R = 2$. 因此 $w = 2\mathrm{i} \cdot \dfrac{z-\mathrm{i}}{z+\mathrm{i}}$.

16. 解: 已知 $z = a \leftrightarrow w = 0$, 则由线性变换的保对称点性, $z = \dfrac{\rho^2}{\bar{a}} \leftrightarrow w = \infty$, 并设 $z = \rho \leftrightarrow w = R\mathrm{e}^{\mathrm{i}\theta}$,

由此三对对应点即可决定 $w = L(z) = R\rho e^{i\theta} \cdot \dfrac{z-a}{\rho^2 - \bar{a}z}$.

17. 解：$w = -\dfrac{1}{2}\left(z + \dfrac{1}{z}\right)$.

18. 解：$w = -\dfrac{z^2+2}{3z^2}$.

19. 解：$w = \sqrt{\dfrac{(1+i)-z}{z-(2+2i)}}$.

20. 解：$w = \left(\dfrac{\sqrt{z}+1}{\sqrt{z}-1}\right)^2$.

21. 解：$w = \dfrac{z+1+2i\sqrt{z}}{i(z+1)+2\sqrt{z}}$.

22. 解：因 $1 \to \infty$，则可设 $w = \dfrac{az+b}{z-1}$，故 $c=1$，$d=-1$.

又因 i 为 $w = L(z)$ 的二重不动点，故当 $\Delta = (a-d)^2 + 4bc = i$ 时，有一个二重不动点 $z = \dfrac{a-d}{2c}$，故知 $a = -1+2i$，$b = 1$，故所求线性变换为 $w = L(z) = \dfrac{(2i-1)z+1}{z-1}$.

23. 证明：由施瓦茨引理可得 $|f(z)| \leqslant |z|\ (|z|<1)$，$|z| = |f^{-1}(w)| \leqslant |w|\ (|w|<1)$. 从而 $|f(z)| \equiv |z|$，$f(z) = e^{i\theta}z$. 再由条件 $\arg f'(0) = 0$，知 $\theta = 0$，即 $f(z) = z$.

24. 证明：设 $f(0) = w_0$，$|w_0| < 1$，则必有一线性变换 $\eta = L(w)$ 将 $|w| < 1$ 保形变换成 $|\eta| < 1$，且 $L(w_0) = 0$，即 $\eta = e^{i\theta}\dfrac{w-w_0}{1-\overline{w_0}w}$. 于是单叶解析函数 $\eta = L(w) = \eta[f(z)]$ 就将 $|z| < 1$ 保形变换成 $|\eta| < 1$，且 $L[f(0)] = 0$，从而 $L[f(z)] = e^i z$. 由于线性变换的逆变换仍是线性变换，所以 $w = f(z)$ 必是 z 的线性函数，即 $f(z) = \dfrac{-d e^i z + b}{c e^i z - a}$.

第 8 章

1. 解：(1) 因为 $f(t) = \cos t \sin t = \dfrac{1}{2}\sin(2t)$，

解法 1　有

$$\mathcal{F}[\cos t \sin t] = \mathcal{F}\left[\dfrac{1}{2}\sin(2t)\right] = \int_{-\infty}^{+\infty} \dfrac{1}{2}\sin(2t)e^{-i\omega t}\,dt = \dfrac{1}{2}\int_{-\infty}^{+\infty}\dfrac{e^{i2t}-e^{-i2t}}{2i}e^{-i\omega t}\,dt$$

$$= \dfrac{1}{4i}\left[\int_{-\infty}^{+\infty}e^{-i(\omega-2)t}\,dt - \int_{-\infty}^{+\infty}e^{-i(\omega+2)t}\,dt\right] = \dfrac{1}{4i}[2\pi\delta(\omega-2) - 2\pi\delta(\omega+2)]$$

$$= \dfrac{\pi i}{2}[\delta(\omega+2) - \delta(\omega-2)],$$

所以 $\mathcal{F}[\cos t \sin t] = \dfrac{\pi i}{2}[\delta(\omega+2) - \delta(\omega-2)]$.

解法 2　$G(\omega) = \mathcal{F}[\sin t] = i\pi[\delta(\omega+1) - \delta(\omega-1)]$，则由傅里叶变换的线性性质和相似性质得

$$\mathcal{F}[\cos t \sin t] = \mathcal{F}\left[\frac{1}{2}\sin(2t)\right] = \frac{1}{2}\mathcal{F}[\sin(2t)] = \frac{1}{2}\frac{1}{|2|}G\left(\frac{\omega}{2}\right) = \frac{1}{4}\left\{i\pi\left[\delta\left(\frac{\omega}{2}+1\right) - \delta\left(\frac{\omega}{2}-1\right)\right]\right\}$$

$$= \frac{i\pi}{4}\left[\delta\left(\frac{\omega+2}{2}\right) - \delta\left(\frac{\omega-2}{2}\right)\right]\xrightarrow{\delta(at)=\frac{1}{|a|}\delta(t)}\frac{i\pi}{4}[2\delta(\omega+2) - 2\delta(\omega-2)]$$

$$= \frac{i\pi}{2}[\delta(\omega+2) - \delta(\omega-2)],$$

所以 $\mathcal{F}[\cos t \sin t] = \dfrac{\pi i}{2}[\delta(\omega+2) - \delta(\omega-2)]$.

(2) 函数 $f(t) = e^{-|t|}\cos t$ 为连续偶函数,其傅里叶变换为

$$\mathcal{F}(\omega) = \int_{-\infty}^{+\infty} f(t)e^{-j\omega t}dt = \int_{-\infty}^{+\infty}e^{-|\lambda|}\cos e^{-j\omega t}dt$$

$$= \frac{1}{2}\left\{\int_{-\infty}^{0}e^{(-1+j-j\omega)t}dt + \int_{-\infty}^{0}e^{(1-j-j\omega)t}dt + \int_{0}^{+\infty}e^{(-1+j-j\omega)t}dt + \int_{0}^{+\infty}e^{-(1+j+j\omega)t}dt\right\}$$

$$= \frac{1}{2}\left\{\frac{e^{(1+j-j\omega)f}}{1+j-j\omega}\Big|_{-\infty}^{0} + \frac{e^{-(1+j+j\omega)t}}{1-j-j\omega}\Big|_{-\infty}^{0} + \frac{e^{(-1+j-j\omega)t}}{-1+j-j\omega}\Big|_{0}^{+\infty} + \frac{e^{(1+j-j\omega)t}}{1+j-j\omega}\Big|_{0}^{+\infty}\right\}$$

$$= \frac{1}{2}\left\{\frac{1}{1+j-j\omega} + \frac{1}{1-j-j\omega} + \frac{-1}{-1+j-j\omega} + \frac{1}{1+j-j\omega}\right\} = \frac{\omega^2+2}{\omega^4+4}.$$

(3) 因

$$\sin^3 t = \sin t\frac{1-\cos 2t}{2} = \frac{3}{4}\sin t - \frac{1}{4}\sin 3t = \frac{3}{4}\cdot\frac{e^{it}-e^{-it}}{2i} - \frac{1}{4}\cdot\frac{e^{3it}-e^{-3it}}{2i},$$

所以

$$\mathcal{F}[f(t)] = \frac{6\pi}{8i}[\delta(\omega-1) - \delta(\omega+1)] - \frac{2\pi}{8i}[\delta(\omega-3) - \delta(\omega+3)]$$

$$= \frac{\pi i}{4}[\delta(\omega-3) - \delta(\omega+3) - 3\delta(\omega+1) + 3\delta(\omega-1)].$$

(4) $\sin\left(5t+\dfrac{\pi}{3}\right) = \dfrac{e^{i\left(5t+\frac{\pi}{3}\right)} - e^{-i\left(5t+\frac{\pi}{3}\right)}}{2i}$, $\mathcal{F}[f(t)] = \dfrac{2\pi}{2i}\left[e^{\frac{\pi}{3}i}\delta(\omega-5) - e^{-\frac{\pi}{3}i}\delta(\omega+5)\right]$

$$= \frac{\pi}{2}[(\sqrt{3}+i)\delta(\omega+5) + (\sqrt{3}-i)\delta(\omega-5)].$$

(5) 因为 $\mathrm{sgn}\, t = 2u(t) - 1$, 而 $\mathcal{F}[u(t)] = \dfrac{1}{i\omega} + \pi\delta(\omega)$, $\mathcal{F}(1) = 2\pi\delta(\omega)$,则根据傅里叶变换的线性性质,得

$$\mathcal{F}(\mathrm{sgn}\, t) = \mathcal{F}[2u(t)-1] = 2\mathcal{F}[u(t)] - \mathcal{F}(1) = 2\left[\frac{1}{i\omega} + \pi\delta(\omega)\right] - 2\pi\delta(\omega) = \frac{2}{i\omega}.$$

(6) 因

$$\mathcal{F}[u(t)] = \frac{1}{i\omega} + \pi\delta(\omega),$$

则

$$\mathcal{F}[u(t)\cos\omega_0 t] = \frac{1}{2}\left[\frac{1}{i(\omega+\omega_0)} + \pi\delta(\omega+\omega_0) + \frac{1}{i(\omega+\omega_0)} + \pi\delta(\omega+\omega_0)\right]$$

$$= \frac{i\omega}{\omega_0^2-\omega^2} + \frac{\pi}{2}[\delta(\omega+\omega_0) + \delta(\omega-\omega_0)].$$

2. 解：(1) 因为 $\mathcal{F}(e^{-t^2}) = \sqrt{\pi} \cdot e^{-\frac{\omega^2}{4}}$，而 $(e^{-t^2})' = e^{-t^2} \cdot (-2t) = -2t \cdot e^{-t^2}$，所以根据傅里叶变换的微分性质可得 $\mathcal{F}(\omega) = \mathcal{F}(t \cdot e^{-t^2}) = \dfrac{\sqrt{\pi}\,\omega}{2i} \cdot e^{-\frac{\omega^2}{4}}$。

(2) $\mathcal{F}(\omega) = \mathcal{F}(f)(\omega) = \displaystyle\int_{-\infty}^{+\infty} \dfrac{\sin \pi t}{1-t^2} \cdot e^{-i\omega t}\,dt = \int_{-\infty}^{+\infty} \dfrac{\sin \pi t}{1-t^2} \cdot (\cos \omega t - i\sin \omega t)\,dt =$

$-i\displaystyle\int_{-\infty}^{+\infty} \dfrac{\sin \pi t \cdot \sin \omega t}{1-t^2}\,dt = -2i\int_{0}^{+\infty} \dfrac{-\dfrac{1}{2}[\cos(\pi+\omega)t - \cos(\pi-\omega)t]}{1-t^2}\,dt = i\int_{0}^{+\infty} \dfrac{\cos(\pi+\omega)t}{1-t^2}\,dt -$

$i\displaystyle\int_{0}^{+\infty} \dfrac{\cos(\pi-\omega)t}{1-t^2}\,dt = \begin{cases} -\dfrac{i}{2}\sin\omega, & |\omega| \leqslant \pi, \\ 0, & |\omega| \geqslant \pi. \end{cases}$

(3) $\mathcal{F}(\omega) = \mathcal{F}[f(t)] = \displaystyle\int_{-\infty}^{+\infty} \dfrac{1}{2}[\delta(t+a) + \delta(t-a)]e^{-i\omega t}\,dt = \dfrac{1}{2}\int_{-\infty}^{+\infty}\delta(t+a)e^{-i\omega t}\,dt + \dfrac{1}{2}\int_{-\infty}^{+\infty}\delta(t-a)e^{-i\omega t}\,dt = \dfrac{1}{2}e^{i\omega a} + \dfrac{1}{2}e^{-i\omega a} = \cos\omega a$。

(4) 由于
$$\mathcal{F}[u(t)] = \dfrac{1}{i\omega} + \pi\delta(\omega) = \mathcal{F}(\omega),$$

根据微分性质，可得
$$\mathcal{F}[tu(t)] = \dfrac{1}{-i} \cdot \dfrac{d}{d\omega}\mathcal{F}(\omega) = -\dfrac{1}{\omega^2} + i\pi\delta'(\omega),$$

再根据位移性质，可得
$$\mathcal{F}[e^{i\omega_0 t}tu(t)] = -\dfrac{1}{(\omega-\omega_0)^2} + i\pi\delta'(\omega-\omega_0).$$

3. 解：(1) $\dfrac{j}{2} \cdot \dfrac{d}{d\omega}\mathcal{F}\left(\dfrac{\omega}{2}\right)$。 (2) $j\dfrac{d}{d\omega}\mathcal{F}(\omega) - 2\mathcal{F}(\omega)$。 (3) $\dfrac{j}{2} \cdot \dfrac{d}{d\omega}\mathcal{F}\left(\dfrac{-\omega}{2}\right) - \mathcal{F}\left(\dfrac{-\omega}{2}\right)$。

(4) $\dfrac{1}{2j} \cdot \dfrac{d^3}{d\omega^3}\mathcal{F}\left(\dfrac{\omega}{2}\right)$。 (5) $-\mathcal{F}(\omega) - \omega\dfrac{d}{d\omega}\mathcal{F}(\omega)$。 (6) $e^{-j\omega}\mathcal{F}(-\omega)$。

4. 证明：(1) $e^{at}[f_1(t) * f_2(t)] = e^{at}\displaystyle\int_{-\infty}^{+\infty} f_1(\tau)f_2(t-\tau)\,d\tau = \int_{-\infty}^{+\infty} e^{a\tau}f_1(\tau)e^{a(t-\tau)}f_2(t-\tau)\,d\tau = [e^{at}f_1(t)] * [e^{at}f_2(t)]$。

(2) $\dfrac{d}{dt}[f_1(t) * f_2(t)] = \dfrac{d}{dt}\displaystyle\int_{-\infty}^{+\infty} f_1(\tau)f_2(t-\tau)\,d\tau = \int_{-\infty}^{+\infty} f_1(\tau)\dfrac{d}{d(t-\tau)}f_2(t-\tau)\,d\tau = [f_1(t)] * \left[\dfrac{d}{dt}f_2(t)\right]$。

5. 解：(1) $\mathcal{F}(\omega) = \dfrac{\omega_0}{\omega_0^2 - \omega^2} + \dfrac{\pi}{2j}[\delta(\omega-\omega_0) - \delta(\omega+\omega_0)]$。

(2) $\mathcal{F}(\omega) = \dfrac{\omega_0}{(\beta+j\omega)^2 + \omega_0^2}$； (3) $\mathcal{F}(\omega) = \dfrac{1}{j(\omega-\omega_0)} + \pi\delta(\omega-\omega_0)$。

(4) $\mathcal{F}(\omega) = e^{-j(\omega-\omega_0)t_0}\left[\dfrac{1}{j(\omega-\omega_0)} + \pi\delta(\omega-\omega_0)\right]$。

6. 证明：(1) 这里需要利用勒贝格控制收敛定理。由于 $|e^{i\omega x}| = 1$，因此
$$\int_{-\infty}^{\infty} |f(x)e^{-i\omega x}|\,dx = \int_{-\infty}^{\infty} |f(x)|\,dx < \infty,$$

由于 $f(x)e^{-i\omega x}$ 在 R 上绝对可积，且 $f(x)e^{-i\omega x}$ 分段连续，且 $f(x)e^{-i\omega x} \in G(R)$，故而 (1) 得证，$\mathcal{F}(\omega)$ 在 R

上有定义.

(2) 考虑差分

$$\mathcal{F}(\omega+h)-\mathcal{F}(\omega)=\int_{-\infty}^{\infty}\left[f(x)\mathrm{e}^{-\mathrm{i}\omega(x+h)}-f(x)\mathrm{e}^{-\mathrm{i}\omega x}\right]\mathrm{d}x,$$

则

$$\mathcal{F}(\omega+h)-\mathcal{F}(\omega)=\int_{-\infty}^{\infty}f(x)\mathrm{e}^{-\mathrm{i}\omega x}\left[\mathrm{e}^{-\mathrm{i}\omega h}-1\right]\mathrm{d}x.$$

我们令

$$f_h(x)=f(x)\mathrm{e}^{-\mathrm{i}\omega x}\left[\mathrm{e}^{-\mathrm{i}\omega h}-1\right],$$

易证

$$\lim_{h\to 0}f_h(x)=0, \quad \forall x\in \mathbf{R}.$$

此外,我们也有如下不等式成立:

$$|f_h(x)|=|f(x)||\mathrm{e}^{-\mathrm{i}\omega x}||\mathrm{e}^{-\mathrm{i}\omega h}-1|\leqslant 2|f(x)|.$$

显然 $g(x)=2|f(x)|$ 满足勒贝格控制收敛定理的条件,因此 $\lim\limits_{h\to 0}\int_{-\infty}^{\infty}f_h(x)\mathrm{d}x=0$. 故而 $\lim\limits_{h\to 0}[\mathcal{F}(\omega+h)-\mathcal{F}(\omega)]=0$,这正好说明 $\mathcal{F}(\omega)$ 在 R 上连续.

(3) 由于

$$\mathcal{F}(\omega)=\int_{-\infty}^{\infty}f(x)\mathrm{e}^{-\mathrm{i}\omega x}\mathrm{d}x=\int_{-\infty}^{\infty}f(x)\cos(\omega x)\mathrm{d}x-\mathrm{i}\int_{-\infty}^{\infty}f(x)\sin(\omega x)\mathrm{d}x,$$

因此,$\lim\limits_{\omega\to\pm\infty}\mathcal{F}(\omega)=0$ 等价于

$$\lim_{\omega\to\pm\infty}\int_{-\infty}^{\infty}f(x)\cos(\omega x)\mathrm{d}x=0, \quad \lim_{\omega\to\pm\infty}\int_{-\infty}^{\infty}f(x)\sin(\omega x)\mathrm{d}x=0.$$

而后面两个等式正好是黎曼-勒贝格引理的结果,故而得证.

7. 解: $\int_{-\infty}^{+\infty}\dfrac{1-\cos x}{x^2}\mathrm{d}x=\int_{-\infty}^{+\infty}\dfrac{2\sin^2\dfrac{x}{2}}{x^2}\mathrm{d}x$,令 $\dfrac{x}{2}=t$,则

$$\int_{-\infty}^{+\infty}\frac{1-\cos x}{x^2}\mathrm{d}x=\int_{-\infty}^{+\infty}\left(\frac{\sin t}{t}\right)^2\mathrm{d}t=\frac{1}{2\pi}\int_{-\infty}^{+\infty}\mathcal{F}\left[\frac{\sin t}{t}\right]^2\mathrm{d}\omega=\frac{1}{2\pi}\int_{-1}^{1}\pi^2\mathrm{d}\omega=\pi.$$

8. 解: 设 $\mathcal{F}[f(t)]=\mathcal{F}(\omega)$,$\mathcal{F}[h(t)]=H(\omega)$,$\mathcal{F}[x(t)]=X(\omega)$. 对方程两边取傅里叶变换,可得 $a\mathrm{j}\omega X(\omega)+bX(\omega)\mathcal{F}(\omega)=cH(\omega)$,即 $X(\omega)=\dfrac{cH(\omega)}{a\mathrm{j}\omega+b\mathcal{F}(\omega)}$,从而

$$x(t)=\mathcal{F}^{-1}[X(\omega)]=\frac{1}{2\pi}\int_{-\infty}^{+\infty}\frac{cH(\omega)}{a\mathrm{j}\omega+b\mathcal{F}(\omega)}\mathrm{e}^{\mathrm{j}\omega t}\mathrm{d}\omega.$$

第 9 章

1. 解: (1) $F(s)=\int_0^{+\infty}f(t)\mathrm{e}^{-st}\mathrm{d}t=3\int_0^2\mathrm{e}^{-st}\mathrm{d}t-\int_2^4\mathrm{e}^{-st}\mathrm{d}t=-\dfrac{3}{s}\mathrm{e}^{-s}\Big|_0^2+\dfrac{1}{s}\mathrm{e}^{-s}\Big|_2^4=\dfrac{1}{s}(3-4\mathrm{e}^{-2s}+\mathrm{e}^{-4s}).$

(2) $F(s)=\int_0^{+\infty}f(t)\mathrm{e}^{-st}\mathrm{d}t=3\int_0^{\frac{\pi}{2}}\mathrm{e}^{-st}\mathrm{d}t+\int_{\frac{\pi}{2}}^{+\infty}\cos\,\mathrm{e}^{-st}\mathrm{d}t=-\dfrac{3}{s}\mathrm{e}^{-st}\Big|_0^{\frac{\pi}{2}}+\int_{\frac{\pi}{2}}^{+\infty}\dfrac{\mathrm{e}^{\mathrm{j}t}+\mathrm{e}^{-\mathrm{j}t}}{2}\mathrm{e}^{-st}\mathrm{d}t=\dfrac{3}{s}(1-\mathrm{e}^{-\frac{\pi s}{2}})+\dfrac{1}{2}\left(\dfrac{\mathrm{e}^{(\mathrm{j}-s)t}}{\mathrm{j}-s}+\dfrac{\mathrm{e}^{-(\mathrm{j}+s)t}}{-(\mathrm{j}+s)}\right)\Big|_{\frac{\pi}{2}}^{+\infty}=\dfrac{3}{s}(1-\mathrm{e}^{-\frac{\pi s}{2}})+\dfrac{1}{2}\left[\dfrac{\mathrm{e}^{-(\mathrm{j}+s)\frac{\pi}{2}}}{\mathrm{j}+s}-\dfrac{\mathrm{e}^{(\mathrm{j}-s)\frac{\pi}{2}}}{(\mathrm{j}-s)}\right]=\dfrac{3}{s}(1-\mathrm{e}^{-\frac{\pi s}{2}})-$

$\dfrac{1}{s^2+1}\mathrm{e}^{-\frac{\pi s}{2}}$，　$\mathrm{Re}(s)>0$.

(3) $F(s)=\displaystyle\int_0^{+\infty}\big[\mathrm{e}^{2t}+5\delta(t)\big]\mathrm{e}^{-st}\,\mathrm{d}t=\int_0^{+\infty}\mathrm{e}^{(2-s)t}\,\mathrm{d}t+5\int_0^{+\infty}\delta(t)\mathrm{e}^{-st}\,\mathrm{d}t=\dfrac{1}{s-2}+5\mathrm{e}^{-st}\Big|_{t=0}=5+$

$\dfrac{1}{s-2}$，　$\mathrm{Re}(s)>2$.

(4) $F(s)=\displaystyle\int_0^{+\infty}\big[\delta(t)\cos t-u(t)\sin t\big]\mathrm{e}^{-st}\,\mathrm{d}t=\int_0^{+\infty}\delta(t)\cos t\,\mathrm{e}^{-st}\,\mathrm{d}t-\int_0^{+\infty}\sin t\,\mathrm{e}^{-st}\,\mathrm{d}t=\cos t\,\mathrm{e}^{-st}\Big|_{t=0}-$

$\dfrac{1}{2\mathrm{j}}\displaystyle\int_0^{+\infty}(\mathrm{e}^{\mathrm{j}t}-\mathrm{e}^{-\mathrm{j}t})\mathrm{e}^{-st}\,\mathrm{d}t=1-\dfrac{1}{2\mathrm{j}}\left[\dfrac{\mathrm{e}^{(\mathrm{j}-s)t}}{\mathrm{j}-s}\Big|_0^{+\infty}+\dfrac{\mathrm{e}^{-(\mathrm{j}+s)t}}{\mathrm{j}+s}\Big|_0^{+\infty}\right]=1-\dfrac{1}{2\mathrm{j}}\left(-\dfrac{1}{\mathrm{j}+s}-\dfrac{1}{\mathrm{j}-s}\right)=1-$

$\dfrac{1}{1+s^2}=\dfrac{s^2}{1+s^2}$，　$\mathrm{Re}(s)>0$.

(5) 因 $\cos^2 t=\dfrac{1}{2}(1+\cos 2t)$，所以 $F(s)=\dfrac{1}{2s}+\dfrac{s}{2(s^2+4)}=\dfrac{s^2+2}{s(s^2+4)}$，　$\mathrm{Re}(s)>0$.

(6) $F(s)=\mathscr{L}\big[f(t)\big]=\mathscr{L}(\mathrm{e}^{-2t}\cdot\sin 5t)=\dfrac{5}{(s+2)^2+25}$.

(7) $F(s)=\mathscr{L}\big[f(t)\big]=\mathscr{L}(1-t\cdot\mathrm{e}^t)=\mathscr{L}(1)-L(t\cdot\mathrm{e}^t)=\dfrac{1}{s}+\mathscr{L}(-t\cdot\mathrm{e}^t)=\dfrac{1}{s}+\left(\dfrac{1}{s-1}\right)'=$

$\dfrac{1}{s}-\dfrac{1}{(s-1)^2}$.

(8) $F(s)=\mathscr{L}\big[f(t)\big]=\mathscr{L}(t^2+3t+2)=\mathscr{L}(t^2)+3\mathscr{L}(t)+2\mathscr{L}(1)=\dfrac{1}{s}(2s^2+3s+2)$.

(9) 因

$$\mathscr{L}\big[\mathrm{e}^{-3t}\sin 2t\big]=\dfrac{2}{(s+3)^2+4},\quad \mathrm{Re}(s+3)>0,$$

则

$$\mathscr{L}\big[t\,\mathrm{e}^{-3t}\sin 2t\big]=-2\left[\dfrac{1}{(s+3)^2+4}\right]'=\dfrac{4(s+3)}{[(s+3)^2+4]^2},\quad \mathrm{Re}(s+3)>0,$$

从而

$$\mathscr{L}\left[\int_0^t t\,\mathrm{e}^{-3t}\sin 2t\,\mathrm{d}t\right]=\dfrac{4(s+3)}{s\,[(s+3)^2+4]^2},\quad \mathrm{Re}(s+3)>0.$$

(10) 因　　　　　　　$$\mathscr{L}\big[\mathrm{e}^{-3t}\sin 2t\big]=\dfrac{2}{(s+3)^2+4},\quad \mathrm{Re}(s+3)>0,$$

则

$$\mathscr{L}\left[\int_0^t \mathrm{e}^{-3t}\sin 2t\,\mathrm{d}t\right]=\dfrac{1}{s(s+3)^2+4},\quad \mathrm{Re}(s+3)>0,$$

从而

$$\mathscr{L}\left[t\int_0^t \mathrm{e}^{-3t}\sin 2t\,\mathrm{d}t\right]=-\left(\dfrac{2}{s(s+3)^2+4}\right)'=\dfrac{2(3s^2+12s+13)}{[(s+3)^2+4]^2s^2},\quad \mathrm{Re}(s+3)>0.$$

2. 解：(1) 因 $\mathscr{L}\big[\sin 2t\big]=\dfrac{2}{s^2+4}$，所以 $f(t)=\dfrac{1}{2}\sin 2t$.

(2) 因 $\mathscr{L}\big[t^3\big]=\dfrac{3!}{s^4}$，所以 $f(t)=\dfrac{1}{6}t^3$.

(3) 因 $\mathcal{L}[t^3 e^{-t}] = \dfrac{3!}{(s+1)^4}$，所以 $f(t) = \dfrac{1}{6}t^3 e^{-t}$

(4) $f(t) = e^{-3t}$

(5) 因

$$\frac{2s+5}{s^2+4s+13} = \frac{2(s+2)}{(s+2)^2+3^2} + \frac{1}{3}\frac{3}{(s+2)^2+3^2},$$

所以

$$f(t) = 2e^{-2t}\cos 3t + \frac{1}{3}e^{-2t}\sin 3t$$

(6) 因

$$F(s) = \frac{1}{s(s+1)(s+2)} = \frac{1}{2s} - \frac{1}{s+1} - \frac{1}{2(s+2)},$$

所以

$$f(t) = \mathcal{L}^{-1}[F(s)] = \frac{1}{2} - e^{-t} + \frac{1}{2}e^{-2t}.$$

(7) 因

$$F(s) = \frac{s^2+2s-1}{s(s-1)^2} = -\frac{1}{s} + \frac{2}{s-1} - \frac{2}{(s-1)^2},$$

所以

$$f(t) = \mathcal{L}^{-1}[F(s)] = \mathcal{L}^{-1}\left(-\frac{1}{s}\right) + \mathcal{L}^{-1}\left(\frac{2}{s-1}\right) - \mathcal{L}^{-1}\left(\frac{2}{(s-1)^2}\right) = -1 + 2e^t + 2te^t.$$

(8) 因

$$F(s) = \frac{2s^2+3s+3}{(s+1)(s+3)^2} = \frac{A}{s+1} + \frac{B}{s+3} + \frac{C}{(s+3)^2} + \frac{D}{(s+3)^3},$$

容易解得 $A = \dfrac{1}{4}, B = -\dfrac{1}{4}, C = \dfrac{3}{2}, D = 3$. 故

$$F(s) = \frac{\frac{1}{4}}{s+1} + \frac{-\frac{1}{4}}{s+3} + \frac{\frac{3}{2}}{(s+3)^2} + \frac{3}{(s+3)^3},$$

且

$$\left(\frac{1}{s+3}\right)' = -\frac{1}{(s+3)^2}, \quad \left(\frac{1}{s+3}\right)'' = 2 \cdot \frac{1}{(s+3)^3},$$

所以

$$f(t) = \mathcal{L}^{-1}[F(s)] = \frac{1}{4}e^{-t} - \frac{1}{4}e^{-3t} + \frac{3}{2}t \cdot e^{-3t} - 3t^2 \cdot e^{-3t}.$$

3. 解：(1) 因 $\qquad \mathcal{L}[1-\cos t] = \dfrac{1}{s} - \dfrac{s}{s^2+1}$，

则

$$\mathcal{L}\left(\frac{1-\cos t}{t}\right) = \int_s^{+\infty}\left(\frac{1}{s} - \frac{s}{s^2+1}\right)ds = -\ln s + \frac{1}{2}\ln(s^2+1),$$

故　　　　$\displaystyle\int_0^\infty e^{-t}\frac{1-\cos t}{t}dt = \left(-\ln s + \frac{1}{2}\ln(s^2+1)\right)\Big|_{s=1} = \ln\sqrt{2}.$

(2) 因 $\mathcal{L}[\cos 2t] = \dfrac{s}{s^2+4}$, 则 $\displaystyle\int_0^{+\infty} e^{-3t}\cos 2t\,dt = \frac{3}{13}.$

(3) 因 $\mathcal{L}[t] = \dfrac{1}{s^2}$, 则 $\displaystyle\int_0^{+\infty} t e^{-2t}dt = \frac{1}{s^2}\Big|_{s=2} = \frac{1}{4}.$

(4) 因　　　　　　$\mathcal{L}[\sin^2 t] = \dfrac{1}{2}\mathcal{L}[1-\cos 2t] = \dfrac{1}{2}\left(\dfrac{1}{s} - \dfrac{s}{s^2+4}\right),$

则　　　　$\mathcal{L}\left(\dfrac{\sin^2 t}{t}\right) = \displaystyle\int_s^{+\infty}\left(\dfrac{1}{2}\left(\dfrac{1}{s} - \dfrac{s}{s^2+4}\right)\right)ds = \dfrac{1}{4}\ln(s^2+4) = \dfrac{1}{2}\ln s,$

故　　　　　　　　$\displaystyle\int_0^\infty e^{-t}\frac{\sin^2 2t}{t}dt = \frac{1}{4}\ln 5.$

4. 解: (1) $1 * 1 = \displaystyle\int_0^t 1 \cdot 1 d\tau = t.$

(2) $t * t = \displaystyle\int_0^t \tau \cdot (t-\tau)d\tau = \frac{1}{6}t^3.$

(3) $t * e^t = \displaystyle\int_0^t \tau \cdot e^{t-\tau}d\tau = e^t \cdot \int_0^t \tau \cdot e^{-\tau}d\tau = -e^t \cdot \int_0^t \tau \cdot de^{-\tau} = -e^t\left(\tau e^{-\tau}\Big|_{\tau=0}^t - \int_0^t e^{-\tau}d\tau\right) = e^t - t - 1.$

(4) $\sin t * \cos t = \displaystyle\int_0^1 \sin\tau \cdot \cos(t-\tau)d\tau = \frac{1}{2}\int_0^1[\sin t + \sin(2\tau - t)]d\tau = \frac{t}{2}\sin t + \frac{t}{2}\int_0^t \sin(2\tau - t)d\tau = \frac{t}{2}\sin t - \frac{1}{4}\cos(2\tau - t)\Big|_{\tau=0}^t = \frac{t}{2}\sin t - \frac{1}{4}[\cos t - \cos(-t)] = \frac{t}{2}\sin t.$

(5) $\delta(t-a) * f(t) = \displaystyle\int_0^t \delta(\tau - a) \cdot f(t-\tau)d\tau = -\int_t^0 \delta(t-a) \cdot f(t-t)d(t-\tau) = -\int_t^0 \delta[(t-a) - u] \cdot f(u)du = \int_0^t \delta[u - (t-a)] \cdot f(u)du = \begin{cases} 0, & t < a, \\ f(t-a), & 0 \leqslant a < t. \end{cases}$

5. 解: (1) 对方程两边作拉普拉斯变换,并结合初始条件可得

$$sY(s) - Y(s) = \mathcal{L}(e^{2t}) = \frac{1}{s-2},$$

即　　　　　　$Y(s) = \dfrac{1}{(s-2)(s-1)} = \dfrac{1}{s-2} - \dfrac{1}{s-1}.$

从而方程的解为 $y(t) = e^{2t} - e^t.$

(2) 设 $\mathcal{L}[y(t)] = Y(s)$, 对方程两边作拉普拉斯变换,得

$$s^2 Y(s) - sy(0) - y'(0) + 4sY(s) - 4y(0) + 3Y(s) = \frac{1}{s+1}.$$

代入 $y(0) = y'(0) = 1$, 得 $Y(s) = \dfrac{s^2 + 6s + 6}{(s+1)^2(s+3)}$. 用留数方法求解拉普拉斯逆变换,有

$$y = \mathcal{L}^{-1}[Y(s)] = \text{Res}\left[\frac{s^2+6s+6}{(s+1)^2(s+3)}e^{st}, -1\right] + \text{Res}\left[\frac{s^2+6s+6}{(s+1)^2(s+3)}e^{st}, -3\right]$$

$$= \frac{1}{4}\left[(7+2t)e^{-t} - 3e^{-3t}\right].$$

(3) 对方程两端作拉普拉斯变换得

$$s^2 Y - 1 + 3sY + 2Y = \frac{e^{-s}}{s},$$

所以
$$Y = \frac{1}{(s-1)(s+2)} + \frac{e^{-s}}{s(s-1)(s+2)}.$$

从而
$$y = \mathcal{L}^{-1}[Y(s)] = e^{-t} - e^{-2t} + u(t-1)\left[\frac{1}{2}e^{-2(t-1)} - e^{-(t-1)} + \frac{1}{2}\right].$$

(4) 对方程两端作拉普拉斯变换得, $\mathcal{L}(ty'' + y' + 4ty) = 0$, 即

$$-\frac{d}{ds}[s^2 Y(s) - sy(0) - y'(0)] + [sY(s) - y(0)] - 4\frac{d}{ds}Y(s) = 0,$$

从而
$$(s^2 + 4)\frac{dY}{ds} + sY(s) = 0,$$

即 $\dfrac{dY}{Y} + \dfrac{s\,ds}{s^2 + 4} = 0.$

两边积分可得

$$\ln Y + \frac{1}{2}\ln(s^2 + 4) = c_1 \text{ 或 } Y(s) = \frac{c}{\sqrt{s^2 + 4}}.$$

作拉普拉斯逆变换,有 $y(t) = cJ_0(2t)$. 由条件 $y(0) = 3$ 得到
$$y(0) = cJ_0(0) = c = 3,$$

所以方程的解为 $y(t) = 3J_0(2t)$.

式中, $J_0(x) = \sum\limits_{k=0}^{\infty} \dfrac{(-1)^k}{k!\ \Gamma(k+1)}\left(\dfrac{x}{2}\right)^{2k}$ 为零阶第一类贝塞尔函数.

(5) 对方程两端作拉普拉斯变换得

$$-\frac{d}{ds}[s^2 Y(s) - sy(0) - y'(0)] - 2\frac{d}{ds}[sY(s) - y(0)] - 2[sY(s) - y(0)] - \frac{d}{ds}Y(s) - 2Y(s) = 0,$$

整理化简后可得

$$(s^2 + 2s + 1)\frac{d}{ds}Y(s) + 4(s+1)Y(s) = 6,$$

即
$$\frac{d}{ds}Y(s) + \frac{4}{s+1}Y(s) = \frac{6}{(s+1)^2}.$$

这是一阶线性非齐次微分方程,所以

$$Y(s) = \frac{1}{(s+1)^4}\left[\int 6(s+1)^2 ds + c\right] = \frac{2}{s+1} + \frac{c}{(s+1)^4},$$

从而方程的解为 $y(t) = (2 + c_1 t^3)e^{-t}$.

附　　录

附录 1　傅里叶变换简表

序　号	$f(t)$	$F(\omega)$
1	$u(t-c)$	$\dfrac{1}{\mathrm{j}\omega}\mathrm{e}^{-\mathrm{j}\omega c}+\pi\delta(\omega)$
2	$u(t)\cdot t$	$-\dfrac{1}{\omega^2}+\pi\mathrm{j}\delta'(\omega)$
3	$u(t)\cdot t^n$	$\dfrac{n!}{(\mathrm{j}\omega)^{n+1}}+\pi\mathrm{j}^n\delta^{(n)}(\omega)$
4	$u(t)\cdot\sin(\alpha t)$	$\dfrac{\alpha}{\alpha^2-\omega^2}+\dfrac{\pi}{2\mathrm{j}}\left[\delta(\omega-\alpha)-\delta(\omega+\alpha)\right]$
5	$u(t)\cdot\cos(\alpha t)$	$\dfrac{\mathrm{j}\omega}{\alpha^2-\omega^2}+\dfrac{\pi}{2}\left[\delta(\omega-\alpha)+\delta(\omega+\alpha)\right]$
6	$u(t)\mathrm{e}^{\mathrm{j}\alpha t}$	$\dfrac{1}{\mathrm{j}(\omega-\alpha)}+\pi\delta(\omega-\alpha)$
7	$u(t-c)\mathrm{e}^{\mathrm{j}\alpha t}$	$\dfrac{1}{\mathrm{j}(\omega-\alpha)}\mathrm{e}^{-\mathrm{j}(\omega-\alpha)c}+\pi\delta(\omega-\alpha)$
8	$u(t)\mathrm{e}^{\mathrm{j}\alpha t}t^n$	$\dfrac{n!}{\left[\mathrm{j}(\omega-\alpha)\right]^{n+1}}+\pi\mathrm{j}^n\delta^{(n)}(\omega-\alpha)$
9	$\mathrm{e}^{a|t|}$，　$\mathrm{Re}\,a<0$	$\dfrac{-2a}{\omega^2+a^2}$
10	$\delta(t-c)$	$\mathrm{e}^{-\mathrm{j}\omega c}$
11	$\delta'(t)$	$\mathrm{j}\omega$
12	$\delta^{(n)}(t)$	$(\mathrm{j}\omega)^n$
13	$\delta^{(n)}(t-c)$	$(\mathrm{j}\omega)^n\mathrm{e}^{-\mathrm{j}\omega c}$
14	1	$2\pi\delta(\omega)$
15	t	$2\pi\mathrm{j}\delta'(\omega)$

序　号	$f(t)$	$F(\omega)$
16	t^n	$2\pi j^n \delta^{(n)}(\omega)$
17	e^{jat}	$2\pi\delta(\omega-\alpha)$
18	$t^n e^{jat}$	$2\pi j^n \delta^{(n)}(\omega-\alpha)$
19	$\dfrac{1}{a^2+t^2}, \quad \mathrm{Re}\,a<0$	$-\dfrac{\pi}{a}e^{a|\omega|}$
20	$\dfrac{t}{(a^2+t^2)^2}, \quad \mathrm{Re}\,a<0$	$\dfrac{j\omega\pi}{2a}e^{a|\omega|}$
21	$\dfrac{e^{jbt}}{a^2+t^2}, \quad \mathrm{Re}\,a<0, b\in\mathbf{R}$	$-\dfrac{\pi}{a}e^{a|\omega-b|}$
22	$\dfrac{\cos bt}{a^2+t^2}, \quad \mathrm{Re}\,a<0, b\in\mathbf{R}$	$\dfrac{\pi}{2a}\big[e^{a|\omega-b|}+e^{a|\omega+b|}\big]$
23	$\dfrac{\sin bt}{a^2+t^2}, \quad \mathrm{Re}\,a<0, b\in\mathbf{R}$	$-\dfrac{\pi}{2aj}\big[e^{a|\omega-b|}-e^{a|\omega+b|}\big]$
24	$\dfrac{\sinh at}{\sinh \pi t}, \quad -\pi<a<\pi$	$\dfrac{\sin a}{\cosh\omega+\cos a}$
25	$\dfrac{\sinh at}{\cosh \pi t}, \quad -\pi<a<\pi$	$-2j\,\dfrac{\sin\dfrac{a}{2}\sinh\dfrac{\omega}{2}}{\cosh\omega+\cos a}$
26	$\dfrac{\cosh at}{\cosh \pi t}, \quad -\pi<a<\pi$	$2\,\dfrac{\cos\dfrac{a}{2}\cosh\dfrac{\omega}{2}}{\cosh\omega+\cos a}$
27	$\dfrac{1}{\cosh at}$	$\dfrac{\pi}{a}\cdot\dfrac{1}{\cosh\dfrac{\pi\omega}{2a}}$
28	$\sin(at^2)$	$\sqrt{\dfrac{\pi}{a}}\cos\left(\dfrac{\omega^2}{4a}+\dfrac{\pi}{4}\right)$
29	$\cos(at^2)$	$\sqrt{\dfrac{\pi}{a}}\cos\left(\dfrac{\omega^2}{4a}-\dfrac{\pi}{4}\right)$
30	$\dfrac{1}{t}\sin(at)$	$\begin{cases}\pi, & |\omega|\leqslant a,\\ 0, & |\omega|>a.\end{cases}$
31	$\dfrac{1}{t^2}\sin^2 at$	$\begin{cases}\pi\left(a-\dfrac{|\omega|}{2}\right), & |\omega|\leqslant 2a,\\ 0, & |\omega|>2a.\end{cases}$
32	$\dfrac{\sin at}{\sqrt{|t|}}$	$j\sqrt{\dfrac{\pi}{2}}\left(\dfrac{1}{\sqrt{|\omega+a|}}-\dfrac{1}{\sqrt{|\omega-a|}}\right)$

（续　表）

序　号	$f(t)$	$F(\omega)$
33	$\dfrac{\cos at}{\sqrt{\mid t\mid}}$	$\sqrt{\dfrac{\pi}{2}}\left(\dfrac{1}{\sqrt{\mid \omega+a\mid}}+\dfrac{1}{\sqrt{\mid \omega-a\mid}}\right)$
34	$\mid t\mid^{\alpha},\quad \alpha\neq 0,\pm 1,\pm 2,\cdots$	$-2\sin\dfrac{\alpha\pi}{2}\Gamma(\alpha+1)\mid\omega\mid^{-(\alpha+1)}$
35	$\mathrm{sgn}(t)$	$\dfrac{2}{\mathrm{j}\omega}$
36	$\mathrm{e}^{-at^2},\quad \mathrm{Re}\,a>0$	$\sqrt{\dfrac{\pi}{a}}\,\mathrm{e}^{-\frac{\omega^2}{4a}}$
37	$\mid t\mid^{2k+1},\quad k=0,1,2,\cdots$	$2(-1)^{k+1}(2k+1)!\,\omega^{-2(k+1)}$
38	$\ln(t^2+a^2),\quad a>0$	$-\dfrac{2\pi}{\mid\omega\mid}\mathrm{e}^{-a\mid\omega\mid}$
39	$\arctan\dfrac{t}{a},\quad a>0$	$-\dfrac{\pi\mathrm{j}}{\omega}\mathrm{e}^{-a\mid\omega\mid}$
40	$\dfrac{\mathrm{e}^{\pi t}}{(1+\mathrm{e}^{\pi t})^2}$	$\dfrac{\pi^2\omega}{\sinh\omega}$

附录 2　拉普拉斯变换简表

序　号	$f(t)$	$F(s)$
1	1	$\dfrac{1}{s}$
2	e^{at}	$\dfrac{1}{s-a}$
3	$t^m,\quad m>-1$	$\dfrac{\Gamma(m+1)}{s^{m+1}}$
4	$t^m\mathrm{e}^{at},\quad m>-1$	$\dfrac{\Gamma(m+1)}{(s-a)^{m+1}}$
5	$\sin(at)$	$\dfrac{a}{s^2+a^2}$
6	$\cos(at)$	$\dfrac{s}{s^2+a^2}$

序　号	$f(t)$	$F(s)$
7	$\sinh(at)$	$\dfrac{a}{s^2-a^2}$
8	$\cosh(at)$	$\dfrac{s}{s^2-a^2}$
9	$t\sin(at)$	$\dfrac{2as}{(s^2+a^2)^2}$
10	$t\cos(at)$	$\dfrac{s^2-a^2}{(s^2+a^2)^2}$
11	$t\sinh(at)$	$\dfrac{2as}{(s^2-a^2)^2}$
12	$t\cosh(at)$	$\dfrac{s^2+a^2}{(s^2-a^2)^2}$
13	$t^m\sin(at), \quad m>-1$	$\dfrac{\Gamma(m+1)}{2\mathrm{j}(s^2+a^2)^{m+1}}\cdot\left[(s+\mathrm{j}a)^{m+1}-(s-\mathrm{j}a)^{m+1}\right]$
14	$t^m\cos(at), \quad m>-1$	$\dfrac{\Gamma(m+1)}{2(s^2+a^2)^{m+1}}\cdot\left[(s+\mathrm{j}a)^{m+1}+(s-\mathrm{j}a)^{m+1}\right]$
15	$\mathrm{e}^{-bt}\sin(at)$	$\dfrac{a}{(s+b)^2+a^2}$
16	$\mathrm{e}^{-bt}\cos(at)$	$\dfrac{s+b}{(s+b)^2+a^2}$
17	$\mathrm{e}^{-bt}\sin(at+c)$	$\dfrac{(s+b)\sin c+a\cos c}{(s+b)^2+a^2}$
18	$\sin^2 t$	$\dfrac{1}{2}\left(\dfrac{1}{s}-\dfrac{s}{s^2+4}\right)$
19	$\cos^2 t$	$\dfrac{1}{2}\left(\dfrac{1}{s}+\dfrac{s}{s^2+4}\right)$
20	$\sin(at)\sin(bt)$	$\dfrac{2abs}{\left[s^2+(a+b)^2\right]\left[s^2+(a-b)^2\right]}$
21	$\mathrm{e}^{at}-\mathrm{e}^{bt}$	$\dfrac{a-b}{(s-a)(s-b)}$
22	$a\,\mathrm{e}^{at}-b\,\mathrm{e}^{bt}$	$\dfrac{(a-b)s}{(s-a)(s-b)}$
23	$\dfrac{1}{a}\sin(at)-\dfrac{1}{b}\sin(bt)$	$\dfrac{b^2-a^2}{(s^2+a^2)(s^2+b^2)}$

（续　表）

序　号	$f(t)$	$F(s)$
24	$\cos(at)-\cos(bt)$	$\dfrac{(b^2-a^2)s}{(s^2+a^2)(s^2+b^2)}$
25	$\dfrac{1}{a^2}[1-\cos(at)]$	$\dfrac{1}{s(s^2+a^2)}$
26	$\dfrac{1}{a^3}[at-\sin(at)]$	$\dfrac{1}{s^2(s^2+a^2)}$
27	$\dfrac{1}{a^4}[\cos(at)-1]+\dfrac{1}{2a^2}t^2$	$\dfrac{1}{s^3(s^2+a^2)}$
28	$\dfrac{1}{a^4}[\cosh(at)-1]-\dfrac{1}{2a^2}t^2$	$\dfrac{1}{s^3(s^2-a^2)}$
29	$\dfrac{1}{2a^3}[\sin(at)-at\cos(at)]$	$\dfrac{1}{(s^2+a^2)^2}$
30	$\dfrac{1}{2a}[\sin(at)+at\cos(at)]$	$\dfrac{s^2}{(s^2+a^2)^2}$
31	$\dfrac{1}{a^4}[1-\cos(at)]-\dfrac{1}{2a^3}t\sin(at)$	$\dfrac{1}{s(s^2+a^2)^2}$
32	$(1-at)\mathrm{e}^{-at}$	$\dfrac{s}{(s+a)^2}$
33	$t\left(1-\dfrac{a}{2}t\right)\mathrm{e}^{-at}$	$\dfrac{s}{(s+a)^3}$
34	$\dfrac{1}{a}(1-\mathrm{e}^{-at})$	$\dfrac{1}{s(s+a)}$
35	$\dfrac{1}{ab}+\dfrac{1}{b-a}\left(\dfrac{\mathrm{e}^{-bt}}{b}-\dfrac{\mathrm{e}^{-at}}{a}\right)$	$\dfrac{1}{s(s+a)(s+b)}$
36	$\dfrac{\mathrm{e}^{-at}}{(b-a)(c-a)}+\dfrac{\mathrm{e}^{-bt}}{(a-b)(c-b)}+$ $\dfrac{\mathrm{e}^{-ct}}{(a-c)(b-c)}$	$\dfrac{1}{(s+a)(s+b)(s+c)}$
37	$\dfrac{a\mathrm{e}^{-at}}{(c-a)(a-b)}+\dfrac{b\mathrm{e}^{-bt}}{(a-b)(b-c)}+$ $\dfrac{c\mathrm{e}^{-ct}}{(b-c)(c-a)}$	$\dfrac{s}{(s+a)(s+b)(s+c)}$
38	$\dfrac{a^2\mathrm{e}^{-at}}{(c-a)(b-a)}+\dfrac{b^2\mathrm{e}^{-bt}}{(a-b)(c-b)}+$ $\dfrac{c^2\mathrm{e}^{-ct}}{(b-c)(a-c)}$	$\dfrac{s^2}{(s+a)(s+b)(s+c)}$

序　号	$f(t)$	$F(s)$
39	$\dfrac{\mathrm{e}^{-at} - \mathrm{e}^{-bt}\left[1 - (a-b)t\right]}{(a-b)^2}$	$\dfrac{1}{(s+a)(s+b)^2}$
40	$\dfrac{\left[a - b(a-b)t\right]\mathrm{e}^{-bt} - a\,\mathrm{e}^{-at}}{(a-b)^2}$	$\dfrac{s}{(s+a)(s+b)^2}$
41	$\mathrm{e}^{-at} - \mathrm{e}^{\frac{at}{2}}\left[\cos\left(\dfrac{\sqrt{3}\,at}{2}\right) - \sqrt{3}\sin\left(\dfrac{\sqrt{3}\,at}{2}\right)\right]$	$\dfrac{3a^2}{s^3 + a^3}$
42	$\sin(at)\cosh(at) - \cos(at)\sinh(at)$	$\dfrac{4a^3}{s^4 + 4a^4}$
43	$\dfrac{1}{2a^2}\sin(at)\sinh(at)$	$\dfrac{s}{s^4 + 4a^4}$
44	$\dfrac{1}{2a^3}\left[\sinh(at) - \sin(at)\right]$	$\dfrac{1}{s^4 - a^4}$
45	$\dfrac{1}{2a^2}\left[\cosh(at) - \cos(at)\right]$	$\dfrac{s}{s^4 - a^4}$
46	$\dfrac{1}{\sqrt{\pi t}}$	$\dfrac{1}{\sqrt{s}}$
47	$2\sqrt{\dfrac{t}{\pi}}$	$\dfrac{1}{s\sqrt{s}}$
48	$\dfrac{1}{\sqrt{\pi t}}\mathrm{e}^{at}(1 + 2at)$	$\dfrac{s}{(s-a)\sqrt{s-a}}$
49	$\dfrac{1}{2\sqrt{\pi t^3}}(\mathrm{e}^{bt} - \mathrm{e}^{at})$	$\sqrt{s-a} - \sqrt{s-b}$
50	$\dfrac{1}{\sqrt{\pi t}}\cos(2\sqrt{at})$	$\dfrac{1}{\sqrt{s}}\mathrm{e}^{-\frac{a}{s}}$
51	$\dfrac{1}{\sqrt{\pi t}}\cosh(2\sqrt{at})$	$\dfrac{1}{\sqrt{s}}\mathrm{e}^{\frac{a}{s}}$
52	$\dfrac{1}{\sqrt{\pi t}}\sin(2\sqrt{at})$	$\dfrac{1}{s\sqrt{s}}\mathrm{e}^{-\frac{a}{s}}$
53	$\dfrac{1}{\sqrt{\pi t}}\sinh(2\sqrt{at})$	$\dfrac{1}{s\sqrt{s}}\mathrm{e}^{\frac{a}{s}}$
54	$\dfrac{1}{t}(\mathrm{e}^{bt} - \mathrm{e}^{at})$	$\ln\dfrac{s-a}{s-b}$
55	$\dfrac{2}{t}\sinh(at)$	$\ln\dfrac{s+a}{s-b}$

序　号	$f(t)$	$F(s)$
56	$\dfrac{2}{t}\left[1-\cos(at)\right]$	$\ln\dfrac{s^2+a^2}{s^2}$
57	$\dfrac{2}{t}\left[1-\cosh(at)\right]$	$\ln\dfrac{s^2-a^2}{s^2}$
58	$\dfrac{1}{t}\sin(at)$	$\arctan\dfrac{a}{s}$
59	$\dfrac{1}{t}\left[\cosh(at)-\cos(bt)\right]$	$\ln\sqrt{\dfrac{s^2+b^2}{s^2-a^2}}$
60	$\dfrac{1}{\pi t}\sin(2a\sqrt{t}\,)$	$\mathrm{erf}\left(\dfrac{a}{\sqrt{s}}\right)$
61	$\dfrac{1}{\sqrt{\pi t}}\,\mathrm{e}^{-2a\sqrt{t}}$	$\dfrac{1}{\sqrt{s}}\,\mathrm{e}^{\frac{a^2}{s}}\,\mathrm{erfc}\left(\dfrac{a}{\sqrt{s}}\right)$
62	$\mathrm{erfc}\left(\dfrac{a}{2\sqrt{t}}\right)$	$\dfrac{1}{s}\,\mathrm{e}^{-a\sqrt{s}}$
63	$\mathrm{erfc}\left(\dfrac{t}{2a}\right)$	$\dfrac{1}{s}\,\mathrm{e}^{a^2s^2}\,\mathrm{erfc}(as)$
64	$\dfrac{1}{\sqrt{t}}\exp\left(-\dfrac{a}{t}\right)$	$\sqrt{\dfrac{\pi}{s}}\exp(-2\sqrt{as}\,)$
65	$\dfrac{1}{\sqrt{\pi(t+a)}}$	$\dfrac{1}{\sqrt{s}}\,\mathrm{e}^{as}\,\mathrm{erfc}(\sqrt{as}\,)$
66	$\dfrac{1}{\sqrt{a}}\,\mathrm{erf}(\sqrt{at}\,)$	$\dfrac{1}{s\sqrt{s+a}}$
67	$\dfrac{1}{\sqrt{a}}\,\mathrm{e}^{at}\,\mathrm{erf}(\sqrt{at}\,)$	$\dfrac{1}{\sqrt{s}\,(s-a)}$
68	$u(t)$	$\dfrac{1}{s}$
69	$tu(t)$	$\dfrac{1}{s^2}$
70	$t^m u(t),\quad m>-1$	$\dfrac{1}{s^{m+1}}\Gamma(m+1)$
71	$\delta(t)$	1
72	$\delta^{(n)}(t)$	s^n

序　号	$f(t)$	$F(s)$
73	$\mathrm{sgn}\, t$	$\dfrac{1}{s}$
74	$\mathrm{J}_0(at)$	$\dfrac{1}{\sqrt{s^2+a^2}}$
75	$\mathrm{I}_0(at)$	$\dfrac{1}{\sqrt{s^2-a^2}}$
76	$\mathrm{J}_0(2\sqrt{at})$	$\dfrac{1}{s}\mathrm{e}^{-\frac{a}{s}}$
77	$\mathrm{e}^{-bt}\mathrm{I}_0(at)$	$\dfrac{1}{\sqrt{(s+b)^2-a^2}}$
78	$t\mathrm{J}_0(at)$	$\dfrac{s}{(s^2+a^2)^{3/2}}$
79	$t\mathrm{I}_0(at)$	$\dfrac{s}{(s^2-a^2)^{3/2}}$
80	$\mathrm{J}_0[a\sqrt{t(t+2b)}]$	$\dfrac{s}{\sqrt{s^2+a^2}}\mathrm{e}^{b(s-\sqrt{s^2+a^2})}$
81	$\dfrac{1}{at}\mathrm{J}_1(at)$	$\dfrac{1}{s+\sqrt{s^2+a^2}}$
82	$\mathrm{J}_1(at)$	$\dfrac{1}{a}\left(1-\dfrac{s}{\sqrt{s^2+a^2}}\right)$
83	$\mathrm{J}_n(t)$	$\dfrac{1}{\sqrt{s^2+1}}(\sqrt{s^2+1}-s)^n$
84	$t^{\frac{n}{2}}\mathrm{J}_n(2\sqrt{t})$	$\dfrac{1}{s^{n+1}}\mathrm{e}^{-\frac{1}{s}}$
85	$\dfrac{1}{t}\mathrm{J}_n(at)$	$\dfrac{1}{na^n}(\sqrt{s^2+a^2}-s)^n$
86	$\displaystyle\int_t^\infty \dfrac{\mathrm{J}_0(t)}{t}\mathrm{d}t$	$\dfrac{1}{s}\ln(s+\sqrt{s^2+1})$
87	$\mathrm{si}\, t$	$\dfrac{1}{s}\mathrm{arccot}\, s$
88	$\mathrm{ci}\, t$	$\dfrac{1}{s}\ln\dfrac{1}{\sqrt{s^2+1}}$

(续　表)

序　号	$f(t)$	$F(s)$
89	$E_\alpha(at^\alpha),\quad \mathrm{Re}\,\alpha > 0$	$\dfrac{s^{\alpha-1}}{s^\alpha - a}$
90	$t^{\beta-1}E_{\alpha,\beta}(at^\alpha),\quad \mathrm{Re}\,\alpha > 0,\ \mathrm{Re}\,\beta > 0$	$\dfrac{s^{\alpha-\beta}}{s^\alpha - a}$

注: 表中 $\mathrm{erf}\,x$ 表示误差函数, $\mathrm{erfc}\,x$ 表示余误差函数, $\mathrm{J}_n(x)$ 表示贝塞尔函数, $\mathrm{si}\,t$ 表示正弦积分, $\mathrm{ci}\,t$ 表示余弦积分, $E_\alpha(x)$ 表示单参数米塔-列夫勒函数, $E_{\alpha,\beta}(x)$ 表示双参数米塔-列夫勒函数.

参 考 文 献

[1] 上海交通大学应用数学系. 复变函数[M]. 上海：上海交通大学出版社,1988.

[2] 上海交通大学数学系. 数学物理方法[M]. 上海：上海交通大学出版社,2011.

[3] 钟玉泉. 复变函数论[M]. 5 版. 北京：高等教育出版社,2021.

[4] 张元林. 工程数学——积分变换[M]. 4 版. 北京：高等教育出版社,1978.

[5] 钟玉泉. 复变函数学习指导书[M]. 北京：高等教育出版社,1996.

[6]《复变函数与积分变换》编写组. 复变函数与积分变换[M]. 3 版. 北京：北京邮电大学出版社,2021.

[7] 李红,谢松法. 复变函数与积分变换[M]. 5 版. 北京：高等教育出版社,2018.

[8] 程银琴. 工程数学——复变函数与积分变换[M]. 西安：西北工业大学出版社,2017.

[9] 赵建丛. 复变函数与积分变换[M]. 上海：华东理工大学出版社,2019.

[10] 沈小芳. 复变函数积分变换及其应用[M]. 武汉：华中科技大学出版社,2017.

[11] 吴崇试,高春媛. 数学物理方法[M]. 3 版. 北京：北京大学出版社,2019.

[12] 朱晓霞,张蓓,杨贺菊. 复变函数与积分变换[M]. 北京：清华大学出版社,2022.

[13] 余家荣. 复变函数[M]. 3 版. 北京：高等教育出版社,2022.

[14] 谭小江,伍胜建. 复变函数简明教程[M]. 北京：北京大学出版社,2020.